Rohrleitungs-Fibel für die tägliche Praxis

Manfred Nitsche

Rohrleitungs-Fibel

für die tägliche Praxis

2. Auflage

Bibliografische Information Der Deutschen Nationalbibliothek
Die Deutsche Nationalbibliothek verzeichnet diese Publikation in der Deutschen Nationalbibliografie; detaillierte bibliografische Daten sind im Internet über http://dnb.d-nb.de abrufbar.

978-3-8027-2862-4 (Print)
978-3-8027-3034-4 (eBook)

Friedrich-Ebert-Straße 55, 45127 Essen, Deutschland
Telefon: 0201 82002-0, Internet: www.vulkan-verlag.de
Kontakt: Nico Hülsdau, n.huelsdau@vulkan-verlag.de

Satz: e-Mediateam Michael Franke, Bottrop
Druck: Druckerei Chmielorz GmbH, Wiesbaden-Nordenstadt

Vorwort

Liebe Leserin,
lieber Leser,

Die neue Auflage meiner Rohrleitungs-Fibel enthält folgende Ergänzungen:

Kapitel 1.11: Zweiphasenströmung
Kapitel 3.9: Berechnung der Betriebskennlinien von Regelventilen
Kapitel 4.11: Seitenkanalpumpen
Kapitel 4.12: Verdrängerpumpen
Kapitel 6.11: Dimensionierung von Gefälleleitungen
Kapitel 7.4: Maximale Schluckfähigkeit kompressibler Medien in Verengungen

Auch die neuen Kapitel enthalten viele praktische Beispiele, um dem Ingenieur die Bearbeitung der Probleme vor Ort zu erleichtern.

In diesem Handbuch wird gezeigt, wie man ganz einfach

- Druckverluste von Flüssigkeiten und Gasen ermittelt
- Kavitationen an Pumpen, Regelventilen und Blenden vermeidet
- ein funktionsfähiges Regelventil ohne Kavitation auslegt
- den NPSH-Wert der Anlage bestimmt unter Berücksichtigung der Gaslöslichkeit
- den Leistungsbedarf von Pumpen und Verdichtern ermittelt
- eine Pumpenvorlage oder einen Expansionsbehälter dimensioniert
- die erforderliche Isolierung und Begleitheizung für eine Rohrleitung bestimmt
- große Rohrleitungsspannungen und hohe Festpunktbelastungen vermeidet

Die Probleme werden kurz und knapp beschrieben. Es gibt keine langschweifigen akademischen Ausführungen. Anhand von Beispielen wird gezeigt, wie man die Aufgabenstellung lösen kann und welche Einflussgrößen zu beachten sind.

Die vielen Beispiele erleichtern das Verständnis, weil man mit einem konkreten Beispiel auf einer Seite mehr Wissen vermitteln kann als mit 100 Seiten Text.

Die Rohrleitungsfibel basiert im wesentlichen auf meinen Erfahrungen in 40 Jahren Planung von Chemie- und Umweltanlagen.

Hamburg im Mai 2016

Dr. Manfred Nitsche

Vorwort zur 1. Auflage

Liebe Leserin,
lieber Leser,

dieses Buch ist geschrieben für den Praktiker.

Zahlreiche Beispiele aus der täglichen Arbeitspraxis sollen Ingenieuren und Technikern bei der Lösung ihrer betrieblichen Aufgabenstellungen dienen. Alltägliche Rohrleitungsprobleme vom Druckverlust bis zur Kavitation in Pumpen, Blenden oder Regelventilen werden umfänglich beschrieben, wobei auf langschweifige, akademische Ausführungen verzichtet wird.

Über die Darstellung von Beispielen hinaus werden konkrete Lösungsansätze aufgezeigt und insbesondere auf relevante, zu beachtende Einflussgrößen hingewiesen.

Der beispielhafte Charakter des Buches veranschaulicht, dass die praktische Wissensvermittlung anhand konkreter Problematiken aus der Arbeitspraxis effektiver ist als viele Seiten rein theoretischer Ausführungen.

Die Rohrleitungsfibel basiert im Wesentlichen auf meinen eigenen beruflichen Erfahrungen. Auch Erkenntnisse aus zahlreichen Diskussionen in meinen Seminaren über die Rohrleitungsplanung finden sich hier wieder.

An dieser Stelle möchte ich mich bei meinen ehemaligen Mitarbeitern Herrn Müller und Herrn Lilienthal für ihre Zuarbeit und Unterstützung bei der Gestaltung dieser Fibel bedanken.

Hamburg im Mai 2011

Dr. Manfred Nitsche

Inhaltsverzeichnis

1 Druckverlustberechnungen in der Praxis

1.1 Druckverlustberechnungen für Flüssigkeiten

Der dynamische Druckverlust beim Durchströmen von Rohrleitungen setzt sich zusammen aus

ΔP_R, dem Reibungsdruckverlust in der Rohrleitung, und
ΔP_F, dem Widerstand beim Durchströmen von Formstücken und Armaturen.

Zur Berechnung des Reibungsdruckverlustes und des Druckverlustes in den Formstücken und Armaturen gelten die folgenden Gleichungen.

$$\Delta P_R = f \cdot \frac{L}{d} \cdot \frac{w^2 \cdot \rho}{2} \text{ [Pa]}$$

$$\Delta P_F = K_{ges} \cdot \frac{w^2 \cdot \rho}{2} \text{ [Pa]}$$

$$\Delta P_{ges} = \Delta P_R + \Delta P_F = \left(f \cdot \frac{L}{d} + K_{ges}\right) \cdot \frac{w^2 \cdot \rho}{2} \text{ [Pa]}$$

d = Rohrleitungsinnendurchmesser [m]
f = Reibungsbeiwert (Tabelle 1.1.1)
L = Rohrleitungslänge [m]
K_{ges} = Widerstandsbeiwerte von Formstücken und Armaturen (Tabelle 1.1.2)
w = Strömungsgeschwindigkeit [m/s]
ρ = Dichte [kg/m^3]

Die Anwendung der Gleichungen wird in Beispiel 1 gezeigt.

Den Reibungsbeiwert f ermittelt man mit den Näherungsformeln in **Tabelle 1.1.1**. Dafür benötigt man die Reynoldszahl Re.

$$Re = \frac{w \cdot d}{\nu} = \frac{w \cdot d \cdot \rho}{\eta}$$

ν = Kinematische Viskosität [m^2/s]
η = Dynamische Viskosität [Pa s]

Laminarer Bereich < Re = 2300	$f = \frac{64}{Re}$
Glatte Rohre im turbulenten Bereich ab > Re = 2300	$f = \frac{0{,}216}{Re^{0{,}2}}$
Raue Rohre mit der Rauigkeit k = 0,1 mm > Re = 2300	$f = \frac{0{,}27}{Re^{0{,}2}}$
Raue Rohre mit der Rauigkeit k = 0,2 mm > Re = 2300	$f = \frac{0{,}3}{Re^{0{,}2}}$

Tabelle 1.1.1: Näherungsformeln für Reibungsbeiwerte

	K-Wert		K-Wert
Eintritt	0,5	Oval – Schieber	0,22
Austritt	1	Schieber eingezogen	0,6
Rohrbogen (3d)	0,25	Absperrklappe	0,24
Rohrbogen (5d)	0,18	Kükenhahn	0,34
Kniestücke	1,2	Kükenhahn, reduziert	0,7
T – Stück – Durchgang	0,4	Kugelhahn, voller Durchgang	0,06
T – Stück – Abzweig	1,0	Kugelhahn eingezogen	0,6
Einschweißbogenabgang	0,6	Zwischenflanschkugelhahn	0,02
Einschweißbogeneingang	0,5	Rückschlagventil	4
Kontraktion	0,5	Rückschlagklappe	2
Expansion	1,0	Schweißnähte	0,03
Durchgangsventile	4,5	Schmutzfänger / Filter	4
Eckventile	2,2	Blende d/D = 0,6	12
Schrägsitzventile	2,0	Saugkorb und Fußventil	3
Flach – Schieber	0,18	Abscheider	4

Tabelle 1.1.2: Widerstandsbeiwerte K von Formstücken und Armaturen

Die Widerstandswerte K beim Durchströmen von Formstücken und Armaturen sind in **Tabelle 1.1.2** zusammengestellt für den turbulenten Bereich $> Re = 2300$.

Im Folgenden wird die Nutzung von Tabelle 1.1.2 erläutert. Für eine Rohrleitung mit 6 Rohrbögen, 2 T-Stücken und 8 Ventilen ermittelt man K_{ges} wie folgt:

6 Rohrbögen mit $K = 0{,}25 \rightarrow 6 \cdot 0{,}25 = 1{,}5$
2 T-Stücke mit $K = 0{,}4 \rightarrow 2 \cdot 0{,}4 = 0{,}8$
8 Ventile mit $K = 4{,}5 \rightarrow \underline{8 \cdot 4{,}5 = 36{,}0}$
$K_{ges} = 38{,}3$

Im Kapitel 1.2 wird gezeigt, dass die Widerstandsbeiwerte K im Bereich von niedrigen Reynoldszahlen ($Re < 2000$) stark ansteigen.

Die exakten Gleichungen zur Berechnung des Reibungsbeiwertes f in den verschiedenen hydraulischen Bereichen und unter Berücksichtigung der Rauigkeit k sind in **Bild 1.1.1** aufgelistet.

In **Bild 1.1.2** wird gezeigt, dass die Reibungsbeiwerte mit zunehmender Rauigkeit ansteigen.

Bei der Planung von Rohrleitungsanlagen benötigt man nicht einen Druckverlust für eine bestimmte Volumenstrom, sondern die in **Bild 1.1.3** dargestellte „Rohrleitungskennlinie", in der der Druckverlust in Abhängigkeit vom Mengendurchsatz dargestellt ist.

Diese Rohrleitungskennlinie ist die Basis für die Auslegung von Pumpen und Regelventilen.

Die Vorgehensweise bei der Berechnung von Druckverlusten wird in dem „Berechnungsblatt für Druckverluste" mit Beispiel gezeigt.

Beispiel 1.1.1: Druckverlustberechnung für 100 m³/h in 300 m Rohrleitung DN 150

Daten: $d = 0{,}15$ m, $L = 300$ m, $w = 1{,}57$ m/s, $\rho = 800$ kg/m^3, $\nu = 3 \cdot 10^{-6}$ m^2/s
$K_{ges} = 38{,}3$ für Bögen, T-Stücke und Ventile aus Tabelle 1.1.2 für 6 Rohrbögen, 2 T-Stücke, 8 Ventile

Berechnung der Reynoldszahl: $Re = \frac{w \cdot d}{\nu} = \frac{1{,}57 \cdot 0{,}15}{3 \cdot 10^{-6}} = 78500$

Berechnung des Reibungsbeiwerts: $f = \frac{0{,}216}{Re^{0,2}} = \frac{0{,}216}{78500^{0,2}} = 0{,}022$

Berechnung des Reibungsdruckverlustes ΔP_R:

$$\Delta P_R = f \cdot \frac{L}{d} \cdot \frac{w^2 \cdot \rho}{2} = 0{,}022 \cdot \frac{300}{0{,}15} \cdot \frac{1{,}57^2 \cdot 800}{2} = 43482 \text{ Pa} = 0{,}434 \text{ bar}$$

Berechnung des Druckverlustes in den Formstücken und Armaturen ΔP_F:

$$\Delta P_F = K_{ges} \cdot \frac{w^2 \cdot \rho}{2} = 38{,}3 \cdot \frac{1{,}57^2 \cdot 800}{2} = 377762 \text{ Pa} = 0{,}378 \text{ bar}$$

Ermittlung des Gesamtdruckverlustes ΔP_{ges} durch Reibung und Formstücke:

$$\Delta P_{ges} = 0{,}434 + 0{,}378 = \left(0{,}022 \cdot \frac{300}{0{,}15} + 38{,}3\right) \cdot \frac{1{,}57^2 \cdot 800}{2} \cdot 10^{-5} = 0{,}812 \text{ bar}$$

Laminare Strömung: $Re < 2100$

$$f = \frac{64}{Re}$$

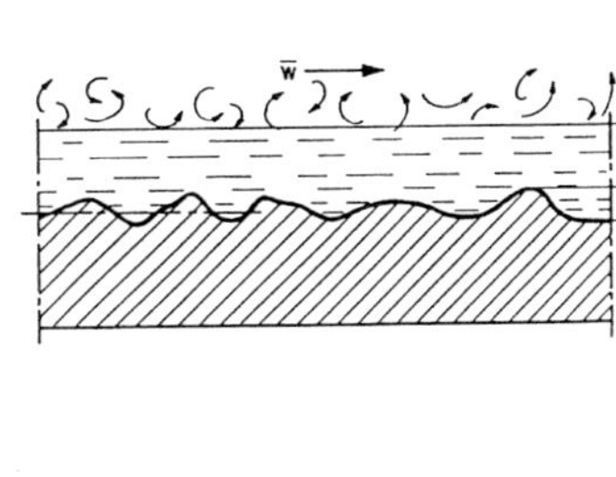

Turbulente Strömung: $Re > 2100$

Hydraulisch glatt: $\Rightarrow f = f(Re)$

Kriterium K: $\frac{k \cdot Re \cdot \sqrt{f}}{D} < 8$

$$\frac{1}{\sqrt{f}} = 2 \cdot \log\left(\frac{Re \cdot \sqrt{f}}{2{,}51}\right)$$

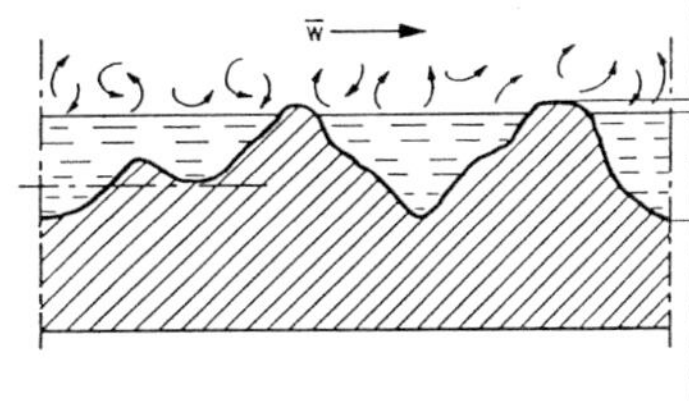

Übergangsgebiet: $\Rightarrow f = f(Re + k/D)$

Kriterium K: $8 < \frac{k \cdot Re \cdot \sqrt{f}}{D} < 100$

$$\frac{1}{\sqrt{f}} = 2 \cdot \log\left(\frac{2{,}51}{Re \cdot \sqrt{f}} + \frac{k}{3{,}71 \cdot D}\right)$$

Hydraulisch rauh: $\Rightarrow f = f(k/D)$

Kriterium K: $\frac{k \cdot Re \cdot \sqrt{f}}{D} > 100$

$$f = \frac{1}{(2 \cdot \log D/k + 1{,}14)^2}$$

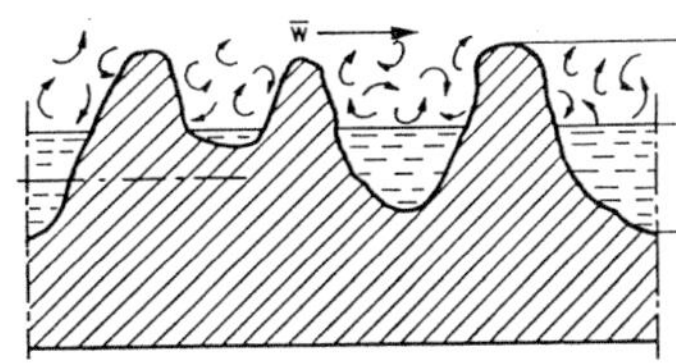

Bild 1.1.1: Exakte Berechnung der Reibungsbeiwerte

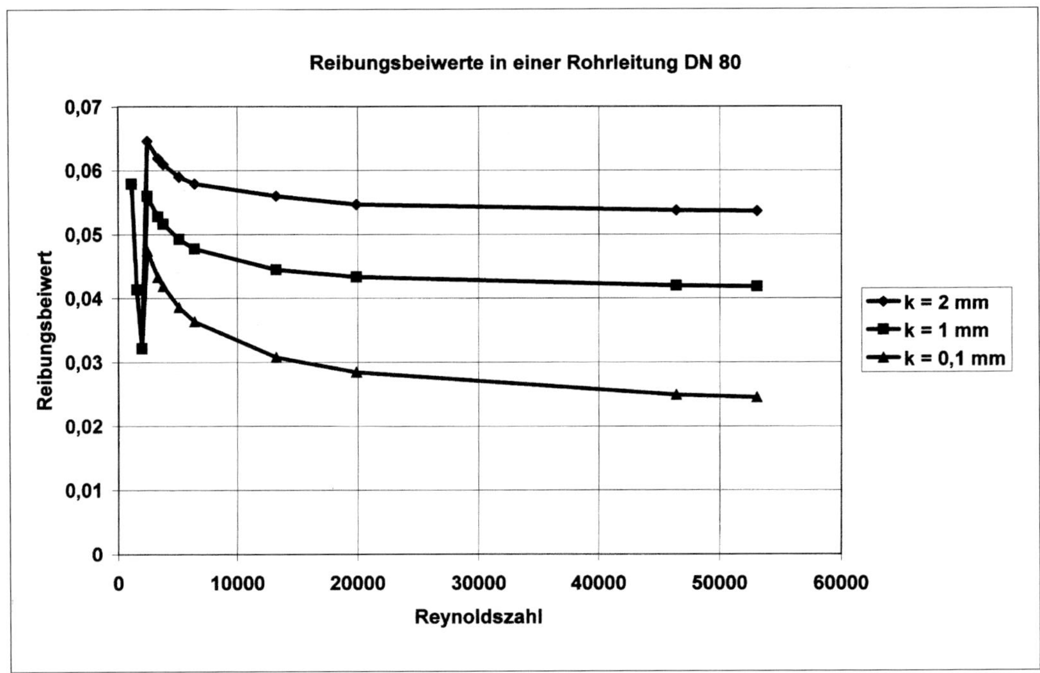

Bild 1.1.2: Anstieg der Reibungsbeiwerte mit zunehmender Rauigkeit

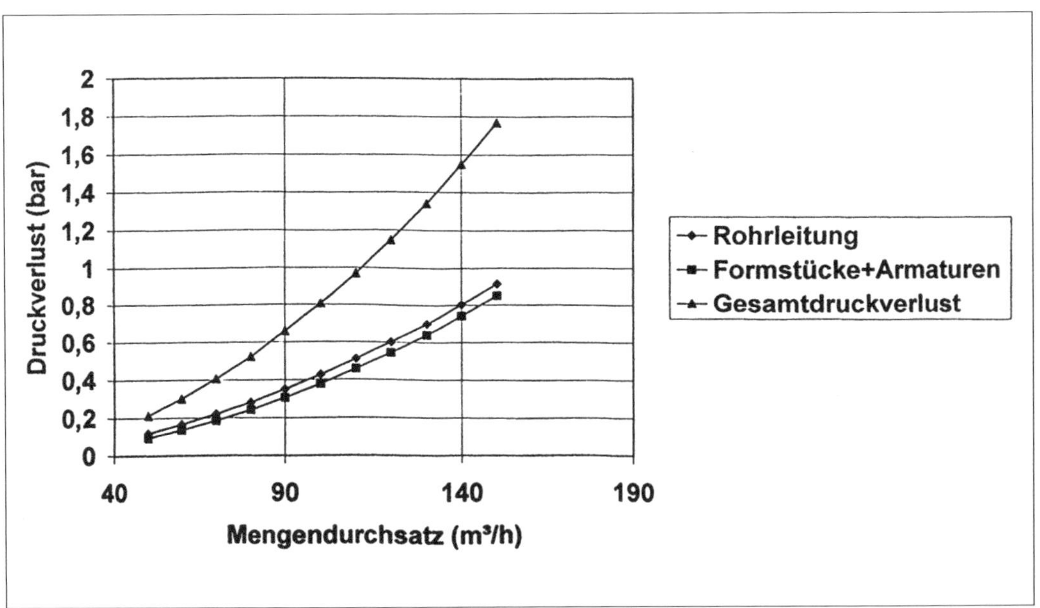

Bild 1.1.3: Rohrleitungskennlinien

Berechnungsblatt für Druckverluste

Aufgabe: Ermittlung des Reibungsdruckverlustes von Flüssigkeiten

Produktname: Wasser

Dichte $\rho = 1000\ kg/m^3$

$T = 293\ K$

Kinematische Viskosität $\nu = 1\ mm^2/s$

Rohrleitungsabmessung: 159 x 4,5

$d_i = 0{,}15\ m$

Länge: 500 m

Rauigkeit $k = 0{,}2\ mm$

Mengendurchsatz $V = 100\ m^3/h$

Strömungsgeschwindigkeit:

$$w = \frac{V\ (m^3/h)}{3600 \cdot d_i^2 \cdot \pi / 4} = \frac{100}{3600 \cdot 0{,}15^2 \cdot 0{,}785} = 1{,}57\ m/s$$

Reynoldszahl Re: $$Re = \frac{w \cdot d_i\ [m]}{\nu\ [m^2/s]} = \frac{1{,}57 \cdot 0{,}15}{1 \cdot 10^{-6}} = 235800$$

Reibungsbeiwert f für den Druckverlust der Rohrleitung

Laminare Strömung → Re < 2300 $$f = \frac{64}{Re}$$

Turbulente glatte Strömung $$f = \frac{0{,}216}{Re^{0{,}2}} = \frac{0{,}216}{235800^{0{,}2}} = 0{,}01819$$

Turbulente raue Strömug (k = 0,2 mm) $$f = \frac{0{,}3}{Re^{0{,}2}} = \frac{0{,}3}{235800^{0{,}2}} = 0{,}02527$$

Druckverlust der Rohrleitung ΔP_R: $$\Delta P_R = f \cdot \frac{L}{d} \cdot \frac{w^2 \cdot \rho}{2} \quad [Pa]$$

Turbulente Strömung, glatt:

$$\Delta P_R = 0{,}01819 \cdot \frac{500}{0{,}15} \cdot \frac{1{,}57^2 \cdot 1000}{2} = 74747\ Pa = 0{,}75\ bar$$

Turbulente raue Strömung mit Rauigkeit k = 0,2 mm:

$$\Delta P_R = 0{,}02527 \cdot \frac{500}{0{,}15} \cdot \frac{1{,}57^2 \cdot 1000}{2} = 103815\ Pa = 1{,}04\ bar$$

Tab. 1.1.3: Widerstandsbeiwerte K von Formstücken und Armaturen

	K-Wert	K_{ges} **= Σ Anzahl · K**
Eintritt	0,5	
Austritt	1	
Rohrbogen (3d)	0,25	6 · 0,25 = 1,5
Rohrbogen (5d)	0,18	
Kniestücke	1,2	
T-Stück-Durchgang	0,4	2 · 0,4 = 0,8
T-Stück-Abzweig	1,0	
Einschweißbogenabgang	0,6	
Einschweißbogeneingang	0,5	
Kontraktion	0,5	bezogen auf den kleinen Durchmesser
Expansion	1,0	bezogen auf den kleinen Durchmesser
Durchgangsventile	4,5	8 · 4,5 = 36
Eckventile	2,2	
Schrägsitzventile	2,0	
Flach-Schieber	0,18	
Oval-Schieber	0,22	
Schieber eingezogen	0,6	
Absperrklappe	0,24	8 · 0,24 = 1,92
Kükenhahn	0,34	
Kükenhahn, reduziert	0,7	
Kugelhahn, voller Durchgang	0,06	
Kugelhahn eingezogen	0,6	
Zwischenflanschkugelhahn	0,02	8 · 0,02 = 0,16
Rückschlagventil	4	
Rückschlagklappe	2	
Schweißnähte	0,03	
Schmutzfänger / Filter	4	
Blende d / D = 0,6	12	
Saugkorb und Fußventil	3	
Abscheider	4	
Mit Ventilen	Summe K = 38,3	
Mit Klappen	Summe K = 4,22	
Mit Kugelhähnen	Summe K = 2,46	

Druckverlust der Formstücke und Armaturen ΔP_F:

$$\Delta P_F = \Sigma K \cdot \frac{w^2 \cdot \rho}{2}$$

Ventile: $\Delta P_F = 38{,}3 \cdot \frac{1{,}57^2 \cdot 1000}{2} = 47.202 \text{ Pa}$

Klappen: $\Delta P_F = 4{,}22 \cdot \frac{1{,}57^2 \cdot 1000}{2} = 5.200 \text{ Pa}$

Kugelhähne: $\Delta P_F = 2{,}46 \cdot \frac{1{,}57^2 \cdot 1000}{2} = 3.032 \text{ Pa}$

Gesamtdruckverlust für Ventile: $\Delta P_R + \Delta P_F = 1{,}04 + 0{,}47 = 1{,}51 \text{ bar}$

Gesamtdruckverlust für Klappen: $\Delta P_R + \Delta P_F = 1{,}04 + 0{,}052 = 1{,}092 \text{ bar}$

Gesamtdruckverlust für Kugelhähne: $\Delta P_R + \Delta P_F = 1{,}04 + 0{,}03 = 1{,}07 \text{ bar}$

1.2 Druckverluste von Formstücken und Armaturen im laminaren Bereich

Die Widerstandsbeiwerte von Formstücken und Armaturen in Tabelle 1.1.2 im Kapitel 1.1 gelten für den turbulenten Bereich mit Reynoldszahlen > 2000. Im Bereich niedriger Reynoldszahlen, insbesondere bei Werten Re < 1000, steigen die Widerstandsbeiwerte der Formstücke und Armaturen stark an. Das muss bei der Auslegung von Rohrleitungen und Pumpen beachtet werden.

Der Druckverlust in Rohrleitungen wird folgendermaßen berechnet:

$$\Delta P = \left(f \cdot \frac{L}{d} + K_{ges}\right) \cdot \frac{w^2 \cdot \rho}{2} \text{ [Pa]}$$

Man unterscheidet zwischen dem reibungsbedingten Druckverlust ΔP_R in der Rohrleitung und dem Druckverlust ΔP_F in Formstücken und Armaturen.

$$\Delta P_R = f \cdot \frac{L}{d} \cdot \frac{w^2 \cdot \rho}{2} \text{ [Pa]}$$

Die einzige unbekannte Größe ist der Reibungsbeiwert f, der eine Funktion von Reynoldszahl und Rauigkeit der Rohrleitung ist. Einige Näherungsformeln zur schnellen Berechnung des Reibungsbeiwerts f für den Praktiker werden in Tabelle 1.1.1 von Kapitel 1.1 gegeben.

Für den laminaren Bereich berechnet man den Reibungsfaktor f wie folgt:

$$f = \frac{64}{Re} \qquad Re = \frac{w \cdot d}{\nu}$$

Mit abnehmender Reynoldszahl Re steigt der Reibungsbeiwert!

Für die Ermittlung des Druckverlustes ΔP_F durch die Widerstände in Bögen, T-Stücken, Armaturen etc. benötigt man den Gesamtwiderstandsfaktor K_{ges} der Formstücke und Armaturen.

Die Widerstandsfaktoren von Formstücke und Armaturen bei unterschiedlichen Reynoldszahlen sind in Tabelle 1.2.1 aufgelistet und in Bild 1.2.1 sind die K-Werte von Bögen und Ventilen als Funktion der Reynoldszahl dargestellt. Es ist zu erkennen, dass die K-Werte mit abnehmender Reynoldszahl stark ansteigen. Für einen 90°-Bogen steigt z. B. der K-Wert von K = 0,31 bei Re = 10.000 auf K = 8,23 bei Re = 100.

Der K_{ges}-Wert ist die Summe aller Widerstandsfaktoren der Formstücke und Armaturen in der Rohrleitung und ergibt sich aus der Anzahl n_i der einzelnen Formstücke multipliziert mit den Widerstandsfaktoren K_i der einzelnen Formstücke.

$$K_{ges} = \Sigma\,(n_i \cdot K_i)$$

Beispiel 1.2.1:

		Re = 10.000	Re = 100
6 Bögen	→	$6 \cdot 0{,}31 = 1{,}86$	$6 \cdot 8{,}23 = 49{,}38$
2 T-Durchgänge	→	$2 \cdot 0{,}40 = 0{,}8$	$2 \cdot 2{,}40 = 4{,}80$
4 Ventile	→	$4 \cdot 6{,}8 = 27{,}2$	$4 \cdot 21{,}7 = 86{,}8$
		$K_{ges} = 29{,}86$	$K_{ges} = 140{,}98$

Aus Tabelle 1.2.1 ist zu entnehmen, dass die K-Werte mit abnehmendem Durchmesser größer werden.

Der starke Anstieg der Reibungsbeiwerte und der Widerstandsfaktoren mit abnehmender Reynoldszahl erhöht den Druckverlust in der Leitung bzw. reduziert die Durchsatzkapazität der Rohrleitung. In einer 50 m langen Rohrleitung DN 50 mit 10 Bögen, 5 Ventilen, 4 T-Abgängen und 1 Rückschlagklappe und einem durch die Pumpe vorgegebenem Differenzdruck von ΔP = 1 bar fällt die Durchsatzkapazität von 12,6 m^3/h im turbulenten Bereich bei Re = 10.000 auf 3,75 m^3/h im laminaren Bereich bei Re = 100 wegen des stark erhöhten Druckverlustes in der Leitung bei niedrigen Reynoldszahlen.

Falls man bei einer Druckverlustberechnung im laminaren Bereich mit den in Tabelle 1.1.1 aufgelisteten Widerstandsbeiwerten für den turbulenten Bereich rechnet, kommt es zu erheblichen Fehlern. Das wird im folgenden Beispiel verdeutlicht:

Beispiel 1.2.2:
Zu berechnen ist der Druckverlust in Formstücken und Armaturen bei Re = 100.

	Turbulente K-Werte	Laminare K-Werte
10 Bögen	$10 \cdot 0{,}28 = 2{,}8$	$10 \cdot 8{,}2 = 82$
10 Ventile	$10 \cdot 4{,}5 = 45$	$10 \cdot 20{,}7 = 207$
4 T-Abgänge	$4 \cdot 1{,}1 = 4{,}4$	$4 \cdot 9{,}0 = 36$
10 Klappen	$10 \cdot 0{,}4 = 4$	$10 \cdot 8{,}4 = 84$
	$K_{ges} = 56{,}2$	$K_{ges} = 409$

Strömungsgeschwindigkeit w = 1 m/s

Dichte $\rho = 800\ kg/m^3$

Druckverlust mit turbulenten K-Werten

$$\Delta P_{Ftur} = K_{ges} \cdot \frac{w^2 \cdot \rho}{2} = 56{,}2 \cdot 400 = 22480\ Pa$$

Druckverlust mit laminaren K-Werten

$$\Delta P_{Flam} = K_{ges} \cdot \frac{w^2 \cdot \rho}{2} = 409 \cdot 400 = 163600\ Pa$$

Mit den turbulenten K-Werten ist der ermittelte Druckverlust in den Formstücken und Armaturen um den Faktor 7,25 zu klein.

Schriftzeichen

d = Rohrleitungsdurchmesser [m]
f = Reibungsbeiwert
K = Widerstandsbeiwert von Formstücken und Armaturen
L = Rohrleitungslänge [m]
n = Anzahl der Formstücke bzw. Armaturen
w = Strömungsgeschwindigkeit [m/s]
ν = Kinematische Viskosität [m^2/s]
ρ = Dichte [kg/m^3]

Tabelle 1.2.1: Widerstandsbeiwerte bei unterschiedlichen Reynoldszahlen

	Reynoldszahl	DN 25	DN 50	DN 100	DN 150
90°-Bogen	10.000	0,35	0,31	0,28	0,26
	3.000	0,54	0,5	0,46	0,45
	1.000	1,07	1,08	1	0,98
	500	1,87	1,83	1,8	1,78
	100	8,27	8,23	8,2	8,18
T-Durchgang	10.000	0,47	0,4	0,35	0,32
	3.000	0,52	0,45	0,4	0,37
	1.000	0,65	0,59	0,53	0,5
	500	0,85	0,79	0,73	0,7
	100	2,45	2,4	2,33	2,3
Klappen	10.000	0,58	0,45	0,39	0,37
	3.000	0,766	0,64	0,58	0,55
	1.000	1,3	1,17	1,1	1,09
	500	2,1	1,97	1,91	1,84
	100	8,5	8,37	8,31	8,29
T-Abgang	10.000	1,48	1,27	1,1	1,01
	3.000	1,66	1,46	1,28	1,2
	1.000	2,2	1,99	1,82	1,73
	500	3	2,79	2,62	2,53
	100	9,4	9,19	9,02	8,93
Ventil	10.000	7,97	6,82	5,88	5,42
	3.000	8,32	7,17	6,23	5,77
	1.000	9,32	8,17	7,24	6,77
	500	10,8	9,67	8,73	8,27
	100	22,8	21,7	20,7	20,3
Kugelhahn	10.000	0,11	0,102	0,091	0,086
	3.000	0,185	0,172	0,161	0,156
	1.000	0,385	0,372	0,361	0,357
	500	0,685	0,672	0,662	0,657
	100	3,08	3,07	3,06	3,05

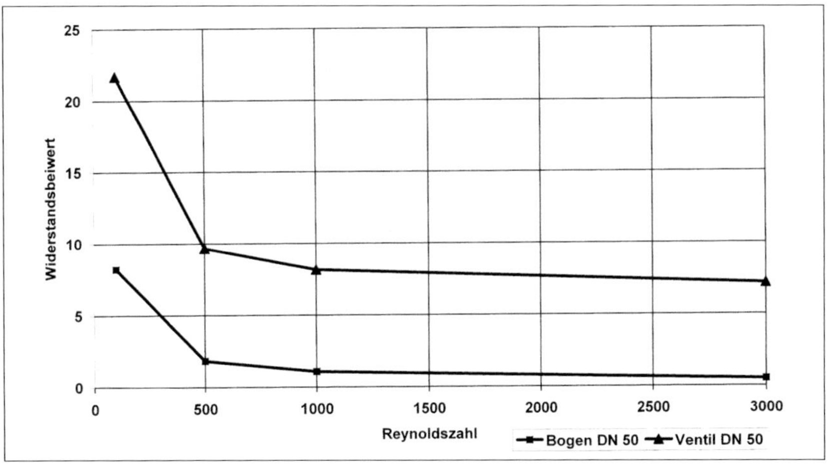

Bild 1.2.1: Widerstandsbeiwerte als Funktion der Reynoldszahl

1.3 Druckverluste in Reduzierungen und Blenden

1.3.1 Druckverluste in Reduzierungen

Den Druckverlust in Reduzierungen und Blenden ermittelt man wie folgt:

$\Delta P = K_1 \cdot w_1^2 \cdot \rho / 2 = K_2 \cdot w_2^2 \cdot \rho / 2$ [Pa]

Dazu benötigt man die Widerstandsbeiwerte K_1 bzw. K_2. Die Bestimmung der Widerstandsbeiwerte wird im Folgenden gezeigt.

Plötzliche Kontraktion

$K_1 = 0{,}5 \cdot (1 - \beta^2)$
$K_2 = K_1 / \beta^4$

β = d_1 / d_2
K_1 = Widerstandsbeiwert für w_1 in $d_1 < d_2$
K_2 = Widerstandsbeiwert für w_2 in $d_2 > d_1$
d_1 = Kleiner Rohrleitungsdurchmesser [m]
d_2 = Großer Rohrleitungsdurchmesser [m]
w_1 = Strömungsgeschwindigkeit in d_1
w_2 = Strömungsgeschwindigkeit in d_2

Allmähliche Kontraktion

$\alpha < 45°$: $K_2 = \dfrac{0{,}8 \cdot \sin(\alpha / 2) \cdot (1 - \beta^2)}{\beta^4}$

$45° < \alpha < 180°$: $K_2 = \dfrac{0{,}5 \cdot \sqrt{\sin(\alpha / 2)} \cdot (1 - \beta^2)}{\beta^4}$

Plötzliche Expansion

$K_1 = (1 - \beta^2)^2$

$K_2 = K_1 / \beta^4$

$\Delta P = K_1 \cdot w_1^2 \cdot \rho / 2 = K_2 \cdot w_2^2 \cdot \rho / 2$ [Pa]

Allmähliche Expansion

$\alpha \leq 45°$: $K1 = 2{,}6 \cdot \sin(\alpha / 2) \cdot (1 - \beta^2)^2$

$\alpha > 45°$: $K_1 = (1 - \beta^2)^2$

Beispiel 1.3.1.1: Druckverlustberechnung für Reduzierungen

$d_1 = 150$ mm
$d_2 = 200$ mm
$\beta = 150/200 = 0{,}75$
$w_1 = 1{,}7778$ m/s
$w_2 = 1$ m/s
$\rho = 1000$ kg/m^3

Plötzliche Reduzierung

$K_1 = 0{,}5 \cdot (1 - 0{,}75^2) = 0{,}2188$

$\Delta P_1 = 0{,}2188 \cdot 1{,}7778^2 \cdot 500 = 346$ Pa

$K_2 = K_1 / \beta^4 = 0{,}2188 / 0{,}75^4 = 0{,}6915$

$\Delta P_2 = 0{,}6915 \cdot 1^2 \cdot 500 = 346$ Pa

Allmähliche Reduzierung mit $\alpha = 8°$

$K_2 = \dfrac{0{,}8 \cdot 0{,}0698 \cdot (1 - 0{,}75^2)}{0{,}75^4} = 0{,}0772$

$\Delta P_2 = 0{,}0772 \cdot 1^2 \cdot 500 = 39$ Pa

Allmähliche Reduzierung mit $\alpha = 30°$

$K_2 = \dfrac{0{,}8 \cdot 0{,}2588 \cdot (1 - 0{,}75^2)}{0{,}75^4} = 0{,}2863$

$\Delta P_2 = 0{,}2863 \cdot 1^2 \cdot 500 = 143$ Pa

Allmähliche Reduzierung mit $\alpha = 60°$

$K_2 = \dfrac{0{,}5 \cdot \sqrt{0{,}5} \cdot (1 - 0{,}75^2)}{0{,}75^4} = 0{,}4889$

$\Delta P_2 = 0{,}4889 \cdot 1^2 \cdot 500 = 244$ Pa

Beispiel 1.3.1.2: Druckverlustberechnung für Expansionen

$d_1 = 150$ mm
$w_1 = 1{,}7778$ m/s

$d_2 = 200$ mm
$w_2 = 1$ m/s

$\beta = 150/200 = 0{,}75$
$\rho = 1000$ kg/m^3

Plötzliche Erweiterung:

$K_1 = (1 - 0{,}75^2)^2 = 0{,}1914$

$\Delta P_1 = 0{,}1914 \cdot 1{,}7778^2 \cdot 500 = 303$ Pa

Allmähliche Expansion mit $\alpha = 8°$:

$K_1 = 2{,}6 \cdot 0{,}0698 \cdot 0{,}1914 = 0{,}0347$

$\Delta P_1 = 0{,}0347 \cdot 1{,}7778^2 \cdot 500 = 55$ Pa

Allmähliche Expansion mit $\alpha = 30°$:

$K_1 = 2{,}6 \cdot 0{,}2588 \cdot 0{,}1914 = 0{,}1288$

$\Delta P_1 = 0{,}1288 \cdot 1{,}7778^2 \cdot 500 = 204$ Pa

1.3.2 Druckverluste für Reduzierstücke nach DIN 2616/EN 10253

Die handelsüblichen Reduzierstücke nach DIN 2616 bzw. EN 10253-2 und 10253-4 werden als plötzliche Kontraktionen bzw. Erweiterungen betrachtet.

Die Widerstandsbeiwerte werden wie folgt berechnet:

Reduzierung

$K_1 = 0{,}5 \cdot (1 - \beta^2)$
$K_2 = K_1 / \beta^4$

Erweiterung

$K_1 = (1 - \beta^2)^2$
$K_2 = K_1 / \beta^4$

Tab. 1.3.2.1: Tabelle mit Widerstandsbeiwerten

$\beta = d_1/d_2$	Expansion		Reduzierung	
	K_{1EXP}	K_{2EXP}	K_{1RED}	K_{2RED}
0,4	0,706	27,56	0,42	16,4
0,5	0,563	9	0,375	6
0,6	0,409	3,16	0,32	2,47
0,7	0,26	1,08	0,255	1,06
0,8	0,129	0,316	0,18	0,44

Druckverlustberechnung

$\Delta P = K_1 \cdot w_1{}^2 \cdot \rho / 2 = K_2 \cdot w_2{}^2 \cdot \rho / 2$ [Pa]

K_1 = Widerstandsbeiwert bezogen auf die Strömungsgeschwindigkeit w_1 in dem kleineren Durchmesser d_1

K_2 = Widerstandsbeiwert bezogen auf die Strömungsgeschwindigkeit w_2 in dem größeren Durchmesser d_2

$\beta = d_1 / d_2$
$d_1 < d_2$
$w_2 = w_1 \cdot \beta^2$

Beispiel 1.3.2.1:

$\beta = 0{,}8$ $w_1 = 3$ m/s
$\rho = 1000$ kg/m^3 $w_2 = \beta^2 \cdot w_1 = 1{,}92$ m/s

Expansion

$\Delta P_1 = K_1 \cdot w_1{}^2 \cdot \rho / 2 = 0{,}129 \cdot 3{,}00^2 \cdot 500 = 582$ Pa

$\Delta P_2 = K_2 \cdot w_2 \cdot \rho / 2 = 0{,}316 \cdot 1{,}92^2 \cdot 500 = 582$ Pa

Reduzierung

$\Delta P_1 = K_1 \cdot w_1{}^2 \cdot \rho / 2 = 0{,}18 \cdot 3{,}00^2 \cdot 500 = 810$ Pa

$\Delta P_2 = K_2 \cdot w_2{}^2 \cdot \rho / 2 = 0{,}44 \cdot 1{,}92^2 \cdot 500 = 810$ Pa

1.3.3 Druckverlustberechnungen für Rohrleitungen mit unterschiedlichen Durchmessern

Die Widerstandszahlen der einzelnen Rohrleitungen und Formstücke können für die Strömungsgeschwindigkeit w_1 in dem kleineren Durchmesser d_1 oder für die kleinere Strömungsgeschwindigkeit w_2 in dem größeren Durchmesser d_2 ermittelt werden.

K_1 = Widerstandszahl bezogen auf w_1 in dem Durchmesser d_1
K_2 = Widerstandszahl bezogen auf w_2 in dem Durchmesser d_2

Für die Umrechnung gilt: $K_2 = K_1 / \beta^4$

$\beta = d_1 / d_2$
$d_1 < d_2$
$w_1 > w_2$

w_1 = Strömungsgeschwindigkeit im Durchmesser d_1
w_2 = Strömungsgeschwindigkeit im Durchmesser d_2

$w_2 = \beta^2 \cdot w_1$

$\Delta P_1 = K_1 \cdot w_1{}^2 \cdot \rho /2$ [Pa]
$\Delta P_2 = K_2 \cdot w_2{}^2 \cdot \rho /2$ [Pa]

Beispiel 1.3.3.1:

$d_1 = 81{,}5$ mm
$d_2 = 106{,}9$ mm
$\beta = 81{,}5 / 106{,}9 = 0{,}762$
$w_1 = 3$ m/s
$w_2 = 0{,}762^2 \cdot 3 = 1{,}742$ m/s

Dichte $\rho = 1000$ kg/m³
Viskosität $\eta = 1$ mPas

Aus der beiliegenden Skizze werden die Widerstandsbeiwerte K_1 der einzelnen Rohrleitungsabschnitte, Reduzierungen, Erweiterungen und T-Stücke addiert:

$\Sigma K_1 = 0{,}5 + 2{,}44 + 0{,}18 + 0{,}31 + 0{,}21 + 1{,}22 + 0{,}35 + 1{,}04 + 1 = 7{,}25$

$\Delta P_1 = 7{,}25 \cdot 3^2 \cdot 1000/2 = 32625$ Pa $= 0{,}326$ bar

$\Sigma K_2 = 7{,}25 / 0{,}762^4 = 21{,}503$

$\Delta P_2 = 21{,}503 \cdot 1{,}742^2 \cdot 500 = 32625$ Pa $= 0{,}326$ bar

Bild 1.3.3.1: Beispiel für unterschiedliche Durchmesser mit $\beta = 0,762$

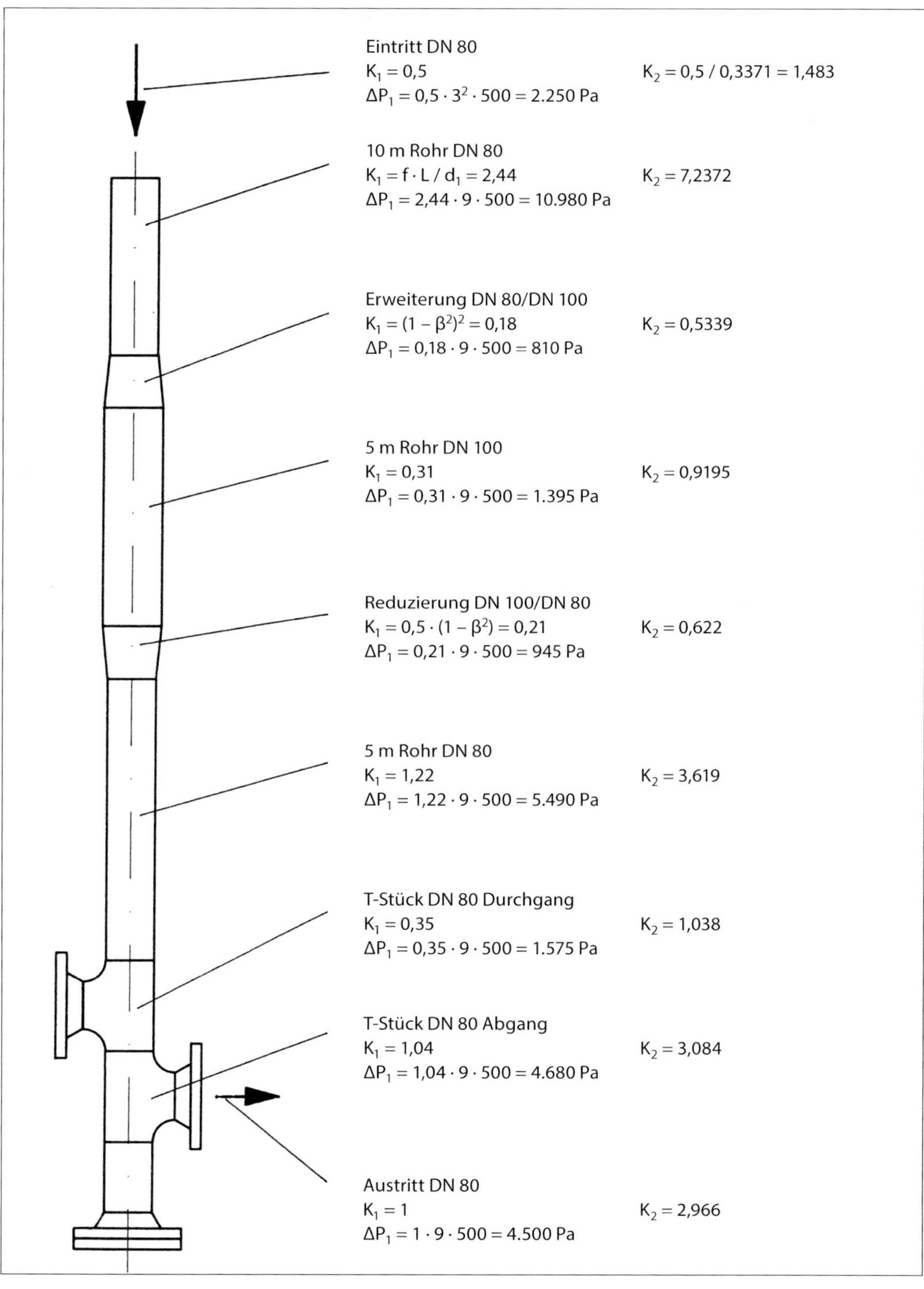

1.3.4 Druckverlust für ein T-Stück mit reduziertem Abgang

Der Druckverlustbeiwert wird folgendermaßen ermittelt:

$$K_2 = K_{T\text{-}Stck} + K_{Red} = K_{T\text{-}Stck} + \frac{0{,}5 \cdot (1 - \beta^2)}{\beta^4}$$

K_2 = Widerstandsbeiwert bezogen auf die Strömungsgeschwindigkeit in dem größeren Rohrleitungsdurchmesser d_2

$\beta = d_1 / d_2$

Beispiel 1.3.4.1: T-Stück DN 100 mit Abgang DN 80

$\beta = 80/100 = 0{,}762$

$K_{T\text{-}Stck} = 1{,}2$ = Widerstandsbeiwert für den T-Stück-Abgang ohne Reduzierung im Abgang

$w_1 = 3$ m/s in DN 80
$w_2 = \beta^2 \cdot w_1 = 1{,}742$ m/s in DN 100

$\rho = 1000\ kg/m^3$

$$K_2 = 1{,}2 + \frac{0{,}5 \cdot (1 - 0{,}762^2)}{0{,}762^4} = 1{,}8219$$

Druckverlust in dem T-Stück mit reduziertem Abgang

$\Delta P = 1{,}8219 \cdot 1{,}742^2 \cdot 500 = 2764$ Pa

Kontrollrechnung getrennt für T-Stück und Reduzierung

$\Delta P_{T\text{-}Stck} = 1{,}20 \cdot 1{,}742^2 \cdot 500 = 1821$ Pa

$\Delta P_{Red} = 0{,}6219 \cdot 1{,}742^2 \cdot 500 = 943$ Pa

$\Delta P_{ges} = 2764$ Pa = 27,64 mbar

Druckverlust für einen Bogen mit *Erweiterung*

$K_{ges} = K_{Bogen} + K_{EXP}$

Druckverlust für einen Bogen mit *Reduzierung*

$K_{ges} = K_{Bogen} + K_{RED}$

1.3.5 Druckverlust von Drosselblenden

Der Druckverlust von Blenden ergibt sich im Wesentlichen aus dem Öffnungsverhältnis m.

$$\Delta P_{Blende} = K_{Blende} \cdot \frac{w_1^2 \cdot \rho}{2}$$

$$K_{Blende} = \frac{1 - m}{\alpha^2 \cdot m^2}$$

$$m = \frac{d_2^2}{d_1^2}$$

$$\alpha = 0{,}6 + 0{,}41 \cdot m^2$$

Alternativ kann man den Widerstandsbeiwert der Blende wie folgt berechnen:

$$K_{Blende} = 2{,}8 \cdot (1 - m) \cdot \left[\left(\frac{1}{\sqrt{m}} \right)^4 - 1 \right]$$

d_1 = Rohrleitungsdurchmesser [m]
d_2 = Blendendurchmesser [m]
w_1 = Strömungsgeschwindigkeit in der Rohrleitung [m/s]

In Tabelle 1.3.5.1 sind die Widerstandsbeiwerte für verschiedene m-Werte aufgelistet.

Tab. 1.3.5.1: Widerstandsbeiwerte für verschiedene m-Werte

m	0,1	0,15	0,2	0,25	0,3	0,4	0,5
K	249	102	53	31	19	9	4

Beispiel 1.3.5.1:

$m = 0{,}6$ $w_1 = 3{,}52$ m/s $\rho = 1000$ kg/m³ $\alpha = 0{,}7476$

$$K = \frac{1 - 0{,}6}{0{,}7476^2 \cdot 0{,}6^2} = 1{,}988$$

$$\Delta P = 1{,}988 \cdot \frac{3{,}52^2 \cdot 1000}{2} = 12316 \text{ Pa}$$

Alternativ:

$$K = 2{,}8 \cdot (1 - 0{,}6) \cdot \left[\left(\frac{1}{\sqrt{0{,}6}} \right)^4 - 1 \right] = 1{,}99$$

$$\Delta P = 1{,}99 \cdot \frac{3{,}52^2 \cdot 1000}{2} = 12335 \text{ Pa}$$

1.4 Druckverlustberechnungen für Gase und Dämpfe

Grundsätzlich gelten für kompressible Medien die gleichen Berechnungsformeln wie für die Flüssigkeiten.

Zu beachten ist zusätzlich die Volumenvergrößerung durch den Druckabfall in der Rohrleitung sowie die Volumenänderung bei Temperaturänderungen und bei hohen Geschwindigkeiten das Beschleunigungsglied.

Bei größerem Druckabfall ändert sich mit der Dichte auch die kinematische Viskosität und damit die Reynoldszahl, so dass sich auch der Reibungsbeiwert ändert.

Zum Vergleich sind im Folgenden die Berechnungsgleichungen für die inkompressible Strömung von Flüssigkeiten und die kompressible Strömung von Gasen und Dämpfen aufgelistet.

Berechnungsgleichung für den Druckverlust bei inkompressibler Strömung ΔP_i

$$\Delta P_i = \left(K + f \cdot \frac{L}{d}\right) \cdot \frac{\rho}{2} \cdot w^2 \quad [\text{Pa}] \tag{1}$$

Berechnungsgleichung für den Druckverlust bei kompressibler Strömung ΔP_K

$$\Delta P_K = P_1 \cdot \left[1 - \sqrt{1 - \frac{2}{P_1} \cdot \frac{\rho_1}{2} \cdot w_1{}^2 \cdot \left(K + f \cdot \frac{L}{d}\right) \cdot \frac{T_m}{T_1}}\right] \quad [\text{Pa}] \tag{2}$$

P_1 = Anfangsdruck [bar]

T_1 = Anfangstemperatur [K]

T_m = mittlere Temperatur in der Leitung [K]

Bei der kompressiblen Strömung ist folgendes zu beachten:

a) Durch den Druckabfall längs der Leitung wird das Gasvolumen vergrößert. Bei isothermer Strömung, also ohne Temperaturänderung, ist daher der Druckverlust für kompressible Medien größer als für inkompressible.

b) Durch eine adiabate Expansion in der Leitung kann das Gas abgekühlt werden. Dann verringert sich das Gasvolumen und der Druckverlust wird kleiner.

c) Bei zu großem Druckabfall in der Leitung erreicht man die kritische Geschwindigkeit (Schallgeschwindigkeit) , die den maximalen Volumenstrom limitiert.

d) Wegen der Ausdehnung bei fallendem statischen Druck muss bei größeren Strömungsgeschwindigkeiten ein Beschleunigungsglied berücksichtigt werden. Das gilt für Geschwindigkeiten über 30 m/s.

Für die praktische Rechnung empfiehlt sich folgende Vorgehensweise bei der Berechnung des Druckverlustes kompressibler Gase oder Dämpfe:

1. Berechnung des Druckverlustes ΔP_i für inkompressible Medien nach Gl. (1).

2. Einsetzen des inkompressiblen Druckverlustes ΔP_i in folgende Gl. (3).

$$\Delta P_K = P_1 \cdot \left(1 - \sqrt{1 - 2 \cdot \frac{\Delta P_i}{P_1} \cdot \frac{T_m}{T_1}}\right) \qquad T_m = \frac{T_1 + T_2}{2} \qquad (3)$$

Das Temperaturkorrekturglied T_m/T_1 ist bei isothermer Strömung = 1.

Bis zu einem Druckabfall von 10 % ist die Berechnung nach Gl. (1) für inkompressible Medien zulässig.

Kontrollberechnung

$$\frac{P_1^2 + P_2^2}{2 \cdot P_1} = \left(K + f \cdot \frac{L}{d}\right) \cdot \frac{w_1^2 + \rho_1}{2} \cdot \frac{T_m}{T_1}$$

Beispiel 1.4.1:
Druckverlustberechnung für isotherme Gasströmung in DN 150 und DN 200

Zu berechnen ist der Druckverlust einer Heizgasleitung bei isothermer Strömung ($T_m = T_1$).

Durchsatz = 3363 kg/h; M = 21,2; $R_i = 8316{,}6 / 21{,}2 = 392{,}3$
t = 46 °C; $P_1 = 3$ bar; $\eta = 11{,}18 \cdot 10^{-6}$ Pa s

$$\rho_G = \frac{3 \cdot 10^5}{392{,}3 \cdot 319} = 2{,}4 \text{ kg/m}^3 \quad \text{(Dichte)}$$

$$V_B = \frac{3363}{2{,}4} = 1401 \text{ m}^3\text{/h} \quad \text{(Betriebsvolumen)}$$

L = 245 m
K = 20
Rauhigkeit = 0,2 mm
Höhendifferenz = 0 m

$$f = \frac{0{,}3}{Re^{0{,}2}} \quad \text{(Reibungsbeiwert)}$$

DN 150 (d_i = 0,1571 m) w = 20 m/s Re = 677422 f = 0,02

$$\text{Gl. (1):}\quad \Delta P_i = \left(0{,}02 \cdot \frac{245}{0{,}1571} + 20\right) \cdot \frac{2{,}4}{2} \cdot 20^2 \cdot 10^{-5} = 0{,}245 \text{ bar}$$

$$\text{Gl. (3):}\quad \Delta P_K = 3 \cdot \left(1 - \sqrt{1 - \frac{2 \cdot 0{,}245}{3}}\right) = 0{,}256 \text{ bar}$$

$$\text{Gl. (2):}\quad \Delta P_K = 3 \cdot \left[1 - \sqrt{1 - \frac{2}{3 \cdot 10^{-5}} \cdot \frac{2{,}4}{2} \cdot 20^2 \cdot \left(\frac{0{,}02 \cdot 245}{0{,}1571} + 20\right)}\right] = 0{,}256 \text{ bar}$$

DN 200 (d_i = 0,2073 m) w = 11,53 m/s Re = 513376 f = 0,0216

$$\text{Gl. (1):}\quad \Delta P_i = \left(0{,}0216 \cdot \frac{245}{0{,}2073} + 20\right) \cdot \frac{2{,}4}{2} \cdot 11{,}53^2 \cdot 10^{-5} = 0{,}073 \text{ bar}$$

$$\text{Gl. (3):}\quad \Delta P_K = 3 \cdot \left(1 - \sqrt{1 - \frac{2 \cdot 0{,}073}{3}}\right) = 0{,}073 \text{ bar}$$

$$\text{Gl. (2):}\quad \Delta P_K = 3 \cdot \left[1 - \sqrt{1 - \frac{2}{3 \cdot 10^{-5}} \cdot \frac{2{,}4}{2} \cdot 11{,}53^2 \cdot \left(\frac{0{,}0216 \cdot 245}{0{,}2073} + 20\right)}\right] = 0{,}073 \text{ bar}$$

In Tabelle 1.4.1.1 sind die Ergebnisse der Druckverlustberechnung nach den Gleichungen für inkompressible (Gl. (1)) und kompressible Strömung aufgelistet. Die Unterschiede sind gering.

Tab. 1.4.1.1: Ergebnisse der Druckverlustberechnung nach Gl. (1) bis Gl. (3)

	DN150		DN200	
Menge [kg/h]	ΔP_i [bar]	ΔP_K [bar]	ΔP_i [bar]	ΔP_K [bar]
2000	0,0881	0,0894	0,0242	0,0243
3000	0,1967	0,2036	0,0539	0,0544
4000	0,3483	0,3713	0,0953	0,0969
5000	0,5430	0,6038	0,1484	0,1523

Beispiel 1.4.2: Druckverlustberechnung für nichtisotherme Gasströmung in einer Druckluftleitung mit Abkühlung durch Entspannung

3000 kg/h — $d_i = 102$ mm
$L = 1000$ m — $K_{ges} = 169{,}74$ — $t_1 = 100$ °C — $P_1 = 5$ bar
$\rho_1 = 4{,}66$ kg/m³ — $w_1 = 21{,}8$ m/s

Druckverlustberechnung für inkompressible Strömung

$$\Delta P_i = K_{ges} \cdot \frac{w^2 \cdot \rho}{2} = 169{,}74 \cdot \frac{21{,}8^2 \cdot 4{,}66}{2}$$

$$\Delta P_i = 187955 \text{ Pa} = 1{,}879 \text{ bar}$$

Druckverlustberechnung für isotherme kompressible Strömung

$$\Delta P_K = 5 \cdot \left(1 - \sqrt{1 - 2 \cdot \frac{1{,}879}{5} \cdot 1}\right) = 2{,}5 \text{ bar}$$

Mit Abkühlung durch adiabate Entspannung

$$T_2 = T_1 \cdot \left(\frac{P_2}{P_1}\right)^{\frac{\kappa - 1}{\kappa}} = 373 \cdot \left(\frac{2{,}5}{5}\right)^{0{,}286} = 306 \text{ K}$$

$$T_m = \frac{373 + 306}{2} = 339{,}5 \text{ K}$$

$$\Delta P_K = 5 \cdot \left(1 - \sqrt{1 - 2 \cdot \frac{1{,}879}{5} \cdot \frac{339{,}5}{373}}\right) = 2{,}19 \text{ bar}$$

Neue Berechnung der Abkühlung bei einem Druckabfall von $P_1 = 5$ bar auf $P_2 = 2{,}8$ bar.

$$T_2 = 373 \cdot \left(\frac{2{,}8}{5}\right)^{0{,}285} = 316 \text{ K} \qquad T_m = 344{,}5 \text{ K}$$

$$\Delta P_K = 5 \cdot \left(1 - \sqrt{1 - 2 \cdot \frac{1{,}879}{5} \cdot \frac{344{,}5}{373}}\right) = 2{,}23 \text{ bar}$$

Beispiel 1.4.3: Druckverlustberechnung für nichtisotherme Strömung in einer Dampfleitung mit Abkühlung um 50°C durch Wärmeverluste

$P_1 = 10$ bar $\quad t_1 = 250°C \quad \rho_1 = 4{,}29$ kg/m³

$K_{ges} = 116{,}45 \quad w_1 = 23{,}6$ m/s

Inkompressible Druckverlustberechnung

$$\Delta P_i = 116{,}45 \cdot \frac{23{,}6^2 \cdot 4{,}29}{2} = 139120 \text{ Pa} = 1{,}39 \text{ bar}$$

Kompressibel isotherm

$$\Delta P_K = 10 \cdot \left(1 - \sqrt{1 - 2 \cdot \frac{1{,}39}{10} \cdot 1}\right) = 1{,}50 \text{ bar}$$

Kompressibel mit Abkühlung um 50°C durch Wärmeverluste

$$T_m = \frac{250 + 200}{2} = 225\text{ °C} = 498 \text{ K}$$

$$\Delta P_K = 10 \cdot \left(1 - \sqrt{1 - 2 \cdot \frac{1{,}39}{5} \cdot \frac{498}{523}}\right) = 1{,}43 \text{ bar}$$

Beispiel 1.4.4: Druckverlustberechnung für eine Dampfleitung mit Abkühlung durch adiabate Entspannung

8445 kg/h Dampf $\quad P_1 = 14$ bar $\quad T_1 = 340$ °C

$\rho = 5{,}08$ kg/m³ $\quad w_1 = 56{,}2$ m/s

$L = 300$ m $\quad d_i = 102$ mm $\quad i_1 = 3128$ kJ/kg $\quad K_{ges} = 49{,}01$

$$\Delta P_i = 49{,}01 \cdot \frac{56{,}2^2 \cdot 5{,}08}{2} = 3{,}93 \text{ bar}$$

$$\Delta P_K = 14 \cdot \left(1 - \sqrt{1 - 2 \cdot \frac{3{,}93}{14} \cdot 1}\right) = 4{,}73 \text{ bar}$$

$t_2 = 335$ °C

t_2 wird aus der Dampftafel entnommen!

$$T_m = \frac{608 + 613}{2} = 610{,}5 \text{ K}$$

Druckverlust mit Abkühlung durch Entspannung

$$\Delta P_K = 14 \cdot \left(1 - \sqrt{1 - 2 \cdot \frac{3{,}93}{14} \cdot \frac{610{,}5}{613}}\right) = 4{,}7 \text{ bar}$$

Bild 1.4.1: Druckverlust von 10-bar-Druckluft nach verschiedenen Rechenmodellen in einer Rohrleitung DN 40

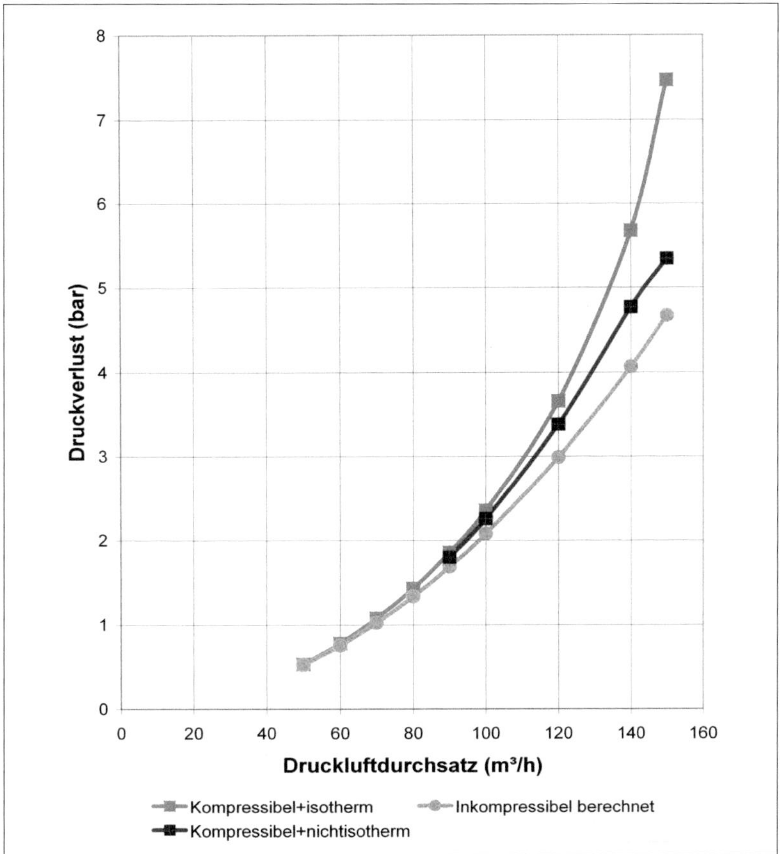

In Bild 1.4.1 sind die nach unterschiedlichen Modellen berechneten Rohrleitungskennlinien für Druckluft dargestellt. Am niedrigsten ist der inkompressibel berechnete Druckverlust. Am höchsten ist der kompressibel berechnete Druckverlust bei isothermen Bedingungen. Dazwischen liegt die Kennlinie für den kompressibel berechneten Druckverlust unter Berücksichtigung der adiabaten Druckluftabkühlung bei Entspannung. Bei geringen Druckverlusten unter 10 % vom Anfangsdruck sind die Differenzen sehr gering.

1.5 Dimensionierung von Vakuumleitungen

Eine einfache Methode zur Auslegung von Vakuumleitungen ist die Ermittlung der zulässigen Strömungsgeschwindigkeit w_{zul} für einen Druckverlust von ca. 10 % des Gesamtdruckes.

Einzusetzen ist die Gesamtlänge L der Rohrleitung einschließlich der äquivalenten Länge L für Formstücke und Armaturen und der Rohrdurchmesser D.

$$w_{zul} = \sqrt{\frac{2 \cdot 0{,}1 \cdot R_i \cdot T}{1 + 0{,}04 \cdot \frac{L}{D}}} = 40{,}77 \cdot \sqrt{\frac{T}{M \cdot \left(1 + 0{,}04 \cdot \frac{L}{D}\right)}} \quad [m/s] \quad R_i = \frac{R}{M} = \frac{8314}{M} \quad \left[\frac{N \cdot m}{kg \cdot K}\right]$$

M = Molgewicht T = Temperatur [K] R = individuelle Gaskonstante

Beispiel 1.5.1: Berechnung der zulässigen Strömungsgeschwindigkeit in einer Vakuumleitung

M = 58 kg/kmol L = 10 m D = 0,2 m

T = 293 K P = 10 mbar = 1000 Pa

$$R_i = \frac{8314}{M} = 143 \frac{N \cdot m}{kg \cdot K} = 143 \frac{J}{kg \cdot K}$$

$$w_{zul} = \sqrt{\frac{0{,}2 \cdot 143 \cdot 293}{1 + 0{,}04 \cdot \frac{10}{0{,}2}}} = 40{,}77 \cdot \sqrt{\frac{293}{58 \cdot \left(1 + 0{,}04 \cdot \frac{10}{0{,}2}\right)}} = 52{,}9 \text{ m/s}$$

Zur Kontrolle sollte immer eine Druckverlustberechnung für die ermittelte Strömungsgeschwindigkeit w_{zul} durchgeführt werden.

$$\Delta P = \frac{L}{D} \cdot \frac{w^2 \cdot \rho}{2} \quad \left[Pa = \frac{N}{m^2}\right] \qquad \rho = \frac{P}{R \cdot T} = \frac{M}{22{,}4} \cdot \frac{P\,[mbar]}{1013} \cdot \frac{273}{T\,[K]} \quad [kg/m^3]$$

Druckverlustberechnung für w_{zul} = 52,9 m/s

$$\rho = \frac{P}{R \cdot T} = \frac{1000}{143 \cdot 293} = 0{,}024 \text{ kg/m}^3$$

$$= \frac{M}{22{,}4} \cdot \frac{P\,[mbar]}{1013} \cdot \frac{273}{T\,[K]} = \frac{58}{22{,}4} \cdot \frac{10}{1013} \cdot \frac{273}{293} = 0{,}024 \text{ kg/m}^3$$

$$\Delta P = f \cdot \frac{L}{D} \cdot \frac{w^2 \cdot \rho}{2} = 0{,}04 \cdot \frac{10}{0{,}2} \cdot \frac{52{,}9^2 \cdot 0{,}024}{2} = 67{,}2 \frac{N}{m^2} = 67{,}2 \text{ Pa} < 10\,\% \text{ von } 1000 \text{ Pa}$$

Kontrollrechnung für den Reibungswert f:

Dynamische Viskosität $\eta = 18{,}2 \cdot 10^{-6}$ Pa

$$Re = \frac{w \cdot d \cdot \rho}{\eta} = \frac{52{,}9^2 \cdot 0{,}2 \cdot 0{,}024}{18{,}2 \cdot 10^{-6}} = 13952 \qquad f = \frac{0{,}3}{13952^{0{,}2}} = 0{,}044$$

$$\Delta P = \frac{0{,}044}{0{,}04} \cdot 67{,}2 = 73{,}9 \text{ Pa}$$

1.6 Kompressibilitätsfaktor z

Bei hohen Drücken muss der Einfluss des Kompressibilitätsfaktors z auf das reale Gasvolumen und die Gasdichte beachtet werden. Durch den Kompressibilitätsfaktor z wird das Gasvolumen verringert und somit der Druckverlust vermindert.

Zustandsgleichung für Gase:

$$P \cdot V = z \cdot n \cdot R \cdot T \qquad R = 0{,}08314 \quad [\text{bar m}^3/\text{kmol K}]$$

$$\text{Volumen } V = \frac{z \cdot n \cdot R \cdot T}{P}$$

$$\text{Dichte } \rho = \frac{P}{z \cdot R_i \cdot T} \qquad R_i = \frac{0{,}08314}{M}$$

Beispiel 1.6.1: Berechnung des Gasvolumens und der Gasdichte unter Berücksichtigung des Kompressibilitätsfaktors z

8978,8 kg CO_2
$P = 60$ bar
$T = 313$ K
$M = 44$
$z = 0{,}584$
$n = 8978{,}8\,/44 = 204{,}06$ kmol CO_2

$$V = \frac{0{,}584 \cdot 204{,}06 \cdot 0{,}08314 \cdot 313}{60} = 51{,}7 \text{ m}^3$$

$$R_i = \frac{0{,}08314}{44} = 0{,}00189$$

$$\rho = \frac{60}{0{,}584 \cdot 0{,}00189 \cdot 313} = 173{,}7 \text{ kg/m}^3$$

$$V = \frac{G}{\rho} = \frac{8978{,}8}{173{,}7} = 51{,}7 \text{ m}^3$$

Ein niedriger Kompressibilitätsfaktor verringert das Gasvolumen und somit auch die Strömungsgeschwindigkeit, so dass sich deutlich kleinere Druckverluste ergeben.

Die Auswirkung des Kompressibilitätsfaktors auf die Druckverlustberechnung zeigt das Beispiel 1.6.2

Beispiel 1.6.2: Berechnung des kompressiblen Druckverlustes mit und ohne Berücksichtigung des Kompressibilitätsfaktors z

Gas: CO_2 mit z = 0,58
P = 60 bar
t = 40 °C
Rohrleitung: D = 102 mm, L = 20 km
K_{ges} = 3993,66

	Ideal: z = 1		Real: z = 0,58	
	Ein	Aus	Ein	Aus
Menge (kg/h)	8978,8		8978,8	
Volumen (m^3/h)	88,6	127,3	51,7	61,8
Dichte [kg/m^3]	101,3	70,5	173,7	145,3
w [m/s]	3	4,3	1,7	2,1
P [bar]	60	41,78	60	50,18
ΔP [bar]	18,22		9,82	

Beispiel 1.6.3: Druckverlustberechnung für Stickstoff mit z = 0,99

P = 60 bar
t = 40 °C
Rohrleitung: D = 102 mm, L = 20 km
K_{ges} = 3993,66

	Ein	Aus
Menge (kg/h)	8978,8	
Volumen (m^3/h)	137,2	282,7
Dichte [kg/m^3]	65,44	31,76
w [m/s]	4,6	9,6
P [bar]	60	29,12
ΔP [bar]	30,88	

Abschätzung des Kompressibilitätsfaktors z

Für eine schnelle näherungsweise Ermittlung des Kompressibilitätsfaktors z kann das Diagramm in Bild 1.6.1 benutzt werden.

Dazu benötigt man den reduzierten Druck P_R und die reduzierte Temperatur T_R.

$$P_R = \frac{P_B}{P_C} \qquad T_R = \frac{T_B}{T_C}$$

P_B = Betriebsdruck
T_B = Betriebstemperatur
P_C = Kritischer Druck
T_C = Kritische Temperatur

Bild 1.6.1: Diagramm zur Abschätzung des Kompressibilitätsfaktors

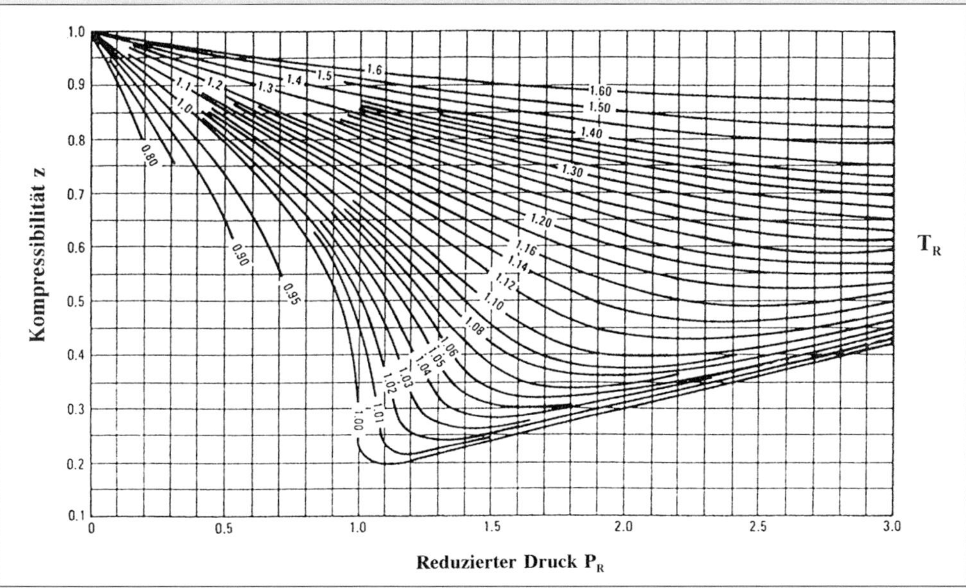

Beispiel: CO_2 bei 36,9 bar und 153 °C

T_C = 304,2 K $\qquad$ P_C = 73,8 bar

$$P_R = \frac{36{,}9}{73{,}8} = 0{,}5$$

$$T_R = \frac{426}{304{,}2} = 1{,}4$$

Für P_R = 0,5 und T_R = 1,4 wird aus dem Diagramm ein Wert von z = 0,94 abgelesen.

1.7 Kavitationsgefahr durch Absenken des statischen Drucks

Der Gesamtdruck in einer Rohrleitung setzt sich zusammen aus dem Höhendruck P_H, dem statischen Druck P_{stat} und dem dynamischen Druck P_{dyn}.

Es gilt die Bernoulli-Gleichung

$$P_{ges} = P_H + P_{stat} + P_{dyn} = h \cdot g \cdot \rho + P_{stat} + \frac{w^2 \cdot \rho}{2} \quad [Pa]$$

h = Flüssigkeitshöhe (m FS)
g = Erdbeschleunigung = 9,81 m/s^2
w = Strömungsgeschwindigkeit [m/s]
ρ = Flüssigkeitsdichte [kg/m^3]

1.7.1 Absenkung des statischen Drucks bei höheren Strömungsgeschwindigkeiten

Da der Gesamtdruck konstant bleibt, nimmt der statische Druck in der Rohrleitung mit zunehmender Strömungsgeschwindigkeit ab, weil der dynamische Druck mit zunehmender Strömungsgeschwindigkeit größer wird.

Für zwei Punkte in der Rohrleitung mit unterschiedlicher Strömungsgeschwindigkeit gilt folgende Beziehung:

$$P_1 + h_1 \cdot \rho \cdot g + \frac{w_1^2 \cdot \rho}{2} = P_2 + h_2 \cdot \rho \cdot g + \frac{w_2^2 \cdot \rho}{2}$$

$P_1 + P_2$: Statischer Druck [Pa]
$h_1 + h_2$: Flüssigkeitshöhe [m]
$w_1 + w_2$: Strömungsgeschwindigkeit [m/s]
$\rho_1 + \rho_2$: Flüssigkeitsdichte [kg/m^3]

Für eine **horizontale Rohrleitung mit $h_1 = h_2$** vereinfacht sich die Formel:

$$P_1 + \frac{w_1^2 \cdot \rho}{2} = P_2 + \frac{w_2^2 \cdot \rho}{2}$$

Daraus ergibt sich für den Abfall des statischen Drucks ΔP_{stat} bei höherer Strömungsgeschwindigkeit:

$$\Delta P_{stat} = P_1 - P_2 = (w_2^2 - w_1^2) \cdot \frac{\rho}{2} \quad [Pa]$$

Der statische Druck bei höherer Strömungsgeschwindigkeit ergibt sich wie folgt:

$$P_{2stat} = P_{1stat} - \Delta P_{stat} \quad [Pa]$$

Durch die Absenkung des statischen Drucks auf den Dampfdruck der Flüssigkeit kommt es zur Verdampfung und Kavitation. Besonders gefährdet sind Blenden, Verengungen, Regelventile, Pumpeneinläufe mit großen Geschwindigkeitsänderungen ($w_2 \gg w_1$, **Bild 1.7.1**)

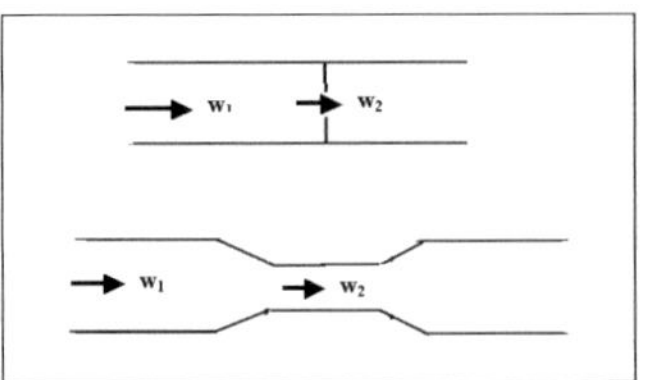

Bild 1.7.1:

Beispiel 1.7.1: Berechnung des statischen Druckabfalls bei höherer Strömungsgeschwindigkeit

Es wird die Absenkung des statischen Drucks beim Eintritt in eine Pumpe durch die Erhöhung der Strömungsgeschwindigkeit von 1 m/s auf 8 m/s, z. B. beim Eintritt in die Pumpe berechnet:

$w_1 = 1$ m/s $\quad w_2 = 8$ m/s $\quad \rho = 800$ kg/m^3 $\quad P_{ges} = 1$ bar

Berechnung des statischen Druckabfalls

$$\Delta P_{stat} = \frac{(8^2 - 1^2) \cdot 800}{2} = 25200 \text{ Pa}$$

$$\Delta P_{stat} = \frac{8^2 - 1^2}{2 \cdot 9{,}81} = 3{,}21 \text{ m FS}$$

Berechnung des statischen Drucks P_{stat1} bei 1 m/s Strömungsgeschwindigkeit

$$P_{stat1} = P_{ges} - \frac{{w_1}^2 \cdot \rho}{2} = 1 \cdot 10^5 - \frac{1^2 \cdot 800}{2} = 99600 \text{ Pa}$$

Berechnung des statischen Drucks P_{stat2} bei 8 m/s Strömungsgeschwindigkeit

$$P_{stat2} = P_{stat1} - \Delta P_{stat} = 99600 - 25200 = 74400 \text{ Pa}$$

$$P_{stat2} = P_{ges} - \frac{{w_2}^2 \cdot \rho}{2} = 1 \cdot 10^5 - \frac{8^2 \cdot 800}{2} = 74400 \text{ Pa}$$

Kontrolle:

$$\Delta P_{stat} = P_{stat1} - P_{stat2} = 99600 - 74400 = 25200 \text{ Pa}$$

Durch den Abfall des statischen Duckes auf den Dampfdruck der Flüssigkeit in der Pumpe kommt es zur Kavitation in der Pumpe. Dadurch wird die Pumpenfunktion beeinträchtigt und die Pumpe zerstört.

Durch eine Zulaufhöhe vor der Pumpe, den sogenannten NPSH-Wert der Pumpe, wird die Verdampfung in der Pumpe unterbunden, weil der statische Druck um die Zulaufhöhe angehoben wird.

Der erforderliche NPSH-Wert von Kreiselpumpen liegt im Bereich von 2,5 bis 3 m FS.

Die Auslegung von Kreiselpumpen wird in Kapitel 4 behandelt.

1.7.2 Zulässige Strömungsgeschwindigkeit zur Vermeidung von Kavitation

Bei hohen Strömungsgeschwindigkeiten sinkt der statische Druck in der Rohrleitung, weil der dynamische Druck mit zunehmender Strömungsgeschwindigkeit ansteigt. Wenn der statische Druck absinkt auf den Dampfdruck der Flüssigkeit, kommt es zur Verdampfung und Kavitation. Das passiert in Verengungen, z. B. in Blenden, Regelventilen oder im Pumpeneinlauf.

In horizontalen Rohrleitungen kann man die zulässige maximale Strömungsgeschwindigkeit zur Vermeidung von Kavitation berechnen:

$$w_{zul} = 0{,}7 \cdot \sqrt{\frac{2 \cdot (P_{stat} - P_D)}{\rho}} \quad [m/s]$$

P_{stat} = Statischer Druck in der Verengung [Pa]
P_D = Dampfdruck der Flüssigkeit [Pa]
ρ = Dichte der Flüssigkeit [kg/m^3]

Der Faktor 0,7 ist ein Sicherheitsfaktor, um eine zu enge Annäherung an den Dampfdruck der Flüssigkeit zu vermeiden.

Ermittlung des statischen Drucks in der Verengung

$$P_{stat} = P_{ein} - \Delta P_V \quad [Pa]$$

P_{ein} = Statischer Eintrittsdruck vor der Verengung [Pa]
ΔP_V = Druckverlust in der Verengung [Pa]
P_{dyn} = Dynamischer Druck [Pa] $\qquad P_{dyn} = \frac{w^2}{2} \cdot \rho$
w = Strömungsgeschwindigkeit in der Verengung [m/s]

Beispiel 1.7.2: Berechnung der zulässigen Strömungsgeschwindigkeit

$P_{ein} = 2$ bar $= 2 \cdot 10^5$ Pa $\qquad \Delta P_V = 0{,}5$ bar $= 0{,}5 \cdot 10^5$ Pa $\qquad \rho = 800$ kg/m^3
$w = 5$ m/s $\qquad P_D = 0{,}2$ bar $= 0{,}2 \cdot 10^5$ Pa

$P_{stat} = 2 - 0{,}5 = 1{,}5$ bar $= 1{,}5 \cdot 10^5$ Pa

$$w_{zul} = 0{,}7 \cdot \sqrt{\frac{2 \cdot (1{,}5 - 0{,}2) \cdot 10^5}{800}} = 12{,}6 \text{ m/s}$$

Ohne Faktor 0,7: $w_{zul} = 18$ m/s

Die Strömungsgeschwindigkeit darf maximal 12,6 m/s betragen, wenn eine Verdampfung mit Sicherheit vermieden werden soll.

Kontrolle

$$P_{stat} = P_{ein} - \Delta P_V - P_{dyn} = 2 - 0{,}5 - \frac{12{,}6^2 \cdot 800}{2 \cdot 10^5} = 0{,}63 \text{ bar} > P_D = 0{,}2 \text{ bar}$$

Der statische Druck P_{stat} in der Engstelle ist größer als der Dampfdruck P_D. Keine Kavitation!

Ohne Sicherheitsfaktor 0,7 mit $w_{zul} = 18$ m/s:

$$P_{stat} = 2 - 0{,}5 - \frac{18^2 \cdot 800}{2 \cdot 10^5} = 0{,}2 \text{ bar} = P_D = 0{,}2 \text{ bar}$$

Mithilfe der zulässigen Strömungsgeschwindigkeit in der Verengung kann kontrolliert werden, ob Kavitationsgefahr besteht.

Beispiel 1.7.3: Auslegung von 3 Drosselblenden in Serie zur Vermeidung von Kavitation

Rohrleitungsdurchmesser D = 102 mm
$w_1 = 2$ m/s
Blendendurchmesser $d_0 = 40$ mm
$V = 58{,}5 m^3/h$
$P_{ges} = 3{,}0$ bar $\Delta P_{Verl} = 2$ bar $P_D = 0{,}2$ bar
$\rho = 997$ kg/m^3

$$m = \left(\frac{d_0}{D}\right)^2 = \left(\frac{40}{102}\right)^2 = 0{,}153$$

$$w_2 = \frac{w_1}{m} = \frac{2}{0{,}153} = 13{,}1 \text{ m/s}$$

$$w_{zul} = 0{,}7 \cdot \sqrt{\frac{2 \cdot (3 - 2 - 0{,}2) \cdot 10^5}{997}} = 8{,}87 \text{ m/s}$$

$w_2 = 13{,}1$ m/s $> w_{zul} = 8{,}87$ m/s $\rightarrow$ **Kavitation in der Blende!**

Neuer Ansatz: 3 Blenden mit $d_0 = 50$ mm und je $\Delta P_{Verl} = 0{,}666$ bar

$m = 0{,}2403$ $\alpha = 0{,}6236$ $K = 33{,}8$ $f = 1{,}12188$

1. Blende

$w_2 = 8{,}32$ m/s
$P_{ges} = 3{,}0 - 0{,}67 = 2{,}33$ bar

$$w_{zul} = 0{,}7 \cdot \sqrt{\frac{2 \cdot (2{,}33 - 0{,}2) \cdot 10^5}{997}} = 14{,}47 \text{ m/s}$$

$w_2 = 8{,}32 \text{ m/s} < w_{zul} = 14{,}47 \text{ m/s}$ $\rightarrow$ **Keine Kavitation in Blende 1**

2. Blende

$w_2 = 8{,}32$ m/s
$P_{ges} = 2{,}33 - 0{,}67 = 1{,}66$ bar

$$w_{zul} = 0{,}7 \cdot \sqrt{\frac{2 \cdot (1{,}66 - 0{,}2) \cdot 10^5}{997}} = 12 \text{ m/s}$$

$w_2 = 8{,}32 \text{ m/s} < w_{zul} = 12 \text{ m/s}$ $\rightarrow$ **Keine Kavitation in Blende 2**

3. Blende

$w_2 = 8{,}32$ m/s
$P_{ges} = 1{,}66 - 0{,}66 = 1$ bar

$$w_{zul} = 0{,}7 \cdot \sqrt{\frac{2 \cdot (1 - 0{,}2) \cdot 10^5}{997}} = 8{,}7 \text{ m/s}$$

$w_2 = 8{,}32 \text{ m/s} < w_{zul} = 8{,}7 \text{ m/s}$ $\rightarrow$ **Keine Kavitation in Blende 3**

Gesamtdruckverlust in 3 Blenden

$$\Delta P_{Blende} = 3 \cdot 33{,}8 \cdot \frac{2^2 \cdot 997}{2 \cdot 10^5} = 2 \text{ bar}$$

Durchsatzkontrolle

$$V = \left(\frac{0{,}050}{1{,}12188}\right)^2 \cdot \sqrt{\frac{0{,}6666 \cdot 10^5}{997}} = 58{,}5 \text{ m}^3\text{/h}$$

1.8 Berechnung der Rohrleitungskapazität für ein vorgegebenes ΔP und einen Rohrleitungswiderstandsfaktor K_{ges}

Es wird berechnet, welche Flüssigkeits- bzw. Gasmenge durch eine Armatur oder eine Rohrleitung mit dem Widerstandsbeiwert K bei einem vorgegebenen Druckgefälle ΔP strömen kann.

Es wird die Durchsatzleistung bzw. Rohrleitungskapazität einer Rohrleitung ermittelt.

1.8.1 Inkompressible Medien (Flüssigkeiten)

$$G = 3996{,}6 \cdot d^2 \cdot \sqrt{\frac{\Delta P \cdot \rho}{K}} \quad [kg/h]$$

$$\Delta P = K \cdot \frac{w^2 \cdot \rho}{2} \quad [Pa]$$

$$w = \sqrt{\frac{\Delta P}{K} \cdot \frac{2}{\rho}} \quad [m/s]$$

$$V = w \cdot A \cdot 3600 \quad [m^3/h]$$

G = Flüssigkeitsdurchsatz [kg/h]
d = Durchmesser [m]
ΔP = Druckverlust [Pa]
ρ = Dichte [kg/m³]
K = Widerstandsbeiwert
V = Volumendurchfluss

$$3996{,}6 = \sqrt{2} \cdot 3600 \cdot \frac{\pi}{4}$$

Beispiel 1.8.1.1: Kontrollrechnung für die Druckverlustberechnung in Beispiel 1.1.1

$V = 100\ m^3/h$	$d = 0{,}15\ m$	$L = 300\ m$	$K_{Formst} = 38{,}3$
$f = 0{,}022$	$\rho = 800\ kg/m^3$	$\Delta P = 0{,}812\ bar$	

$$K = K_{Formst} + \frac{f \cdot L}{d} = 38.3 + \frac{0{,}022 \cdot 300}{0{,}15} = 82{,}3$$

$$G = 3996{,}6 \cdot 0{,}15^2 \cdot \sqrt{\frac{0{,}812 \cdot 10^5 \cdot 800}{82{,}3}} = 79890{,}7\ kg/h$$

$$V = \frac{79.890{,}7}{800} = 99{,}9\ m^3/h$$

1.8.2 Kompressible Medien (Gase)

$$G = 2826 \cdot d^2 \cdot \sqrt{\frac{\rho_1}{K + 2 \cdot \ln \frac{P_1}{P_2}} \cdot \left(\frac{P_1^2 - P_2^2}{P_1} \right)} \quad [\text{kg/h}]$$

G = Durchflussmenge [kg/h]

d = Durchmesser [m]

P_1 = Eintrittsdruck [Pa]

P_2 = Austrittsdruck [Pa]

K = Widerstandsbeiwert der Armatur oder Rohrleitung

Beispiel 1.8.2:

d = 52,5 mm

$\rho_1 = 8{,}65\ \text{kg/m}^3$ (Druckluft bei 8 bar und 50 °C)

Wie groß ist der Gasdurchsatz bei ΔP = 4 bar durch eine Armatur mit dem Widerstandsfaktor K = 4,1?

P_1 = 8 bar

P_2 = 4 bar

ΔP = 4 bar

$$G = 2.826 \cdot 0{,}0525^2 \cdot \sqrt{\frac{8{,}56}{4{,}1 + 2 \cdot \ln \frac{8}{4}} \cdot \left(\frac{8^2 - 4^2}{8} \right) \cdot 10^5} = 7.576\ \text{kg/h}$$

Beispiel 1.8.3: Kontrollrechnung für die Druckverlustberechnung in Beispiel 1.4.1

$V = 1396{,}7\ \text{m}^3/\text{h}$ d = 0,1572 m K = 51,19 $\rho = 2{,}4\ \text{kg/m}^3$

P_1 = 3 bar ΔP = 0,256 bar P_2 = 3 – 0,256 = 2,744 bar

$$G = 2826 \cdot 0{,}1572^2 \cdot \sqrt{\frac{2{,}4}{51{,}19 + 2 \cdot \ln \frac{3}{2{,}744}} \cdot \left(\frac{3^2 - 2{,}744^2}{3} \right) \cdot 10^5} = 3342\ \text{kg/h}$$

$$V = \frac{G}{\rho} = \frac{3342}{2{,}4} = 1392{,}5\ \text{m}^3/\text{h}$$

1.9 Leistungsbedarf von Pumpen, Gebläsen und Verdichtern

Wenn die Druckverluste in den Rohrleitungen und Formstücken ermittelt sind, kann der Leistungsbedarf für die Pumpen, Gebläse und Verdichter bestimmt werden. Das wird im Folgenden mit Beispielen gezeigt.

1.9.1 Ermittlung des Leistungsbedarfs N von Pumpen

$$N = \frac{V \cdot H \cdot \rho \cdot g}{\eta} \quad [W]$$

H = Förderhöhendifferenz zwischen Saug- und Druckseite [m FS]
g = Erdbeschleunigung [m/s²]
V = Fördermenge [m³/s]
ρ = Dichte der Flüssigkeit [kg/m³]
η = Wirkungsfaktor von Pumpe und Motor

Beispiel 1.9.1.1: Ermittlung des Leistungsbedarfs einer Pumpe

$V = 20\ m^3/h = 0{,}00555\ m^3/s$ $\quad H = 30$ m FS $\quad \eta = 0{,}5$ $\quad \rho = 750\ kg/m^3$

$$N = \frac{0{,}00555 \cdot 750 \cdot 30 \cdot 9{,}81}{0{,}5} = 2452\ W = 2{,}5\ kW$$

1.9.2 Ermittlung des Leistungsbedarfs N von Gebläsen

$$N = \frac{V \cdot P_{Diff}}{10{,}2 \cdot \eta} \quad [kW]$$

V = Fördermenge [m³/s]
P_{Diff} = Druckdifferenz zwischen Saug- und Druckseite [mbar]
η = Wirkungsfaktor von Pumpe und Motor

Beispiel 1.9.2.1: Berechnung des Leistungsbedarfs für ein Gebläse

$V = 6000\ m^3/h = 1{,}667\ m^3/s$ $\quad P_{Diff} = 30$ mbar $\quad \eta = 0{,}5$

$$N = \frac{1{,}667 \cdot 30}{10{,}2 \cdot 0{,}5} = 9{,}8\ kW$$

1.9.3 Leistungsbedarf bei isothermer Verdichtung

$$N = \frac{1}{36} \cdot P_1 \cdot V \cdot \ln \frac{P_2}{P_1} \quad [kW]$$

oder

$$N = 0{,}00231 \cdot \frac{T_1}{M} \cdot V \cdot \rho \cdot \ln \frac{P_2}{P_1} \quad [kW]$$

Beispiel 1.9.3.1: Luft

$V = 600\ m^3/h$ $T_1 = 293\ K$ $P_1 = 1{,}013\ bar$
$M = 29\ kg/kmol$ $\rho = 1{,}2\ kg/m^3$ $P_2 = 5\ bar$
$\kappa = 1{,}4$

$$N = \frac{1}{36} \cdot 1{,}013 \cdot 600 \cdot \ln \frac{5}{1{,}013} = 26{,}9\ kW$$

1.9.4 Leistungsbedarf bei adiabater Verdichtung

$$N = \frac{1}{36} \cdot P_1 \cdot V \cdot \frac{\kappa}{\kappa - 1} \cdot \left[\left(\frac{P_2}{P_1} \right)^{\frac{\kappa - 1}{\kappa}} - 1 \right] \quad [kW]$$

oder

$$N = 0{,}00231 \cdot \frac{T_1}{M} \cdot V \cdot \rho \cdot \frac{\kappa}{\kappa - 1} \cdot \left[\left(\frac{P_2}{P_1} \right)^{\frac{\kappa - 1}{\kappa}} - 1 \right] \quad [kW]$$

Beispiel 1.9.4.1:

$V = 600\ m^3/h$ $T_1 = 293\ K$ $P_1 = 1{,}013\ bar$
$M = 29\ kg/kmol$ $\rho = 1{,}2\ kg/m^3$ $P_2 = 5\ bar$
$\kappa = 1{,}4$

$$N = 0{,}00231 \cdot \frac{293}{29} \cdot 600 \cdot 1{,}2 \cdot \frac{1{,}4}{0{,}4} \cdot \left[\left(\frac{5}{1{,}013} \right)^{\frac{0{,}4}{1{,}4}} - 1 \right] = 34\ kW$$

1.9.5 Erwärmung durch adiabate Verdichtung

$$T_2 = T_1 \cdot \left(\frac{P_2}{P_1}\right)^{\frac{\kappa - 1}{\kappa}} \quad [K]$$

Beispiel 1.9.5.1:

$V = 600\ m^3/h$	$T_1 = 293\ K$	$P_1 = 1{,}013\ bar$
$M = 29\ kg/kmol$	$\rho = 1{,}2\ kg/m^3$	$P_2 = 5\ bar$
$\kappa = 1{,}4$		

$$T_2 = 293 \cdot \left(\frac{5}{1{,}013}\right)^{\frac{0{,}4}{1{,}4}} = 462\ K = 189\ °C$$

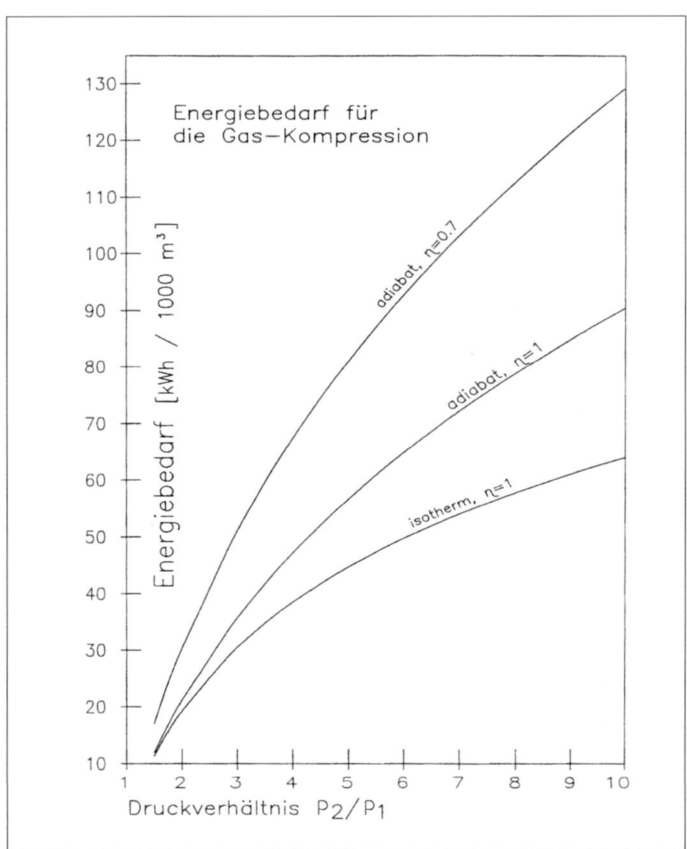

Bild 1.9.1: Diagramm zur schnellen Bestimmung des Leistungsbedarfs von Verdichtern

1.9.6 Kompressorberechnungen für Turboverdichter

Berechnung der adiabaten Förderhöhe H_{ad} und der polytropen Förderhöhe H_{pol}

$$H_{ad} = z_m \cdot \frac{\kappa}{\kappa - 1} \cdot \frac{8314}{M} \cdot \frac{T_1}{9{,}81} \cdot \left[r^{\frac{\kappa-1}{\kappa}} - 1 \right] \quad [m] \qquad H_{ad}\,[m] = H_{ad}\,[J/kg] / 9{,}81$$

$$H_{ad} = z_m \cdot \frac{\kappa}{\kappa - 1} \cdot \frac{8314}{M} \cdot T_1 \cdot \left[r^{\frac{\kappa-1}{\kappa}} - 1 \right] \quad [J/kg] \qquad H_{ad}\,[m] = H_{ad}\,[J/kg] / 9{,}81$$

$$H_{pol} = z_m \cdot \frac{n}{n - 1} \cdot \frac{8314}{M} \cdot \frac{T_1}{9{,}81} \cdot \left[r^{\frac{n-1}{n}} - 1 \right] \quad [m]$$

$$\frac{n-1}{n} = \frac{\kappa - 1}{\kappa \cdot \eta_{pol}}$$

$$\eta_{ad} = \frac{r^{\frac{\kappa-1}{\kappa}} - 1}{r^{\frac{n-1}{n}} - 1}$$

$r = \frac{P_2}{P_1}$ = Druckverhältnis

κ = Adiabatenexponent

n = Polytropenexponent

M = Molgewicht

T_1 = Eintrittstemperatur [K]

z_m = mittlere Kompressibilität = $\frac{z_{ein} + z_{aus}}{2}$

Berechnung der erforderlichen Verdichterleistung für adiabate Verdichtung N_{ad} sowie polytrope Verdichtung N_{pol}

$$N_{ad} = \frac{W \cdot H_{ad} \cdot 9{,}81}{1000 \cdot \eta_{ad}} \quad [kW]$$

$$N_{pol} = \frac{W \cdot H_{pol} \cdot 9{,}81}{1000 \cdot \eta_{pol}} \quad [kW]$$

W = Eintrittsgasmenge [kg/s]

Berechnung mit den Enthalpien aus Tabellen oder Mollier-Charts

$$H_{ad} = 102 \cdot \Delta i_{ad} = 102 \cdot \Delta i \cdot \eta_{ad} = 102 \cdot (i_{ein} - i_{aus}) \cdot \eta_{ad} \quad [kJ/kg]$$

$$N_{ad} = \frac{W \cdot \Delta i_{ad}}{\eta_{ad}} \quad [kW]$$

$$\Delta i_{pol} = \Delta i \cdot \eta_{pol} \quad [kJ/kg]$$

$$H_{pol} = 102 \cdot \Delta i_{pol} \quad [m] \qquad N_{pol} = \frac{W\,[kg/s] \cdot \Delta i_{pol}}{\eta_{pol}} \quad [m]$$

i_{ein} = Enthalpie des Gases beim Eintritt: $T_{ein} + P_{ein}$
i_{aus} = Enthalpie des Gases beim Austritt: $T_{aus} + P_{aus}$

$$\Delta i = c_P \cdot (T_{aus} - T_{ein}) \quad [kJ/kg]$$

Adiabate Austrittstemperatur: $T_{aus} = T_{ein} \cdot r^{\frac{\kappa - 1}{\kappa \cdot \eta_{ad}}}$ [K]

Polytrope Austrittstemperatur: $T_{aus} = T_{ein} \cdot r^{\frac{\kappa - 1}{\kappa \cdot \eta_{pol}}}$ [K]

Beispiel 1.9.6.1: Berechnung der adiabaten und polytropen Verdichterleistung

$M = 16$ (CH_4)	$\kappa = 1{,}288$	$T_1 = 293$ K	$P_1 = 10$ bar	$P_2 = 16{,}8$ bar
$W = 64171$ kg/h	$V_1 = 9370\ m^3/h$	$z_m = 0{,}96$	$\eta_{pol} = 73\ \%$	$r = 1{,}68$

$$\frac{\kappa - 1}{\kappa} = \frac{0{,}288}{1{,}288} = 0{,}223 \qquad \frac{n-1}{n} = \frac{0{,}223}{0{,}73} = 0{,}306$$

$$\eta_{ad} = \frac{1{,}68^{0{,}223} - 1}{1{,}68^{0{,}306} - 1} = 0{,}71$$

Berechnung der adiabaten Förderhöhe und der adiabaten Verdichterleistung

$$H_{ad} = 0{,}96 \cdot \frac{1{,}288}{0{,}288} \cdot \frac{8314}{16} \cdot \frac{293}{9{,}81} \cdot \left[1{,}68^{0{,}223} - 1\right] = 8.172\ m \qquad = 9{,}81 \cdot 8172 = 80167\ J/kg$$

$$N_{ad} = \frac{64171}{3600} \cdot \frac{80167}{1000 \cdot 0{,}71} = 2.004\ kW \qquad N_{ad} = \frac{64171 \cdot 8172 \cdot 9{,}81}{3600 \cdot 1000 \cdot 0{,}71} = 2004\ kW$$

Berechnung der polytropen Förderhöhe und der polytropen Verdichterleistung

$$H_{pol} = 0{,}96 \cdot \frac{1}{0{,}306} \cdot \frac{8314}{16} \cdot \frac{293}{9{,}81} \cdot \left[1{,}68^{0{,}306} - 1\right] = 8377 \text{ m}$$

$$N_{pol} = \frac{64171}{3600} \cdot 8377 \cdot 9{,}81 \cdot \frac{1}{0{,}73} = \frac{1465}{0{,}73} = 2007 \text{ kW}$$

Adiabate und polytrope Berechnung der Austrittstemperaturen:

$$T_{2ad} = 293 \cdot 1{,}68^{0{,}223/0{,}713} = 344{,}6 \text{ K} = 71{,}5\ °\text{C}$$

$$T_{2pol} = 293 \cdot 1{,}68^{0{,}223/0{,}73} = 343{,}3 \text{ K} = 70{,}3\ °\text{C}$$

Kontrolle mit Berechnung des Druckverhältnisses r aus der adiabaten Förderhöhe

$$\left(\frac{P_2}{P_1}\right)^{\frac{\kappa-1}{\kappa}} - 1 = \frac{H_{ad}\,[\text{m}]}{z \cdot \frac{\kappa}{\kappa-1} \cdot \frac{8314}{M} \cdot \frac{T_1}{9{,}81}} = \frac{H_{ad}\,[\text{J/kg}]}{z \cdot \frac{\kappa}{\kappa-1} \cdot \frac{8314}{M} \cdot T_1}$$

$$r^{0{,}223} - 1 = \frac{8.172}{0{,}96 \cdot \frac{1{,}288}{0{,}288} \cdot \frac{8314}{16} \cdot \frac{293}{9{,}81}} = 0{,}123$$

$$\frac{P_2}{P_1} = r = 1{,}123^{\frac{1{,}288}{0{,}288}} = 1{,}68 = \frac{16{,}8}{10}$$

Alternative Berechnung der adiabaten Verdichterleistung:

$$N_{ad} = \frac{1}{36 \cdot \eta_{ad}} \cdot P_1 \cdot V_1 \cdot \frac{\kappa}{\kappa-1} \cdot \left[r^{\frac{\kappa-1}{\kappa}} - 1\right] = \frac{10 \cdot 9.370 \cdot 1{,}288}{36 \cdot 0{,}713 \cdot 0{,}288} \cdot \left(1{,}68^{0{,}223} - 1\right) = 2002 \text{ kW}$$

P_1 = Eintrittsdruck [bar]

V_1 = Eintrittsgasvolumen [m^3/h] bei P_1 und T_1

Beispiel 1.9.6.2: Adiabate und polytrope Leistungsberechnungen

$P_1 = 10$ bar $\quad T_1 = 20\ °C = 293$ K $\quad \kappa = 1{,}271 \quad M = 16$

$P_2 = 34$ bar $\quad r = 3{,}4 \quad \Delta i = 302{,}2$ kJ/kg $\quad W = 20000$ kg/h

$\eta_{pol} = 73\ \%$

$$\frac{\kappa}{\kappa - 1} = 0{,}2126 \qquad \frac{n-1}{n} = \frac{0{,}2126}{0{,}73} = 0{,}2912 \qquad \eta_{ad} = \frac{3{,}4^{0{,}2126} - 1}{3{,}4^{0{,}2912} - 1} = 0{,}694$$

$$T_2 = 293 \cdot 3{,}4^{0{,}2126/0{,}73} = 293 \cdot 3{,}4^{0{,}2912} = 418{,}45\ K = 145{,}3\ °C$$

Adiabate Berechnung mit Δi

$$N_{ad} = \frac{W \cdot \Delta i_{ad}}{\eta_{ad}} = \frac{20000 \cdot 302{,}2 \cdot 0{,}694}{3600 \cdot 0{,}694} = \frac{1165}{0{,}694} = 1679\ kW$$

$$H_{ad} = 102 \cdot \Delta i_{ad} = 102 \cdot 302{,}2 \cdot 0{,}694 = 21.392\ m$$

$$N_{ad} = \frac{20000 \cdot 21.392 \cdot 9{,}81}{3600 \cdot 1000\ \eta_{ad}} = \frac{1165{,}9}{0{,}694} = 1680\ kW$$

Adiabate Berechnung mit der Förderhöhe H_{ad}

$$H_{ad} = \frac{1{,}271 \cdot 8314 \cdot 293}{0{,}271 \cdot 16 \cdot 9{,}81} \cdot \left(3{,}4^{0{,}2126} - 1\right) = 21692\ m$$

$$N_{ad} = \frac{20000 \cdot 21692 \cdot 9{,}81}{3600 \cdot 1000 \cdot 0{,}694} = 1.703\ kW$$

Polytrope Berechnung mit der polytropen Förderhöhe H_{pol}

$$H_{pol} = \frac{1}{0{,}2912} \cdot \frac{8314}{16} \cdot \frac{293}{9{,}81} \cdot \left(3{,}4^{0{,}2912} - 1\right) = 22818\ m$$

$$N_{pol} = \frac{20000 \cdot 22818 \cdot 9{,}81}{3600 \cdot 1000 \cdot \eta_{pol}} = \frac{1291}{0{,}73} = 1703\ kW$$

Polytrope Berechnung mit Δi

$$N_{pol} = \frac{W \cdot \Delta i_{ad}}{\eta_{pol}} = \frac{20000 \cdot 302{,}2}{3600} = 1679\ kW$$

$$H_{pol} = 102 \cdot 302{,}2 \cdot 0{,}73 = 22.502\ m$$

$$N_{pol} = \frac{20000 \cdot 22502 \cdot 9{,}81}{3600 \cdot 1000 \cdot \eta_{pol}} = \frac{1226}{0{,}73} = 1680\ kW$$

Beispiel 1.9.6.3: Berechnung der Gasaustrittstemperaturen

Berechnung der Austrittstemperaturen T_2

Ohne Berücksichtigung des Wirkungsgrades ($\eta_{ad} = 1$) ergeben sich niedrigere Austrittstemperaturen

$T_1 = 293$ K $\kappa = 1{,}27$ $r = P_2/P_1 = 3{,}4$ $Y = \frac{\kappa - 1}{\kappa} = \frac{1{,}27 - 1}{1{,}27} = 0{,}2126$

$\eta_{ad} = 70\,\% \rightarrow T_2 = T_1 \cdot r^{Y/\eta_{ad}} = 293 \cdot 3{,}4^{0{,}2126/0{,}7} = 293 \cdot 3{,}4^{0{,}3037} = 424{,}9\ \text{K} = 151{,}8\ °\text{C}$

$\eta_{ad} = 1 \rightarrow T_2 = 293 \cdot 3{,}4^{0{,}2126} = 293 \cdot 1{,}297 = 380\ \text{K} = 107\ °\text{C}$

$T_1 = 293$ K $\kappa = 1{,}271$ $r = 3{,}4$ $Y = 0{,}2132$

$\eta_{ad} = 73\,\% \rightarrow T_2 = 293 \cdot 3{,}4^{0{,}2132/0{,}73} = 293 \cdot 3{,}4^{0{,}292} = 418{,}9\ \text{K} = 145{,}9\ °\text{C}$

$\eta_{ad} = 1 \rightarrow T_2 = 293 \cdot 3{,}4^{0{,}2132} = 380{,}35\ \text{K} = 107{,}35\ °\text{C}$

$T_1 = 293$ K $\kappa = 1{,}4$ $r = 3{,}4$ $Y = 0{,}2857$

$\eta_{ad} = 70\,\% \rightarrow T_2 = 293 \cdot 3{,}4^{0{,}2857/0{,}7} = 482{,}8\ \text{K} = 209{,}8\ °\text{C}$

$\eta_{ad} = 1 \rightarrow T_2 = 293 \cdot 3{,}4^{0{,}2857} = 415{,}6\ \text{K} = 142{,}6\ °\text{C}$

Berechnung der Enthalpiedifferenz $\Delta i = c_P \cdot \Delta t$

Die Gaseintrittstemperatur auf der Saugseite ist bekannt.
Die Gasaustrittstemperatur muss berechnet werden.

$T_1 = 293$ K $\kappa = 1{,}271$ $\eta_{ad} = 73\,\%$ $r = 3{,}4$ $Y = 0{,}2132$

$T_2 = 293 \cdot 3{,}4^{0{,}2132/0{,}73} = 293 \cdot 3{,}4^{0{,}292} = 418{,}9\ \text{K} = 145{,}9\ °\text{C}$

$c_P = 2{,}4$ kJ/kg = Spezifische Wärmekapazität $T_{ein} = 20\ °\text{C}$ $T_{aus} = 145{,}9\ °\text{C}$

$\Delta_i = c_P \cdot (T_{aus} - T_{ein}) = 2{,}4 \cdot (145{,}9 - 20) = 302{,}2\ \text{kJ/kg}$

Beispiel 1.9.6.4: Adiabate und polytrope Enthalpien und Förderhöhen

$\Delta i = 58{,}5$ kJ/kg $\quad z = 1 \quad W = 29.147$ kg/h $\quad M = 44 \quad \kappa = 1{,}13$

$T_1 = 244$ K $\quad r = 2{,}33 \quad \eta_{pol} = 73\ \% \quad \eta_{ad} = 71{,}9\ \%$

$$Y_{ad} = \frac{\kappa - 1}{\kappa} = 0{,}115 \qquad Y_{pol} = \frac{n-1}{n} = 0{,}157$$

Polytrope Berechnungen mit der Enthalpiedifferenz Δi =
$\Delta i \cdot \eta_{pol} = 58{,}5 \cdot 0{,}73 = 42{,}7$ kJ/kg

$$N_{pol} = \frac{29.147 \cdot 42{,}7}{3.600 \cdot \eta_{pol}} = \frac{345{,}7}{0{,}73} = 473 \text{ kW}$$

$$H_{\Delta i} = 102 \cdot 42{,}7 = 4.355 \text{ m}$$

$$N_{pol} = \frac{29.147 \cdot 4.355 \cdot 9{,}81}{3.600 \cdot 1.000 \cdot \eta_{pol}} = \frac{345{,}3}{0{,}73} = 473 \text{ kW}$$

Adiabate Berechnungen mit der Enthalpiedifferenz Δi =
$\Delta i \cdot \eta_{ad} = 58{,}5 \cdot 0{,}719 = 42{,}06$ kJ/kg

$$N_{ad} = \frac{29.147 \cdot 42{,}06}{3.600 \cdot \eta_{ad}} = \frac{340{,}5}{0{,}719} = 473 \text{ kW}$$

$$H_{\Delta i} = 102 \cdot 42{,}06 = 4.290 \text{ m}$$

$$N_{ad} = \frac{29.147 \cdot 4.290 \cdot 9{,}81}{3.600 \cdot 1.000 \cdot \eta_{ad}} = \frac{340{,}7}{0{,}719} = 473 \text{ kW}$$

Berechnungen mit der polytropen und adiabaten Förderhöhe

$$H_{pol} = \frac{1}{0{,}157} \cdot \frac{8.314}{44} \cdot \frac{244}{9{,}81} = \left(2{,}33^{0{,}157} - 1\right) = 4.252 \text{ m}$$

$$N_{pol} = \frac{29.147 \cdot 4.252 \cdot 9{,}81}{3.600 \cdot 1.000 \cdot \eta_{pol}} = \frac{338}{0{,}73} = 463 \text{ kW}$$

$$H_{ad} = \frac{1}{0{,}115} \cdot \frac{8.314}{44} \cdot \frac{244}{9{,}81} = \left(2{,}33^{0{,}115} - 1\right) = 4.175 \text{ m}$$

$$N_{ad} = \frac{29.147 \cdot 4.175 \cdot 9{,}81}{3.600 \cdot 1.000 \cdot \eta_{ad}} = \frac{331{,}6}{0{,}719} = 461 \text{ kW}$$

Beispiel 1.9.6.5: Berechnung der Betriebskosten für eine Erdgasverdichtung mit E-Motor oder Gasturbine

Adiabater Wirkungsgrad: 70 %

Feed: 4.000 kmol/h = 64.171 kg/h = 89.440 m_N^3/h

	Verdichtung von 10 bar auf 80 bar		Verdichtung von 20 bar auf 80 bar	
	Eintritt	Austritt	Eintritt	Austritt
	10 bar 9.574 m^3/h 20 °C	80 bar 1.550 m^3/h 109,7 °C	20 bar 4.702 m^3/h 20 °C	80 bar 1.450 m^3/h 89,8 °C
$P_{Kompressor}$	9.651,1 kW		6.393,8 kW	
$Q_{Gasturbine}$ ($\eta = 0{,}33$)	29.124,5 kW		19.375 kW	
V_{Erdgas}	2.920 m_N^3/h		1.943,1 m_N^3/h	
Stromkosten (0,15 Euro/kWh)	1.447,6 Euro/h		959 Euro/h	
Gaskosten (0,3 Euro/m_N^3)	876 Euro/h		582,9 Euro/h	

Leistungsbedarf der Gasturbine Q_{GT}

$$Q_{GT} = \frac{P_{Kompressor}}{\eta_{GT}} = \frac{9.651{,}1}{0{,}33} = 29.124{,}5 \text{ kW}$$

Erdgasbedarf der Gasturbine V_N

$$V_N = \frac{Q_{GT}}{H} = \frac{29.124{,}5}{9{,}971} = 2.920 \text{ m}_N^3/\text{h}$$

$P_{Kompressor}$ = Leistungsbedarf des Kompressors (kW)

η_{GT} = Wirkungsgrad der Gasturbine

H = Heizwert des Erdgases (kWh/m_N^3)

1.10 Strukturviskose Nicht-Newton'scher Flüssigkeiten

1.10.1 Fließverhalten

Als **Newton'sche Flüssigkeiten** bezeichnet man solche Flüssigkeiten, bei denen sich die Viskosität nicht in Abhängigkeit vom Schergefälle ändert.

Die Viskosität von strukturviskosen **Nicht-Newton'schen Flüssigkeiten** ist dagegen stark abhängig von dem Schergefälle.

In **Bild 1.10.1** wird gezeigt, dass die Schubspannung bei pseudoplastischem und dilatantem Verhalten durch den Nullpunkt geht.

Mit zunehmendem Schergefälle steigt die Viskosität der dilatanten Medien und sinkt die Viskosität der pseudoplastischen Flüssigkeiten.

Bei **Bingham'schen Medien** ist eine Mindestschubspannung zum Aufbringen eines Schergefälles erforderlich. Diese Mindestschubspannung wird als Fließgrenze τ_0 bezeichnet.

Beispiel: Man muss eine Ketchupflasche erst schütteln, damit es fließen kann.

Die Viskosität geht ins unendliche bei geringem Schergefälle und nähert sich asymptotisch einem Endwert η_∞ bei hohem Schergefälle.

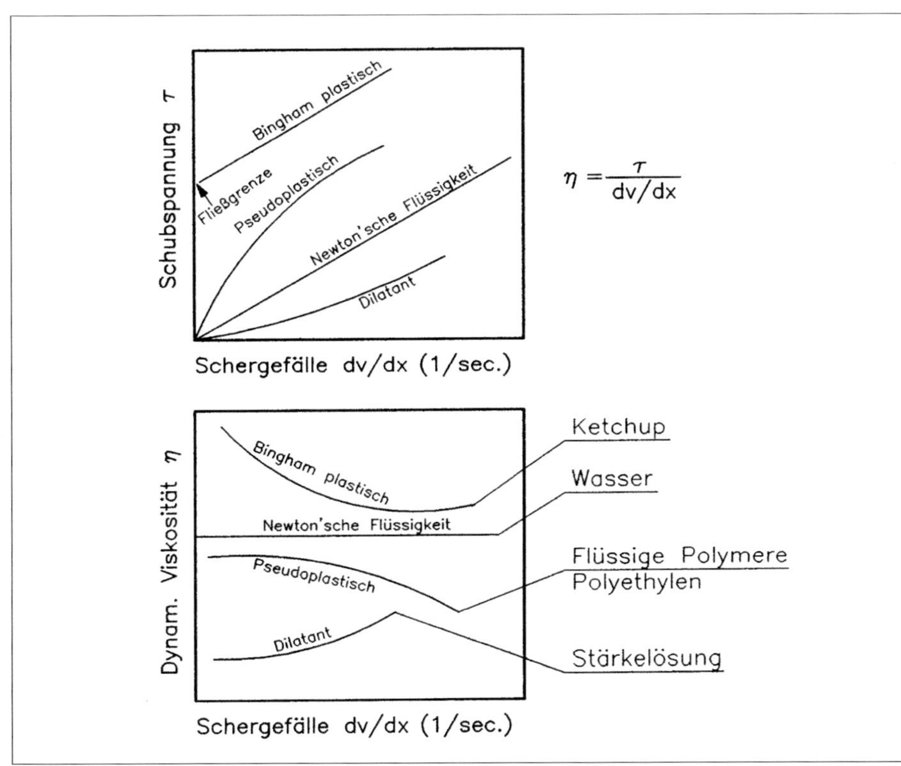

Bild 1.10.1:

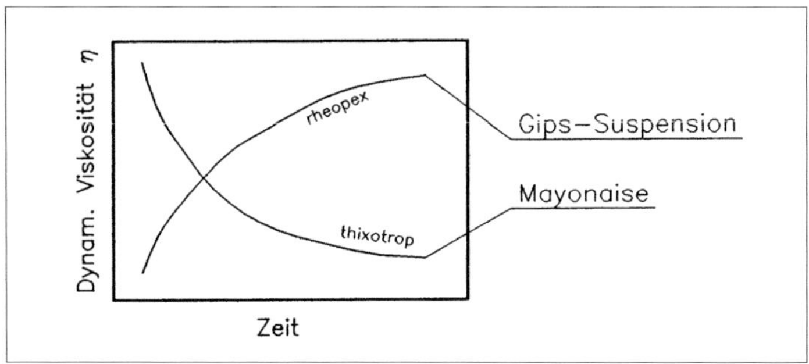

Bild 1.10.2: Rheodynamisches Verhalten

Eine weitere Schwierigkeit tritt auf, wenn sich die Viskosität nicht nur in Abhängigkeit vom Schergefälle, sondern auch mit der Zeit ändert.

Bei diesen **rheodynamischen Medien** unterscheidet man thixotropes und rheopexes Verhalten.

In **Bild 1.10.2** ist dargestellt, dass die Viskosität in thixotropen Flüssigkeiten mit der Zeit sinkt und in rheopexen Medien mit der Zeit ansteigt.

Das Scherdiagramm in **Bild 1.10.3** zeigt die in einem Rheometer gemessenen Schubspannungen in Abhängigkeit vom Schergefälle unter Berücksichtigung des Zeiteinflusses.

Die Fläche zwischen den Kurven ist die Thixotropiefläche.

Es handelt sich um eine **Bingham-Flüssigkeit mit thixotropem Verhalten.**

Aus dem Scherdiagramm in Bild 1.10.3 berechnet man die Viskosität η bei den verschiedenen Schergefällen.

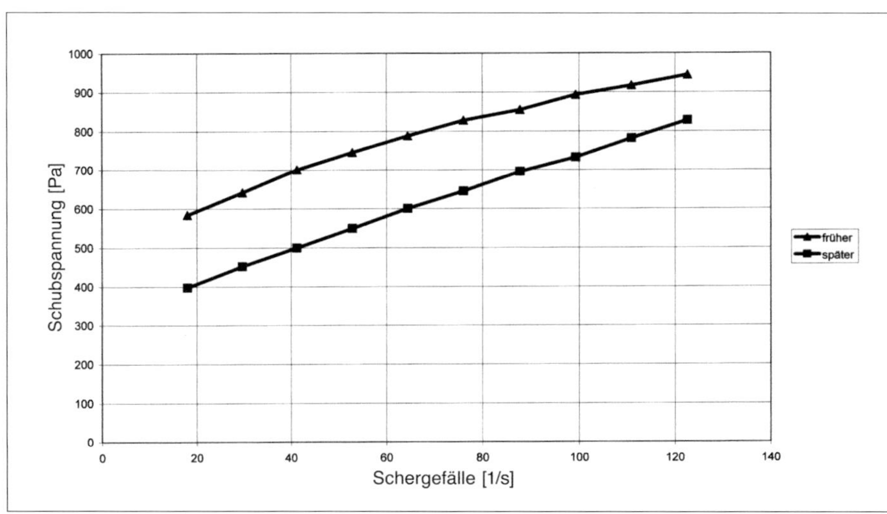

Bild 1.10.3: Scherdiagramm einer Bingham-Flüssigkeit

Bild 1.10.4:

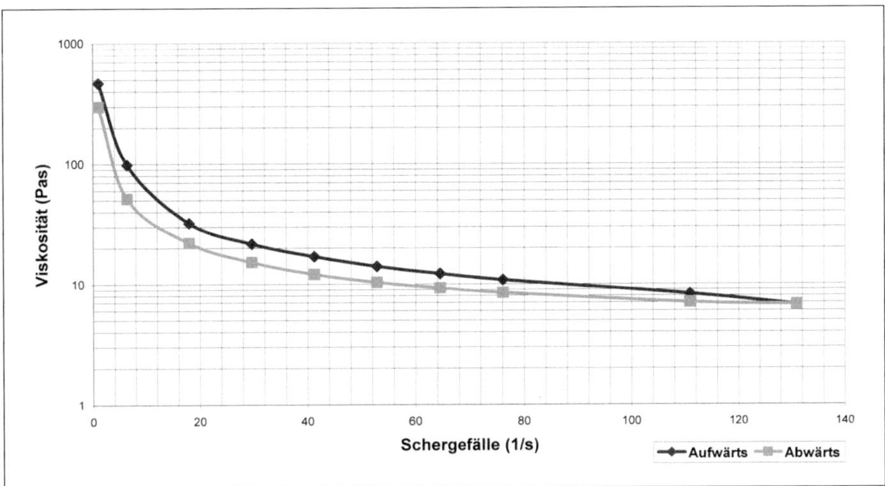

$$\eta = \frac{\tau}{\gamma} = \frac{\text{Schubspannung}}{\text{Schergefälle}}$$

In **Bild 1.10.4** sind die berechneten Viskositäten in Abhängigkeit vom Schergefälle dargestellt.

Was ist wichtig bei der Auslegung von Rohrleitungen für Nicht-Newton'sche Flüssigkeiten?

1. Es muss ein Scherdiagramm über den in der Praxis relevanten Scherbereich vorliegen. Es darf nicht über den Messbereich hinaus extrapoliert werden.

   Erforderliche Daten für **Ostwald'sche Medien mit pseudoplastischem und dilatantem Verhalten:**

   Konsistenzfaktor K [Pa s^n] und Fließindex n

   n = 1: Newton'sches Fließverhalten
   n < 1: Scherverdünnung (pseudoplastisches Verhalten)
   n > 1: Scherverdickung (dilatantes Verhalten)

   Erforderliche Daten für **Bingham-Medien:**

   Grenzviskosität η_∞ (Pa s) und Fließgrenze τ_0 [Pa]

   $\tau < \tau_0$: Im Ruhezustand liegt eine Quasi-Festkörperstruktur vor
   $\tau = \tau_0$: Umschlag vom Festkörperverhalten in das Fließverhalten
   $\tau > \tau_0$: Plastisches Fließen

2. Die durch den Druckverlust erzeugte Schubspannung an der Wand muss größer sein als die Fließgrenze des Produkts, damit das Medium zum Fließen kommt.

3. Die Pumpe muss einen so hohen Druck erzeugen, dass die Fließgrenze überschritten wird.

1.10.2 Druckverlustberechnungen für Ostwald'sche Flüssigkeiten

Für die pseudoplastischen und dilatanten Medien gilt folgende rheologische Zustandsgleichung für die Schubspannung τ:

$\tau = K \cdot \gamma^n$

K = Konsistenzfaktor
γ = Schergefälle (s^{-1})

Den Druckverlust ermittelt man wie folgt:

$$\Delta P = \frac{4 \cdot L \cdot K}{d} \cdot \left(\frac{8 \cdot V}{\pi \cdot d^3} \cdot \frac{3 \cdot n + 1}{n} \right)^n \quad [Pa]$$

K = Konsistenzfaktor [Pa s^n] (K aus der Rheometermessung)
n = Fließindex (n aus der Rheometermessung)
d = Rohrleitungsdurchmesser [m]
L = Rohrleitungslänge [m]
V = Volumendurchsatz [m^3/s]

Beispiel 1.10.2.1:

L = 100 m	d = 0,15 m	K = 8,8
n = 0,61	ρ = 950 kg/m^3	w = 0,16 m/s

Druckverlustberechnung für Volumendurchsatz V = 15 m^3/h

$$\Delta P = \frac{4 \cdot 100 \cdot 8{,}8}{0{,}15} \cdot \left(\frac{8 \cdot 15}{\pi \cdot 0{,}15^3 \cdot 3600} \cdot \frac{3 \cdot 0{,}61 + 1}{0{,}61} \right)^{0{,}61} = 120347 \text{ Pa}$$

Druckverlustberechnung für Volumendurchsatz V = 10 m^3/h

$$\Delta P = \frac{4 \cdot 100 \cdot 8{,}8}{0{,}15} \cdot \left(\frac{8 \cdot 10}{\pi \cdot 0{,}15^3 \cdot 3600} \cdot \frac{3 \cdot 0{,}61 + 1}{0{,}61} \right)^{0{,}61} = 94000 \text{ Pa}$$

Berechnung der Wandschubspannung

$$\tau_W = \frac{\Delta P \cdot d}{4 \cdot L} = \frac{94000 \cdot 0{,}15}{4 \cdot 100} = 35{,}2 \text{ Pa}$$

Durchsatzkontrolle für ΔP = 94.000 Pa

$$V = \pi \cdot \left(\frac{\tau_W \cdot 2}{K \cdot d}\right)^{1/n} \cdot \left(\frac{n}{3 \cdot n + 1}\right) \cdot \left(\frac{d}{2}\right)^{\frac{3 \cdot n + 1}{n}} \quad [m^3/s]$$

$$V = \pi \cdot \left(\frac{35{,}2 \cdot 2}{8{,}8 \cdot 0{,}15}\right)^{1/0{,}61} \cdot \left(\frac{0{,}61}{3 \cdot 0{,}61 + 1}\right) \cdot \left(\frac{0{,}15}{2}\right)^{\frac{3 \cdot 0{,}61 + 1}{0{,}61}} = 0{,}00277\ m^3/s = 10\ m^3/h$$

Berechnung des Schergefälles

$$\gamma = \frac{8 \cdot w}{d} = \frac{8 \cdot 0{,}16}{0{,}15} = 8{,}53\ s^{-1}$$

Berechnung der Viskosität

$$\eta = \frac{\tau_W}{\gamma} = \frac{35{,}2}{8{,}53} = 4{,}128\ Pa$$

Druckverlustkontrollberechnungen…

… nach Hagen-Poiseulle für η = 4,13 Pa s

$$\Delta P = \frac{32 \cdot \eta \cdot L \cdot w}{d^2}\ [Pa] = \frac{32 \cdot 4{,}13 \cdot 100 \cdot 0{,}16}{0{,}15^2} = 94000\ Pa$$

… mit der normalen Druckverlustgleichung für η = 4,13 Pa s

$$Re = \frac{w \cdot d \cdot \rho}{\eta} = \frac{0{,}16 \cdot 0{,}15 \cdot 950}{4{,}13} = 5{,}52 \qquad f = \frac{64}{Re} = \frac{64}{5{,}52} = 11{,}6$$

$$\Delta P = f \cdot \frac{L}{d} \cdot \frac{w^2 \cdot \rho}{2} = 11{,}6 \cdot \frac{100}{0{,}15} \cdot \frac{0{,}16^2 \cdot 950}{2} = 94000\ Pa$$

… nach der Power Law Gleichung mit K_R

$$K_R = K \cdot \left(\frac{3 \cdot n + 1}{4 \cdot n}\right)^n = 8{,}8 \cdot \left(\frac{3 \cdot 0{,}61 + 1}{4 \cdot 0{,}61}\right)^{0{,}61} = 9{,}63$$

$$\Delta P = \frac{4 \cdot L}{d} \cdot K_R \cdot \gamma^n = \frac{4 \cdot 100}{0{,}15} \cdot 9{,}63 \cdot 8{,}53^{0{,}61} = 94000\ Pa$$

1.10.3 Druckverluste in Formstücken und Armaturen

Der Widerstandsbeiwert von Formstücken und Armaturen im Bereich kleiner Reynoldszahlen wird nach Darby[1] wie folgt ermittelt:

$$K = \frac{K_1}{Re} + K_i \cdot \left(1 + \frac{K_d}{\left(\frac{d}{25{,}4}\right)^{0{,}3}}\right)$$

Die Rechengrößen K_1, K_i und K_D sind bei Darby tabelliert.

Beispiel 1.10.3.1:

15 Bögen: $K_1 = 800$ $K_i = 0{,}075$ $K_d = 4{,}2$
$Re = 5{,}52$ $w = 0{,}16$ m/s $d = 150$ mm

$$K = \frac{K_1}{Re} + K_i \cdot \left(1 + \frac{K_d}{\left(\frac{d}{25{,}4}\right)^{0{,}3}}\right) = \frac{800}{1{,}34} + 0{,}075 \cdot \left(1 + \frac{4{,}2}{\left(\frac{152{,}6}{2}\right)^{0{,}3}}\right) = 154{,}6$$

K_{ges} für 15 Bögen: $15 \cdot 154{,}6 = 2318{,}9$

$$\Delta P_{Bögen} = K_{ges} \cdot \frac{w^2 \cdot \rho}{2} = 2318{,}9 \cdot \frac{0{,}61^2 \cdot 950}{2} = 28198 \text{ Pa}$$

1.10.4 Druckverlustberechnungen für Bingham'sche Flüssigkeiten

Für diese Medien mit der Fließgrenze τ_0 ist eine Druckverlustberechnung nur iterativ möglich. Sinnvoller ist die Berechnung des Volumendurchsatzes V [m³/s] in Abhängigkeit von einem vorgegebenen spezifischen Druckverlust ΔP/L [Pa/m] und der für diesen Druckverlust bestimmten Wandschubspannung τ_W.

$$\tau_W = \frac{\Delta P}{L} \cdot \frac{d}{4} \quad [\text{Pa}] \qquad V = \frac{\Delta P}{L} \cdot \frac{\pi}{8} \cdot \frac{R^4}{\eta_\infty} \cdot \left[1 - \frac{4}{3} \cdot \frac{\tau_0}{\tau_W} + \frac{1}{3} \cdot \left(\frac{\tau_0}{\tau_W}\right)^4\right] \quad [\text{m}^3/\text{s}] \qquad (1)$$

Alternative Berechnungsgleichung:

$$V = \frac{\pi \cdot d^3 \cdot \tau_W}{8 \cdot \eta_\infty} \cdot \left[\frac{1}{4} - \frac{1}{3} \cdot \frac{\tau_0}{\tau_W} + \frac{1}{12} \cdot \left(\frac{\tau_0}{\tau_W}\right)^4\right] \quad [\text{m}^3/\text{s}] \qquad (2)$$

1 Ron Darby: Chemical Engineering Fluid Mechanics, Marcel Dekker AG, Basel,2001

Alternative Berechnungsgleichung mit dem Pfropfendurchmesser r_0:

$$r_0 = R \cdot \frac{\tau_0}{\tau_W} \qquad V = \frac{\Delta P}{L} \cdot \frac{\pi}{8} \cdot \frac{R^4}{\eta_\infty} \cdot \left[1 - \frac{4}{3} \cdot \frac{r_0}{R} + \frac{1}{3} \cdot \left(\frac{r_0}{R}\right)^4\right] \quad [m^3/s] \tag{3}$$

η_∞ = Grenzviskosität bei hohem Schergefälle (Pas)
τ_0 = Fließgrenze [Pa]
τ_W = Wandschubspannung [Pa]
R = Rohrleitungsradius [m]
r_0 = Pfropfendurchmesser der Festkörperstruktur [m]
V = Volumendurchfluss (m^3/s)

Beispiel 1.10.4.1:

$\Delta P/L = 10.000$ Pa/m $R = 0{,}075$ m $\eta_\infty = 2{,}37$ Pas $\tau_0 = 262$ Pa $L = 100$ m

Volumendurchflussberechnung für eine Bingham-Flüssigkeit mit Gl. (1)

$$\tau_W = \frac{\Delta P}{L} \cdot \frac{d}{4} = 10.000 \cdot \frac{0{,}15}{4} = 375 \text{ Pa}$$

$$V = 10.000 \cdot \frac{\pi}{8} \cdot \frac{0{,}075^4}{2{,}37} \cdot \left[1 - \frac{4}{3} \cdot \frac{262}{375} + \frac{1}{3} \cdot \left(\frac{262}{375}\right)^4\right] = 0{,}00775 \text{ m}^3/\text{s} = 27{,}9 \text{ m}^3/\text{h}$$

Volumendurchflussberechnung für eine Bingham-Flüssigkeit mit Gl. (2)

$$V = \frac{\pi \cdot 0{,}15^3 \cdot 375}{8 \cdot 2{,}37} \cdot \left[\frac{1}{4} - \frac{1}{3} \cdot \frac{262}{375} + \frac{1}{12} \cdot \left(\frac{262}{375}\right)^4\right] = 0{,}00775 \text{ m}^3/\text{s} = 27{,}9 \text{ m}^3/\text{h}$$

Volumendurchflussberechnung für eine Bingham-Flüssigkeit mit Gl. (3)

$$r_0 = R \cdot \frac{\tau_0}{\tau_W} = 0{,}075 \cdot \frac{262}{375} = 0{,}0524 \text{ m}$$

$$V = 10.000 \cdot \frac{\pi}{8} \cdot \frac{0{,}075^4}{2{,}37} \cdot \left[1 - \frac{4}{3} \cdot \frac{0{,}0524}{0{,}075} + \frac{1}{3} \cdot \left(\frac{0{,}0524}{0{,}075}\right)^4\right] = 0{,}00775 \text{ m}^3/\text{s} = 27{,}9 \text{ m}^3/\text{h}$$

Druckverlustkontrolle für V = 27,9 m³/h

$$\Delta P = \frac{128 \cdot \eta_\infty \cdot L \cdot V}{\pi \cdot d^4} + \frac{16}{3} \cdot \frac{L \cdot \tau_0}{d} \quad [\text{Pa}]$$

$$\Delta P = \frac{128 \cdot 2{,}37 \cdot 100 \cdot 27{,}9}{\pi \cdot 0{,}15^4 \cdot 3.600} + \frac{16}{3} \cdot \frac{100 \cdot 262}{0{,}15} \; 1.079.380 \text{ Pa}$$

Wenn man den Volumendurchsatz für mehrere ΔP/L-Werte ermittelt, kann man eine Rohrleitungskennlinie mit dem Druckverlust als Funktion des Durchsatzes oder eine Kurve mit dem Volumendurchsatz in Abhängigkeit von den ΔP/L-Werten erstellen.

In den **Tabellen 1.10.4.1 und 1.10.4.2** sind Berechnungsergebnisse für DN 150 und DN 100 aufgelistet. In den **Bildern 1.10.4.1 und 1.10.4.2** sind diese Berechnungsergebnisse grafisch dargestellt.

Tab. 1.10.4.1: Berechnungsergebnisse für eine Rohrleitung DN 150

ΔP / L [Pa/m]	τ_W [Pa]	V [m³/h]
10000	375	27,9
12000	450	59,3
15000	562,5	111,7
18000	675	166,5
20000	750	203,5
25000	937,5	297
30000	1125	390,9

Tab. 1.10.4.2: Berechnungsergebnisse für eine Rohrleitung DN 100

ΔP / L [Pa/m]	τ_W [Pa]	V [m³/h]
15000	375	8,3
20000	500	24,3
30000	750	60,3
35000	875	78,7
40000	1000	97,3

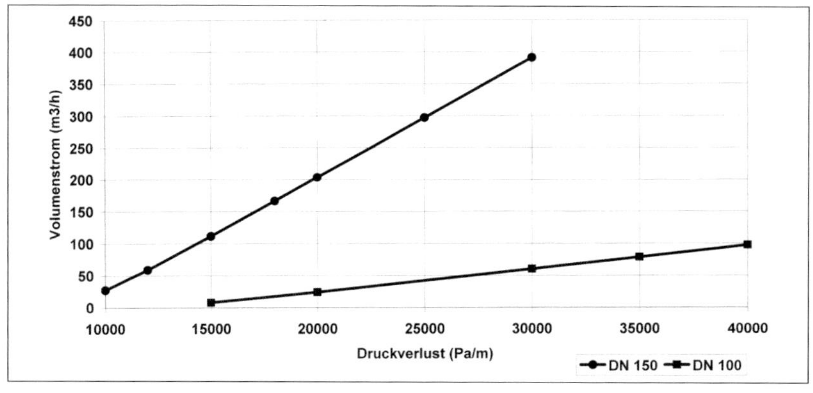

Bild 1.10.4.1: Volumendurchsatz in Abhängigkeit vom Druckverlust

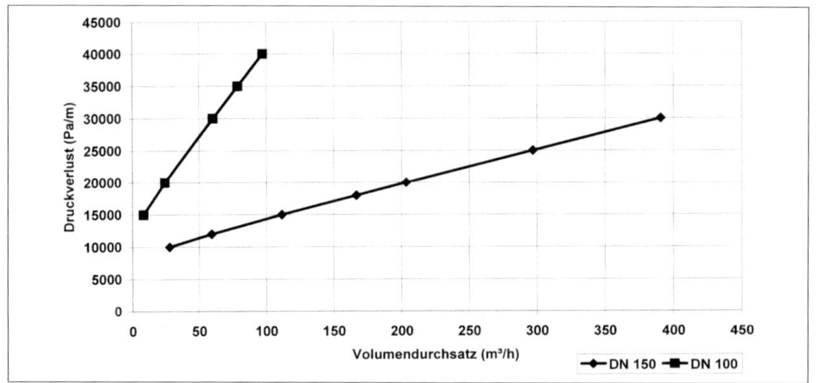

Bild 1.10.4.2: Druckverlust einer Bingham-Flüssigkeit als Funktion des Mengendurchsatzes

1.11 Zweiphasenströmung

1.11.1 Strömungsformen

Eine Zweiphasenströmung liegt vor, wenn gleichzeitig Gas oder Dämpfe und Flüssigkeit durch die Rohrleitung strömen.

Eine 2-Phasen-Strömung tritt z. B. auf in folgenden Anlagen:

- Wasserrohrkesseln für die Dampferzeugung
- Röhrenöfen zur Beheizung von Destillationskolonnen
- Thermosiphon- bzw. Umlaufverdampfern
- Kältemittelverdampfung nach dem Einspritzventil
- Kondensatleitungen mit Wasser und Entspannungsdampf hinter dem Kondensatableiter

Die verschiedenen Strömungsformen der 2-Phasen-Strömung in vertikalen und horizontalen Rohren sind in Bild 1.11.1.1 dargestellt.

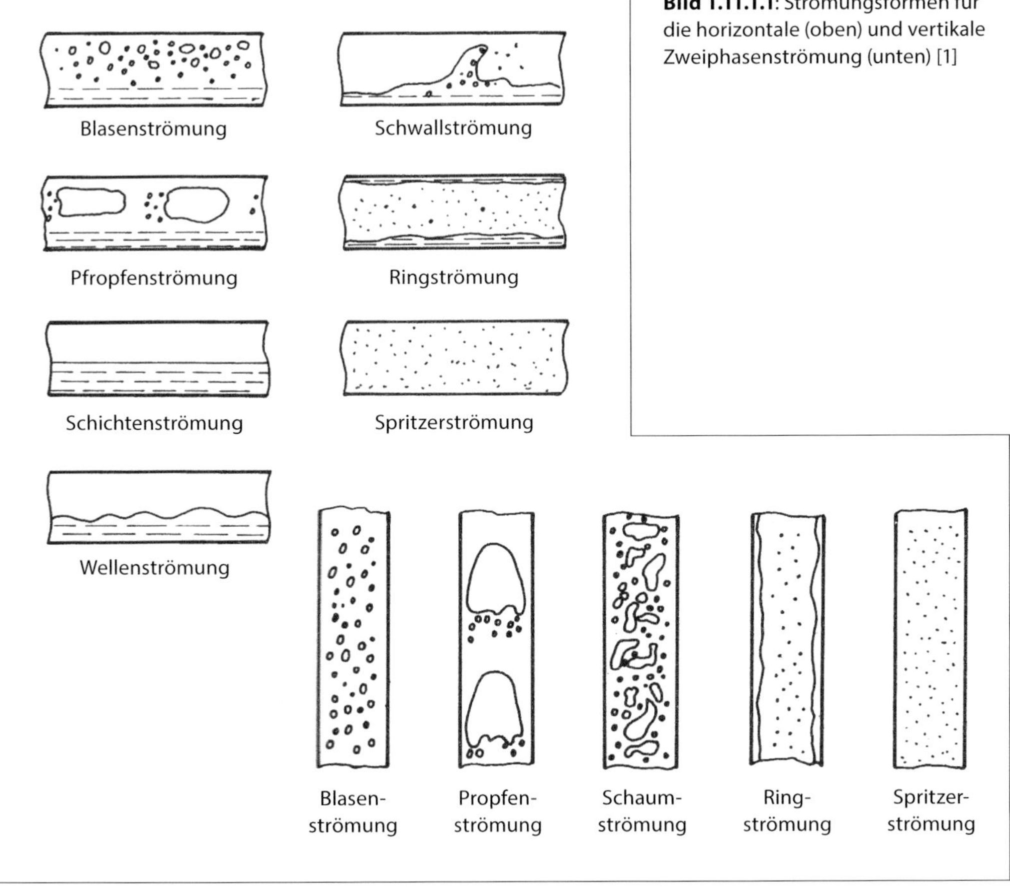

Bild 1.11.1.1: Strömungsformen für die horizontale (oben) und vertikale Zweiphasenströmung (unten) [1]

Auf der Basis von zahlreichen Versuchen mit Wasser-Luft-Gemischen hat Baker ein Diagramm zur Bestimmung der Strömungsform in horizontalen Rohrleitungen erstellt [2] [3]. Dieses Diagramm ist in Bild 1.11.1.2 dargestellt.

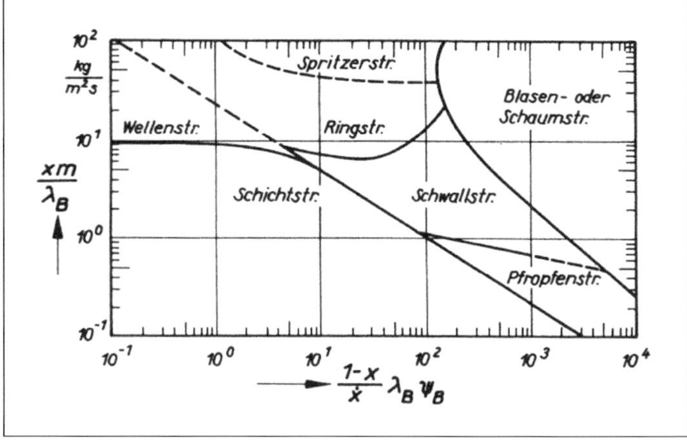

Bild 1.11.1.2: Baker-Diagramm zur Bestimmung der Strömungsform [2] [3]

Zur Anwendung auf andere Stoffsysteme hat Baker die folgenden Dichte- und Viskositäts- bzw. Oberflächenspannungsparameter für die beiden Achsen erstellt:

$$B_x = \frac{1-x}{x} \cdot \lambda_B \cdot \psi_B \qquad B_y = \frac{x \cdot m}{\lambda_B}$$

$$\lambda_B = \sqrt{\frac{\rho_G}{\rho_{Luft}} \cdot \frac{\rho_L}{\rho_{Wasser}}} = \sqrt{\frac{\rho_G}{1{,}2} \cdot \frac{\rho_L}{1000}}$$

$$\psi_B = \left(\frac{\sigma_{Wasser}}{\sigma_L}\right) \cdot \left[\frac{\eta_L}{\eta_{Wasser}} \cdot \left(\frac{\rho_{Wasser}}{\rho_L}\right)^2\right]^{1/3} = \frac{7{,}3}{\sigma_L} \cdot \left[\frac{\eta_L}{1} \cdot \left(\frac{1000}{\rho_L}\right)^2\right]^{1/3}$$

Beispiel 1.11.1.1: Bestimmung der Strömungsform nach Baker mit Bild 1.11.1.2

$\rho_G = 5$ kg/m³ $\quad \rho_L = 750$ kg/m³ $\quad \eta_G = 0{,}012$ mPas $\quad \eta_L = 1{,}4$ mPas $\quad \sigma_L = 20$ mN/m

$$\lambda_B = \sqrt{\frac{5}{1{,}2} \cdot \frac{750}{1000}} = 1{,}77 \qquad \psi_B = \frac{7{,}3}{20} \cdot \left[\frac{1{,}4}{1} \cdot \left(\frac{1000}{750}\right)^2\right]^{1/3} = 4{,}95$$

$x = 0{,}1 \qquad B_x = \frac{1-0{,}1}{x} \cdot 1{,}77 \cdot 4{,}95 = 78{,}8$

$m = 100$ kg/m²s $\qquad B_y = \frac{0{,}1 \cdot 100}{1{,}77} = 5{,}65$ = Punkt 1: Schwallströmung

$m = 400$ kg/m²s $\qquad B_y = \frac{0{,}1 \cdot 400}{1{,}77} = 22{,}6$ = Punkt 2: Ringströmung

$m = 1000$ kg/m²s $\qquad B_y = \frac{0{,}1 \cdot 1000}{1{,}77} = 56{,}5$ = Punkt 3: Spritzerströmung

1.11.2 Druckverluste bei der Zweiphasenströmung

Man unterscheidet folgende Druckverluste bei der Zweiphasenströmung:

- **Reibungsdruckverluste** durch die Reibung an der Wand und zwischen den beiden Phasen. Wegen der Reibung zwischen den Phasen ist der Zweiphasendruckverlust größer als der Druckverlust für die Einphasenströmung.
  Hinzu kommen die Druckverluste durch Einzelwiderstände an Blenden, Ventilen,Reduzierungen, Erweiterungen etc.
- **Beschleunigungsdruckverluste** wegen der zunehmenden Strömungsgeschwindigkeit durch die abnehmende Dichte vom Eintritt zum Austritt.
  Im Gegensatz zu der reinen Gasströmung muss dieser Druckabfall bei der Zweiphasenströmung wegen der größeren Dichte des Zweiphasengemisches berücksichtigt werden, obwohl er meistens gering ist im Vergleich zum Reibungsdruckverlust.
- **Hydrostatische Druckdifferenzen** in vertikalen Leitungen analog zu der Druckhöhe von flüssigkeitsgefüllten vertikalen Rohren. In horizontalen Leitungen entfällt dieser Druckverlust.

Am Beispiel eines vertikalen **Thermosiphon-Verdampfers** werden die verschiedenen Druckverluste erläutert:

Reibungsverluste entstehen beim Durchströmen des Dampf-Flüssigkeits-Gemisches durch die Verdampferrohre, wobei die Dampfmenge von unten nach oben zunimmt.

Zusätzliche Einzelverluste entstehen beim Austritt aus dem Verdampfers und aus dem Dämpferohr in die Kolonne.

Beschleunigungsverluste ergeben sich durch die zunehmende Strömungsgeschwindigkeit wegen der abnehmenden Dichte des Zweiphasengemisches.

Die **hydrostatische Druckdifferenz** ergibt sich aus der Höhe der Zweiphasenschicht in den vertikalen Rohren.

Hinweise:

- Der Dampfmassenstromanteil x nimmt zu mit zunehmender Verdampfung in den Rohren.
- Die Zweiphasenströmungsgeschwindigkeit steigt, weil das Dampfvolumen größer wird.
- Die physikalischen Stoffeigenschaften ändern sich, insbesondere Dichte und Viskosität des Zweiphasengemisches, sodass die Druckverlustberechnungen zonenweise durchgeführt werden sollten.

1.11.2.1 Berechnung der Reibungsdruckverluste ΔP_{TPR}

Die Behinderung durch die Wandreibung beim Durchströmen des Rohrs wird mit dem Reibungsfaktor f erfasst.

Es gibt eine Reihe von Näherungsformeln zur Bestimmung des Reibungsfaktors f im turbulenten Bereich von Reynoldszahlen > 2000.

$$f = \frac{0{,}316}{Re^{0{,}25}}$$ nach Blasius (1)

$$f = \frac{0{,}216}{Re^{0{,}2}}$$ nach Nitsche [4] **für glatte Rohrleitungen** (2)

$$f = \frac{0{,}3}{Re^{0{,}2}}$$ nach Nitsche [4] **für raue Rohrleitungen** (3)

$$f = \left[0{,}866 \cdot \ln \frac{Re}{1{,}964 \cdot \ln Re - 3{,}825}\right]^{-2}$$ nach Friedel [5] (4)

$$f = 0{,}25 \cdot \left[\log\left(\frac{150{,}39}{Re^{0{,}988}} - \frac{152{,}66}{Re}\right)\right]^{-2}$$ nach Yu Xu [6] (5)

In der folgenden Tabelle 1.11.2.1 sind die Reibungsfaktoren der nach den 5 Gleichungen ermittelten Reibungsbeiwerte für verschiedene Reynoldszahlen aufgelistet.

Tabelle 1.11.2.1: Reibungsbeiwerte nach verschiedenen Modellen

Re	f (Gl.1)	f (Gl.2)	f (Gl.3)	f (Gl.4)	f (Gl.5)
2000	0,047	0,047	0,065	0,049	0,0508
5000	0,038	0,039	0,055	0,0373	0,038
10000	0,0316	0,034	0,0475	0,0309	0,0315
20000	0,0265	0,03	0,0414	0,0259	0,026
50000	0,0211	0,025	0,0345	0,0209	0,021
80000	0,019	0,023	0,0314	0,019	0,019
100000	0,018	0,022	0,03	0,018	0,018

Die Unterschiede sind gering und beruhen auf unterschiedlichen Rauigkeiten.

Für die weiteren Berechnungen verschiedener Beispiele in diesem Kapitel wird Gl. (3) für raue Rohrleitungen mit den höchsten Reibungsbeiwerten gewählt.

Im laminaren Bereich < Re = 2000 wird der Reibungsbeiwert folgendermaßen bestimmt:

$$f = \frac{64}{Re}$$ für Reynoldszahlen < 2000.

Bei der Zweiphasenströmung muss zusätzlich zur Wandreibung die Impulsübertragung zwischen den beiden Phasen berücksichtigt werden. Der Druckverlust ist größer.

Der Einfluss der Phasenreibung – ausgedrückt durch den 2-Phasenfaktor φ^2 – ist abhängig von der Strömungsform und dem Strömungszustand.

Man unterscheidet bei der Berechnung das **homogene** und das **heterogene Modell**.

Beim **homogenen Modell** wird die Zweiphasenströmung als quasihomogene Einphasenströmung behandelt:

- Die Strömungsgeschwindigkeiten von Dampf und Flüssigkeit sind gleich.
- Es herrscht thermodynamisches Gleichgewicht zwischen den Phasen.
- Dieses Modell ist anwendbar für die Blasen- und Pfropfenströmung.

Wegen der geringen Relativbewegung zwischen den Phasen ist die Phasenreibung vernachlässigbar und es ergibt sich ein **Mindestdruckverlust** für die Zweiphasenströmung.

1.11.2.2 Reibungsverluste bei homogener Strömung

Im Folgenden wird die sehr einfache Berechnung des Reibungsdruckverlustes ΔP_{TPRD} in Anlehnung an Dukler [7] vorgestellt:

$$\Delta P_{TPRD} = f \cdot \frac{L}{d} \cdot \frac{w_{TP}^2 \cdot \rho_{TP}}{2} \quad \text{[Pa]}$$

Erforderlich sind die Strömungsgeschwindigkeit w_{TP} des Zweiphasengemisches und die Reynoldszahl Re_{TP} der Zweiphasenströmung:

$$w_{TP} = \frac{M}{3600 \cdot \rho_{TP} \cdot d^2 \cdot \frac{\pi}{4}} \quad \text{[m/s]} \qquad Re_{TP} = \frac{w_{TP} \cdot d \cdot \rho_{TP}}{\eta_{TP}}$$

mit

$M = M_L + M_G$ [kg/h]

Berechnung des **Flüssigkeitsvolumenstromanteils $\boldsymbol{\varepsilon_L}$** und der **Dichte $\boldsymbol{\rho_{TP}}$** und der dynamischen **Viskosität $\boldsymbol{\eta_{TP}}$** der Zweiphasenströmung:

$$\varepsilon_L = \frac{V_L}{V_{ges}} = \frac{V_L}{V_L + V_G} = \text{relativer Flüssigkeitsanteil der Strömung}$$

$\rho_{TP} = \varepsilon_L \cdot \rho_L + (1 - \varepsilon_L) \cdot \rho_G$ [kg/m³] = Dichte der Zweiphasenströmung

$\eta_{TP} = \varepsilon_L \cdot \eta_L + (1 - \varepsilon_L) \cdot \eta_G$ [Pa] = Dynamische Viskosität der Zweiphasenströmung

$$x_G = \frac{M_G}{M_G + M_L} = \text{Dampfmassenstromanteil}$$

mit

M_G = Gasmassenstrom [kg/h] M_L = Flüssigkeitsmassenstrom [kg/h]

V_G = Gasvolumenstrom [m³/h] V_L = Flüssigkeitsvolumenstrom [m³/h]

Die Berechnung erfolgt auf Basis eines Einphasenmediums mit den volumetrisch gemittelten Stoffdaten für das Zweiphasengemisch.

Da angenommen wird, dass kein Schlupf zwischen den beiden Phasen existiert, erhält man den kleinstmöglichen Druckverlust, der immer kleiner sein muss als der tatsächliche Druckabfall.

Beispiel 1.11.2.2.1: Druckverlustberechnung nach Dukler für homogene Zweiphasenströmung

$M_{ges} = 135{,}4$ kg/h **x = 0,5 = Dampfmassenstromanteil**

$M_G = 67{,}7$ kg/h $M_L = 67{,}4$ kg/h

$\rho_G = 14$ kg/m³ $\rho_L = 1414$ kg/m³

$\eta_G = 0{,}012$ mPas $\eta_L = 1{,}41$ mPas

$L = 50$ m $d = 17$ mm

$$V_G = \frac{M_G}{\rho_G} = \frac{67{,}7}{14} = 4{,}8357 \text{ m}^3/\text{h} \qquad V_L = \frac{M_L}{\rho_L} = \frac{67{,}7}{1414} = 0{,}04788 \text{ m}^3/\text{h}$$

$$\varepsilon_L = \frac{V_L}{V_L + V_G} = \frac{0{,}04788}{0{,}04788 + 4{,}8357} = 0{,}0098$$

$$\rho_{TP} = 0{,}0098 \cdot 1414 + (1 - 0{,}0098) \cdot 14 = 27{,}7 \text{ kg/m}^3$$

$$\eta_{TP} = 0{,}0098 \cdot 1{,}41 + (1 - 0{,}0098) \cdot 0{,}012 = 0{,}0257 \text{ mPas}$$

$$w_{TP} = \frac{135{,}4}{27{,}7 \cdot 3600 \cdot 0{,}017^2 \cdot 0{,}785} = 5{,}98 \text{ m/s}$$

$$Re_{TP} = \frac{5{,}98 \cdot 0{,}017 \cdot 27{,}7}{25{,}7 \cdot 10^{-6}} = 109615$$

$$f = \frac{0{,}3}{Re^{0{,}2}} = \frac{0{,}3}{109615^{0{,}2}} = 0{,}029$$

$$\Delta P_{TPRD} = 0{,}029 \cdot \frac{50}{0{,}017} \cdot \frac{5{,}98^2 \cdot 27{,}7}{2} = 42\,245 \text{ Pa}$$

Alternativberechnung für einen Dampfmassenanteil x = 0,1

$x = 0{,}1$ $M_G = 13{,}54$ kg/h $M_L = 121{,}86$ kg/h

$\varepsilon_L = 0{,}0818$ $\rho_{TP} = 128{,}54$ kg/m³ $\eta_{TP} = 0{,}126$ mPas

$w_{TP} = 1{,}289$ m/s $Re = 22\,367{,}9$ $f = 0{,}04$

$\Delta P_{TP} = 12\,727$ Pa

1.11.2.3 Reibungsdruckverlust bei heterogener Strömung

Das **heterogene Modell** berücksichtigt die unterschiedlichen Phasengeschwindigkeiten und Stoffeigenschaften.

- Die Phasen strömen getrennt voneinander.
- Die Strömungsgeschwindigkeiten der beiden Phasen sind unterschiedlich.
- Die Gas- bzw. Dampfphase strömt schneller.
- Es werden keine gemeinsamen Eigenschaften definiert.

Die Berechnung ist schwierig, weil der **Schlupf** zwischen den beiden Phasen nicht bekannt ist. Yu Xu et al. [6] haben 29 Formeln zur Ermittlung des Reibungsdruckverlustes mit 3480 Datenpunkten verglichen.

Im folgenden wird gezeigt, wie die Druckverlustberechnung nach den Methoden von Lockhart-Martinelli [8], Chisholm [9], Friedel [5], Dukler für konstanten Slip [10] oder Müller-Steinhagen und Heck [11] durchgeführt wird.

Grundsätzlich sollte man sich darüber im klaren sein, dass man wegen der vielen Unbekannten, insbesondere Strömungsform und Dampfvolumenstromanteil ε_G, nur eine **Druckverlustabschätzung** erhält.

a) Berechnung des Reibungsdruckverlustes ΔP_{TPR} nach Lockhart-Martinelli [8]

Zunächst werden getrennt die Druckverluste für die Gasströmung ΔP_G und für die Flüssigkeitsströmung ΔP_L ermittelt, wobei jeweils der gesamte Rohrquerschnitt zur Bestimmung der Strömungsgeschwindigkeit für Gas und Flüssigkeit eingesetzt wird.

Die Umrechnung von dem Einphasendruckverlust auf den Zweiphasendruckverlust erfolgt mit den Korrekturfaktoren $\varphi_G{}^2$ und $\varphi_L{}^2$, die mit Hilfe des Parameters X bestimmt werden, wobei die Strömungszustände T = turbulent (Re > 2000) und V = viskos bzw. laminar (Re < 2000) zu beachten sind.

$$\Delta P_{TP} = \varphi_G{}^2 \cdot \Delta P_G = \varphi_L{}^2 \cdot \Delta P_L$$

$$\Delta P_G = f_G \cdot \frac{L}{d} \cdot \frac{(x \cdot m)^2}{2 \cdot \rho_G}$$

$$\Delta P_L = f_L \cdot \frac{L}{d} \cdot \frac{[(1-x) \cdot m]^2}{2 \cdot \rho_L}$$

$$X = \sqrt{\frac{\Delta P_L}{\Delta P_G}}$$

Im Folgenden sind einige Näherungsformeln zur Ermittlung des Zweiphasenfaktors φ^2 nach Lockhart-Martinelli aufgelistet.

$$\varphi_L{}^2 = 1 + \frac{C}{X} + \frac{1}{X^2} \qquad \varphi_G{}^2 = 1 + C \cdot X + X^2$$

Turbulente Flüssigkeits- und Gasströmung:	$C = 20$
Laminare Flüssigkeits- und turbulente Gasströmung:	$C = 12$
Turbulente Flüssigkeits- und laminare Gasströmung:	$C = 10$
Laminare Flüssigkeits- und laminare Gasströmung:	$C = 5$

b) Rohrleitungsreibungsdruckverlustberechnung nach Chisholm [9] mit Γ

Im Unterschied zu der Berechnungsmethode nach Lockhart-Martinelli wird der Druckverlust ΔP_L in der Flüssigkeitsphase für die Gesamtmenge des Zweiphasengemisches ermittelt.

$$\Delta P_L - f \cdot \frac{L}{d} \cdot \frac{m_{ges}{}^2}{2 \cdot \rho_L} \quad [Pa]$$

Der Zweiphasendruckverlust ergibt sich aus der Multiplikation von ΔP_L mit dem Zweiphasenkorrekturfaktor $\varphi_{Chis}{}^2$.

$$\Delta P_{TPR} = \varphi_{Chis}{}^2 \cdot \Delta P_L$$

Der Zweiphasenkorrekturfaktor $\varphi_{Chis}{}^2$ wird mit Hilfe der Stoffwertefunktion Γ und des Dampfmassenstromanteils x berechnet.

$$\Gamma = \cdot \left(\frac{\rho_L}{\rho_G}\right)^{0,5} \cdot \left(\frac{\eta_G}{\eta_L}\right)^{0,1}$$

$$\varphi^2 = 1 + (\Gamma^2 - 1) \cdot \left[B \cdot x^{(2-n)/2} \cdot (1 - x)^{(2-n)/2} + x^{(2-n)}\right]$$

$n = 0{,}2$

$n = 1$ im laminaren Bereich mit $Re_L < 1000$

Der B-Wert nach Chisholm ist abhängig von Γ.

$0 < \Gamma < 9{,}5$

$$B = \frac{5}{m^{0,5}} \text{ für } m > 1900 \text{ kg/m}^2\text{s}$$

$$B = \frac{2400}{m} \text{ für } 500 < m < 1900 \text{ kg/m}^2\text{s}$$

$$B = 4{,}8 \text{ für } m < 500 \text{ kg/m}^2\text{s}$$

$9{,}5 < \Gamma < 28$

$$B = \frac{520}{\Gamma \cdot m^{0,5}} \text{ für } m < 600 \text{ kg/m}^2\text{s}$$

$$B = \frac{21}{\Gamma} \text{ für } m > 600 \text{ kg/m}^2\text{s}$$

$$B = \frac{15000}{\Gamma^2 \cdot m^{0,5}} \text{ für } 28 < \Gamma$$

c) Berechnung des Reibungsdruckverlustes ΔP_{TPR} nach Friedel [5]

Ähnlich wie bei Chisholm wird der Druckverlust für die Flüssigkeitsströmung ΔP_L mit einem Korrekturfaktor φ_{Fried}^2 für die Zweiphasenströmung multipliziert.

$$\Delta P_{TPR} = \varphi_{Fried}^2 \cdot \Delta P_L$$

$$\varphi_{Fried}^2 = E + \frac{3{,}43 \cdot B \cdot C}{Fr^{0{,}047} \cdot We^{0{,}033}}$$

$$E = (1 - x)^2 + x^2 \cdot \frac{\rho_L \cdot f_G}{\rho_G \cdot f_L}$$

$$B = x^{0{,}69} \cdot (1 - x)^{0{,}24}$$

$$C = \left(\frac{\rho_L}{\rho_G}\right) \cdot \left(\frac{\eta_G}{\eta_L}\right)^{0{,}19} \cdot \left(1 - \frac{\eta_G}{\eta_L}\right)^{0{,}7}$$

$$Fr = \frac{m^2}{g \cdot d \cdot \rho_L^2} \qquad We = \frac{m^2 \cdot d}{\rho_G \cdot \sigma}$$

Für die beiden Reibungsbeiwerte f_G für die gasseitige Reibung unter der Annahme, dass alles gasförmig ist, und f_L für die flüssigkeitsseitige Reibung unter der Annahme, dass alles flüssig ist, gibt Friedel eine etwas umständliche Berechnungsformel an.

$$f = \frac{64}{Re} \text{ für } Re < 1055$$

Für Re > 1055 gilt:

$$f = \left[0{,}866 \cdot \ln \frac{Re}{1{,}964 \cdot \ln Re - 3{,}825}\right]^{-2}$$

d) Druckverlustberechnung nach Dukler für konstanten Schlupf [10]

Dukler entwickelte eine Näherungsgleichung zur Bestimmung des Zweiphasen-Reibungsfaktors f_{cs} bei konstantem Schlupf aus dem Reibungsfaktor für die Einphasenströmung f_0 mit dem Korrekturfaktor α.

$$f_{TP} = \alpha \cdot f_0 = 1 - \frac{\ln \varepsilon_L}{\xi}$$

$$\xi = 1{,}281 + 0{,}478 \cdot \ln \varepsilon_L + 0{,}444 \cdot (\ln \varepsilon_L)^2 + 0{,}094 \cdot (\ln \varepsilon_L)^3 + 0{,}00843 \cdot (\ln \varepsilon_L)^4$$

Mit dem Korrekturfaktor α ermittelt man den Reibungsfaktor für die heterogene Zweiphasenströmung unter Berücksichtigung des Impulsaustausches zwischen den beiden strömenden Phasen.

Benötigt werden der Flüssigkeitsholdup ε_L für homogene Strömung und der Gasvolumenholdup ε_G. für die heterogene Strömung.

$$\varepsilon_L = \frac{V_L}{V_L + V_G} = \frac{1 - x}{(1 - x) + x \cdot \frac{\rho_L}{\rho_G}}$$

Berechnung des Korrekturfaktors β für die Umrechnung auf Zweiphasenbedingungen:

$$\beta = \frac{\rho_L}{\rho_{hom}} \cdot \frac{{\varepsilon_L}^2}{1 - \varepsilon_G} + \frac{\rho_G}{\rho_{hom}} \cdot \frac{(1 - \varepsilon_L)^2}{\varepsilon_G}$$

Mit dem Korrekturfaktor β wird aus der Reynoldszahl Re_{hom} für die homogene Strömung die Reynoldszahl Re_{cs} für die heterogene Zweiphasenströmung bei konstantem Schlupf bestimmt.

$$Re_{cs} = \beta \cdot Re_{hom}$$

Für die ermittelte Reynoldszahl Re_{cs} wird der Reibungsfaktor f_0 für die Wandreibung bei rauer Strömung bestimmt.

$$f_0 = \frac{0{,}3}{{Re_{cs}}^{0,2}}$$

Der Druckverlust für die Zweiphasenströmung bei konstantem Schlupf ergibt sich folgendermaßen:

$$\Delta P_{cs} = \frac{\alpha \cdot f_0 \cdot m^2 \cdot \beta \cdot L}{2 \cdot \rho_{hom} \cdot d} \quad \text{[Pa]}$$

Alternativ kann die Zweiphasendichte ρ_{cs} bei konstantem Schlupf mit ε_L und ε_G bestimmt werden.

$$\rho_{cs} = \rho_L \cdot \frac{{\varepsilon_L}^2}{1 - \varepsilon_G} + \rho_G \cdot \frac{(1 - \varepsilon_L)^2}{\varepsilon_G} \quad \text{[kg/m}^3\text{]}$$

Der Druckverlust wird mit der homogenen Strömungsgeschwindigkeit w_{hom} berechnet.

$$\Delta P_{cs} = \frac{\alpha \cdot f_0 \cdot w_{hom} \cdot \rho_{cs} \cdot L}{2 \cdot d} \quad \text{[Pa]}$$

e) Druckverlustberechnung nach Müller-Steinhagen und Heck [11]

Aus den für die Gesamtmenge ermittelten Druckverlusten ΔP_G für die Gasphase und ΔP_L für die Flüssigphase wird mit dem Dampfgehalt x der Zweiphasendruckverlust berechnet.

$$\Delta P_G = f \cdot \frac{L}{d} \cdot \frac{{m_{ges}}^2}{2 \cdot \rho_G} \quad \text{[Pa]} \qquad \Delta P_L = f \cdot \frac{L}{d} \cdot \frac{{m_{ges}}^2}{2 \cdot \rho_L} \quad \text{[Pa]}$$

$$G = \Delta P_L + 2 \cdot (\Delta P_G - \Delta P_L) \cdot x$$

$$\Delta P_{TP} = G \cdot (1 - x)^{1/3} + \Delta P_G \cdot x^3 \quad \text{[Pa]}$$

In den folgenden 5 Beispielen wird gezeigt, wie man die Berechnungen durchführt.

Beispiel 1.11.2.3a: Druckverlustberechnung nach Lockhart-Martinelli

$L = 50\ m$ $d = 17\ mm$

$M_{ges} = 135{,}4\ kg/h$ $m = 165{,}8\ kg/m^2 s$

$\rho_G = 14\ kg/m^3$ $\rho_L = 1414\ kg/m^3$

$\eta_G = 0{,}012\ mPas$ $\eta_L = 1{,}41\ mPas$

Berechnung nach Lockhart-Martinelli für x = 0,5

$M_L = 67{,}7\ kg/h$ $V_L = 0{,}04788\ m^3/h$ $w_L = 0{,}0586\ m/s$

$M_G = 67{,}7\ kg/h$ $V_G = 4{,}8357\ m^3/h$ $w_G = 5{,}92\ m/s$

$$Re_L = \frac{m \cdot (1 - x) \cdot d}{\eta_L} = \frac{165{,}8 \cdot (1 - 0{,}5) \cdot 0{,}017}{1{,}41 \cdot 10^{-3}} = 999 \qquad f = \frac{64}{999} = 0{,}064$$

$$\Delta P_L = 0{,}064 \cdot \frac{50}{0{,}017} \cdot \frac{[(1 - 0{,}5) \cdot 165{,}8]^2}{2 \cdot 1414} = 457\ Pa$$

$$Re_G = \frac{m \cdot x}{\eta_G} = \frac{165{,}8 \cdot 0{,}5 \cdot 0{,}017}{0{,}012 \cdot 10^{-3}} = 117442 \qquad f = \frac{0{,}3}{Re_G^{0{,}2}} = \frac{0{,}3}{117442^{0{,}2}} = 0{,}029$$

$$\Delta P_G = 0{,}029 \cdot \frac{50}{0{,}017} \cdot \frac{(0{,}5 \cdot 165{,}8)^2}{2 \cdot 14} = 20941\ Pa$$

$$X = \sqrt{\frac{\Delta P_L}{\Delta P_G}} = \sqrt{\frac{457}{20941}} = 0{,}1477$$

Es herrscht laminare Flüssigkeits- und turbulente Gasströmung.

Für diese Bedingungen werden die Zweiphasenfaktoren φ_L^2 und φ_G^2 ermittelt.

$$\varphi_L^2 = 1 + \frac{12}{0{,}1477} + \frac{1}{0{,}1477^2} = 128 \qquad \varphi_G^2 = 1 + 12 \cdot 0{,}1477 + 0{,}1477^2 = 2{,}794$$

$$\Delta P_{TPR} = \varphi_L^2 \cdot \Delta P_L = 128 \cdot 457 = 58496\ Pa$$

$$\Delta P_{TPR} = \varphi_G^2 \cdot \Delta P_G = 2{,}794 \cdot 20941 = 58509\ Pa$$

Alternativberechnung für x = 0,1

$m_L = 165{,}8 \cdot 0{,}9 = 149{,}2\ kg/m^2 s$ $Re = 1798$ $f = 0{,}0355$ $\Delta P_L = 824\ Pa$

$m_G = 165{,}8 \cdot 0{,}1 = 16{,}58\ kg/m^2 s$ $Re = 23486$ $f = 0{,}04$ $\Delta P_G = 1157\ Pa$

$X = 0{,}8436$ $\varphi_L^2 = 16{,}62$ $\varphi_G^2 = 11{,}836$

$$\Delta P_{TPR} = 16{,}62 \cdot 824 = 11{,}836 \cdot 1157 = 13697\ Pa$$

Beispiel 1.11.2.3b: Druckverlustberechnung nach Chisholm mit Γ

$m = 165{,}8\ kg/m^2 s$ $d = 17\ mm$ $L = 50\ m$

$\rho_L = 1414\ kg/m^3$ $\rho_G = 14\ kg/m^3$ $\eta_L = 1{,}41\ mPas$ $\eta_G = 0{,}012\ mPas$

$$Re_L = \frac{m \cdot d}{\eta_L} = \frac{165{,}8 \cdot 0{,}017}{1{,}41 \cdot 10^{-3}} = 1999 \qquad f = \frac{64}{1999} = 0{,}032$$

$$\Delta P_L = f \cdot \frac{L}{d} \cdot \frac{m^2}{2 \cdot \rho_L} = 0{,}032 \cdot \frac{50}{0{,}017} \cdot \frac{165{,}8^2}{2 \cdot 1414} = 915\ Pa$$

$$\Gamma = \sqrt{\frac{1414}{14} \cdot \left(\frac{0{,}012}{1{,}41}\right)^{0{,}1}} = 6{,}2396$$

Dampfgehalt x = 0,5

Für $\Gamma = 6{,}2396$ und $m < 500\ kg/m^2 s$ ist $B = 4{,}8$.

$n = 0{,}2$ $\Delta P_L = 915\ Pa$

$$\varphi^2 = 1 + (6{,}2396^2 - 1) \cdot \left[4{,}8 \cdot 0{,}5^{0{,}9} \cdot (1 - 0{,}5)^{0{,}9} + 0{,}5^{1{,}8}\right] = 64$$

$$\Delta P_{TP} = \varphi^2 \cdot \Delta P_{Lges} = 64 \cdot 915 = 58726\ Pa$$

Alternativberechnung für Dampfgehalt x = 0,1

$\Gamma = 6{,}2396$ $B = 4{,}8$ $m_L = 165{,}8\ kg/m^2 s$ $\Delta P_L = 915\ Pa$

$$\varphi^2 = 1 + (6{,}2396^2 - 1) \cdot \left[4{,}8 \cdot 0{,}1^{0{,}9} \cdot (1 - 0{,}1)^{0{,}9} + 0{,}1^{1{,}8}\right] = 22{,}4$$

$$\Delta P_{TP} = \varphi^2 \cdot \Delta P_{Lges} = 22{,}4 \cdot 915 = 20541\ Pa$$

Beispiel 1.11.2.3c: Druckverlustberechnung nach Friedel [5]

$m = 165{,}8\ kg/m^2 s$ $d = 17\ mm$ $L = 50\ m$

$\rho_L = 1414\ kg/m^3$ $\rho_G = 14\ kg/m^3$ $\eta_L = 1{,}41\ mPas$ $\eta_G = 0{,}012\ mPas$

$$Re_L = \frac{165{,}8 \cdot 0{,}017}{1{,}41 \cdot 10^{-3}} = 1999 \qquad f_L = 0{,}049 \text{ nach Friedel}$$

$$Re_G = \frac{165{,}8 \cdot 0{,}017}{0{,}012 \cdot 10^{-3}} = 234883 \qquad f_G = 0{,}01526 \text{ nach Friedel}$$

$$\frac{f_G}{f_L} = \frac{0{,}01526}{0{,}049} = 0{,}31$$

$$\Delta P_L = f_{Fried} \cdot \frac{L}{d} \cdot \frac{m^2}{2 \cdot \rho_L} = 0{,}049 \cdot \frac{50}{0{,}017} \cdot \frac{165{,}8^2}{2 \cdot 1414} = 1400 \text{ Pa}$$

Für x = 0,1

$$E = (1 - 0{,}5)^2 + 0{,}1^2 \cdot \frac{1414}{14} \cdot 0{,}31 = 1{,}12$$

$$B = 0{,}1^{0{,}69} \cdot (1 - 0{,}1)^{0{,}24} = 0{,}2$$

$$C = \left(\frac{1414}{14}\right)^{0{,}8} \cdot \left(\frac{0{,}012}{1{,}41}\right)^{0{,}22} \cdot \left(1 - \frac{0{,}012}{1{,}41}\right)^{0{,}89}$$

$$Fr = \frac{165{,}8^2}{9{,}81 \cdot 0{,}017 \cdot 1414^2} = 0{,}0824$$

$$We = \frac{165{,}8^2 \cdot 0{,}017}{1414 \cdot 8 \cdot 10^{-3}} = 41{,}3$$

$$\varphi_{Fried}{}^2 = 1{,}12 + \frac{3{,}43 \cdot 0{,}2 \cdot 13{,}95}{0{,}0824^{0{,}047} \cdot 41{,}3^{0{,}033}} = 1{,}12 + 9{,}52 = 10{,}64$$

$\Delta P_L = 28$ Pa/m für die Flüssigkeitsströmung

$$\Delta P_{TP} = \varphi_{Fried}{}^2 \cdot \Delta P_L = 10{,}64 \cdot 28 \cdot 50 = 14896 \text{ Pa}$$

Für x = 0,5

$E = 8{,}07$ $B = 0{,}52$ $C = 13{,}95$ $Fr = 0{,}0824$ $We = 41{,}3$

$$\varphi_{Fried}{}^2 = 8{,}07 + \frac{3{,}43 \cdot 0{,}52 \cdot 13{,}95}{0{,}0824^{0{,}047} \cdot 41{,}3^{0{,}033}} = 8{,}07 + 24{,}74 = 32{,}81$$

$\Delta P_L = 28$ Pa/m für die Flüssigkeitsströmung

$$\Delta P_{TP} = \varphi_{Fried}{}^2 \cdot \Delta P_L = 32{,}81 \cdot 28 \cdot 50 = 45940 \text{ Pa}$$

Beispiel 1.11.2.3d: Druckverlustberechnung nach Dukler für heterogene Strömung

x = 0,1 $\varepsilon_L = 0{,}0818$ $\varepsilon_G = 0{,}834$ $\xi = 1{,}72$ $\alpha = 2{,}45$

$$\beta = \frac{1414}{128{,}54} \cdot \frac{0{,}0818^2}{1 - 0{,}834} + \frac{14}{128{,}54} \cdot \frac{(1 - 0{,}0818)^2}{0{,}834} = 0{,}567$$

$$Re_{cs} = 0{,}567 \cdot 80707 = 45760$$

$$f_0 = \frac{0{,}3}{45760^2} = 0{,}035$$

$$\Delta P_{cs} = \frac{2{,}45 \cdot 0{,}035 \cdot 0{,}567 \cdot 165{,}8^2 \cdot 50}{2 \cdot 128{,}54 \cdot 0{,}017} = 15223 \text{ Pa}$$

x = 0,5 $\varepsilon_L = 0{,}0098$ $\varepsilon_G = 0{,}92$ $\xi = 3{,}125$ $\alpha = 2{,}47$

$$\beta = \frac{1414}{27{,}725} \cdot \frac{0{,}0098^2}{1 - 0{,}92} + \frac{14}{27{,}725} \cdot \frac{(1 - 0{,}0098)^2}{0{,}92} = 0{,}6$$

$$Re_{cs} = 0{,}6 \cdot 396796 = 237835$$

$$f_0 = \frac{0{,}3}{237835^{0{,}2}} = 0{,}025$$

$$\Delta P_{cs} = \frac{2{,}47 \cdot 0{,}025 \cdot 0{,}6 \cdot 165{,}8^2 \cdot 50}{2 \cdot 27{,}725 \cdot 0{,}017} = 54022 \text{ Pa}$$

Kontrolle mit der Dichte bei konstantem Schlupf und der Strömungsgeschwindigkeit:

$$\rho_{cs} = 1414 \cdot \frac{0{,}0098^2}{1 - 0{,}92} + 14 \cdot \frac{(1 - 0{,}0098)^2}{0{,}92} = 16{,}62 \text{ kg/m}^3$$

$$\frac{\rho_{cs}}{\rho_{hom}} = \frac{16{,}62}{27{,}725} = 0{,}6 = \beta \qquad w_{hom} = \frac{165{,}8}{27{,}725} = 6 \text{ m/s}$$

$$\Delta P_{cs} = \frac{2{,}47 \cdot 0{,}025 \cdot 6^2 \cdot 16{,}62 \cdot 50}{2 \cdot 0{,}017} = 54332 \text{ Pa}$$

Beispiel 1.11.2.3e: Druckverlustberechnung nach Müller-Steinhagen und Heck

$m = 165{,}8 \text{ kg/m}^2 \text{ s}$ $d = 17 \text{ mm}$ $L = 50 \text{ m}$

$\rho_L = 1414 \text{ kg/m}^3$ $\rho_G = 14 \text{ kg/m}^3$ $\eta_L = 1{,}41 \text{ mPas}$ $\eta_G = 0{,}012 \text{ mPas}$

$$Re_L = \frac{m \cdot d}{\eta_L} = \frac{165{,}8 \cdot 0{,}017}{1{,}41 \cdot 10^{-3}} = 1999 \qquad \Delta P_L = 0{,}032 \cdot \frac{50}{0{,}017} \cdot \frac{165{,}8^2}{2 \cdot 1414} = 915 \text{ Pa}$$

$$Re_G = \frac{m \cdot d}{\eta_G} = \frac{165{,}8 \cdot 0{,}017}{0{,}012 \cdot 10^{-3}} = 234883 \qquad \Delta P_G = 0{,}025 \cdot \frac{50}{0{,}017} \cdot \frac{165{,}8^2}{2 \cdot 14} = 73027 \text{ Pa}$$

x =0,1

$$G = \Delta P_L + 2 \cdot (\Delta P_G - \Delta P_L) \cdot x = 915 + 2 \cdot (73027 - 915) \cdot 0{,}1 = 15337$$

$$\Delta P_{TP} = G \cdot (1 - x)^{1/3} + \Delta P_G \cdot x^3 \text{ [Pa]} = 15337 \cdot 0{,}9^{1/3} + 73037 \cdot 0{,}1^3 = 14881 \text{ Pa}$$

x = 0,5

$$G = \Delta P_L + 2 \cdot (\Delta P_G - \Delta P_L) \cdot x = 915 + 2 \cdot (73027 - 915) \cdot 0{,}5 = 73027$$

$$\Delta P_{TP} = G \cdot (1 - x)^{1/3} + \Delta P_G \cdot x^3 \text{ [Pa]} = 73027 \cdot 0{,}5^{1/3} + 73027 \cdot 0{,}5^3 = 67090 \text{ Pa}$$

Ergebnisvergleich:	**x = 0,5**	**x = 0,1**
Homogene Strömung nach **Dukler:**	42245 Pa	12727 Pa
Heterogene Strömung nach **Lockhart-Martinelli:**	58500 Pa	13697 Pa
Heterogene Strömung nach **Chisholm:**	58726 Pa	20541 Pa
Heterogene Strömung nach **Friedel**	45940 Pa	14896 Pa
Heterogene Strömung nach **Dukler**	54022 Pa	15223 Pa
Heterogene Strömung nach **Müller-Steinhagen + Heck**	67090 Pa	14881 Pa

In den **Bildern 1.11.2.1 bis 1.11.2.4** sind die nach verschiedenen Modellen berechneten Reibungsdruckverluste bei der Zweiphasenströmung in Abhängigkeit vom Dampfphasenanteil x für unterschiedliche Stoffdaten dargestellt.

Die Ausbeulung der Druckverlustkurven nach oben oberhalb der Linie für den homogenen Druckverlust verdeutlicht den zusätzlichen Druckverlust durch die Reibung bzw. den Impulsaustausch zwischen der Flüssigkeits- und der Gasphase.

Die Kurven mit den Druckverlustmaxima gehen bei 100 % Gas zurück auf den Druckverlust der Gasströmung durch die Reibung an der Rohrwand.

Fazit

Die nach verschiedenen Modellen berechneten Druckverluste weichen stark voneinander ab.

Empfehlung

Die Methode von Müller-Steinhagen und Heck ist sehr einfach und liefert glaubwürdige Resultate.

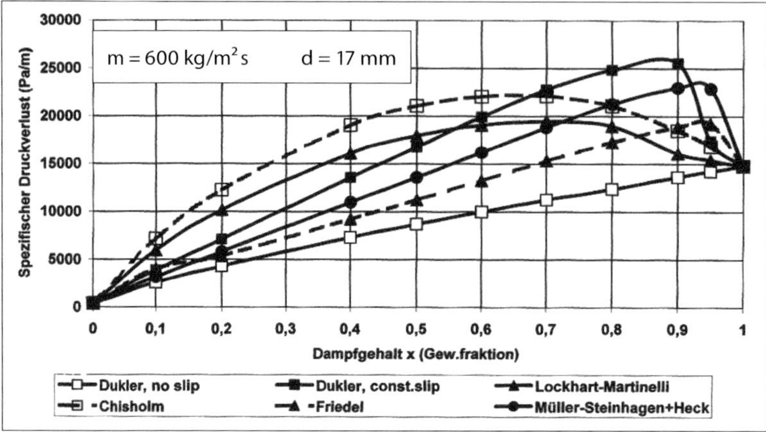

Bild 1.11.2.1: Spezifischer Druckverlust bei der Zweiphasenströmung nach verschiedenen Modellen als Funktion des Dampfgehalts für folgende Stoffdaten:
$\rho_L = 1414$ kg/m³,
$\rho_G = 14$ kg/m³,
$\eta_L = 1{,}41$ mPas,
$\eta_G = 0{,}012$ mPas

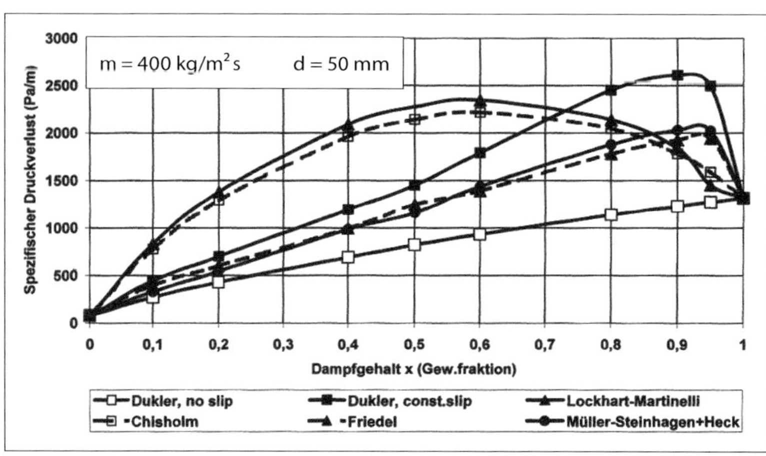

1.11.2.2: Spezifischer Druckverlust bei der Zweiphasenströmung nach verschiedenen Modellen als Funktion des Dampfgehalts für folgende Stoffdaten:
$\rho_L = 750$ kg/m³
$\rho_G = 20$ kg/m³
$\eta_L = 0{,}64$ mPas
$\eta_G = 0{,}01$ mPas

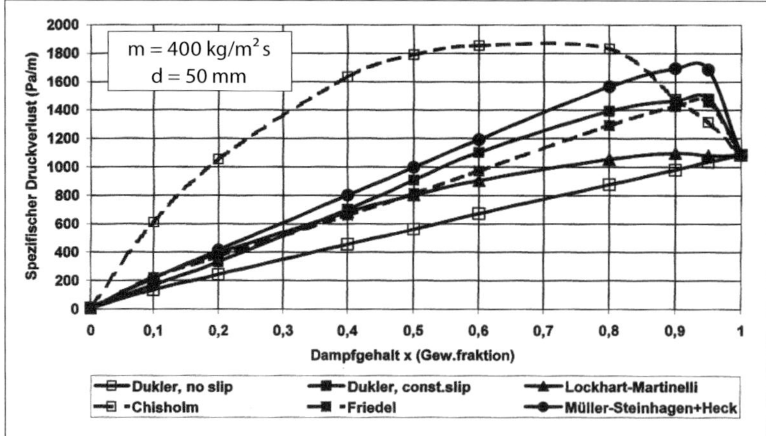

Bild 1.11.2.3: Spezifischer Druckverlust bei der Zweiphasenströmung nach verschiedenen Modellen als Funktion des Dampfgehalts für folgende Stoffdaten:
$\rho_L = 750$ kg/m³
$\rho_G = 2$ kg/m³
$\eta_L = 0{,}64$ mPas
$\eta_G = 0{,}01$ mPas

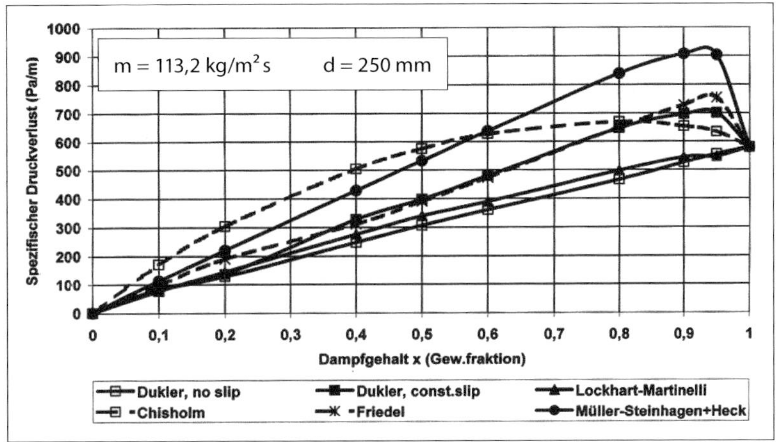

Bild 1.11.2.4: Spezifischer Druckverlust bei der Zweiphasenströmung nach verschiedenen ModellenFunktion des Dampfgehalts für folgende Stoffdaten
$\rho_L = 750\ kg/m^3$
$\rho_G = 0{,}68\ kg/m^3$
$\eta_L = 1{,}4\ mPas$
$\eta_G = 0{,}012\ mPas$

In **Bild 1.11.2.5** wird am Beispiel des Kältemittels R 22 gezeigt, dass der Druckverlust bei höheren Drücken geringer ist, weil das Gasvolumen mit zunehmendem Druck kleiner wird. Bei einem geringeren Druck ist der Druckverlust höher, weil das spezifische Volumen größer ist und das Zweiphasengemisch schneller strömt.

In **Bild 1.11.2.6** wird gezeigt, wie sich der Zweiphasendruckverlust des Kältemittels R 134 a bei einer höheren Massenstromdichte erhöht.

In den Bildern **1.11.2.7 und 1.11.2.8** sind die nach den verschiedenen Modellen berechneten spezifischen Druckverluste in Abhängigkeit von der Massenstromdichte m aufgetragen.

Fazit

Die Berechnung nach den relativ einfachen Methoden von Friedel und Müller-Steinhagen/Heck liefert glaubwürdige Ergebnisse.

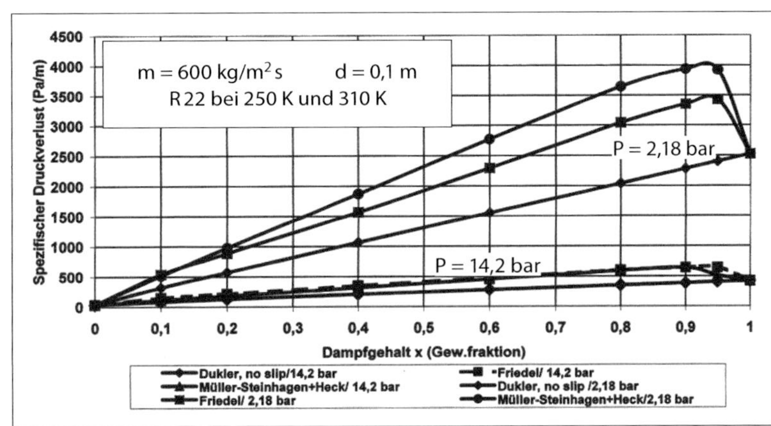

Bild 1.11.2.5: Spezifischer Druckverlust bei der Zweiphasenströmung des Kältemittels R 22 nach verschiedenen Modellen bei 14,2 bar/310 K und 2,18 bar/250 K

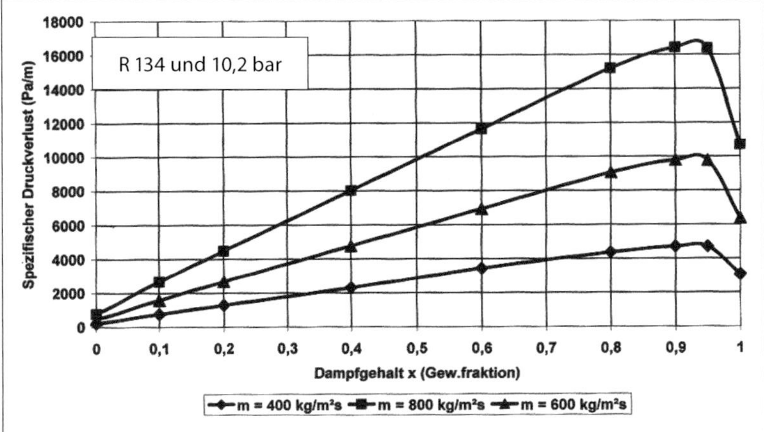

Bild 1.11.2.6: Spezifischer Druckverlust des Kältemittels R 134 a nach Müller-Steinhagen + Heck in Abhängigkeit vom Dampfgehalt im Zweiphasengemisch

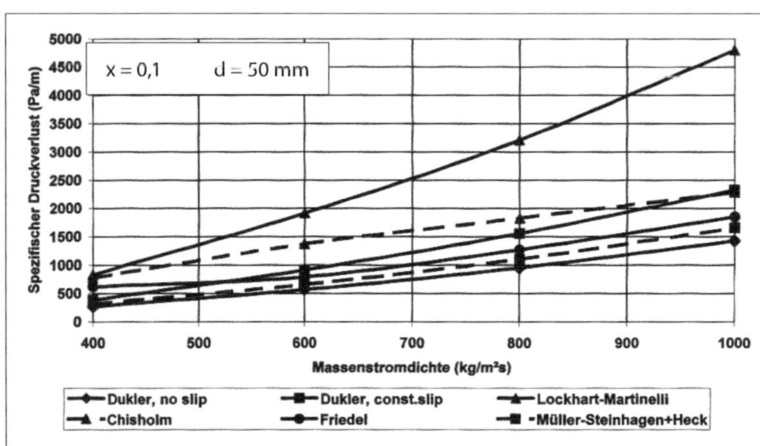

Bild 1.11.2.7: Spezifischer Druckverlust bei der Zweiphasenströmung nach verschiedenen Modellen in Abhängigkeit von der Massenstromdichte m;
Stoffdaten:
$\rho_L = 750\ kg/m^3$
$\rho_G = 20\ kg/m^3$
$\eta_L = 0{,}64\ mPa$
$\eta_G = 0{,}01\ mPa$

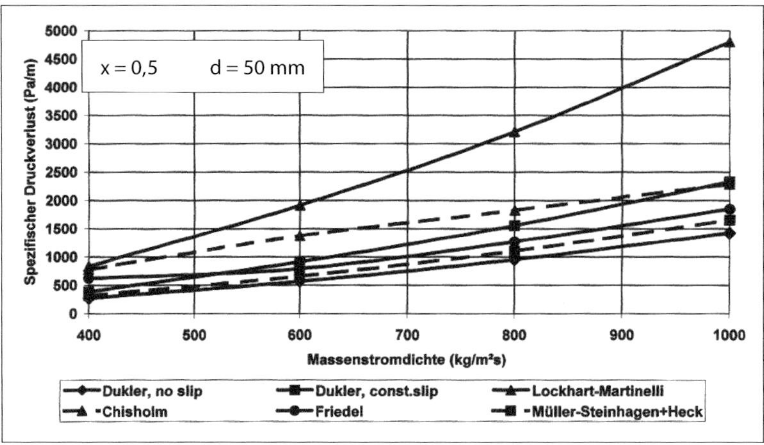

Bild 1.11.2.8: Spezifischer Druckverlust bei der Zweiphasenströmung nach erschiedenen Modellen in Abhängigkeit von der Massenstromdichte m für einen Dampfgehalt x = 0,5
Stoffdaten:
$\rho_L = 750\ kg/m^3$
$\rho_G = 20\ kg/m^3$
$\eta_L = 0{,}64\ mPa$
$\eta_G = 0{,}01\ mPa$

1.11.3 Dampfströmungsvolumenanteil ε_G

Für die Berechnung des Beschleunigungs- und des hydrostatischen Druckabfalls muss man den Dampfströmungsvolumenanteil ε_G kennen.

Definitionsgemäß ist ε_G – im Englischen „void fraction" – das Verhältnis von dampfdurchströmtem Querschnitt zu Gesamtquerschnitt bezogen auf die Rohrlänge $\Delta L = 0$. ε_G ist also der Flächenanteil vom Rohrquerschnitt, der von Dampfdurchströmt wird.

Da die Gasphase bei heterogener Strömung schneller strömt als die Flüssigphase, ist der Dampfströmungsvolumenanteil ε_G des strömenden Zweiphasengemisches kleiner als der mittlere volumetrische Dampfgehalt ε_{hom} bei homogener Zweiphasenströmung.

Aus Bild 1.11.3.1 ist zu ersehen, dass der Dampfströmungsvolumenanteil ε_G bei heterogener Strömung deutlich kleiner ist als ε_{hom} bei homogener Strömung ohne Geschwindigkeitsdifferenz zwischen den beiden Phasen. Das bedeutet, dass der Dampf bei heterogener Strömung schneller strömt als die Flüssigkeit.

$$\varepsilon_{hom} = \frac{V_{GR}}{V_{ges}} = \frac{V_{GR}}{V_{GR} + V_{LR}} = \text{mittlerer volumetrischer Dampfgehalt}$$

$$\varepsilon_G = \frac{V_G}{V_{ges}} = \frac{V_G}{V_G + V_L} = \text{Dampfströmungsvolumenanteil}$$

$$\varepsilon_G \le \varepsilon_{hom}$$

$$\frac{\varepsilon_G}{\varepsilon_L} = \frac{\varepsilon_G}{1 - \varepsilon_G} \le \frac{V_G}{V_L}$$

ε_{hom} = Mittlerer Dampfgehalt bei homogener Strömung
ε_G = Dampfströmungsvolumenanteil bei heterogener Strömung
ε_L = $1 - \varepsilon_G$ = Flüssigkeitsströmungsvolumenanteil

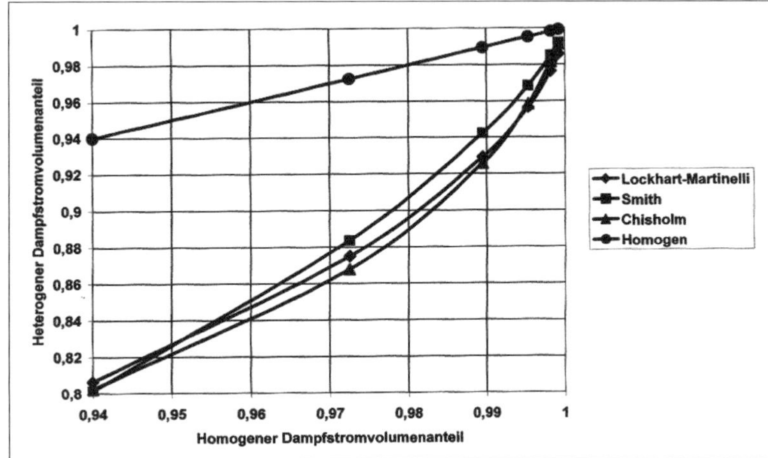

Bild 1.11.3.1: Berechneter Dampfstromvolumenanteil ε_G bei heterogener Strömung in Abhängigkeit vom homogenen Dampfstromvolumenanteil

V_{GR} = mittleres Gasvolumen in der Rohrleitung [m^3]
V_{LR} = mittleres Flüssigkeitsvolumen in der Rohrleitung [m^3]
V_{ges} = Gesamtvolumen der Rohrleitung [m^3]
V_G = Gasvolumenanteil bei heterogener Strömung = Strömungsquerschnittsanteil für Gas [m^3/h]
V_L = Flüssigkeitsvolumenanteil bei heterogener Strömung = Strömungsquerschnittsanteil für die Flüssigkeit [m^3/h]

Aus dem **Bild 1.11.3.2** von Daniels [12] ist zu entnehmen, dass nur bei kleinen V_G/V_L-Verhältnissen – also Blasen-, Kolbenblasen- und Schwallströmung – mit annähernd homogener Strömung und geringem Schlupf zu rechnen ist.

Bei der Berechnung des Dampfstromvolumenanteils ε_G muss man wieder unterscheiden zwischen homogener und heterogener Strömung.

Homogene Strömung:

$$\varepsilon_{hom} = \frac{V_G}{V_G + V_L} = \frac{x}{x + (1-x)\cdot \dfrac{\rho_G}{\rho_L}}$$

Heterogene Strömung:

Nach **Lockart-Martinelli** [8] mit folgender Näherungsformel:

$$\frac{1-\varepsilon_G}{\varepsilon_G} = 0{,}28 \cdot \left(\frac{1-x}{x}\right)^{0,64} \cdot \left(\frac{\rho_G}{\rho_L}\right)^{0,36} \left(\frac{\eta_L}{\eta_G}\right)^{0,07}$$

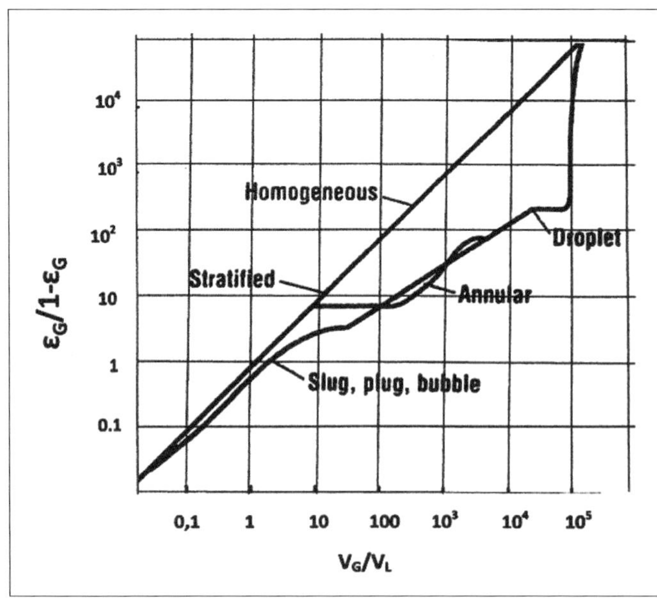

Bild 1.11.3.2: Der Quotient ε_G / (1 – ε_G) für verschiedene Strömungsformen in Abhängigkeit vom mittleren V_G/V_L-Verhältnis nach Daniels [12]

Nach **Wallis** [13] aus dem X-Wert von Lockhart-Martinelli:

$$\varepsilon_G = (1 - X^{0,8})^{-0,387}$$

Mit dem Schlupf S nach **Ahmad** [14]:

$$\varepsilon_G = \frac{1}{1 + \dfrac{w_G \cdot (1-x) \cdot \rho_G}{w_L \cdot x \cdot \rho_L}} = \frac{x}{x + S \cdot (1-x) \cdot \dfrac{\rho_G}{\rho_L}}$$

$$S = \frac{w_G}{w_L} = \text{Schlupf} = \frac{x}{1-x} \cdot \frac{1-\varepsilon_G}{\varepsilon_G} \cdot \frac{\rho_L}{\rho_G}$$

$$S = \left(\frac{\rho_L}{\rho_G}\right)^{0,205} \cdot \left(\frac{m \cdot d}{\eta_L}\right)^{-0,016}$$

Nach **Smith** [15] mit dem Mitreißfaktor e = 0,4:

$$\varepsilon_G = \frac{1}{1 + 0,79 \cdot \left(\dfrac{1-x}{x}\right)^{0,78} \cdot \left(\dfrac{\rho_G}{\rho_L}\right)^{0,58}}$$

Nach **Chisholm** [16] mit dem Schlupf S:

$$S = \frac{w_G}{w_L} = \sqrt{1 - x \cdot \left(1 - \frac{\rho_L}{\rho_G}\right)}$$

$$\varepsilon_G = \frac{x}{x + S \cdot (1-x) \cdot \dfrac{\rho_G}{\rho_L}}$$

Beispiel 1.11.3.1: Berechnung des Dampfstromvolumenanteils ε_G für das Kältemittel R 22 bei 250 K und 310 K für x = 0,2

R 22 bei 250 K: $\rho_L = 1360$ kg/m³ $\rho_G = 9{,}59$ kg/m³ $\eta_L = 262$ µPas $\eta_G = 10{,}9$ µPas

R 22 bei 310 K: $\rho_L = 1146$ kg/m³ $\rho_G = 60{,}9$ kg/m³ $\eta_L = 187$ µPas $\eta_G = 14{,}2$ µPas

Homogene Strömung:

250 K: $$\varepsilon_{hom} = \frac{x}{x + (1 - x) \cdot \dfrac{\rho_G}{\rho_L}} = \frac{0{,}2}{0{,}2 + (1 - 0{,}2) \cdot \dfrac{9{,}59}{1360}} = 0{,}9725$$

310 K: $$\varepsilon_{hom} = \frac{x}{x + (1 - x) \cdot \dfrac{\rho_G}{\rho_L}} = \frac{0{,}2}{0{,}2 + (1 - 0{,}2) \cdot \dfrac{60{,}9}{1146}} = 0{,}8246$$

Heterogene Strömung nach Lockhart-Martinelli:

250 K: $$\frac{1 - \varepsilon_G}{\varepsilon_G} = 0{,}28 \cdot \left(\frac{1 - 0{,}2}{0{,}2}\right)^{0{,}64} \cdot \left(\frac{9{,}59}{1360}\right)^{0{,}36} \cdot \left(\frac{262}{10{,}9}\right)^{0{,}07} = 0{,}1427$$

$$\varepsilon_G = \frac{1}{1 + 0{,}1427} = 0{,}875$$

310 K: $$\frac{1 - \varepsilon_G}{\varepsilon_G} = 0{,}28 \cdot \left(\frac{1 - 0{,}2}{0{,}2}\right)^{0{,}64} \cdot \left(\frac{60{,}9}{1146}\right)^{0{,}36} \cdot \left(\frac{187}{14{,}2}\right)^{0{,}07} = 0{,}283$$

$$\varepsilon_G = \frac{1}{1 + 0{,}283} = 0{,}779$$

Heterogene Strömung nach Smith [15]:

250 K: $$\varepsilon_G = \frac{1}{1 + 0{,}79 \cdot \left(\dfrac{1 - x}{x}\right)^{0{,}78} \cdot \left(\dfrac{\rho_G}{\rho_L}\right)^{0{,}58}} = \frac{1}{1 + 0{,}79 \cdot \left(\dfrac{0{,}8}{0{,}2}\right)^{0{,}78} \cdot \left(\dfrac{9{,}59}{1360}\right)^{0{,}58}} = 0{,}8837$$

310 K: $$\varepsilon_G = \frac{1}{1 + 0{,}79 \cdot \left(\dfrac{1 - x}{x}\right)^{0{,}78} \cdot \left(\dfrac{\rho_G}{\rho_L}\right)^{0{,}58}} = \frac{1}{1 + 0{,}79 \cdot \left(\dfrac{0{,}8}{0{,}2}\right)^{0{,}78} \cdot \left(\dfrac{60{,}9}{1146}\right)^{0{,}58}} = 0{,}7019$$

Heterogene Strömung nach Chisholm [16]:

$$250\text{ K:}\quad S = \frac{w_G}{w_L} = \sqrt{1 - x \cdot \left(1 - \frac{\rho_L}{\rho_G}\right)} = \sqrt{1 - 0{,}2 \cdot \left(1 - \frac{1360}{9{,}59}\right)} = 5{,}4$$

$$\varepsilon_G = \frac{x}{x + S \cdot (1 - x) \cdot \frac{\rho_G}{\rho_L}} = \frac{0{,}2}{0{,}2 + 5{,}4 \cdot 0{,}8 \cdot \frac{9{,}59}{1360}} = 0{,}8678$$

$$310\text{ K:}\quad S = \frac{w_G}{w_L} = \sqrt{1 - x \cdot \left(1 - \frac{\rho_L}{\rho_G}\right)} = \sqrt{1 - 0{,}2 \cdot \left(1 - \frac{1146}{60{,}9}\right)} = 2{,}136$$

$$\varepsilon_G = \frac{x}{x + S \cdot (1 - x) \cdot \frac{\rho_G}{\rho_L}} = \frac{0{,}2}{0{,}2 + 2{,}136 \cdot 0{,}8 \cdot \frac{60{,}9}{1146}} = 0{,}6877$$

Nach Wallis [13]:

für $X = 0{,}4018$ bei 250 K: $\varepsilon_G = (1 + X^{0,8})^{-0,378} = (1 + 0{,}4018^{0,8})^{-0,378} = 0{,}8618$

für $X = 1{,}0378$ bei 310 K: $\varepsilon_G = (1 + X^{0,8})^{-0,378} = (1 + 1{,}0378^{0,8})^{-0,378} = 0{,}7651$

Die nach den unterschiedlichen Methoden berechneten ε_G-Werte sind in **Bild 1.11.3.3** dargestellt. Bei höherem Druck sind die ε_G-Werte kleiner.

Berechnung der Gas- und Flüssigkeitsströmungsgeschwindigkeit für ein heterogenes Gemisch mit dem Dampfstromvolumenanteil ε_G und dem Schlupf S

$$w_G = \frac{m \cdot x}{\rho_G \cdot \varepsilon_G} \quad [\text{m/s}] \qquad w_L = \frac{m \cdot (1 - x)}{\rho_L \cdot (1 - \varepsilon_G)} \quad [\text{m/s}]$$

$$w_G = \frac{M_G}{\rho_G \cdot \varepsilon_G \cdot d^2 \cdot \pi / 4} \quad [\text{m/s}] \qquad w_L = \frac{M_L}{\rho_L \cdot (1 - \varepsilon_G) \cdot d^2 \cdot \pi / 4} \quad [\text{m/s}]$$

$$S = \frac{w_G}{w_L} = \frac{x}{1 - x} \cdot \frac{1 - \varepsilon_G}{\varepsilon_G} \cdot \frac{\rho_L}{\rho_G}$$

Beispiel 1.11.3.2: Berechnung der Dampf- und Flüssigkeitsströmungsgeschwindigkeiten und des Schlupfes S für R 22 bei 250 K (2,18 bar) und 310 K (14,2 bar)

$m = 600\ \text{kg/m}^2\text{s}$ $\qquad x = 0{,}1$

250 K

$\boldsymbol{\varepsilon_G = 0{,}8024}$

$$w_G = \frac{0{,}1 \cdot 600}{9{,}59 \cdot 0{,}8024} = 7{,}8\ \text{m/s}$$

$$w_L = \frac{(1-0{,}1) \cdot 600}{1300 \cdot (1-0{,}8024)} = 2\ \text{m/s}$$

$$S = \frac{7{,}8}{2} = 3{,}88$$

310 K

$\boldsymbol{\varepsilon_G = 0{,}5574}$

$$w_G = \frac{0{,}1 \cdot 600}{60{,}9 \cdot 0{,}5574} = 1{,}76\ \text{m/s}$$

$$w_L = \frac{(1-0{,}1) \cdot 600}{1146 \cdot (1-0{,}5574)} = 2\ \text{m/s}$$

$$S = \frac{1{,}76}{1{,}06} = 1{,}66$$

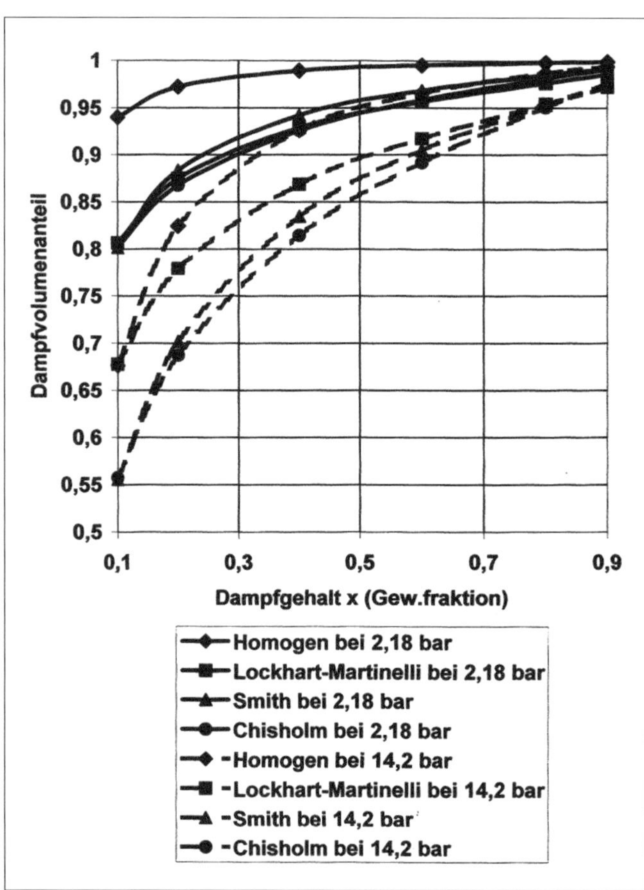

Bild 1.11.3.3: Nach verschiedenen Modellen berechnete ε_G-Werte von R 22 als Funktion des Dampfgehalts x

Berechnung der mittleren Zweiphasenströmungsgeschwindigkeit w_{TP} mit der Massenstromdichte m und der Dichte des Zweiphasengemisches ρ_{TP}

$$w_{TP} = \frac{m}{\rho_{TP}} \quad [m/s] \qquad \rho_{TP} = \rho_L \cdot (1 - \varepsilon_G) + \rho_G \cdot \varepsilon_G \quad [kg/m^3]$$

Beispiel 1.11.3.3: Ermittlung der mittleren Strömungsgeschwindigkeit

$m = 600\ kg/m^2 s$ $\qquad \rho_G = 9{,}59\ kg/m^3$ $\qquad \rho_L = 1360\ kg/m^3$ $\qquad x = 0{,}1$

Heterogen mit $\varepsilon_G = 0{,}8678$

$$\rho_{TP} = 1360 \cdot (1 - 0{,}8678) + 9{,}59 \cdot 0{,}8678 = 188{,}1\ kg/m^3$$

$$w_{TP} = \frac{600}{188{,}1} = 3{,}19\ m/s$$

Homogen mit $\varepsilon_G = 0{,}972$

$$\rho_{TP} = 1360 \cdot (1 - 0{,}972) + 9{,}59 \cdot 0{,}972 = 140{,}6\ kg/m^3$$

$$w_{TP} = \frac{600}{140{,}6} = 4{,}3\ m/s$$

Bei der homognen Berechnung ergibt sich eine kleinere Dichte. Dadurch vergrößert sich die Strömungsgeschwindigkeit.

In **Bild 1.11.3.4** sind die Gas- und Flüsigkeitsgeschwindigkeiten von R 22 bei zwei unterschiedlichen Drücken in Abhängigkeit vom Dampfgehalt dargestellt.

Bei einem niedrigeren Druck ergeben sich wegen der geringeren Dichte deutlich höhere Strömungsgeschwindigkeiten.

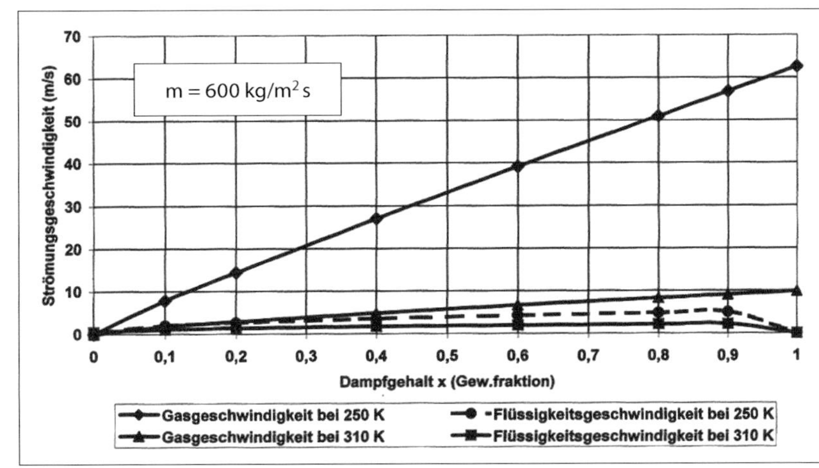

Bild 1.11.3.4: Heterogene Dampf- und Flüssigkeitsgeschwindigkeiten als Funktion des Dampfgehalts für R 22 bei 250 K (2,18 bar) und 310 K (14,2 bar)

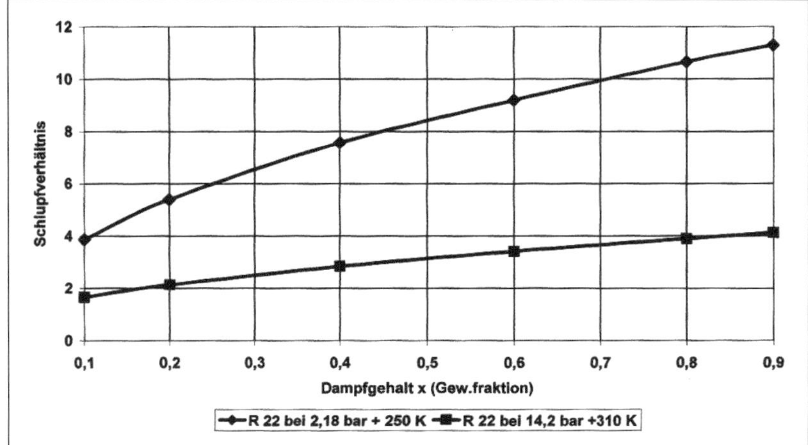

Bild 1.11.3.5: Schlupf zwischen der Gas- und Flüssigkeitsphase für R 22 bei 250 K und 310 K als Funktion des Dampfgehalts

Bild 1.11.3.5 zeigt den Verlauf des Schlupfverhältnisses für R 22 bei unterschiedlichen Drücken.

- Mit zunehmendem Dampfgehalt x steigt der Schlupf an.
- Beim niedrigeren Druck ist der Schlupf erheblich größer.

1.11.4 Berechnung des Beschleunigungsdruckverlustes ΔP_B

Wegen des Druckabfalls in der Rohrleitung wird das spezifische Volumen der kompressiblen Gasphase größer und die Strömungsgeschwindigkeit wird beschleunigt, sodass ein Beschleunigungsdruckverlust auftritt.

Da das zu beschleunigende Zweiphasengemisch wegen des Flüssigkeitsanteils eine viel höhere Dichte hat als eine kompressible Gasströmung, ist der Beschleunigungsdruckverlust viel größer als bei einer vergleichbaren Gasströmung.

Bei der Berechnung des Beschleunigungsdruckverlustes muss man zwischen dem homogenen und dem heterogenen Modell unterscheiden, weil sich rechnerisch verschiedene Werte für den Dampfvolumenstromanteil ε_G in der Zweiphasenströmung ergeben.

Homogene Strömung:

$$\Delta P_B = m^2 \cdot \left(\frac{1}{\rho_{TPaus}} - \frac{1}{\rho_{TPein}} \right) = m \cdot (v_{aus} - v_{ein})$$

Heterogene Strömung:

$$\Delta P_B = m^2 \cdot \left[\left(\frac{(1-x)^2}{\rho_L \cdot (1-\varepsilon_G)} + \frac{x^2}{\rho_G \cdot \varepsilon_G} \right)_{aus} - \left(\frac{(1-x)^2}{\rho_L \cdot (1-\varepsilon_G)} + \frac{x^2}{\rho_G \cdot \varepsilon_G} \right)_{ein} \right]$$

Beispiel 1.11.4.1: Berechnung des Beschleunigungsdruckverlustes in einem vertikalen Thermosiphonverdampfer

$m = 568\ kg/m^2 s$ $x = 0{,}1$ $\rho_L = 567\ kg/m^3$ $\rho_G = 18{,}1\ kg/m^3$

Homogenes Modell:

$\rho_{ein} = \rho_L = 567\ kg/m^3$ $\rho_{aus} = \rho_{TP} = 140{,}6\ kg/m^3$

$$\Delta P_B = 568^2 \cdot \left(\frac{1}{140{,}6} - \frac{1}{567} \right) = 1725\ Pa$$

Heterogenes Modell mit $\varepsilon_G = 0{,}671$

$\rho_{TP} = 198{,}7\ kg/m^3$

$$\Delta P_B = 568^2 \cdot \left[\left(\frac{(1-0{,}1)^2}{567 \cdot (1-0{,}671)} + \frac{0{,}1^2}{18{,}1 \cdot 0{,}671} \right) - \left(\frac{1}{567} \right) \right] = 1097\ Pa$$

In **Bild 1.11.4.1** sind die berechneten Beschleunigungsdruckverluste für die Stoffdaten aus den Bildern 1.11.2.1 bis 1.11.2.4 dargestellt.

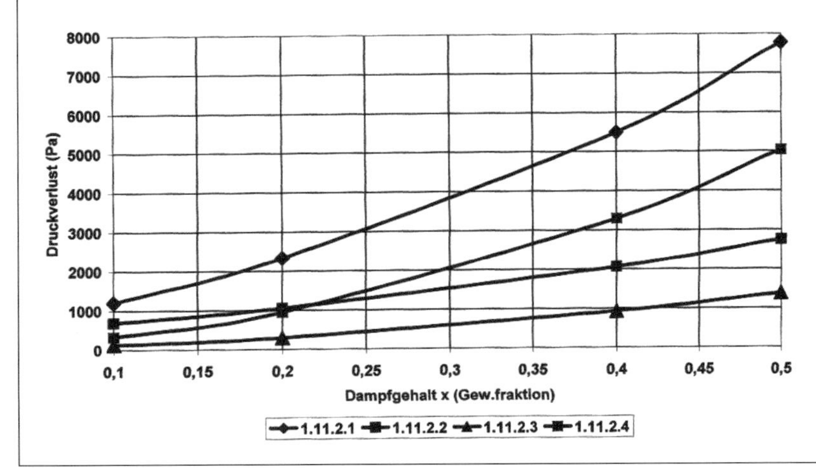

Bild 1.11.4.1: Beschleunigungsdruckverluste als Funktion des Dampfgehalts für die Stoffdaten in Bild 1.11.2.1 - 1.11.2.4 bei heterogener Strömung

1.11.5 Berechnung des hydrostatischen Druckverlustes ΔP_H

Wenn eine vertikale Strömungsrichtung vorliegt, muss die Druckänderung infolge des Höhenunterschieds berücksichtigt werden.

Sie berechnet sich aus der Dichte des Zweiphasengemisches in der Rohrleitung und dem Höhenunterschied.

$$\Delta P_H = H \cdot g \cdot \rho_{TP} = H \cdot g \cdot [\rho_L \cdot (1 - \varepsilon_G) + \rho_G \cdot \varepsilon_G]$$

Auch beim hydrostatischen Druckverlust muß der unterschiedliche Volumenstromanteil ε_G bei homogener und heterogener Strömung beachtet werden, weil sich daraus unterschiedliche Dichten ρ_{TP} der Zweiphasenschicht ergeben.

Homogenes Modell:

$$\rho_{TP} = \rho_{hom} = \frac{\rho_G \cdot \rho_L}{x \cdot \rho_L + (1 - x) \cdot \rho_G} = \frac{1}{\dfrac{x}{\rho_G} + \dfrac{(1 - x)}{\rho_L}}$$

Heterogenes Modell:

$$\rho_{TP} = \rho_L \cdot (1 - \varepsilon_G) + \rho_G \cdot \varepsilon_G$$

Beispiel 1.11.5.1: Berechnung der hydrostatischen Druckdifferenz in einem vertikalen Thermosiphonverdampfer mit 3 m langen Rohren

Daten von Beispiel 1.11.4.1

Homogenes Modell:

$\rho_{TP} = 140{,}6\ kg/m^3$

$\Delta P_H = H \cdot g \cdot \rho_{TP} = 3 \cdot 9{,}81 \cdot 140{,}6 = 4138\ Pa$

Heterogenes Modell:

$\rho_{TP} = 198{,}7\ kg/m^3$

$\Delta P_H = 3 \cdot 9{,}81 \cdot 198{,}7 = 5848\ Pa$

Nach Lockhart-Martinelli mit $\varepsilon_G = 0{,}709$

$\rho_{TP} = 567 \cdot (1 - 0{,}709) + 18{,}1 \cdot 0{,}709 = 177{,}7\ kg/m^3$

$\Delta P_H = 3 \cdot 9{,}81 \cdot 177{,}7 = 5231\ Pa$

Kommentar zu den Druckverlustberechnungen:

Es ergeben sich unterschiedliche Ergebnisse aus der Berechnung nach den verschiedenen Methoden:

- Beim **Reibungsdruckverlust** sind die Rechenmodelle von Müller-Steinhart/Heck und Friedel zu empfehlen.
- Die **hydrostatische Druckdifferenz** ist größer beim heterogenen Modell, weil der Dampfstromvolumenanteil ε_G wegen des Schlupfes kleiner ist und die Zweiphasendichte größer.
- Der **Beschleunigungsdruckverlust** ist höher bei der homogenen Strömung, weil der ε_G-Wert bei homogener Strömung größer ist.

1.11.6 Druckverlust in Armaturen und Formstücken

Grundsätzlich sollte man in der Zweiphasenströmung Verengungen vermeiden und nach Möglichkeit Armaturen mit vollem Durchgang einsetzen, z. B. Kugelhähne und Schieber.

- Keine Ventile
- Keine plötzlichen Reduzierungen oder Erweiterungen
- Möglichst keine Blenden
- Keine T-Stücke mit Durchmesseränderung.

Am einfachsten ist die Druckverlustberechnung mit dem Widerstandsbeiwert K und der Zweiphasenströmungsgeschwindigkeit w_{TP} der homogenen Zweiphasenströmung:

$$\Delta P_{TPForm} = K \cdot \frac{w_{TP}^2 \cdot \rho_{TP}}{2 \cdot (1 - A)} = K \cdot \frac{m^2}{2 \cdot \rho_{TP} \cdot (1 - A)}$$

K = Widerstandsbeiwert des Formstücks oder der Armatur
A = Korrektur für die Beschleunigung

$$A = \frac{m \cdot w_G}{P_m}$$

Beispiel 1.11.6.1: Druckverlustberechnung für einen Bogen mit K = 0,25

$m = 407\ kg/m^2 s$ $\quad x = 0,1$ $\quad P_m = 3,1\ bar$

$\rho_L = 567\ kg/m^3$ $\quad \rho_G = 18,1\ kg/m^3$

a) Homogene Strömung mit $\varepsilon_G = 0,777$ und $\rho_{TP} = 140,6\ kg/m^3$

$$w_G = \frac{0,1 \cdot 407}{18,1 \cdot 0,777} = 2,89\ m/s \qquad A = \frac{407 \cdot 2,89}{3,1 \cdot 10^5} = 0,00379$$

$$\Delta P_{TPForm} = 0,25 \cdot \frac{407^2}{2 \cdot 140,6 \cdot (1 - 0,00379)} = 147,8\ Pa$$

b) Heterogene Strömung mit $\varepsilon_G = 0{,}671$ und $\rho_{TP} = 198{,}7\ kg/m^3$

$$w_G = \frac{0{,}1 \cdot 407}{18{,}1 \cdot 0{,}671} = 3{,}35\ m/s \qquad A = \frac{407 \cdot 3{,}35}{3{,}1 \cdot 10^5} = 0{,}0044$$

$$\Delta P_{TPForm} = 0{,}25 \cdot \frac{407^2}{2 \cdot 198{,}7 \cdot (1 - 0{,}0044)} = 104{,}7\ Pa$$

c) Homogene Strömung für x = 0,5

$\varepsilon_G = 0{,}969$ $\rho_{TP} = 35{,}11\ kg/m^3$ $w_G = 11{,}6\ m/s$

$$A = \frac{407 \cdot 11{,}6}{3{,}1 \cdot 10^5} = 0{,}0152$$

$$\Delta P_{TPForm} = 0{,}25 \cdot \frac{407^2}{2 \cdot 35{,}11 \cdot (1 - 0{,}0152)} = 598{,}8\ Pa$$

Die Berechnung für homogene Strömung ist einfacher und liefert höhere Druckverluste. Man liegt auf der sicheren Seite.

Alternative und etwas aufwendigere Berechnungsmethoden werden von Hewitt und Chisholm [1] vorgeschlagen, z. B. für Rohrbögen:

$$\Delta P_{TPBogen} = 0{,}25 \cdot \frac{m^2}{2 \cdot \rho_L} \cdot \left[1 - x \cdot \left(\frac{\rho_L}{\rho_G} - 1\right)\right]$$

Beispiel 1.11.6.2: Druckverlustberechnung für einen Bogen

Daten von Beispiel 1.11.6.1 mit dem Dampfmassenstromanteil x = 0,1

$$\Delta P_{TPBogen} = 0{,}25 \cdot \frac{407^2}{2 \cdot 567} \cdot \left[1 - 0{,}1 \cdot \left(\frac{567}{18{,}1} - 1\right)\right] = 147{,}8\ Pa$$

Für den Dampfmassenstromfaktor x = 0,5:

$$\Delta P_{TPBogen} = 0{,}25 \cdot \frac{407^2}{2 \cdot 567} \cdot \left[1 - 0{,}5 \cdot \left(\frac{567}{18{,}1} - 1\right)\right] = 590\ Pa$$

1.11.7 Kritische Zweiphasenströmung [17]

Analog zu der Begrenzung des Mengenstroms von Gasen durch Blenden oder Verengungen bei Erreichen der Schallgeschwindigkeit muss auch für die Zweiphasenströmung der maximal mögliche Mengendurchsatz m_{kr} bei kritischer Strömung beachtet werden.

Dieser Punkt – die sogenannte kritische Massenstromdichte – wird erreicht,wenn der Massenstrom trotz einer Erhöhung der Druckdifferenz nicht weiter gesteigert werden kann, weil die Zunahme des spezifischen Volumens für einen kleinen Druckabfall so groß ist, dass Druck und Enthalpie nicht gleichzeitig in einem vorgegebenen Rohrleitungsquerschnitt erniedrigt werden können.

Kritische Strömung tritt also auf, wenn die gesamte vorhandene Druckenergie für die Beschleunigung verbraucht wird und keine Energie für den Druckverlust durch Reibung verfügbar ist.

Die kritische Strömung des Zweiphasengemisches ist nicht identisch mit der Schallgeschwindigkeit der Gasphase in dem Zweiphasengemisch.

Wegen der hohen Dichte und Kompressibilität von Zweiphasengemischen ist der kritische Massenstrom viel niedriger als bei reinen Gasen.

Die Berechnung der kritischen Massenstromdichte ist wichtig, weil dadurch die Durchsatzkapazität ganzer Anlagen limitiert werden kann, z. B. durch Rohrleitungssammler mit unterschiedlichen Querschnitten zwischen einem Röhrenofen und einer Vakuumkolonne.

Bei einem Druckabfall von mehr als 30 % vom Eingangsdruck sollte auf kritische Strömung überprüft werden.

Nach Henry und Fauske [17] wird folgender Rechenablauf empfohlen:

a) Ermittlung des kritischen Druckverhältnisses PV_{krit}

$$PV_{krit} = \left(\frac{2}{\gamma + 1}\right)^{\frac{\gamma}{\gamma - 1}}$$

γ = Adiabateneponent der Dampfphase

b) Bestimmung des spezifischen Volumens v

$$v = \frac{1 - x}{\rho_L} + \frac{x}{PV_{krit}^{\frac{1}{\gamma}} \cdot \rho_G}$$

c) Berechnung des kritischen Massenstroms

$$m_{krit} = \frac{1}{v} \cdot \sqrt{\frac{2 \cdot x \cdot P}{\rho_G} \cdot \left(\frac{\gamma}{\gamma - 1}\right) \cdot \left(1 - PV_{krit}^{\frac{\gamma - 1}{\gamma}}\right)}$$

Beispiel 1.11.7.1: Berechnung des kritischen Massenstroms für folgende Bedingungen

$P = 3{,}1$ bar $\quad x = 0{,}1 \quad \rho_G = 18{,}1\ \text{kg/m}^3 \quad \rho_L = 576\ \text{kg/m}^3 \quad \gamma = 1{,}08$

$$PV_{krit} = \left(\frac{2}{\gamma+1}\right)^{\frac{\gamma}{\gamma-1}} = \left(\frac{2}{1{,}08+1}\right)^{\frac{1{,}08}{1{,}08-1}} = 0{,}589$$

$$v = \frac{1-x}{\rho_L} + \frac{x}{PV_{krit}^{\frac{1}{\gamma}} \cdot \rho_G} = \frac{1-0{,}1}{576} + \frac{0{,}1}{0{,}589^{\frac{1}{1{,}08}} \cdot 18} = 0{,}01058\ \text{m}^3/\text{kg}$$

$$m_{krit} = \frac{1}{0{,}0158} \cdot \sqrt{\frac{2 \cdot 0{,}1 \cdot 3{,}1 \cdot 10^5}{18} \cdot \left(\frac{1{,}08}{1{,}08-1}\right) \cdot \left(1 - 0{,}589^{\frac{1{,}08-1}{1{,}08}}\right)} = 3985\ \text{kg/m}^2\text{s}$$

Durch eine Rohrleitung mit d = 17 mm können somit maximal durchgesetzt werden:

$$m_{max} = 0{,}017^2 \cdot 0{,}785 \cdot 3985 = 0{,}904\ \text{kg/s}$$

Mit der Dichte $\rho_{TP} = 94{,}5\ \text{kg/m}^3$ ergibt sich folgende Strömungsgeschwindigkeit:

$$w_{krit} = \frac{m_{max}}{\rho_{TP}} = \frac{3985}{94{,}5} = 42{,}2\ \text{m/s}$$

1.11.8 Entspannungsdampf

Wenn ein Zweiphasengemisch im Siedezustand durch die Rohrleitung strömt, kommt es durch den Druckabfall in der Leitung zu einer Absenkung des statischen Drucks. Durch die Druckabsenkung kommt es zur Flashverdampfung.

Bei dem niedrigeren Druck wird mehr verdampft. Die Dämpfemenge bzw. der Dampfstromvolumenanteil ε_G der Strömung wird größer. Die Strömungsgeschwindigkeit des Zweiphasengemisches nimmt zu.

Beispiele für die Strömung siedender Gemische mit Nachverdampfung sind Kondensatleitungen hinter dem Kondensatableiter und Kältemittelleitungen hinter dem Expansionsventil.

Die Druckverlustberechnung für homogene Zweiphasenströmungen mit zusätzlicher Dampfbildung (flashing flow) kann nach Dukler [10] erfolgen:

$$\Delta P_{TPEXP} = \frac{m^2}{2} \cdot \left[2 \cdot \left(\frac{x_2}{\rho_{G2}} - \frac{x_1}{\rho_{G1}}\right) + \frac{f \cdot L}{d \cdot \rho_{mhom}}\right]$$

In der Praxis wird die Berechnung für vorgegebene Druckintervalle wie folgt durchgeführt:

Vorgaben:

- Massenstrom
- Rohrleitungsdurchmesser und Rohrleitungslänge
- Anfangsdruck P_1 und Enddruck P_2
- Flashberechnung zur Ermittlung von x und ρ_G für den Druckabfall ΔP

Ermittlung der mittleren homologen Zweiphasendichte ρ_{hom}

$$\rho_{hom} = \frac{1}{\frac{x}{\rho_G} + \frac{1-x}{\rho_L}}$$

Es werden die Rohrleitungslängen für den vorgegebenen Druckabfall ermittelt. Die Gesamtlänge ergibt sich aus der Addition der Einzellängen für die vorgegebenen Druckdifferenzen.

$$L = \left[\frac{\Delta P_{TP}}{m^2} - \left(\frac{x_2}{\rho_{G2}} - \frac{x_1}{\rho_{G1}}\right)\right] \cdot \frac{2 \cdot d \cdot \rho_{hom}}{f}$$

Die Anwendung wird im folgenden Beispiel gezeigt.

Beispiel 1.11.8.1: Ermittlung der maximal zulässigen Rohrleitungslänge für einen Druckabfall von ΔP_{TPEXP} = 89655 Pa = 0,89655 bar.

$d = 102$ mm | Reibungsbeiwert $f = 0{,}012$ | $m = 1225$ kg/m²s

$P_1 = 241379$ Pa | $P_2 = 151724$ Pa

$\rho_{G1} = 1{,}34$ kg/m³ | $\rho_{G2} = 0{,}87$ kg/m³

$x_{G1} = 0{,}01079$ | $x_{G2} = 0{,}03742$

$\rho_{1hom} = 109{,}6$ kg/m³ | $\rho_{2hom} = 22{,}7$ kg/m³

$$\rho_{mhom} = \frac{109{,}6 + 22{,}7}{2} = 66{,}16 \text{ kg/m}^3$$

$$L = \left[\frac{89644}{1225^2} - \left(\frac{0{,}03742}{0{,}87} - \frac{0{,}01079}{1{,}34}\right)\right] \cdot \frac{2 \cdot 0{,}102 \cdot 66{,}16}{0{,}012} = 27{,}9 \text{ m}$$

Die Berechnung wird genauer, wenn man mit 13 kleinen Druckdifferenzen rechnet. Dann erhält man eine maximal zulässige Länge von 25,9 m.

Ein grundsätzlicher Fehler ist gegeben durch die Annahme einer homogenen Strömung ohne Schlupf. Durch eine Berechnung mit kleinen Druckdifferenzen reduziert man diesen Fehler.

Kontrollberechnung des Druckverlustes für 27,9 m Rohrleitungslänge:

$$\Delta P_{TPEXP} = \frac{1225^2}{2} \cdot \left[2 \cdot \left(\frac{0{,}03742}{0{,}87} - \frac{0{,}01079}{1{,}34}\right) + \frac{0{,}012 \cdot 27{,}9}{0{,}102 \cdot 66{,}16}\right]$$

$$\Delta P_{TPEXP} = 89685 \text{ Pa}$$

Schriftzeichen

A = Beschleunigungskorrektur
d = Rohrleitungsdurchmesser [m]
f = Reibungsbeiwert
f_G = Reibungsbeiwert für die Gasphase
η_{TP} = 2-Phasenviskosität [Pas]
f_L = Reibungsbeiwert für die Flüssigphase
H = Höhe der vertikalen Leitung [m]
K = Widerstandsbeiwert für Formstücke
L = Rohrleitungslänge [m]
M = Produktdurchsatz [kg/h]
M_G = Gasmassenstrom [kg/h bzw. kg/s]
M_L = Flüssigkeitsmassenstrom [kg/h bzw.kg/s]
m = Massenstromdichte [kg/m²s]
m_{krit} = Kritische Massenstromdichte [kg/m²s]
P = Druck [Pa]
P_m = Mittlerer Druck [Pa]
PV_{krit} = Kritisches Druckverhältnis
Re_G = Reynoldszahl der Gasphase
Re_L = Reynoldszahl der Flüssigphase
Re_{TP} = Reynoldszahl der Zweiphasenströmung
S = Schlupf = w_G / w_L
V_{ges} = Zweiphasenvolumenstrom [m³/h]
V_G = Gasphasenvolumenstrom [m³/h]
V_L = Flüssigkeitsvolumenstrom [m³/h]
v = Spezif. Volumen [m³/kg]
v_{Aus} = Spezif. Volumen beim Austritt
v_{Ein} = Spezif. Volumen beim Eintritt
w_G = Strömungsgeschwindigkeit der Gasphase [m/s]
w_L = Strömungsgeschwindigkeit der Flüssigphase [m/s]
w_{TP} = Strömungsgeschwindigkeit der 2-Phasenströmung [m/s]
w_{krit} = Kritische Zweiphasenströmungsgeschwindigkeit [m/s]
x = Dampfmassenstromanteil des 2-Phasengemisches
X = Parameter bei Lockhart-Martinelli
ΔP_B = Beschleunigungsdruckverlust [Pa]
ΔP_H = Hydrostatischer Druckverlust [Pa]
ΔP_G = Druckverlust der Gasphase [Pa]
ΔP_L = Druckverlust der Flüssigphase [Pa]
ΔP_{TPR} = Reibungsdruckverlust der 2-Phasenströmung [Pa]
ΔP_{TPForm} = Zweiphasendruckverlust in Formstücken und Armaturen [Pa]
ΔP_{EXP} = Zweiphasendruckverlust durch Entspannungsdampf [Pa]

ε_G = Dampfvolumenstromanteil
ε_L = Flüssigkeitsvolumenanteil $= V_L / V_{ges}$

γ = Adiabatenexponent des Dampfes
η_G = Gasviskosität [Pas]
η_L = Flüssigphasenviskosität [Pas]
$\varphi_G{}^2$ = 2-Phasenkorrekturfaktor für ΔP_G
$\varphi_L{}^2$ = 2-Phasenkorrekturfaktor für ΔP_L
ρ_G = Gasphasendichte [kg/m^3]
ρ_L = Flüssigphasendichte [kg/m^3]
ρ_{TP} = 2-Phasendichte [kg/m^3]
ρ_{hom} = Homogene 2-Phasendichte
ρ_{ein} = Eintrittszweiphasendichte [kg/m^3]
ρ_{aus} = Austrittszweiphasendichte [kg/m^3]

Anlage 1.11.A1 Berechnung von Reynoldszahl und Rohrleitungsdruckverlust mit der Massenstromdichte m (kg/m² s)

$$m = w \cdot \rho$$

$$Re = \frac{w \cdot d}{\nu} = \frac{w \cdot d \cdot \rho}{\eta} = \frac{m \cdot d}{\eta}$$

$$\Delta P = f \cdot \frac{L}{d} \cdot \frac{w^2 \cdot \rho}{2} = f \cdot \frac{L}{d} \cdot \frac{m^2}{2 \cdot \rho} \quad [Pa]$$

d = Rohrdurchmesser [m]
L = Rohrleitungslänge [m]
w = Strömungsgeschwindigkeit [m/s]
f = Reibungsbeiwert = f (Re)

η = dynamische Viskosität [Pas]
ν = kinematische Viskosität [m²/s]
ρ = Produktdichte [kg/m³]

Beispiel 1.11.A1.1:

L = 50 m
d = 17 mm
$w_{TP} = 5{,}98$ m/s
m = 165,65 kg/m²s
$\rho_{TP} = 27{,}7$ kg/m³
$\eta = 25{,}7 \cdot 10^{-6}$ Pas

Berechnung der Reynoldszahl Re

$$Re = \frac{w \cdot d \cdot \rho}{\eta} = \frac{5{,}98 \cdot 0{,}017 \cdot 27{,}7}{25{,}7 \cdot 10^{-6}} = 109571$$

$$Re = \frac{m \cdot d}{\eta} = \frac{165{,}65 \cdot 0{,}017}{25{,}7 \cdot 10^{-6}} = 109571$$

Der Reibungsbeiwert f wird wie folgt ermittelt:

Für raue Rohrleitungen im turbulenten Bereich > Re = 2000:

$$f = \frac{0{,}3}{Re^{0{,}2}} = \frac{0{,}3}{109571^{0{,}2}} = 0{,}029$$

Im laminaren Bereich < Re = 2000:

$$f = \frac{64}{Re}$$

Berechnung des Reibungsdruckverlustes in der Rohrleitung:

$$\Delta P = f \cdot \frac{L}{d} \cdot \frac{w^2 \cdot \rho}{2} = 0{,}029 \cdot \frac{50}{0{,}017} \cdot \frac{5{,}98^2 \cdot 27{,}7}{2} = 42245 \text{ Pa}$$

$$\Delta P = f \cdot \frac{L}{d} \cdot \frac{m^2}{2 \cdot \rho} = 0{,}029 \cdot \frac{50}{0{,}017} \cdot \frac{165{,}65^2}{2 \cdot 27{,}7} = 42245 \text{ Pa}$$

Anlage 1.11.A2 Berechnungsformeln für Zweiphasenströmungen

Dampfmassenstromanteil x

$$x = \frac{M_G}{M_G \cdot M_L} = \frac{M_G}{M_{ges}} \quad \text{(Gewichtsfraktion)}$$

Gasvolumenstromanteil ε_G bei homogener Strömung

$$\varepsilon_G = \frac{V_G}{V_G \cdot V_L} = \frac{x}{x + (1-x) \cdot \frac{\rho_G}{\rho_L}} \quad \text{(Volumenfraktion)}$$

Zweiphasendichte bei homogener Strömung

$$\rho_{TP} = \rho_{hom} = \frac{\rho_G \cdot \rho_L}{x \cdot \rho_L + (1-x) \cdot \rho_G} = \frac{1}{\frac{x}{\rho_L} + \frac{(1-x)}{\rho_G}} \quad [\mathrm{kg/m^3}]$$

Zweiphasendichte bei heterogener Strömung

$$\rho_{TP} = \rho_L \cdot (1 - \varepsilon_G) + \rho_G \cdot \varepsilon_G \quad [\mathrm{kg/m^3}]$$

Hydrostatische Druckdifferenz ΔP_H

$$\Delta P_H = H \cdot g \cdot \rho_{TP} = H \cdot g \cdot [\rho_L \cdot (1 - \varepsilon_G) + \rho_G \cdot \varepsilon_G] \quad [\mathrm{Pa}]$$

Beschleunigungsdruckverlust ΔP_B

Für das homogene Modell:

$$\Delta P_B = m^2 \cdot \left(\frac{1}{\rho_{TPaus}} - \frac{1}{\rho_{TPein}} \right) = m \cdot (v_{aus} - v_{ein}) \quad [\mathrm{Pa}]$$

Für das heterogene Modell:

$$\Delta P_B = m^2 \cdot \left[\left(\frac{(1-x)^2}{\rho_L \cdot (1-\varepsilon_G)} + \frac{x^2}{\rho_G \cdot \varepsilon_G} \right)_{aus} - \left(\frac{(1-x)^2}{\rho_L \cdot (1-\varepsilon_G)} + \frac{x^2}{\rho_G \cdot \varepsilon_G} \right)_{ein} \right] \quad [\mathrm{Pa}]$$

Druckverlust durch Entspannungsdampf bei siedenden Produkten

$$\Delta P_{TPEXP} = \frac{m^2}{2} \cdot \left[2 \cdot \left(\frac{x_2}{\rho_{G2}} - \frac{x_1}{\rho_{G1}} \right) + \frac{f \cdot L}{d \cdot \rho_{hom}} \right] \quad [\mathrm{Pa}]$$

Kritische Massenstromdichte

Analog zu der Schallgeschwindigkeit bei Gasen gibt es eine kritische Zweiphasenströmungsgeschwindigkeit, die deutlich unter der Schallgeschwindigkeit von Gasen liegt.

$$m_{krit} = \frac{1}{v} \cdot \sqrt{\frac{2 \cdot x \cdot P}{\rho_G} \cdot \left(\frac{\gamma}{\gamma - 1}\right) \cdot \left(1 - PV_{krit}^{\frac{\gamma-1}{\gamma}}\right)} \quad [kg/m^2 s]$$

Anlage 1.11.A3 Anwendungsbeispiele

Beispiel 1.11.A3.1: Druckverlustberechnung für einen Röhrenofenumlauf zur Beheizung der Kolonne K 14

Durchsatz = 144 t/h
Flüssigkeitsdichte $\rho_L = 864\ kg/m^3$
Massenstromdichte in DN 200:
$m = 1274\ kg/m^2 s$
Massenstromdichte in DN 150:
$m = 2264\ kg/m^2 s$
Massendtromdichte in 2 x DN 125:
$m = 1630{,}5\ kg/m^2 s$

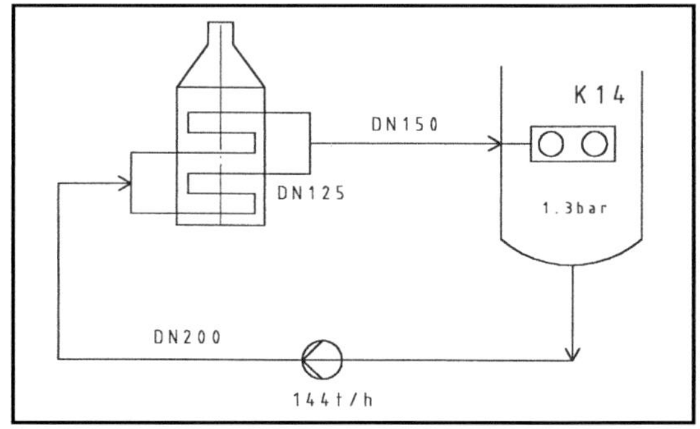

Bild 1.11.A3.1.1: Röhrenofen und Kolonne K 16 bei 360 mbar mit Entspannungsdüse

1. Druckverlust in 50 m Zuleitung DN 200 zum Ofen

L = 50 m   Reibungsbeiwert f = 0,03   Durchmesser d = 0,2 m

$m = 1274\ kg/m^2 s$ $K_{ges} = 10$ = Widerstand von Formstücken

$$\Delta P_{Leitung} = \frac{m^2}{2 \cdot \rho_L} \cdot \left(\frac{f \cdot L}{d} + K_{ges}\right) \cdot 10^{-5} = \frac{1274^2}{2 \cdot 864} \cdot \left(\frac{0{,}03 \cdot 50}{0{,}2} + 10\right) \cdot 10^{-5} = 0{,}16\ bar$$

2. Druckverlust in den beiden Parallelleitungen DN 125 im Röhrenofen

Rohrlänge L = 500 m   Reibungsbeiwert f = 0,03 $K_{ges} = 20$ (Formstücke)

Durchmesser d = 0,125 m $m = 1630{,}5\ kg/m^2 s$

$$\Delta P_{Ofen} = \frac{1630{,}5^2}{2 \cdot 864} \cdot \left(\frac{0{,}03 \cdot 500}{0{,}125} + 20\right) \cdot 10^{-5} = 2{,}15\ bar$$

3. Entspannungsdruckverlust in der Leitung DN 150 zur Kolonne bei einem Druck von 1,3 bar in der Kolonne

Dampfmassenstromanteil $x_1 = 0$ beim Eintritt in die Rohrleitung DN 150

Dampfmassenstromanteil $x_2 = 0{,}2$ beim Austritt (berechnet mit der Flashberechnung)

$L = 50$ m $f = 0{,}03$ $K_{ges} = 20$ $\rho_L = 864\ \text{kg/m}^3$ $\rho_G = 4{,}27\ \text{kg/m}^3$

Homologe Dichte am Eintritt mit $x_1 = 0$: $\rho_{1hom} = 864\ \text{kg/m}^3$ = Flüssigkeitsdichte

Bestimmung der homologen Dichte am Austritt für $x_2 = 0{,}2$

$$\rho_{2hom} = \frac{1}{\frac{0{,}2}{4{,}27} + \frac{0{,}8}{864}} = 20{,}9\ \text{kg/m}^3$$

Mittlere homogene Dichte

$$\rho_{mhom} = \frac{\rho_{1hom} + \rho_{2hom}}{2} = \frac{864 + 20{,}9}{2} = 442\ \text{kg/m}^3$$

Berechnung des Entspanungsdruckverlustes

$$\Delta P_{Ex} = \frac{m^2}{2} \cdot \left[2 \cdot \left(\frac{x_2}{\rho_{G2}} - \frac{x_1}{\rho_{G1}} \right) + \frac{f \cdot L}{d \cdot \rho_{mhom}} + \frac{K_{ges}}{\rho_{mhom}} \right] \cdot 10^{-5} \quad \text{[bar]}$$

$$\Delta P_{Ex} = \frac{2264^2}{2} \cdot \left[2 \cdot \left(\frac{0{,}2}{4{,}27} - 0 \right) + \frac{0{,}03 \cdot 50}{0{,}15 \cdot 442} + \frac{20}{442} \right] \cdot 10^{-5} = 4{,}1\ \text{bar}$$

Gesamtdruckverlust ΔP_{ges} $= \Delta P_{Leitung} + \Delta P_{Ofen} + \Delta P_{Ex} = 0{,}16 + 2{,}15 + 4{,}1 =$ **6,41 bar**

Alternativberechnung des Entspannungsdruckverlustes bei einem Kolonnendruck von **400 mbar** bei einer kleineren Gasdichte und einer höheren Flüssigkeitsdichte.

$x = 0{,}2$ $\rho_G = 2{,}3\ \text{kg/m}^3$ $\rho_L = 880\ \text{kg/m}^3$ $\rho_{TP} = 11{,}4\ \text{kg/m}^3$

$$\rho_{mhom} = \frac{\rho_{TP} + \rho_L}{2} = \frac{11{,}4 + 880}{2} = 445\ \text{kg/m}^3$$

$$\Delta P_{Ex} = \frac{2264^2}{2} \cdot \left(2 \cdot \frac{0{,}2}{2{,}3} + \frac{0{,}03 \cdot 50}{0{,}15 \cdot 445} + \frac{20}{442} \right) \cdot 10^{-5} = 6{,}2\ \text{bar}$$

Der Entspannungsdruckverlust bei 400 mbar in der Kolonne ist deutlich höher.

Kontrollrechnung für den Entspannungsdruckverlust in 50 m DN 150 bei einem Kolonnendruck von 1,3 bar

Reibungsdruckverlust in 50 m DN 150 mit K_{ges} = 20 für den Widerstand in den Formstücken

Mittlere Flüssigkeitsdichte $\rho_{mhom} = 442\ kg/m^3$ Reibungsbeiwert $f = 0{,}03$

$$\Delta P_{Reibung} = \frac{2264^2}{2 \cdot 442} \cdot \left(\frac{0{,}03 \cdot 50}{0{,}15} + 20 \right) \cdot 10^{-5} = 1{,}7\ bar$$

Druckverlust durch Entspannung bzw. Beschleunigung

$$\Delta P_{Ex} = 2264^2 \cdot \left(\frac{0{,}2}{4{,}27} \right) \cdot 10^{-5} = 2{,}4\ bar$$

$$\Delta P_{B} = 2264^2 \cdot \left(\frac{1}{20{,}9} - \frac{1}{864} \right) \cdot 10^{-5} = 2{,}4\ bar$$

Gesamter Entspannungsdruckverlust ΔP_{Exges} = 1,7 + 2,4 = **4,1 bar**

Kontrollberechnung des Entspannugsdruckverlustes bei einem Kolonnendruck von 400 mbar

$$\Delta P_{Reibung} = \frac{2264^2}{2 \cdot 445} \cdot \left(\frac{0{,}03 \cdot 50}{0{,}15} + 20 \right) \cdot 10^{-5} = 1{,}7\ bar$$

$$\Delta P_{Ex} = 2264^2 \cdot \left(\frac{0{,}2}{2{,}3} \right) \cdot 10^{-5} = 4{,}5\ bar$$

$$\Delta P_{B} = 2264^2 \cdot \left(\frac{1}{11{,}4} - \frac{1}{880} \right) \cdot 10^{-5} = 4{,}5\ bar$$

Gesamter Entspannungsdruckverlust ΔP_{Exges} = 1,7 +4,5 = **6,2 bar**

Beispiel 1.11.A3.2: Druckverlustberechnung für einen Sumpfumlauf von Kolonne K 16 durch einen Röhrenofen mit einer Entspannungsdüse beim Kolonneneintritt

Umlaufmenge: 144 t/h = 40 kg/s

Massenstromdichte in der Rohrleitung DN 150: m = 2264 kg/m^2 s

Massenstromdichte in der Rohrleitung DN 200: m = 1274 kg/m^2 s

Erforderlicher Dampfmassenstromanteil beim Kolonneneintritt für die Fraktionierung: x = 0,15

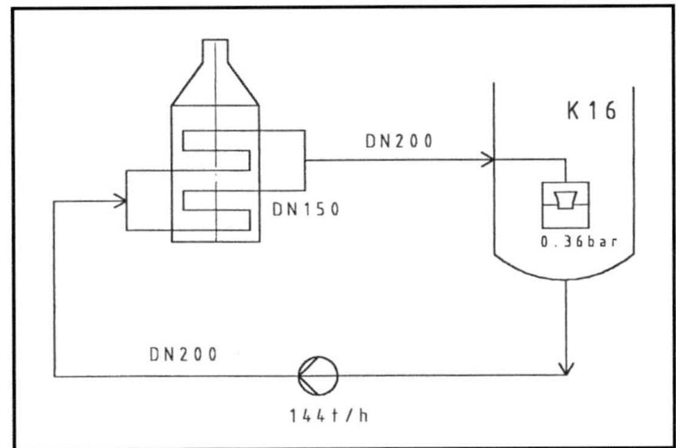

Bild 1.11.A3.2.1: Röhrenofen mit Kolonne K14 bei 1,3 bar

Zunächst wird mit einer Flashberechnung ermittelt, wie weit das umlaufende Produkt im Röhrenofen aufgeheizt werden muss für einen Dampfmassenanteil von x = 0,15 bei einem Druck von 0,36 bar in der Kolonne hinter der Entspannungsdüse.

Als Ergebnis der Flashberechnungen ist in **Bild 1.11.A3.2.2** die Dämpfemenge in Abhängigkeit vom Kolonnendruck dargestellt, wenn die Umlaufmenge im Ofen auf 345 °C aufgeheizt wird.

Entspannungsdampfmassenstrom bei x = 0,15:
G = 0,15 · 40 = 6 kg/s = 21600 kg/h

Gasdichte ρ_G = 1,55 kg/m^3
bei 0,36 bar und 345 °C

Dampfvolumenstrom
V_G = 13935 m^3/h = 3,87 m^3/s

Flüssigkeitsdichte ρ_L = 969 kg/m^3

Flüssigkeitsmenge nach der Entspannungsverdampfung:
L = 122400 kg/h = 34 kg/s

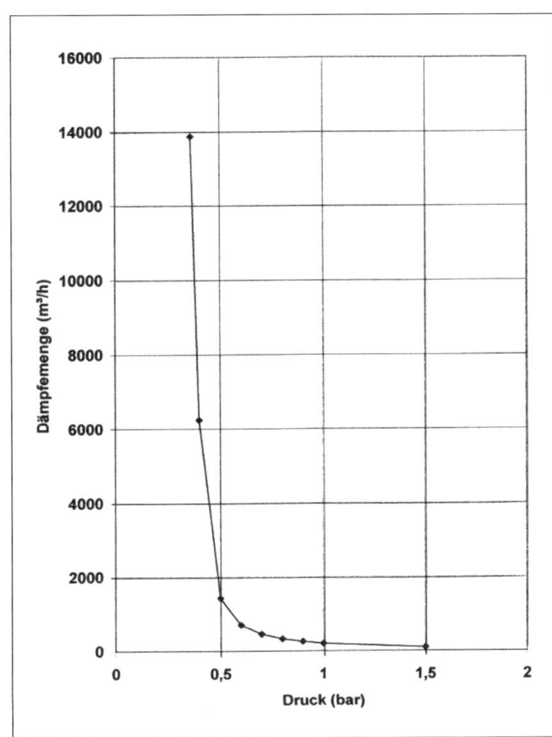

Bild 1.11.A3.2.2: Entspannungsdampfmenge in Abhängigkeit vom Druck (Flash-Kurve)

Aus Bild 1.11.A3.2.2 ist zu entnehmen, dass die Flashverdampfung bei einem Druck unter 0,5 bar beginnt und bei einer weiteren Druckabsenkung steil ansteigt.

Berechnung des Dampfvolumenstromanteils ε_G und der Zweiphasendichte

$$\varepsilon_G = \frac{x}{x + (1-x) \cdot \frac{\rho_G}{\rho_L}} = \frac{0{,}15}{0{,}15 + (1-0{,}15) \cdot \frac{1{,}55}{969}} = 0{,}991$$

$$\rho_{TP} = (1-\varepsilon) \cdot \rho_L + \varepsilon \cdot \rho_G = (1-0{,}991) \cdot 969 + 0{,}991 \cdot 1{,}55 = 10{,}24 \text{ kg/m}^3$$

$$\rho_{TP} = \frac{1}{\frac{x}{\rho_G} + \frac{(1-x)}{\rho_L}} = \frac{1}{\frac{0{,}15}{1{,}55} + \frac{(1-0{,}15)}{969}} = 10{,}24 \text{ kg/m}^3$$

Berechnung der Strömungsgeschwindigkeit der Zweiphasenströmung w_{TP} in der Rohrleitung DN 200 vom Ofen zur Kolonne

$$w_{TP} = \frac{m}{\rho_{TP}} = \frac{1274}{10{,}24} = 124{,}9 \text{ m/s}$$

Kontrollrechnung für die Strömungsgeschwindigkeit w_{TP}

Dampfvolumenstrom $V_G = \frac{M_G}{\rho_G} = \frac{6}{1{,}55} = 3{,}87 \text{ m}^3\text{/s}$

Flüssigkeitsvolumenstrom $V_L = \frac{M_L}{\rho_L} = \frac{34}{969} = 0{,}035 \text{ m}^3\text{/s}$

Strömungsgeschwindigkeit des Zweiphasengemisches w_{TP}:

$$w_{TP} = \frac{V_G + V_L}{d^2 \cdot \pi / 4} = \frac{3{,}87 + 0{,}035}{0{,}2^2 \cdot \pi / 4} = 124{,}4 \text{ m/s}$$

Druckverlustberechnungen

1. Reibungsdruckverlust der Flüssigkeit im Röhrenofen in den zwei parallelen Leitungen DN 150

Massenstromdichte pro Leitung DN 150: $m_{DN150} = 2264 / 2 = 1132 \text{ kg/m}^2\text{s}$

Reibungsbeiwert $f = 0{,}05$ Gesamtwiderstand der Formstücke $K_{ges} = 20$

Rohrleitungslänge $L = 600$ m Dichte $\rho_L = 960 \text{ kg/m}^3$

$$\Delta P_{Ofen} = \left(\frac{0{,}05 \cdot 600}{0{,}15} + 20\right) \cdot \frac{1132^2}{2 \cdot 960} \cdot 10^{-5} = 1{,}5 \text{ bar}$$

2. Reibungsdruckverlust der Flüssigkeit in der Leitung DN 200 zwischen Ofen und Kolonne

Gesamtlänge L = 2 x 50 m = 100 m $K_{ges} = 10$ für Formstücke

Reibungsbeiwert f = 0,04 m = 1274 kg/m²s in DN 200

$$\Delta P_{Leitung} = \left(\frac{0{,}04 \cdot 100}{0{,}2} + 10 \right) \cdot \frac{1274^2}{2 \cdot 960} \cdot 10^{-5} = 0{,}25 \text{ bar}$$

3. Beschleunigungs- bzw. Entspannungsdruckverlust in der Düse

Beschleunigungsdruckverlust

$\rho_{TP} = 10{,}2 \text{ kg/m}^3$ $\rho_{ein} = \rho_L = 960 \text{ kg/m}^3$

$$\Delta P_B = m^2 \cdot \left(\frac{1}{\rho_{TP}} - \frac{1}{\rho_{ein}} \right) \cdot 10^{-5} = 2264^2 \cdot \left(\frac{1}{10{,}2} - \frac{1}{960} \right) \cdot 10^{-5} = 5 \text{ bar}$$

Entspannungsdruckverlust

$\rho_{G1} = 1{,}55 \text{ kg/m}^2$ $x_2 = 0{,}15$ $x_1 = 0$

$$\Delta P_{Ex} = m^2 \cdot \left(\frac{x_2}{\rho_{G2}} - \frac{x_1}{\rho_{G1}} \right) \cdot 10^{-5} = 2264^2 \cdot \left(\frac{0{,}15}{1{,}55} - 0 \right) \cdot 10^{-5} = 5 \text{ bar}$$

4. Druckverlust in der Entspannungsdüse ΔP_{Blende}

Blendendurchmesser d = 70 mm Rohrdurchmesser D = 150 mm

$$\left(\frac{d}{D} \right)^2 = \left(\frac{70}{150} \right)^2 = 0{,}21$$

→ K = 15 = Widerstandsbeiwert der Blende

w_{TP} =5,58 m/s für 149 m³/h Flüssigkeit und 206 m³/h Dämpfe, insgesamt 355 m³/h

m = 2264 kg/m²s in D = 150 mm

$$w_{TP} = \frac{355}{3600 \cdot 0{,}15^2 \cdot \pi / 4} = 5{,}58 \text{ m/s}$$

$$\rho_{TP} = \frac{m}{w_{TP}} = \frac{2264}{5{,}58} = 405 \text{ kg/m}^3$$

$$w_G = \frac{206}{3600 \cdot 0{,}15^2 \cdot \pi / 4} = 3{,}24 \text{ m/s}$$

$$P_m = \frac{P_{ein} + P_{aus}}{2} = \frac{(1 + 0{,}36) \cdot 10^5}{2} = 0{,}68 \cdot 10^5 \text{ Pa}$$

$$A = \frac{m \cdot w_G}{P_m} = \frac{2264 \cdot 3{,}24}{0{,}68 \cdot 10^5} = 0{,}108$$

$$\Delta P_{Blende} = K \cdot \frac{w_{TP}{}^2 \cdot \rho_{TP}}{2 \cdot (1 - A)} \cdot 10^{-5} = 15 \cdot \frac{5{,}58^2 \cdot 405}{2 \cdot (1 - 0{,}108)} \cdot 10^{-5} = 1{,}06 \text{ bar}$$

$$\Delta P_{Blende} = \frac{m^2}{2} \cdot \frac{K}{\rho_{TP} \cdot (1 - A)} \cdot 10^{-5} = \frac{2264^2}{2} \cdot \frac{15}{405 \cdot (1 - 0{,}108)} \cdot 10^{-5} = 1{,}06 \text{ bar}$$

Gesamtdruckverlust ΔP_{ges} $= \Delta P_{Ofen} + \Delta P_{Leitung} + \Delta P_{Ex} + \Delta P_{Blende}$
$= 1{,}5 + 0{,}25 + 5 + 1{,}06 =$ **7,81 bar**

5. Berechnung des kritischen Massenstroms in der Rohrleitung DN 200 zur Kolonne

$x = 0{,}15$ $\rho_G = 2{,}33 \text{ kg/m}^3$ $\rho_L = 969 \text{ kg/m}^3$ $P = 5 \text{ bar}$ $\gamma = 1{,}1$

$$m_{krit} = \frac{1}{v} \cdot \sqrt{\frac{2 \cdot x \cdot P}{\rho_G} \cdot \left(\frac{\gamma}{\gamma - 1}\right) \cdot \left(1 - PV_{krit}^{\frac{\gamma - 1}{\gamma}}\right)}$$

$$PV_{krit} = \left(\frac{2}{\gamma + 1}\right)^{\frac{\gamma}{\gamma - 1}} = \left(\frac{2}{1{,}1 + 1}\right)^{\frac{1{,}1}{1{,}1 - 1}} = 0{,}58$$

$$v = \frac{1 - x}{\rho_L} + \frac{x}{PV_{krit}^{\frac{1}{\gamma}} \cdot \rho_G} = \frac{1 - 0{,}15}{969} + \frac{0{,}15}{0{,}58^{\frac{1}{1{,}1}} \cdot 2{,}33} = 0{,}106 \text{ m}^3/\text{kg}$$

$$m_{krit} = \frac{1}{0{,}106} \cdot \sqrt{\frac{2 \cdot 0{,}15 \cdot 5 \cdot 10^5}{2{,}33} \cdot \left(\frac{1{,}1}{1{,}1 - 1}\right) \cdot \left(1 - 0{,}58^{\frac{1{,}1 - 1}{1{,}1}}\right)} = 1745 \text{ kg/m}^2\text{s}$$

Kritische Massenstromdichte bei 5 bar: $m_{krit} = 1745 \text{ kg/m}^2\text{s}$
Tatsächliche Massenstromdichte in DN 200: $m_{real} = 1274 \text{ kg/m}^2\text{s}$

Die kritische Massenstromdichte ist abhängig vom Druck.

Kritische Massenstromdichte bei 3 bar: $m_{krit} = 1352 \text{ kg/m}^2\text{s}$
Kritische Massenstromdichte bei 8 bar: $m_{krit} = 2207 \text{ kg/m}^2\text{s}$

6. Berechnung des kritischen Massenflusses in der Düse mit 70 mm Durchmesser bei 8 bar

$x = 0{,}02$ $\quad P = 8\ \text{bar}$ $\quad \rho_G = 21\ \text{kg/m}^3$ $\quad \rho_L = 969\ \text{kg/m}^3$ $\quad \gamma = 1{,}1$

$$PV_{krit} = \left(\frac{2}{\gamma + 1}\right)^{\frac{\gamma}{\gamma - 1}} = \left(\frac{2}{1{,}1 + 1}\right)^{\frac{1{,}1}{1{,}1 - 1}} = 0{,}58$$

$$v = \frac{1 - x}{\rho_L} + \frac{x}{PV_{krit}^{\frac{1}{\gamma}} \cdot \rho_G} = \frac{1 - 0{,}02}{969} + \frac{0{,}02}{0{,}58^{\frac{1}{1{,}1}} \cdot 21} = 0{,}0025\ \text{m}^3/\text{kg}$$

$$m_{krit} = \frac{1}{0{,}0025} \cdot \sqrt{\frac{2 \cdot 0{,}02 \cdot 8 \cdot 10^5}{21} \cdot \left(\frac{1{,}1}{1{,}1 - 1}\right) \cdot \left(1 - 0{,}58^{\frac{1{,}1 - 1}{1{,}1}}\right)} = 11\,383\ \text{kg/m}^2\,\text{s}$$

Kritische Massenstromdichte in der Düse: $m_{krit} = 11383\ \text{kg/m}^2\,\text{s}$

Tatsächliche Massenstromdichte: $m_{real} = 10399\ \text{kg/m}^2\,\text{s}$

2 Armaturen [1]

In den **Bildern 2.1 und 2.2** sind die Prinzipbilder der verschiedenen Armaturen dargestellt. Bei der Auswahl der richtigen Absperrarmatur sind folgende Kriterien zu beachten:

1. Aufgabenstellung: Öffnen und Schließen oder Drosseln

   Für die reine Auf-Zu-Funktion sind Klappen und Kugelhähne und Schieber gut geeignet, zum Drosseln sollte man Ventile oder Klappen einsetzen.

2. Werkstoff und Festigkeit

   Der Werkstoff muss für das jeweilige Produkt geeignet sein: Keine Korrosion.

   Bei der Auslegung müssen die auftretenden Betriebsdrücke und -temperaturen berücksichtigt werden. Das ist besonders wichtig bei Armaturen mit Elastomerabdichtungen, weil bei höheren Temperaturen die zulässige Druckbelastung abnimmt.

3. Gute Dichtigkeit im Abschluss

   Ein absolut dichter Abschluss ist mit metallischer Abdichtung sehr schwer zu erreichen. Mit Hilfe von Weichstoffdichtungen – PTFE, Viton, Silikon etc. – kann problemlos ein dichter Abschluss erreicht werden.

4. Gute Dichtigkeit nach außen, um Emissionen zu vermeiden (TA Luft).

   In Armaturen mit TA-Luft-Zertifikat erfolgt die Abdichtung mit Faltenbalg oder geprüften Stopfbuchsen, die möglichst federbelastet sein sollten.

5. Geringer Druckverlust in den Auf-Zu-Armaturen, insbesondere auf der Saugseite von Pumpen, um Kavitation zu vermeiden. Keine Ventile!

6. Möglichst freier Durchgang ohne Verstopfungsgefahr durch Verschmutzung oder erstarrende Produkte

7. Baulängen und Gewichte

   Geringe Baulängen und Gewichte erreicht man mit Zwischenflanscharmaturen in kurzer Baulänge.

8. Automatisierung mit pneumatischen,elektrischen oder hydraulischen Antrieben. Dabei ist insbesondere die Schließ-/Öffnungszeit von Interesse.

Die sehr häufig bis zu Drücken von 16 bar eingesetzten weichgedichteten Kugelhähne und Absperrklappen haben folgende Vorteile:

- Hervorragende Dichtigkeit im Abschluss, auch im Vakuum und nach langer Betriebszeit
- Geringe Druckverluste: Energiesparend, geringe Kavitationsgefahr
- Einfache Automatisierung wegen der 90°-Drehung
- Geringe Verstopfungsgefahr, insbesondere in Kugelhähnen
- Geringe Drehmomente, insbesondere für Klappen

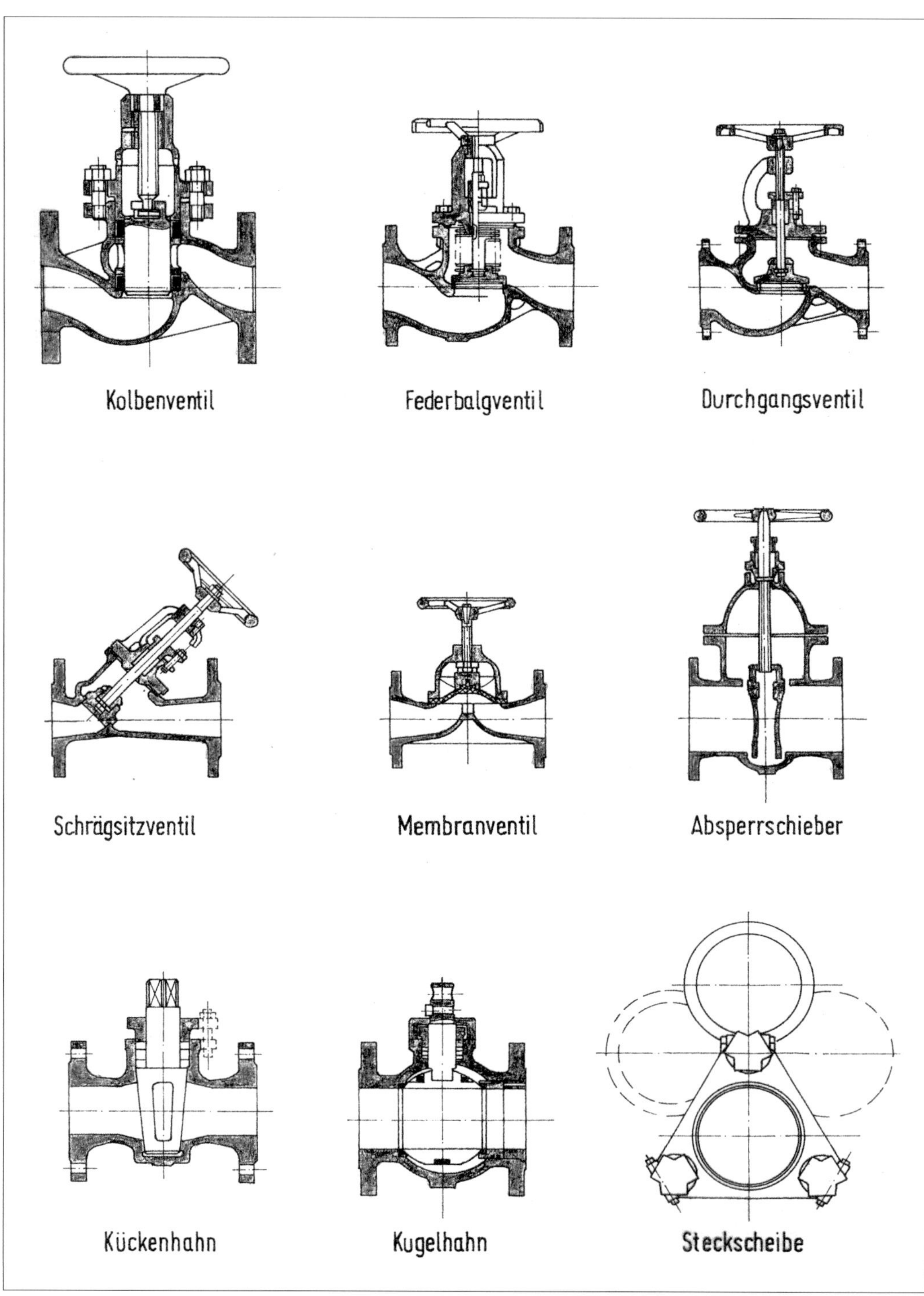

Bild 2.1: Armaturenübersicht

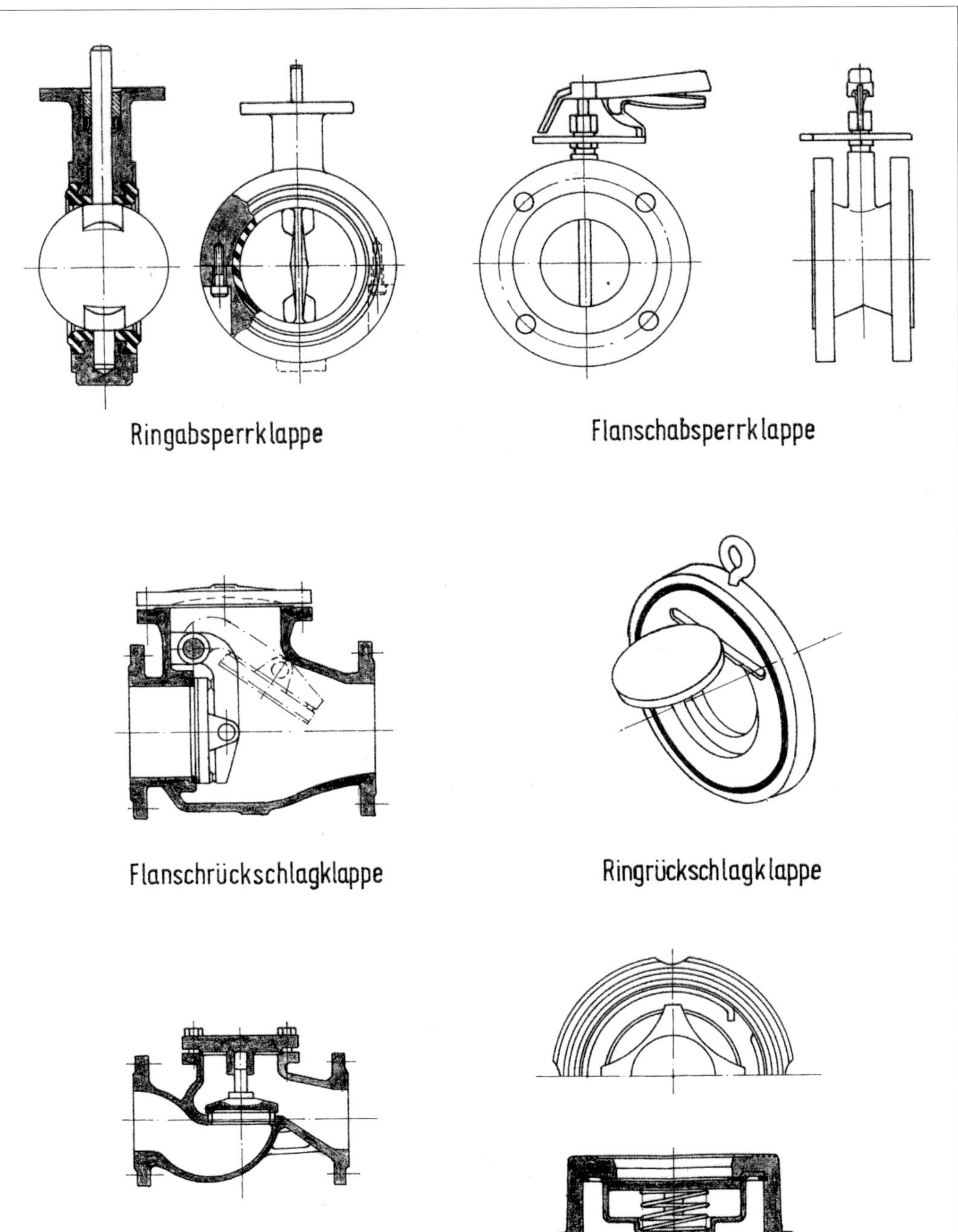

Bild 2.2: Armaturentypen

Zu beachten bei Klappen und Kugelhähnen:

Durch eine falsche Montage beim Einbau können die Weichstoffdichtungen beschädigt oder verformt werden, so dass die Armatur von vornherein undicht ist.

In Kugelhähnen mit guten Dichtungen kann es in dem abgesperrten Totvolumen der Kugel bei Erwärmung durch die Flüssigkeitsausdehnung zu einem hohen Druckaufbau kommen und die Kugel wird zur Ellipse verformt. Abhilfe: PTFE-Ringe mit Nuten und Kugel mit Entlastungsbohrung ausführen.

Hohe Thermospannungen mit entsprechenden Rohrleitungskräften oder Druckstöße können die Weichstoffdichtungen verformen.

2.1 Armaturenauswahl und -normen/-vorschriften

In der Praxis haben sich folgende Armaturen bewährt:

- **für Chemieanlagen:** Kugelhähne bis DN 100, in Sonderfällen bis DN 250, und Absperrklappen bis PN 16 und 200 °C und Ventile
- **für Tankläger und Verladung:** Schieber und Absperrklappen, auch firesafe, und bei der Verladung Kugelhähne bis DN 100
- **für Kühlwasser:** Kugelhähne, Klappen, Ventile
- **für Wärmeträgeranlagen:** Schieber, Ventile, doppelexzentrische Hochleistungsklappen mit größerer Leckrate oder TRIEX-Klappen mit Lamellendichtung
- **für Heizdampfkessel:** Ventile und Schieber
- **für Kraftwerke:** Hochdruckventile und -schieber, über PN 160 mit selbstdichtendem Deckel bis max. 550 °C
- **Spezialkugelhähne für hohe Drücke und Temperaturen:** metallisch dichtend
- **Spezialklappen für hohe Drücke und Temperaturen:**

  Doppelexzentrische Hochleistungsklappen bis 550 °C:
  Nachteile: Hohe Leckrate und höherer Widerstandsbeiwert (K =. 0,6)

  Dreifach exzentrische TRIEX-Klappe bis 800 °C:
  Nachteil: Höherer Druckverlust wegen des höheren Widerstandsbeiwertes (K = 1)

Normen für die verschiedenen Armaturen:

DIN 3352:	Schieber	
DIN 3354:	Klappen	EN 593
DIN 3356:	Ventile	EN 13709
DIN 3357:	Kugelhähne	EN 1983
Pas 1085:	Lieferbedingungen für Armaturen, Stellgeräte und PLT-Feldgeräte	

Prüfungen an Armaturen nach EN 12266/1 und 2:

P10 Gehäusefestigkeit	P20 Abschlussfestigkeit	F21/22 Antistatiknachweis
P11 Dichtheitsprüfung	P21 Rückdichtung	F23 Feuersicherheit
P12 Sitzdichtheit	F20 Funktionsfähigkeit	F24 Strömungswiderstand

Nachweis der Güteeigenschaften:

- DIN 3230, Teil 5, für brennbare Gase
- DIN 3230, Teil 6, für brennbare Flüssigkeiten
- Prüfungsnachweis: Abnahmeprüfzeugnis 3.1 oder 3.2 nach EN 10204

Folgende Vorschriften sind beim Einsatz von Armaturen zu beachten:

- **Druckgeräterichtlinie** mit Modul für die Konformitätsprüfung
- **ATEX** 95 für den Explosionsschutz, auch gegen statische Aufladung
- **TA Luft** im Hinblick auf Emissionen und WHG bei wassergefährdenden Medien
- Eventuell **SIL-Klassifizierung** für funktionale Sicherheit: IEC 61511 und IEC 61508

2.2 Automatisierung von Armaturen

Im Zuge der fortschreitenden Automatisierung von Anlagen werden zunehmend Armaturen mit Antrieben eingesetzt, die von einem Steuerungsprogramm automatisch geöffnet und geschlossen werden, z. B. beim Dosieren verschiedener Komponenten in einen Reaktor oder zum Umschalten von Zwillingsanlagen.

Es gibt pneumatische Antriebe mit Schließzeiten von ca. 0,5 bis 2 Sekunden, elektrische Antriebe mit langsamen Schließzeiten (20 sec) für Schieber und Ventile und hydraulische Antriebe für große Stellkräfte und mit extrem kurzen Schließzeiten (0,1 Sekunden) als Sicherheitsorgan.

Am verbreitetsten sind die pneumatischen Antriebe für Kugelhähne und Klappen. In **Bild 2.2.1** ist eine Absperrklappe mit pneumatischem Antrieb mit Zubehör abgebildet. Das Namur-Magnetventil für die Druckluft wird seitlich an den Antrieb angeschraubt und der Schutzkasten mit dem Näherungsinitiator wird oben auf dem Antrieb befestigt. Von der Programmsteuerung werden die Armaturen geöffnet oder geschlossen und der Näherungsinitiator im Schutzkasten meldet die Stellung der Armatur an das Programm.

Wichtigstes Kriterium für die Antriebsauswahl: Das Drehmoment des Antriebs bei dem gegebenen Druckluftdruck muss größer sein als das erforderliche Drehmoment der Armatur.

In **Bild 2.2.2** ist das erforderliche Drehmoment einer Klappe und das verfügbare Drehmoment eines pneumatischen Antriebs dargestellt. Der Antrieb ist federkraftschließend: Die Klappe wird mit Druckluft geöffnet und mit Federkraft geschlossen. Es muss sichergestellt sein, dass in den Endstellungen „Öffnen" und „Schließen" das Drehmoment des Antriebs größer ist als das erforderliche Drehmoment der Klappe.

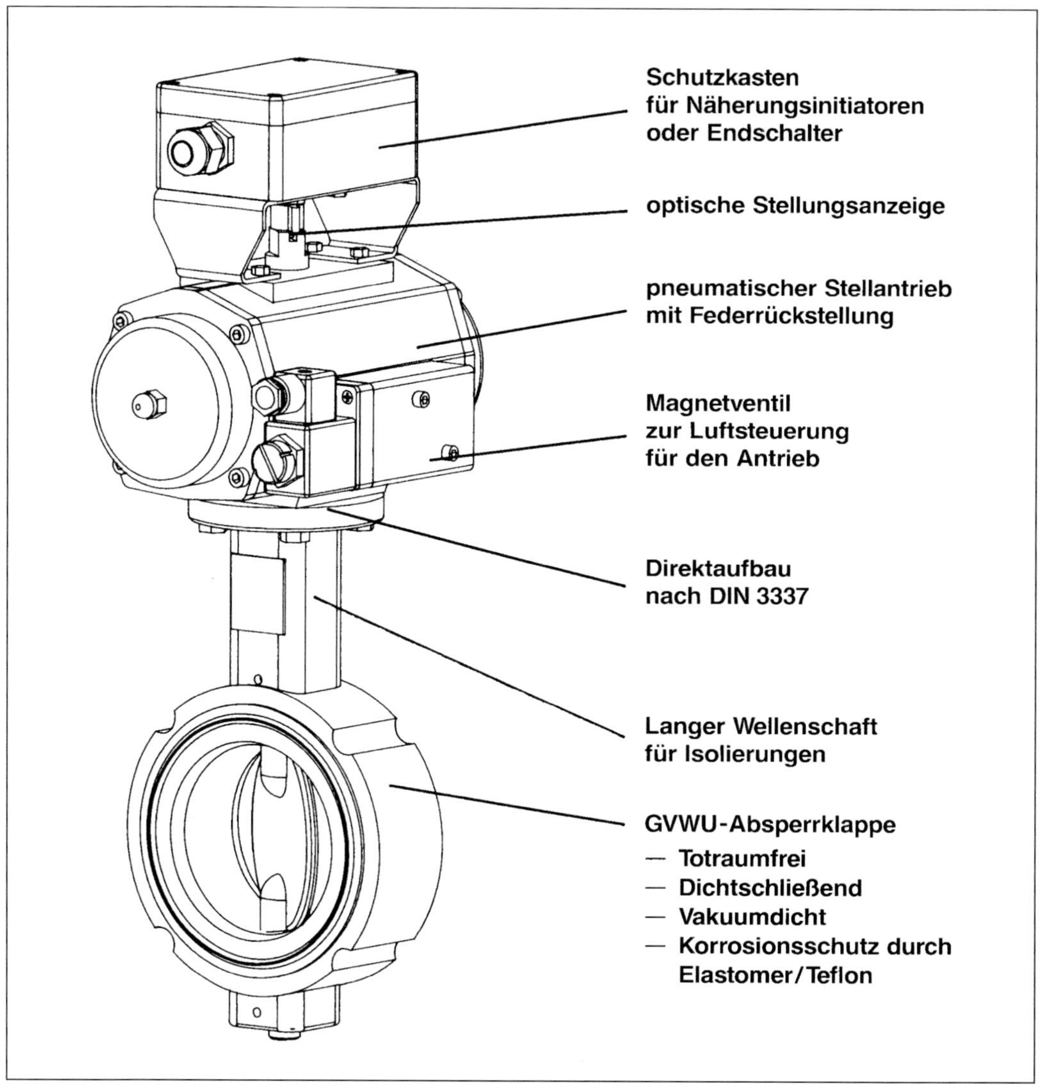

Bild 2.2.1: Absperrklappe mit pneumatischem Antrieb und Namur-Magnetventil

Bei der Spezifikation eines pneumatischen Antriebs sind folgende Punkte zu beachten:

- Das Drehmoment des Antriebs muss bei dem gegebenen Steuerluftdruck größer sein als das erforderliche Drehmoment der Armatur.
- Das Antriebsdrehmoment hängt stark ab vom Steuerluftdruck.
- Wird ein doppeltwirkender Antrieb mit beiderseitiger Druckluftbeaufschlagung oder ein einfach wirkender Antrieb mit Federrückstellung als Sicherheitsschaltung benötigt?

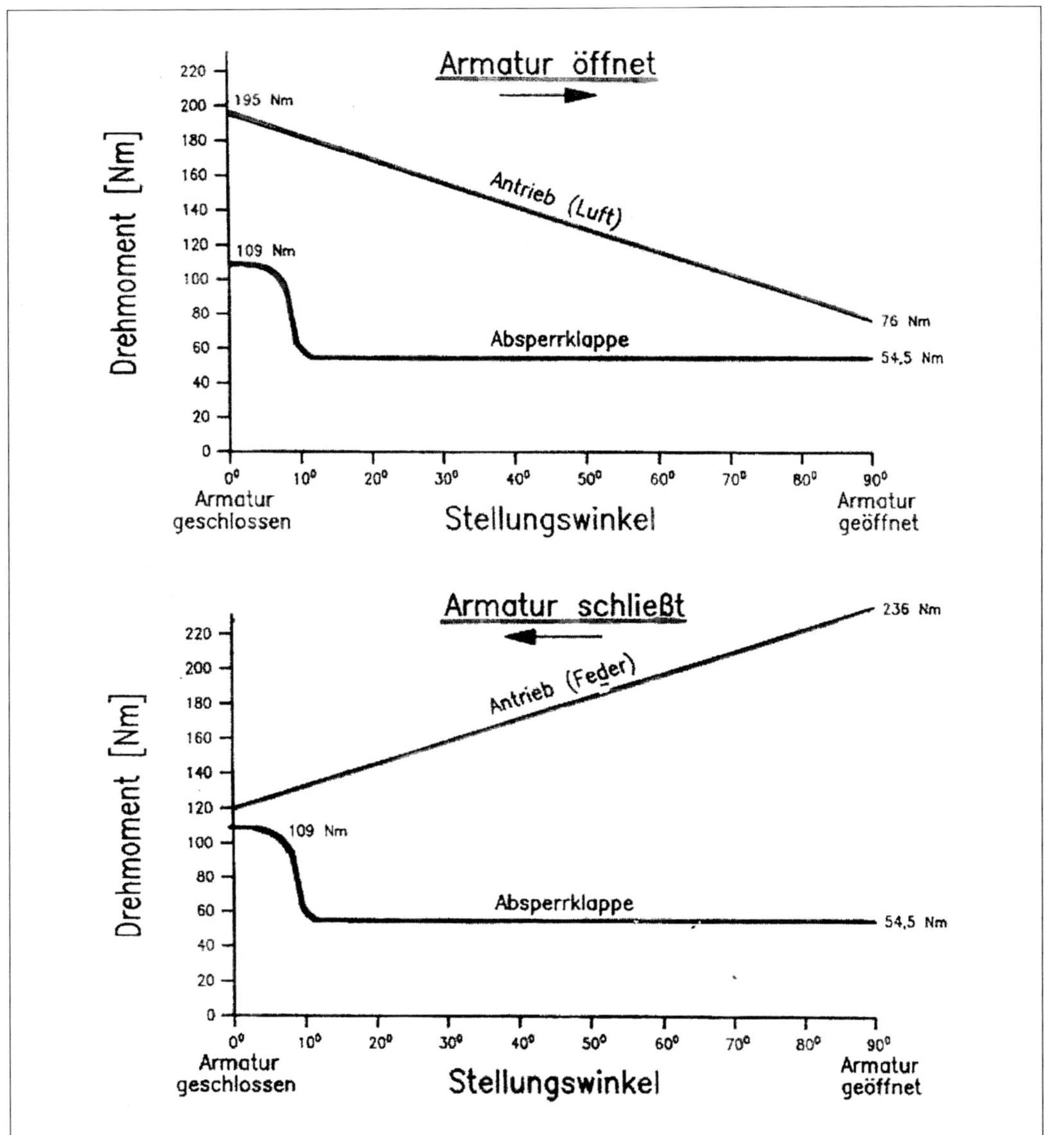

Bild 2.2.2: Drehmomentverlauf für eine Absperrklappe mit pneumatischem Antrieb, einfach wirkend, federkraftschließend

- Soll eine Hubbegrenzung zur Stellwegverkürzung vorgesehen werden, damit die Armatur nicht ganz schließt oder öffnet?
- Ist eine bestimmte Stellzeit gefordert?
- Sind mehrere Öffnungsstellungen für einen Mehrwegekugelhahn gefordert?

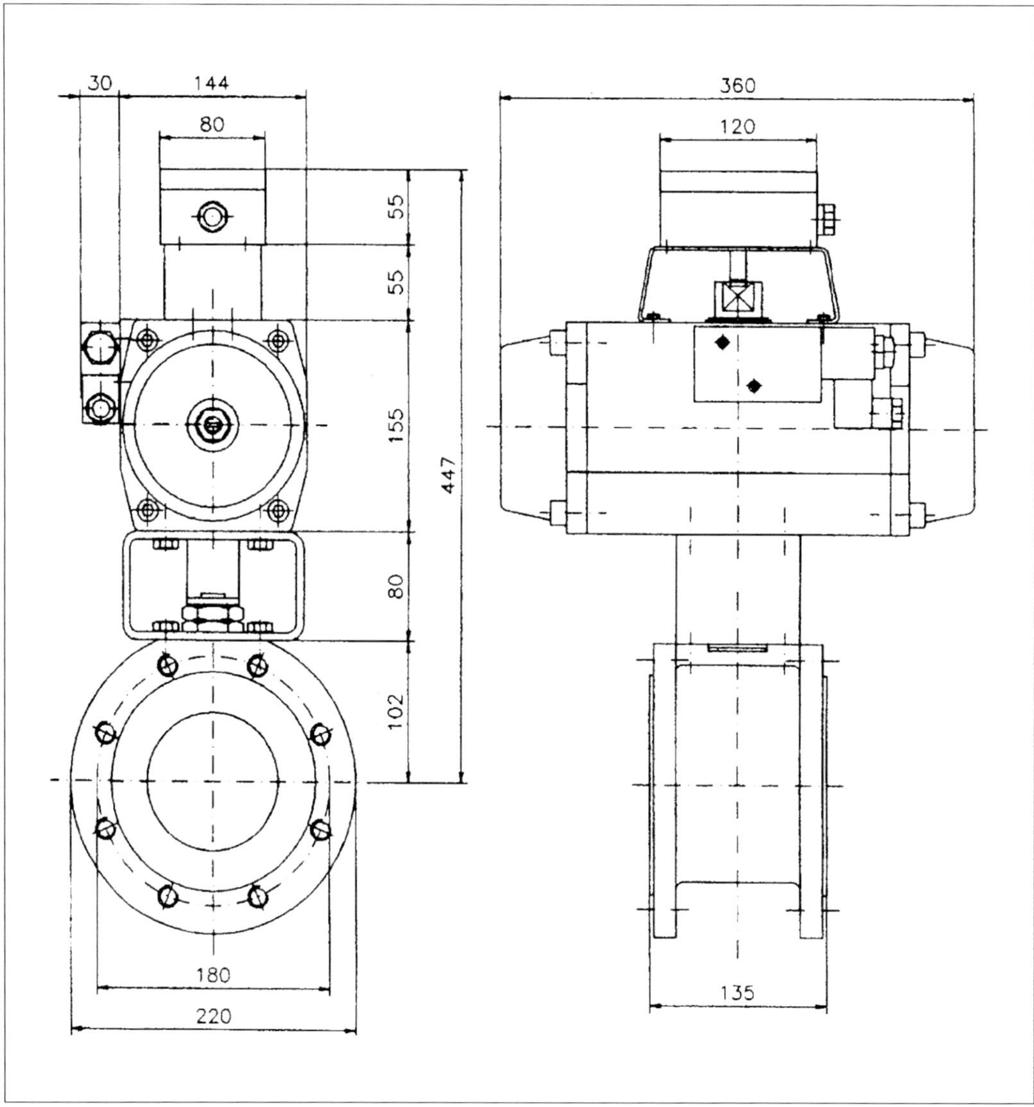

Bild 2.2.3: Klappe mit pneumatischem Antrieb

- Ist eine größere Verlängerung der Montagebrücke und Kupplung bei Kugelhähnen erforderlich, z. B. für die Armaturenmontage an einem Blockflansch unter dem Klöpperboden?
- Soll der Antrieb parallel oder quer zur Armatur aufgebaut werden?
- Der planende Ingenieur benötigt zur Erstellung von Rohrplänen die in **Bild 2.2.3** abgebildete Masszeichnung der kompletten Einheit Armatur plus Antrieb.

2.3 Wofür benötigt man Rückschlagklappen und Rückschlagventile?

1. Zur Sicherung der Fließrichtung
2. Verhinderung der Rückströmung aus Leitungen und Behältern mit höherem Druck
3. Pumpenschutz vor Rückströmung und rücklaufenden Druckstoßwellen
4. Belüftungssicherung von Vakuumanlagen
5. Vermeidung des Leerlaufens im Stillstand, z. B. als Fußventil in einer Saugleitung
6. Schutz der Reservepumpe bei Parallelbetrieb
7. Vermeidung von Thermozirkulationen
8. Belüftung von Rohrleitungen (Vakuumbrecher)
9. Flüssigkeitshaltung in selbstansaugenden Pumpen

Was ist bei der Auswahl zu beachten?

- Druckverlust und Mindestöffnungsdruck
- Minimale und maximale Geschwindigkeiten im Sitz
- Einbau vertikal oder horizontal
- Strömungsrichtung
- Gewicht und Platzbedarf

Rückschlagklappen: Für verschmutzte Medien, niedrige Öffnungsdrücke und geringen Druckverlust

Rückschlagventile: Für höhere Drücke und Druckverluste, pulsierende Strömung und beliebigen Einbau

2.4 Wofür benötigt man Sicherheitsventile?

- Für das Durchgehen von exothermen Reaktionen (5 %)
- Für das Versagen von Temperaturregelungen (45 %)
- Für das Fördern von Flüssigkeiten in geschlossene Systeme (22 %)
- Für das Versagen von Gasdruckregelungen (23 %)
- Für Leckagen durch Rohrbruch, Druckstoß, Thermospannung (5 %)

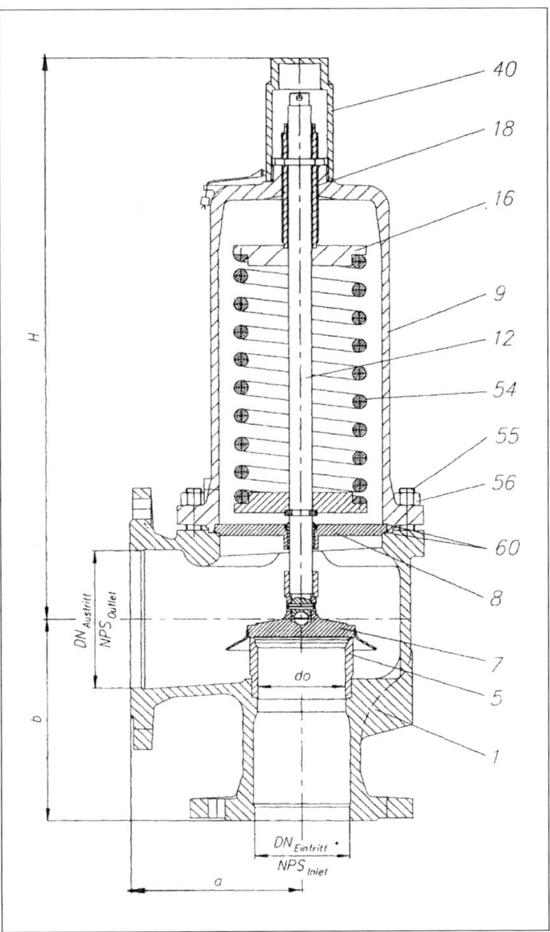

Bild 2.4.1: Sicherheitsventil

In **Bild 2.4.1** ist ein Sicherheitsventil dargestellt.

Beispiele:

- Ausfall von Kühlwasser an Kolonnen und Reaktoren
- Überhöhte Heizleistung durch ungeregelte Dampfzufuhr
- Thermische Expansion abgesperrter Flüssigkeiten
- Externes Feuer unter Behältern

Was ist bei der Auslegung von Sicherheitsventilen zu berücksichtigen?

1. Funktionscharakteristik des Sicherheitsventils (**Bild 2.4.2**)
2. Geringer Druckverlust in der Zuleitung zum Ventil: max. 3%
3. Max. 10 % Druckverlust in der Abblase- oder Blowdown-Leitung
4. Stutzenbelastung beim schlagartigen Ausströmen
5. „Schlagen" oder „Flattern" durch schlagartiges Öffnen und Schließen des Ventils, z. B. durch hohen Gegendruck oder im Teillastbereich

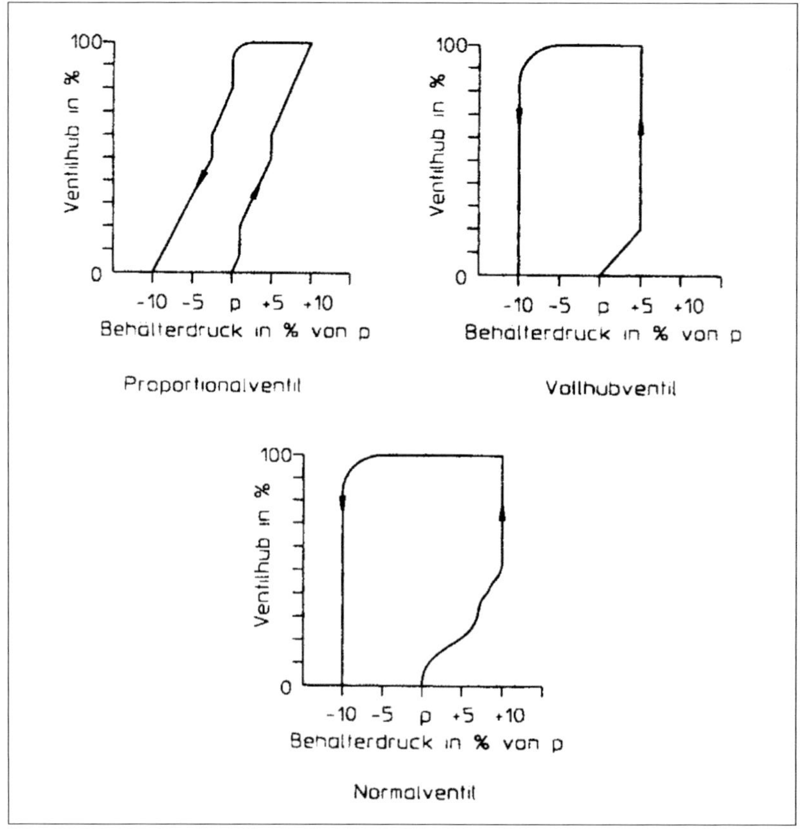

Bild 2.4.2: Funktionscharakteristik von Sicherheitsventilen

2.5 Sonstige Armaturen

Berstscheiben

- Typ B: zugbelastet, vorgewölbt
- Typ P: zugbelastet, zusammengesetzt
- Graphitberstscheiben für niedrige Drücke
- Umkehrberstscheiben mit Druckspannung und Vorkerbung

Kondensatableiter

- Schwimmer-Ableiter
- Glocken-Ableiter
- Bimetall-Ableiter
- Thermodynamische Ableiter
- Thermische Ableiter

Überström- bzw. Druckhalteventile

Entlüfter und Vakuumbrecher

Atmungsventile für Behälter und Tanks

Druckregler mit Feindruckregler zur Inertisierung

Ex-Schutz-Armaturen

- Flammendurchschlagsicherung zum Schutz von Tanks
- Detonationssicherung zum Stoppen von Detonationen
- Deflagrationssicherung zum Stoppen von Explosionen

3 Regelventile

3.1 Was ist wichtig bei der Auslegung und Auswahl eines Regelventils? [1] [2] [3] [4] [5]

Zur Auslegung eines Regelventils benötigt man folgende Informationen:

- Pumpenkennlinie mit den Förderraten bei verschiedenen Drücken
- Rohrleitungskennlinie mit den Druckverlusten bei verschiedenen Durchsätzen
- Maximaler und minimaler Mengendurchsatz sowie die Stoffdaten des Fördermediums

Folgende Punkte müssen vor der Auslegung geklärt werden:

- Welcher Differenzdruck steht für das Regelventil zur Verfügung?
- Welcher Differenzdruck im Regelventil wird für eine funktionsfähige Regelung benötigt bzw. welchen Anteil vom dynamischen Druckverlust ordnet man dem Regelventil zu?
- Was ist die maximal zulässige Druckdifferenz im Regelventil, wenn Kavitation von Flüssigkeiten oder Schallgeschwindigkeit und Lärm bei Gasen vermieden werden soll?
- Welches ist der maximale Differenzdruck im Regelventil bei Drosselung auf die minimale Fördermenge?
- Welche Kennlinie ist optimal für die vorliegende Aufgabenstellung unter Berücksichtigung des dynamischen Druckverlustes in der Rohrleitung und den Formstücken?

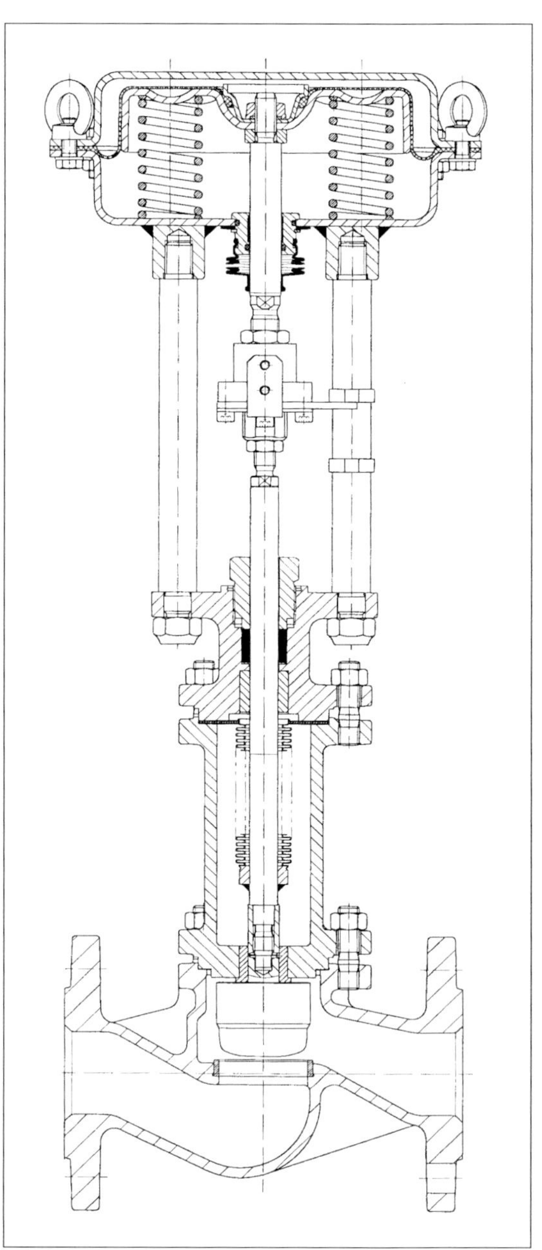

Bild 3.1.1: Regelventil

Bild 3.1.2: Funktionsfließbild eines Regelventils

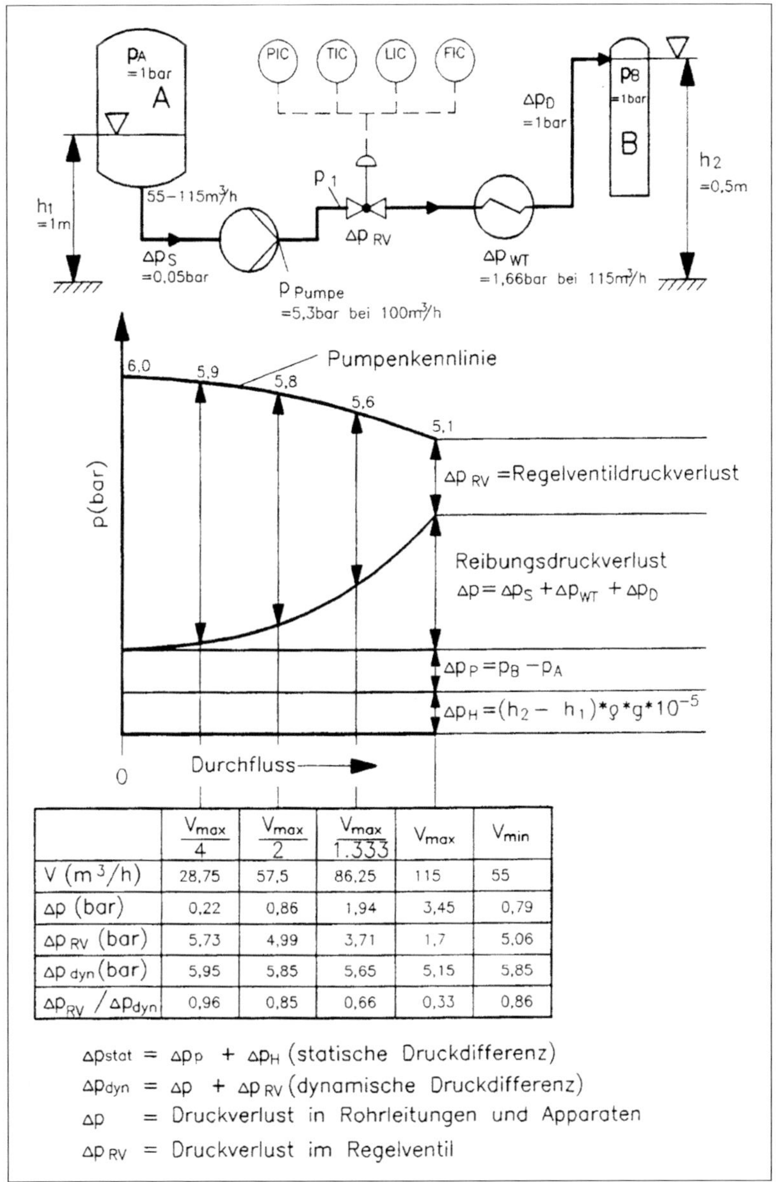

	$\frac{V_{max}}{4}$	$\frac{V_{max}}{2}$	$\frac{V_{max}}{1.333}$	V_{max}	V_{min}
V (m^3/h)	28,75	57,5	86,25	115	55
Δp (bar)	0,22	0,86	1,94	3,45	0,79
Δp_{RV} (bar)	5,73	4,99	3,71	1,7	5,06
Δp_{dyn} (bar)	5,95	5,85	5,65	5,15	5,85
$\Delta p_{RV} / \Delta p_{dyn}$	0,96	0,85	0,66	0,33	0,86

$\Delta p_{stat} = \Delta p_P + \Delta p_H$ (statische Druckdifferenz)

$\Delta p_{dyn} = \Delta p + \Delta p_{RV}$ (dynamische Druckdifferenz)

Δp = Druckverlust in Rohrleitungen und Apparaten

Δp_{RV} = Druckverlust im Regelventil

Vorgehensweise bei der Auslegung einer Regelarmatur

1. Ermittlung der Rohrleitungskennlinie mit dem dynamischen Druckverlustes in der Rohrleitung.
2. Bestimmung des verfügbaren Differenzdrucks im Regelventil
3. Berechnung des erforderlichen k_V – Werts für den maximalen Durchfluss
4. Kontrollberechnung für den gewählten k_{VS} – Wert

5. Ermittlung des maximalen ΔP im Regelventil bei Drosselung auf den minimalen Durchsatz
6. Bestimmung des maximal zulässigen ΔP im Regelorgan
7. Erstellung der Betriebskennlinie der Regelarmatur

In **Bild 3.1.2** ist ein Funktionsfließbild dargestellt. Es zeigt, wofür man ein Regelventil benötigt. In dem Fließbild wird mit einer Pumpe P eine bestimmte Menge aus dem Behälter A in den Behälter B gefördert. Die Regelung der Fördermenge übernimmt das Regelventil. Das Signal zum Öffnen oder Schließen bekommt das Regelventil von einem Regler.

Wie funktioniert die Regelung?

Mithilfe der Regelarmatur erhöht man den Druckverlust in der Rohrleitung bis zu dem gewünschten Betriebspunkt auf der Pumpenkennlinie, z. B. P = 5,15 bar für eine Fördermenge von 115 m^3/h. In diesem Fall beträgt der Differenzdruck im Regelventil 1,7 bar.

Zur Drosselung auf die minimale Fördermenge 28,75 m^3/h muss im Regelventil ein Differenzdruck von 5,73 bar eingestellt werden, damit auf der Pumpendrosselkurve der Betriebspunkt P = 5,95 für eine Fördermenge von 28,75 m^3/h erreicht wird.

Bei einer derart hohen Druckdifferenz im Regelventil besteht Kavitationsgefahr.

3.2 Berechnungsablauf für eine Regelventilauslegung

1. Berechnung der verfügbaren Druckdifferenz im Regelventil

   $$\Delta P_{verf} = P_{Pumpe} - \Delta P_{stat} - \Delta P_L$$

2. Ermittlung der benötigten Druckdifferenz im Regelventil für eine funktionelle Regelung

   $$\Delta P_{ben} = 0{,}05 \cdot P_{Pumpe} + 1{,}1 \cdot \left[\left(\frac{q_{max}}{q}\right)^2 - 1\right] \cdot \Delta P_L + \Delta P_{RV100}$$

3. Berechnung des maximal zulässigen Druckabfalls im Regelventil

   Flüssigkeiten: $\Delta P_{max} = F_L{}^2 \cdot (P_1 - F_F \cdot P_V)$

   Gase: $\Delta P_{max} = X_T \cdot F_G \cdot P_1$

4. Ermittlung des k_V-Werts für den Auslegungsdurchsatz und ΔP_{RV} für Flüssigkeiten

   $$k_V = \frac{1}{F_P \cdot F_R} \cdot \frac{q}{31{,}6} \cdot \sqrt{\frac{\rho}{\Delta P_{RV}}}$$

   Bestimmung der k_V-Werte für Gase und Dämpfe

   $$k_V = \frac{1}{Y \cdot F_P} \cdot \frac{w}{31{,}6 \cdot \sqrt{\Delta P_{RV} \cdot \rho_1}}$$

5. Korrektur des berechneten k_V-Werts mit dem Geometriefaktor oder mit dem korrigierten ΔP_{RV} im Regelventil nach Abzug der Druckverluste in den Reduzierungen

6. Auswahl einer Regelarmatur aus Lieferantenangaben: $k_{VS} \approx (1{,}15 \text{ bis } 1{,}25) \cdot k_{Verf}$

7. Berechnung des maximalen Mengendurchsatzes q_{max} bzw. w_{max} für den gewählten k_{VS}-Wert

$$q_{max} = \frac{q}{\sqrt{1 + \frac{\Delta P_{RV}}{\Delta P_{dyn}} \cdot \left[\left(\frac{k_{verf}}{k_{VS}}\right) - 1\right]}}$$

8. Druckverlustberechnung in der Leitung für den maximalen Durchsatz q_{max}

$$\Delta P_{Lmax} = \Delta P_L \cdot \left(\frac{q_{max}}{q}\right)^2$$

Berechnung der Druckdifferenz im Regelventil für q_{max}

$$\Delta P_{RVmax} = \Delta P_{dyn} - \Delta P_{Lmax} = \Delta P_{RV} \cdot \left(\frac{k_{verf}}{k_{VS}}\right)^2 \cdot \left(\frac{q_{max}}{q}\right)^2$$

9. Ermittlung des maximalen Druckabfalls im Regelventil bei Drosselung auf den minimalen Durchsatz q_{min}

$$\Delta P_{RVmin} = \Delta P_{RVmax} + \Delta P_{Lmax} \cdot \left[1 - \left(\frac{q_{max}}{q}\right)^2\right]$$

10. Überprüfung, ob der zulässige Druckabfall im Regelventil bei Drosselung auf q_{min} überschritten wird

$\Delta P_{RVmin} < \Delta P_{max}$?

Bei einem zu großen Druckabfall im Regelventil muss die Auslegung wiederholt werden für eine Armatur mit einem besseren F_L-Wert, oder es können zwei Regelarmaturen in Serie installiert werden.

11. Berechnungen für die verschiedenen Lastfälle q_{max} , q , $q/2$ und q_{min}

Ermittelt werden:
- Rohrleitungsdruckverlust ΔP_L
- Regelventildruckverlust ΔP_{RV}
- Anteil des Regelventildruckverlustes vom gesamten dynamischen Druckverlust

$$\frac{\Delta P_{RV}}{\Delta P_{dyn}}$$

$$\Delta P_{dyn} = \Delta P_{RV} + \Delta P_L$$

12. Berechnungen von k_{Vx} für andere Druckabfälle im Regelventil

$$k_{Vx} = \frac{q}{31{,}6} \cdot \sqrt{\frac{\rho}{\Delta P_{RVneu}}} \qquad k_{Vxerf} = \frac{k_{Vx}}{F_P}$$

Kontrollberechnung für den Durchsatz bei k_{Vxerf}

$$q = 31{,}6 \cdot k_{Vxerf} \cdot F_P \cdot \sqrt{\frac{\Delta P_{RVneu}}{\rho}}$$

Kontrollberechnung des Druckverlustes im Regelventil

$$\Delta P_{RV} = \left(\frac{q}{k_{Vxerf}}\right)^2 \cdot \frac{1}{F_P^2} \cdot \frac{\rho}{1.000}$$

Berechnung des verfügbaren und des benötigten ΔP_{RV}

Berechnung der verfügbaren Druckdifferenz ΔP_{verf} für das Regelventil

$$\Delta P_{verf} = P_{Pumpe} - \Delta P_{stat} - \Delta P_L$$

$$\Delta P_{stat} = P_A - P_B + \Delta H \cdot \rho \cdot 9{,}81 \cdot 10^{-5}$$

P_{Pumpe} = Pumpenförderdruck
ΔH = Höhendifferenz [m]
ΔP_{stat} = Statische Druckdifferenz
ρ = Flüssigkeitsdichte
ΔP_L = Druckverlust in Rohrleitung und Apparaten

Beispiel 3.2.1:

$P_A = 1$ bar $P_B = 1{,}5$ bar $\Delta P_L = 2$ bar
$P_{Pumpe} = 5$ bar $\Delta H = 5$ m $\rho = 1000$ kg/m^3

$\Delta P_{stat} = 1{,}5 - 1 + (5 \cdot 1.000 \cdot 9{,}81 \cdot 10^{-5}) = 0{,}99$ bar

$\Delta P_{verf} = 5 - 0{,}99 - 2 = 2{,}01$ bar

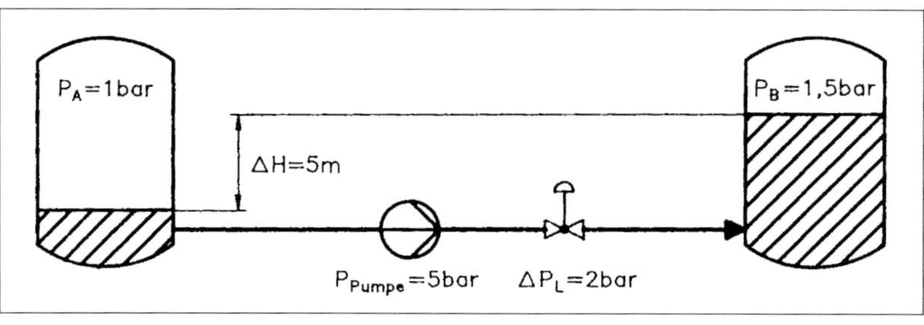

Bild 3.2.1:

Berechnung der benötigten Druckdifferenz ΔP_{ben} im Regelventil für eine funktionsfähige Regelung

$$\Delta P_{ben} = 0{,}05 \cdot P_{Pumpe} + 1{,}1 \cdot \left[\left(\frac{q_{max}}{q}\right)^2 - 1\right] \cdot \Delta P_L + \Delta P_{RV100}$$

q_{max} = Maximaler Durchsatz [m^3/h]
q = Auslegungsdurchsatz [m^3/h]
ΔP_{RV100} = Druckverlust des geöffneten Ventils [bar]

Beispiel 3.2.2:

$P_{Pumpe} = 5$ bar $\Delta P_L = 2$ bar $\Delta P_{RV100} = 0{,}3$ bar
$q_{max} = 88\ m^3/h$ $q = 80\ m^3/h$

$$\Delta P_{ben} = 0{,}05 \cdot 5 + 1{,}1 \cdot \left[\left(\frac{88}{80}\right)^2 - 1\right] \cdot 2 + 0{,}3 = 1{,}01 \text{ bar}$$

In der Praxis werden häufig 15 bis 20 % vom dynamischen Druckverlust dem Regelventil zugeordnet. Durch einen größeren Druckverlustanteil im Regelventil bekommt man steilere Regelkennlinien.

Beispiel 3.2.3: k_V-Wert-Berechnung

Verfügbarer Druck = 2 bar

Benötigtes ΔP für das Regelventil = 1 bar

Gewähltes ΔP_{RV} für die Regelventilauslegung = 1,5 bar

Maximaler Durchsatz $q_{max} = 88\ m^3/h$

$\rho = 1.000\ kg/m^3$

$$k_V = \frac{q_{max}}{31{,}6} \cdot \sqrt{\frac{\rho}{\Delta P_{RV}}} = \frac{88}{31{,}6} \cdot \sqrt{\frac{1.000}{1{,}5}} = 71{,}9\ m^3/h$$

Geometriefaktor $F_P = 0{,}939$

Erforderlicher k_V-Wert $k_{verf} = \frac{k_V}{F_P} = \frac{71{,}9}{0{,}939} = 76{,}6\ m^3/h$

Falls im Regelventil eine größere Druckdifferenz von z. B. 2 bar zur Verfügung steht, muss das Ventil auf einen kleineren k_{Vx}-Wert gedrosselt werden.

Berechnung des k_{Vx}-Werts für $\Delta P_{RV} = 2$ bar

$$k_{Vx} = \frac{88}{31{,}6} \cdot \sqrt{\frac{1.000}{2}} = 62{,}3 \text{ m}^3/\text{h}$$

$$k_{verf} = \frac{62{,}3}{0{,}939} = 66{,}3 \text{ m}^3/\text{h}$$

Durchsatzkontrolle

$$q = 31{,}6 \cdot k_{Vx} \cdot F_P \cdot \sqrt{\frac{\Delta P}{\rho}}$$

$$q = 31{,}6 \cdot 66{,}3 \cdot 0{,}939 \cdot \sqrt{\frac{2}{1.000}} = 88 \text{ m}^3/\text{h}$$

ΔP-Kontrolle

$$\Delta P_{RV} = \left(\frac{q_{max}}{k_{Vx}}\right)^2 \cdot \frac{1}{F_P{}^2} \cdot \frac{\rho}{1.000}$$

$$\Delta P_{RV} = \left(\frac{88}{66{,}3}\right)^2 \cdot \frac{1}{0{,}939^2} \cdot \frac{1.000}{1.000} = 2 \text{ bar}$$

3.3 Regelventilauslegung mit Kontrollrechnungen

Zunächst wird der benötigte k_V-Wert der Regelarmatur für die vorliegende Aufgabenstellung ermittelt. Die Berechnungsgleichungen sind im Folgenden aufgelistet.

Der **k_V-Wert des Regelventils** ist definiert als der Wasserdurchfluss [m³/h] für einen Differenzdruck von 1 bar im Ventil.

Flüssigkeiten: $$k_{Vber} = \frac{q\,[\text{m}^3/\text{h}]}{31{,}6} \cdot \sqrt{\frac{\rho_{Fl}\,[\text{kg/m}^3]}{\Delta P_{RV}\,[\text{bar}]}}$$

Bei der k_V-Wert-Berechnung für gasförmige Medien muss der **Expansionsfaktor Y** beachtet werden, der den zusätzlichen Strömungswiderstand durch die Ausdehnung der Gase oder Dämpfe infolge der Entspannung im Ventil berücksichtigt.

Unter Berücksichtigung der Expansion im Stellglied wird der benötigte k_V-Wert größer.

Gase: $k_{Vber} = \dfrac{w\,[kg/h]}{31{,}6 \cdot Y \cdot \sqrt{\Delta P_{RV}\,[bar] \cdot \rho_1\,[kg/m^3]}}$

Da die Regelarmatur normalerweise eine geringere Nennweite hat als die Rohrleitung, muss der Druckverlust in den Reduzierungen vor und hinter dem Ventil von der verfügbaren Druckdifferenz im Ventil abgezogen werden. Das kann mit Hilfe des sogenannten **Geometriefaktors F_P** erfolgen, durch den der erforderliche k_V-Wert vergrößert wird.

Erforderlicher k_{Verf}-Wert: $k_{Verf} = \dfrac{k_{Vber}}{F_P}$

Für den ermittelten erforderlichen k_{Verf}-Wert wird aus Lieferanten-Katalogen eine geeignete Regelarmatur mit einem etwas höheren k_{VS}-Wert ausgewählt.

$k_{VS} \approx 1{,}25 \cdot k_{Verf}$

k_{VS} = Maximaler k_V-Wert der Armatur laut Katalog
ΔP_{RV} = Differenzdruck im Ventil [bar]
ρ_1 = Gasdichte vor dem Ventil [kg/m³]
ρ_{Fl} = Flüssigkeitsdichte [kg/m³]
q = Flüssigkeitsdurchsatz durch die Regelarmatur (m³/h)
w = Gasmengendurchsatz durch die Regelarmatur (kg/h)

Kontrollberechnungen

Da der gewählte k_{VS}-Wert größer ist als der erforderliche k_{Verf}-Wert müssen die Mengenströme (m³/h) und die Druckverluste im Regelventil und in der Rohrleitung mit einer Kontrollrechnung überprüft werden.

Zuerst wird der maximale Durchsatz durch die Regelarmatur mit dem gewählten k_{VS}-Wert berechnet:

$$q_{max} = \frac{q}{\sqrt{1 + \dfrac{\Delta P_{RV}}{\Delta P_{dyn}} \cdot \left[\left(\dfrac{k_{verf}}{k_{VS}}\right)^2 - 1\right]}}$$

Für den berechneten maximalen Durchsatz werden die Druckverluste in der Rohrleitung ΔP_{Lmax} und in dem Regelventil ΔP_{RVmax} ermittelt:

$$\Delta P_{Lmax} = \Delta P_L \cdot \left(\frac{q_{max}}{q}\right)^2$$

$$\Delta P_{RVmax} = \Delta P_{dyn} - \Delta P_{Lmax} = \Delta P_{RV} \cdot \left(\frac{k_{verf}}{k_{VS}}\right)^2 \cdot \left(\frac{q_{max}}{q}\right)^2$$

Mit Hilfe dieser Werte für den maximalen Durchfluss kann man die maximale Druckdifferenz in der Regelarmatur bei Drosselung auf den minimalen Durchsatz q_{min} bzw. w_{min} berechnen:

$$\Delta P_{RVmin} = \Delta P_{RVmax} + \Delta P_{Lmax} \cdot \left[1 - \left(\frac{q_{min}}{q_{max}}\right)^2\right]$$

Es muss geprüft werden,ob der maximale Differenzdruck ΔP_{RVmin} im Regelventil bei dem geforderten minimalen Durchfluss unterhalb der maximal zulässigen Druckdifferenz ΔP_{max} zur Vermeidung von Kavitation oder Schallgeschwindigkeit liegt.

Abschließend wird die Betriebskennlinie erstellt und die Regelfähigkeit im relevanten Regelbereich überprüft.

Angestrebt wird ein möglichst steiler linearer Zusammenhang zwischen Mengendurchfluss und dem Stellweg der Regelarmatur und eine Ventilöffnung von 60–70 % bei dem maximalen Flüssigkeitsdurchsatz q (m^3/h) oder dem maximalen Gasdurchsatz w (kg/h).

3.3.1 Berechnung des k_V-Werts nach DIN EN 60534

k_V-Wert-Ermittlung für flüssige Medien

$$k_V = \frac{1}{F_P \cdot F_R} \cdot \frac{V\,(m^3/h)}{31{,}6} \cdot \sqrt{\frac{\rho\ [kg/m^3]}{\Delta P\ [bar]}} \quad [m^3/h]$$

$$\Delta P_{max} = F_L{}^2 \cdot (P_1 - F_F \cdot P_v) = \text{maximal zulässiges } \Delta P$$

F_R = Korrekturfaktor für zähflüssige Medien (siehe DIN EN 60 534)
F_L = Druckrückgewinnfaktor der Armatur (Ventile: 0,80–0,92; Klappen: 0,60–0,70)

$$F_F = 0{,}96 - 0{,}28 \cdot \sqrt{\frac{P_v}{P_c}}$$

F_P = Geometriefaktor
F_F = Faktor für kritisches Druckverhältnis
P_v = Dampfdruck der Flüssigkeit [bar]
P_1 = Eingangsdruck [bar]
P_c = kritischer Druck [bar]

Berechnung des **Geometriefaktors F_P:**

$$F_P = \sqrt{1 - \frac{1{,}5 \cdot \left(1 - \frac{d^2}{D^2}\right)^2}{0{,}0016} \cdot \left(\frac{k_V}{d^2}\right)^2}$$

d = Regelventildurchmesser [mm]
D = Rohrleitungsdurchmesser [mm]

k_V-Wert-Bestimmung für gasförmige Medien

$$k_V = \frac{1}{Y \cdot F_P} \cdot \frac{w\,[kg/h]}{31{,}6 \cdot \sqrt{\Delta P\,[bar] \cdot \rho_1\,[kg/m^3]}} \quad [m^3/h]$$

$$\Delta P_{max} = X_T \cdot F_G \cdot P_1$$

ΔP_{max} = maximal zulässiger Differenzdruck in der Regelarmatur

Berechnung des **Expansionsfaktors Y:**

$$Y = 1 - \frac{\Delta P\,[bar]}{P_1\,[bar] \cdot 3 \cdot F_G \cdot X_T}$$

X_T = stellgliedspezifische Konstante (Ventile: 0,62–0,75; Klappen: 0,38)

$X_T = 0{,}84 \cdot F_L{}^2$

F_G = relativer Adiabatenexponent = κ / 1,4

3.3.2 Ermittlung des maximal zulässigen Druckverlustes in Regelventilen und Stellklappen

1. Flüssigkeiten

$$\Delta P_{max} = F_L{}^2 \cdot (P_1 - F_F \cdot P_v)$$

$$F_F = 0{,}96 - 0{,}28 \cdot \sqrt{\frac{P_v}{P_c}}$$

Beispiel 3.3.2.1: Wasser bei 60 °C

P_v = 0,2 bar P_1 = 5 bar(Vordruck) P_c = 221,2 bar (krit.Druck)

$$F_F = 0{,}96 - 0{,}28 \cdot \sqrt{\frac{0{,}2}{221{,}2}} = 0{,}95$$

Regelventil: $F_L = 0{,}9$

$\Delta P_{max} = 0{,}9^2 \cdot (5 - 0{,}95 \cdot 0{,}2)$ = **3,9 bar**

Stellklappe (70° offen): $F_L = 0{,}6$

$\Delta P_{max} = 0{,}6^2 \cdot (5 - 0{,}95 \cdot 0{,}2)$ = **1,73 bar**

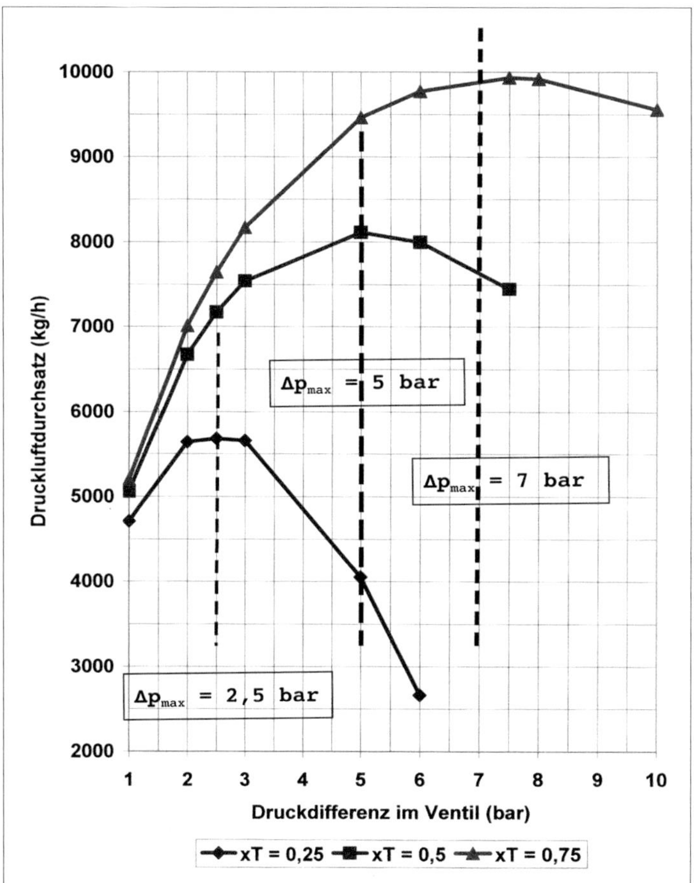

Bild 3.3.2.1: Druckluftdurchsatz für unterschiedliche x_T-Werte als Funktion von ΔP_R

2. Gase und Dämpfe

$$\Delta P_{max} = x_T \cdot F_G \cdot P_1$$

$$F_G = \frac{\kappa}{1{,}4} \qquad \kappa = \frac{c_P}{c_V}$$

Beispiel 3.3.2.2:

$\mathbf{P_1}$ = 5 bar		Luft (κ = 1,4)	CO_2 (κ = 1,3)
	x_T	ΔP_{max}	ΔP_{max}
Kugelhahn	0,15	0,75 bar	0,7 bar
Stellklappe	0,25	1,25 bar	1,16 bar
Regelventil	0,75	3,75 bar	3,48 bar

Fazit: Für große Druckdifferenzen im Regelventil nimmt man Regelventile, für große Durchsätze und geringe Druckdifferenzen Klappen oder Kugelhähne. In **Bild 3.3.2.1** ist der Gasdurchsatz in Abhängigkeit vom Differenzdruck für verschiedene X_T-Werte dargestellt. Eine Durchsatzsteigerung ist nur bis zum Erreichen des maximal zulässigen ΔP_{RV} möglich.

3.4 Geometriefaktor F_P

Da die Regelarmaturen meistens eine kleinere Nennweite haben als die Rohrleitungen (**Bild 3.4.1**), müssen Reduzierungen bzw. Erweiterungen vor und hinter dem Stellglied installiert werden.

Der Druckverlust in diesen Reduzierungen muss von der verfügbaren Druckdifferenz für die Auslegung des Regelventils abgezogen werden.

Der erforderliche k_{Verf}-Wert muss mit einem korrigierten ΔP_{RVkorr} berechnet werden.

$$\Delta P_{RVkorr} = \Delta P_{RV} - \Delta P_{Red}$$

$$k_{Verf} = \frac{q}{31{,}6} \cdot \sqrt{\frac{\rho}{\Delta P_{RVkorr}}}$$

Der Druckverlust für die Reduzierungen wird folgendermaßen ermittelt:

$$\Delta P_{Red} = 1{,}5 \cdot \left(1 - \frac{d^2}{D^2}\right)^2 \cdot \frac{w_d{}^2 \cdot \rho}{2 \cdot 10^5} \quad \text{[bar]}$$

$$\Delta P_{Red} = \left\{0{,}5 \cdot \left[1 - \left(\frac{d}{D}\right)^2\right] + \left[1 - \left(\frac{d}{D}\right)^2\right]^2\right\} \cdot \frac{w_d{}^2 \cdot \rho}{2 \cdot 10^5} \quad \text{[bar]}$$

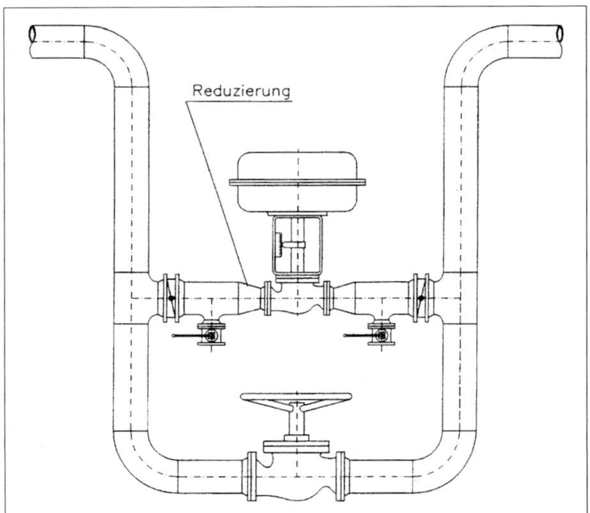

Bild 3.4.1: Einbau eines Regelventils mit Reduzierung und Bypass

Alternativ wird der Geometriefaktor F_P zur Korrektur des berechneten k_{Vber}-Wertes benutzt.

$$k_{Verf} = \frac{k_{Vber}}{F_P}$$

Den Geometriefaktor F_P berechnet man wie folgt:

$$F_P = \sqrt{1 - \frac{1{,}5 \cdot \left(1 - \frac{d^2}{D^2}\right)^2}{0{,}0016} \cdot \left(\frac{k_V}{d^2}\right)^2}$$

Der Einfluss des Geometriefaktors ist größer für Stellglieder mit geringem Strömungswiderstand bzw. hohem k_{VS}-Wert.

Die Korrektur für Klappen ist also größer als die für Ventile!

Beispiel 3.4.1: Einfluss des Geometriefaktors bzw. des Druckverlustes durch die Reduzierungen auf die Regelventilauslegung

$q = 500\ m^3/h$ $\rho = 800\ kg/m^3$ $\Delta P_{RV} = 2\ bar$ $D = 250\ mm$

$$k_{Vber} = \frac{q}{31{,}6} \cdot \sqrt{\frac{\rho}{\Delta P_{RV}}} = \frac{500}{31{,}6} \cdot \sqrt{\frac{800}{2}} = 316{,}5\ m^3/h$$

Gewählt: **Stellklappe DN 100** mit
$k_{VS} = 398$ bei 70 ° Öffnung $d = 100\ mm$ $D = 250\ mm$

$$F_P = \sqrt{1 - \frac{1{,}5 \cdot \left(1 - \frac{100^2}{250^2}\right)^2}{0{,}0016} \cdot \left(\frac{316{,}5}{100^2}\right)^2} = 0{,}58$$

Unter Berücksichtigung des Geometriefaktors erhöht sich der erforderliche k_{Verf}-Wert von 316,5 auf 546 m^3/h:

$$k_{Verf} = \frac{k_{Vber}}{F_P} = \frac{316{,}5}{0{,}58} = 546\ m^3/h$$

Neue Wahl: **Klappe DN 125** mit
$k_{VS} = 450$ $F_P = 0{,}885$ $k_{Verf} = \frac{316{,}5}{0{,}885} = 357\ m^3/h$

Kontrollberechnung mit dem korrigierten ΔP_{RVkorr}:

$$\Delta P_{Red} = 1{,}5 \cdot \left(1 - \frac{100^2}{250^2}\right)^2 - \frac{11{,}32^2 \cdot 800}{2 \cdot 10^5} = 0{,}433 \text{ bar}$$

$$\Delta P_{RVkorr} = 2 - 0{,}433 = 1{,}567 \text{ bar}$$

$$k_{Verf} = \frac{500}{31{,}6} \cdot \sqrt{\frac{800}{1{,}567}} = 357 \text{ m}^3/\text{h}$$

Alternativberechnung für **graduelle Reduzierungen** mit einem Erweiterungswinkel $\alpha = 10°$: K = 0,179 für Reduzierung + Erweiterung

$$\Delta P_{Red} = K \cdot \frac{w^2 \cdot \rho}{2 \cdot 10^5} = 0{,}179 \cdot \frac{11{,}32^2 \cdot 800}{2 \cdot 10^5} = 0{,}09 \text{ bar}$$

$$k_{Verf} = \frac{500}{31{,}6} \cdot \sqrt{\frac{800}{2 - 0{,}09}} = 324 \text{ m}^3/\text{h}$$

3.5 Expansionsfaktor Y für Gase und Dämpfe

Der Expansionsfaktor Y berücksichtigt bei kompressiblen Medien den zusätzlichen Strömungswiderstand durch die Ausdehnung von Gasen bzw. Dämpfen wegen des Druckabfalls im Regelventil.

Durch die Entspannung vergrößert sich das Gasvolumen.

Den Expansionsfaktor Y berechnet man wie folgt:

$$Y = 1 - \frac{\Delta P_{RV}}{P_1 \cdot 3 \cdot F_G \cdot x_T}$$

Unter Berücksichtigung des Expansionsfaktors Y ergibt sich ein größerer k_{Vber}-Wert, weil $Y < 1$ ist.

$$k_{Vber} = \frac{w \text{ [kg/h]}}{Y \cdot 31{,}6 \cdot \sqrt{\Delta P \text{ [bar]} \cdot \rho_1 \text{ [kg/m}^3\text{]}}}$$

Nach der Korrektur mit dem Geometriefaktor F_P erhält man den erforderlichen k_{Verf}-Wert.

$$k_{Verf} = \frac{k_{Vber}}{F_P}$$

P_1 = Druck vor der Stellarmatur [bar]
ΔP_{RV} = Differenzdruck in der Stellarmatur [bar]
x_T = Stellgliedspezifischer Beiwert (Ventile = 0,75, Klappen = 0,25)
F_G = κ / 1,4
κ = c_P / c_V

Beispiel 3.5.1: k_V-Wert-Bestimmung für Gas

w = 1176 kg/h $\rho_1 = 2{,}64\ kg/m^3$ $F_G = 1$ $P_1 = 4\ bar$ $\Delta P_{RV} = 1\ bar$

$$k_{Vber} = \frac{1176}{Y \cdot 31{,}6 \cdot \sqrt{1 \cdot 2{,}64}} = \frac{22{,}9}{Y}\ m^3/h$$

$$Y = 1 - \frac{1}{4 \cdot 3 \cdot 1 \cdot 0{,}25} = 0{,}667$$

$$k_{Vber} = \frac{22{,}9}{0{,}667} = 34{,}3\ m^3/h$$

Geometriefaktor F_P = 0,92 für d = 50 mm und D = 150 mm:

$$k_{Verf} = \frac{k_{Vber}}{F_P} = \frac{34{,}3}{0{,}92} = 37{,}3\ m^3/h$$

3.6 Auslegung eines Regelventils für Flüssigkeiten

Eingabedaten:

q = Flüssigkeitsmenge (m^3/h)
ΔP_A = Vorgesehener Auslegungsdifferenzdruck [bar]
ρ = Flüssigkeitsdichte [kg/m^3]
F_L = Druckrückgewinnbeiwert der Armatur
Ventile: 0,85 – 0,9 Klappen: 0,55
Kugelhähne: 0,51 Drehkegelventile: 0,7
P_1 = Absolutdruck vor dem Regelventil [bar]
P_V = Dampfdruck der Flüssigkeit [bar]
P_c = Kritischer Druck der Flüssigkeit [bar]
ΔP_L = Rohrleitungsdruckverlust
ΔP_{dyn} = Dynamischer Druckverlust

Berechnungsgang:

1. Überprüfung des vorgesehenen Differenzdrucks ΔP_A auf Kavitation

$$\Delta P_{max} = F_L{}^2 \cdot (P_1 - F_F \cdot P_V)$$

$$\Delta P_{max} = F_L{}^2 \cdot \left[P_1 - P_V \cdot \left(0{,}96 - 0{,}28 \cdot \sqrt{\frac{P_v}{P_c}} \right) \right]$$

$$\Delta P_A < \Delta P_{max} \quad \Rightarrow \quad \Delta P_A = \Delta P_{RV}$$

$$\Delta P_A > \Delta P_{max} \quad \Rightarrow \quad \Delta P_{max} = \Delta P_{RV}$$

ΔP_{RV} = Gewählter Differenzdruck für die Regelventilauslegung

2. Berechnung des k_V-Werts der Stellarmatur mit $F_P = 1$

$$k_{Vber} = \frac{q}{31{,}6 \cdot F_P} \cdot \sqrt{\frac{\rho}{\Delta P}}$$

F_P = Geometriefaktor

3. Auswahl einer Stellarmatur mit Durchmesser d für eine Rohrleitung mit Durchmesser D

$$d = D \quad \Rightarrow \quad k_{Verf} = k_{Vber}$$

$$d < D \quad \Rightarrow \quad k_{Verf} = \frac{k_{Vber}}{F_P}$$

4. Berechnung des Geometriefaktors

$$F_P = \sqrt{1 - \frac{1{,}5 \cdot \left(1 - \frac{d^2}{D^2}\right)^2}{0{,}0016} \cdot \left(\frac{k_{Verf}}{d^2}\right)^2}$$

Alternativ kann der k_V-Wert für ein korrigiertes ΔP_{korr} im Regelventil berechnet werden indem der Druckverlust der Reduzierung und der Erweiterung von ΔP_{RV} abgezogen wird.

$$\Delta P_{korr} = \Delta P_{RV} - (\Delta P_{red} + \Delta P_{erw})$$

$$\Delta P_{red} + \Delta P_{erw} = 1{,}5 \cdot \left(1 - \frac{d^2}{D^2}\right)^2 \cdot \frac{w^2 \cdot \rho}{2 \cdot 10^5} \text{ [bar]}$$

w = Strömungsgeschwindigkeit in d [m/s]
ρ = Flüssigkeitsdichte [kg/m³]

5. Ermittlung des erforderlichen k_V-Werts mit dem Geometriefaktor:

$$k_{Verf} = \frac{k_{Vber}}{F_P}$$

Mit dem korrigierten ΔP_{korr} für die k_V-Wert-Bestimmung:

$$k_{Verf} = \frac{q}{31{,}6} \cdot \sqrt{\frac{\rho}{\Delta P_{korr}}}$$

6. Auswahl einer Regelarmatur aus Lieferantendaten

$$k_{VS} \approx 1{,}25 \cdot k_{Verf}$$

7. Kontrollberechnungen mit dem gewählten k_{VS}-Wert

$$q_{max} = \frac{q}{\sqrt{1 + \frac{\Delta P_{RV}}{\Delta P_{dyn}} \cdot \left[\left(\frac{k_{verf}}{k_{VS}}\right)^2 - 1\right]}}$$

Rohrleitungsdruckverlust bei q_{max}: $\Delta P_{Lmax} = \Delta P_L \cdot \left(\frac{q_{max}}{q}\right)^2$

Druckverlust im Ventil bei q_{max}:

$$\Delta P_{RVmax} = \Delta P_{dyn} - \Delta P_{Lmax} = \Delta P_{RV} \cdot \left(\frac{k_{verf}}{k_{VS}}\right)^2 \cdot \left(\frac{q_{max}}{q}\right)^2$$

Maximaler Druckverlust im Ventil bei q_{min}:

$$\Delta P_{RVmin} = \Delta P_{RVmax} + \Delta P_{Lmax} \cdot \left[1 - \left(\frac{q_{min}}{q_{max}}\right)^2\right]$$

Beispiel 3.6.1: Regelventilauslegung für Flüssigkeiten

$q = 5\ m^3/h$	$\rho = 800\ kg/m^3$	Rohrleitungsdurchmesser D = 50 mm	
$P_1 = 6$ bar	$\Delta P_A = 1{,}5$ bar	$P_V = 0{,}2$ bar	$P_c = 221{,}2$ bar
$F_L = 0{,}9$	$\Delta P_L = 4$ bar	$\Delta P_{dyn} = 5{,}5$ bar	

1. $\Delta P_{max} = 0{,}9^2 \cdot \left[6 - 0{,}2 \cdot \left(0{,}96 - 0{,}28 \cdot \sqrt{\frac{0{,}2}{221{,}2}}\right)\right] = 4{,}7$ bar
2. $k_{Vber} = \frac{5}{31{,}6 \cdot 1} \cdot \sqrt{\frac{800}{1{,}5}} = 3{,}65$
3. Gewählt: Ventil DN 25 mit $k_{VS} = 6\ m^3/h$

4. Geometriefaktor für d = 25 und D = 50 ⇒ $F_P = 0{,}988$

5. Ermittlung von $k_{Verf} = 3{,}65 / 0{,}988 = 3{,}7\ m^3/h$

   Berechnung von ΔP_{korr}

   $$\Delta P_{red+erw} = 1{,}5 \cdot \left[1 - \left(\frac{25}{50}\right)^2\right]^2 \cdot \frac{2{,}83^2 \cdot 800}{2} = 2705\ Pa = 0{,}027\ bar$$

   $$\Delta P_{korr} = 1{,}5 - 0{,}027 = 1{,}473\ bar$$

   $$k_{Verf} = \frac{5}{31{,}6} \cdot \sqrt{\frac{800}{1{,}473}} = 3{,}7$$

6. $k_{VS} \approx 1{,}25 \cdot 3{,}7 = 4{,}6 \rightarrow$ Ventil DN 25 mit $k_{VS} = 6$

7. Kontrollberechnungen

   Berechnung von q_{max} und ΔP_{RVmax} für $k_{VS} = 6$ sowie ΔP_{RVmin} bei 3 m^3/h:

   $$q_{max} = \frac{5}{\sqrt{1 + \frac{1{,}5}{5{,}5} \cdot \left[\left(\frac{3{,}7}{6}\right)^2 - 1\right]}} = 5{,}48\ m^3/h$$

   $$\Delta P_{Lmax} = 4 \cdot \left(\frac{5{,}48}{5}\right)^2 = 4{,}81\ bar$$

   $$\Delta P_{RVmax} = 5{,}5 - 4{,}81 = 0{,}69\ bar$$

   $$\Delta P_{RVmax} = 1{,}5 \cdot \left(\frac{3{,}7}{6}\right)^2 \cdot \left(\frac{5{,}48}{5}\right)^2 = 0{,}69\ bar$$

   $$\Delta P_{RVmin} = 0{,}69 + 4{,}81 \cdot \left[1 - \left(\frac{3}{5{,}48}\right)^2\right] = 4{,}06\ bar < \Delta P_{max} = 4{,}7\ bar$$

   Kontrollrechnung für q = 5 m³/h

   $$\Delta P_L = \Delta P_{Lmax} \cdot \left(\frac{q}{q_{max}}\right)^2 = 4{,}81 \cdot \left(\frac{5}{5{,}48}\right)^2 = 4\ bar$$

   $$\Delta P_{RV} = \Delta P_{RVmax} + \Delta P_{Lmax} \cdot \left[1 - \left(\frac{q}{q_{max}}\right)^2\right]$$

   $$\Delta P_{RV} = 0{,}69 + 4{,}81 \cdot \left[1 - \left(\frac{5}{5{,}48}\right)^2\right] = 1{,}5\ bar$$

   $$\Delta P_{dyn} = \Delta P_L + \Delta P_{RV} = 4 + 1{,}5 = 5{,}5\ bar$$

Kontrollrechnung für 3 m³/h

$$\Delta P_L = 4{,}81 \cdot \left(\frac{3}{5{,}48}\right)^2 = 1{,}44 \text{ bar}$$

$$\Delta P_{RV} = 0{,}69 + 4{,}81 \cdot \left[1 - \left(\frac{3}{5{,}48}\right)^2\right] = 4{,}06 \text{ bar}$$

$$\Delta P_{dyn} = 1{,}44 + 4{,}06 = 5{,}5 \text{ bar}$$

Berechnung des k_{Vx}-Wertes für 3 m³/h und $\Delta P_{RV} = 4{,}06$ bar:

$$k_{Vx} = \frac{q}{31{,}6 \cdot F_P} \cdot \sqrt{\frac{\rho}{\Delta P_{RV}}} = \frac{3}{31{,}6 \cdot 0{,}988} \cdot \sqrt{\frac{800}{4{,}06}} = 1{,}349$$

$$q = q_{max} \cdot \frac{k_{Vx}}{k_{VS}} \cdot \sqrt{\frac{\Delta P_{RV}}{\Delta P_{RVmax}}} = 5{,}48 \cdot \frac{1{,}349}{6} \cdot \sqrt{\frac{4{,}06}{0{,}69}} = 3 \text{ m}^3/\text{h}$$

Druckverlustberechnung mit dem Widerstandsbeiwert K für $k_{Vx} = 1{,}349$:

$$K = \left(\frac{4 \cdot d^2\,[\text{cm}]}{k_{Vx}}\right)^2 = \left(\frac{4 \cdot 2{,}5^2}{1{,}349}\right)^2 = 342{,}9$$

$w = 1{,}698$ m/s für 3 m³/h in DN 25

$$\Delta P_{RV} = K \cdot \frac{w^2 \cdot \rho}{2 \cdot 10^5} = 342{,}9 \cdot \frac{1{,}698^2 \cdot 800}{2 \cdot 10^5} = 3{,}96 \text{ bar}$$

Die Werte für den Druckverlust im Regelventil bei 3 m³/h sind fast identisch bei den unterschiedlichen Berechnungsansätzen.

3.7 Auslegung eines Regelventils für Gase und Dämpfe

Eingabedaten:

w = Gasmenge (kg/h)

ΔP_A = Vorgesehener Auslegungsdifferenzdruck [bar]

ΔP_{RV} = Gewählter Differenzdruck im Regelventil [bar]

ρ_1 = Gasdichte beim Eintrittsdruck P_1 [kg/m³]

v_1 = Spezifisches Volumen bei P_1 (m³ /kg)

x_T = Armaturenbeiwert — Ventile: 0,75 — Klappen: 0,25 — Kugelhähne: 0,15 — Drehkegelventile: 0,3

Berechnungsgang:

1. Überprüfung des vorgesehenen ΔP_A auf Schallgeschwindigkeit

$$X = \frac{\Delta P_A}{P_1} \leq x_{TP} \cdot F_G \rightarrow \Delta P_A = \Delta P_{RV}$$

$$X = \frac{\Delta P_A}{P_1} \geq x_{TP} \cdot F_G \rightarrow x_{TP} \cdot F_G = \Delta P_{RV}$$

2. Berechnung des Expansionsfaktors Y

$$Y = 1 - \frac{X}{3 \cdot F_G \cdot x_{TP}} = 1 - \frac{\Delta P}{P_1 \cdot 3 \cdot F_G \cdot x_{TP}}$$

3. Berechnung des k_{Vber}-Werts

$$k_{Vber} = \frac{w}{31{,}6 \cdot Y \cdot \sqrt{\Delta P \cdot \rho}} = \frac{w}{31{,}6 \cdot Y} \cdot \sqrt{\frac{v_1}{X \cdot P_1}}$$

4. Auswahl einer Stellarmatur mit Durchmesser d für eine Rohrleitung mit Durchmesser D

$$d = D \rightarrow k_{Verf} = k_{Vber}$$

$$d \prec D \rightarrow k_{Verf} = \frac{k_{Vber}}{F_P}$$

5. Berechnung des Geometriefaktors F_P

$$F_P = \sqrt{1 - \frac{1{,}5 \cdot [1 - (d / D)^2]^2}{0{,}0016} \cdot \left(\frac{k_{Verf}}{d^2}\right)^2}$$

Alternativ kann der k_V-Wert für ein korrigiertes ΔP_{korr} im Regelventil ermittelt werden, wobei der Druckverlust der Reduzierung und der Erweiterung von dem ΔP des Regelventils abgezogen werden.

$$\Delta P_{korr} = \Delta P - (\Delta P_{red} + \Delta P_{erw})$$

$$\Delta P_{red} + \Delta P_{erw} = 1{,}5 \cdot \left(1 - \frac{d^2}{D^2}\right)^2 \cdot \frac{w^2 \cdot \rho}{2 \cdot 10^5} \text{ [bar]}$$

w = Strömungsgeschwindigkeit im Durchmesser d [m/s]

6. Berechnung des erforderlichen k_V-Werts mit dem Geometriefaktor

$$k_{Verf} = \frac{k_{Vber}}{F_P}$$

Mit dem korrigierten ΔP_{korr} für das Regelventil:

$$k_{Verf} = \frac{w}{31{,}6 \cdot Y \cdot \sqrt{\Delta P_{korr} \cdot \rho_1}}$$

7. Ermittlung von x_{TP}

$$x_{TP} = \frac{x_T}{F_P^2} \cdot \left[1 + \frac{x_T \cdot \{0{,}5 \cdot [1 - (d / D)^2]^2 + 1 - d^4 / D^4\}}{0{,}0018} \cdot \left(\frac{k_{Verf}}{d^2}\right)^2\right]^{-1}$$

Mit dem berechneten x_{TP}-Wert werden die Berechnungsschritte 1 bis 7 solange wiederholt bis die Abweichung von dem vorher berechneten k_{Verf}-Wert kleiner als 2 % beträgt.

8. Auswahl einer geeigneten Regelarmatur aus Lieferantendaten

$$k_{VS} \approx 1{,}25 \cdot k_{Verf}$$

9. Kontrollberechnungen mit dem gewählten k_{VS}-Wert

$$w_{max} = \frac{w}{\sqrt{1 + \frac{\Delta P_{RV}}{\Delta P_{dyn}} \cdot \left[\left(\frac{k_{verf}}{k_{VS}}\right)^2 - 1\right]}}$$

$$\Delta P_{Lmax} = \Delta P_L \cdot \left(\frac{w_{max}}{w}\right)^2$$

$$\Delta P_{RVmax} = \Delta P_{dyn} - \Delta P_{Lmax}$$

Beispiel 3.7.1: Regelventilauslegung für Gase und Dämpfe

$w = 5000$ kg/h	$\rho_1 = 4{,}5$ kg/m³	$P_1 = 6$ bar	$\Delta P_A = 2$ bar
$F_G = 1$	$x_T = 0{,}7$	$D = 150$ mm	
$\Delta P_L = 2$ bar	$\Delta P_{dyn} = 4$ bar		

1. $X = 2 / 6 = 0{,}33 < 0{,}7 \cdot 1 \rightarrow \Delta P_A = \Delta P_{RV} = 2$ bar

2. $Y = 1 - \dfrac{0{,}33}{3 \cdot 1 \cdot 0{,}7} = 0{,}8413$

3. $k_{Vber} = \dfrac{5000}{31{,}6 \cdot 0{,}8413 \cdot \sqrt{2 \cdot 4{,}5}} = 62{,}69$

4. Gewählt: Ventil DN 80 mit $k_{VS} = 90$

5. Geometriefaktor $F_P = 0{,}95$

6. $k_{Verf} = 62{,}69 / 0{,}95 = 66\ m^3/h$

7. $x_{TP} = 0{,}74$ $Y = 0{,}8497$ $k_{Vber} = 62{,}1$ $k_{Verf} = 65{,}3$

   Differenz = 66 – 65,3 = 0,7 < 2 % $\rightarrow$ $k_{Verf} = 66\ m^3/h$

8. $k_{VS} \approx 1{,}25 \cdot 66 = 82{,}5$ Gewählt: Ventil mit $k_{VS} = 90$

9. Kontrollberechnungen

   Berechnung von w_{max} und ΔP_{RVmax} für $k_{VS} = 90$:

$$w_{max} = \frac{5000}{\sqrt{1 - \frac{2}{4} \cdot \left[\left(\frac{65{,}3}{90}\right)^2 - 1\right]}} = 5723{,}3\ kg/h$$

$$\Delta P_{Lmax} = 2 \cdot \left(\frac{5723{,}3}{5000}\right)^2 = 2{,}62\ bar$$

$$\Delta P_{RVmax} = \Delta P_{dyn} - \Delta P_{Lmax} = 4 - 2{,}62 = 1{,}379\ bar$$

$$\Delta P_{RVmax} = \Delta P_{RV} \cdot \left(\frac{k_{verf}}{k_{VS}}\right)^2 \cdot \left(\frac{q_{max}}{q}\right)^2$$

$$\Delta P_{RVmax} = 2 \cdot \left(\frac{65{,}3}{90}\right)^2 \cdot \left(\frac{5723{,}3}{5000}\right)^2 = 1{,}379\ bar$$

Kontrollrechnung für 5000 kg/h

$$\Delta P_L = \Delta P_{Lmax} \cdot \left(\frac{w}{w_{max}}\right)^2 = 2{,}62 \cdot \left(\frac{5000}{5723{,}3}\right)^2 = 2\ bar$$

$$\Delta P_{RV} = \Delta P_{RVmax} + \Delta P_{Lmax} \cdot \left[1 - \left(\frac{w}{w_{max}}\right)^2\right]$$

$$\Delta P_{RV} = 1{,}379 + 2{,}62 \cdot \left[1 - \left(\frac{5000}{5723{,}3}\right)^2\right] = 2\ bar$$

$$\Delta P_{dyn} = \Delta P_L + \Delta P_{RV} = 2 + 2 = 4\ bar$$

Kontrollrechnung für 2000 kg/h

$$\Delta P_L = 2{,}62 \cdot \left(\frac{2000}{5723{,}3}\right)^2 = 0{,}32 \text{ bar}$$

$$\Delta P_{RV} = \Delta P_{dyn} - \Delta P_L = 4 - 0{,}32 = 3{,}68 \text{ bar}$$

Berechnung des k_{Vx}-Wertes für 2000 kg/h und $\Delta P_{RV} = 3{,}685$ bar:

$$k_{Vx} = \frac{2000}{31{,}6 \cdot 0{,}8413 \cdot 0{,}95 \cdot \sqrt{3{,}68 \cdot 4{,}5}} = 19{,}46$$

Durchsatzberechnung für $k_{Vx} = 19{,}46$:

$$w = 31{,}6 \cdot k_V \cdot Y \cdot F_P \cdot \sqrt{\Delta P_{RV} \cdot \rho_1}$$

$$w = 31{,}6 \cdot 19{,}46 \cdot 0{,}8413 \cdot 0{,}95 \cdot \sqrt{3{,}68 \cdot 4{,}5} = 2000 \text{ kg/h}$$

Beispiele 3.7.2 für die Zustandsänderungen beim Drosseln von Dampf und Wasser

Berechnung der Temperatur und des Feuchtegehalts nach dem Entspannen.

Beispiel 3.7.2.1: Überhitzter Dampf (35 bar, 260 °C) wird auf 1 bar gedrosselt. $T_2 = ?$

$H_1 = 2861{,}3$ kJ/kg Dampf = Enthalpie bei 35 bar und 260 °C

$H_2 = H_1 = 2861{,}3$ kJ/kg

Bei 1 bar: 190 °C: 2855,6 kJ7kg
200 °C: 2875,4 kJ/kg

Es muss interpoliert werden.

$$T_2 = 190 + \frac{2861{,}3 - 2855{,}6}{2875{,}4 - 2855{,}6} \cdot (200 - 190) = 192{,}9 \text{ °C}$$

Beispiel 3.7.2.2: Heißdampf (35 bar, 250 °C) mit 4 % Feuchte wird auf 1 bar gedrosselt. $T_2 = ?$

$H_1 = 2828{,}1$ kJ/kg $\qquad r_1$ = Verdampfungswärme bei 35 bar = 1752,2 kJ/kg

$H_2 = H_1 - x_1 \cdot r_1 = 2828{,}1 - 0{,}04 \cdot 1752{,}2 = 2758$ kJ/kg

Bei 1 bar: 140 °C: 2756,4 kJ/kg
150 °C: 2776,3 kJ/kg

$$T_2 = 140 + \frac{2758 - 2756{,}4}{2776{,}3 - 2756{,}4} \cdot 10 = 140{,}8\ °C$$

Beispiel 3.7.2.3: Heißdampf (35 bar, 250 °C) mit 20 % Feuchte wird auf 1 bar gedrosselt. $T_2 = ?$

$H_2 = 2828{,}1 - 0{,}2 \cdot 1752{,}2 = 2477{,}7$ kJ/kg

Sattdampfenthalpie h_2 bei 1 bar: $h_2 = 2675{,}4$ kJ/kg

$H_2 = 2477{,}7$ kJ/kg $< h_2 = 2675{,}4$ kJ/kg für Sattdampf bei 1 bar

Es liegt demnach ein Nassdampf vor.

Feuchtegehalt: $$x_2 = \frac{h_2 - H_2}{r_2} = \frac{2675{,}4 - 2477{,}7}{2257{,}9} = 0{,}088$$

Der Dampf enthält 8,8 % Feuchte. $T_2 = 100$ °C = Sattdampftemperatur bei 1 bar.

Beispiel 3.7.2.4: Wasser (35 bar, 242,54 °C), bei Siedetemperatur wird auf 1 bar entspannt. $T_2 = ?$

$H_1 = 1049{,}8$ kJ/kg für Wasser bei 35 bar und 242,54 °C

$h_2 = 2675{,}8$ kJ/kg = Sattdampfenthalpie bei 1 bar und 100 °C

$H_1 = 1049{,}8$ kJ/kg $< h_2 = 2675{,}8$ kJ/kg $\rightarrow$ Nassdampf!

$$x_2 = \frac{2675{,}8 - 1049{,}8}{2257{,}9} = 0{,}72$$

Nach dem Entspannen entsteht ein Gemisch von 72 % Wasser mit 28 % Dampf.

$T_2 = 100$ °C = Sattdampftemperatur bei 1 bar.

r_1 = Verdampfungswärme im Zustand 1 $\qquad x_1$ = Feuchtegehalt im Zustand 1
r_2 = Verdampfungswärme im Zustand 2 $\qquad x_2$ = Feuchtegehalt im Zustand 2

3.8 Ventilkennlinien und Betriebskennlinien

Im Wesentlichen unterscheidet man zwischen linearen und gleichprozentigen Ventilkennlinien.

Eine gleichprozentige Kennlinie ist dadurch gekennzeichnet, dass der Volumenstrom durch das Ventil sich gleichprozentig mit der Ventilöffnung ändert.

Bei den linearen Kennlinien ändern sich Ventilhub und Volumendurchfluss um den gleichen Prozentsatz.

In **Bild 3.8.1** sind die beiden Kennlinien dargestellt.

Für die Anlagenregelung ist ein möglichst steiler linearer Zusammenhang zwischen Ventilstellung und Durchfluss angestrebt.

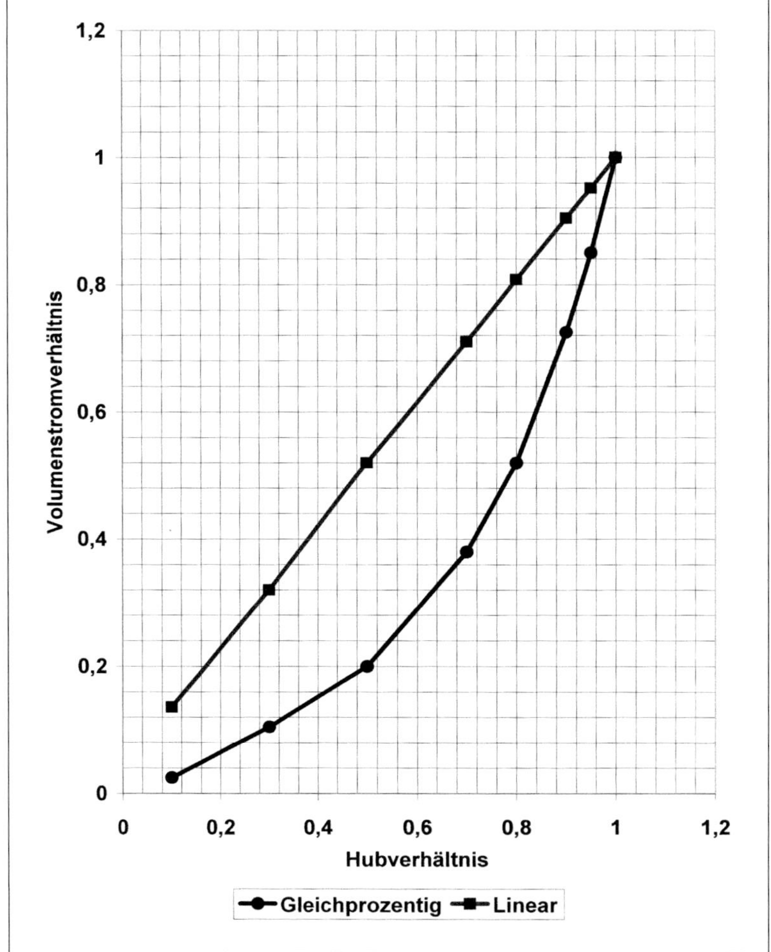

Bild 3.8.1: Lineare und gleichprozentige Ventilkennlinien

Bild 3.8.2: Gleichprozentige Kennlinie mit unterschiedlichen Druckverlustanteilen im Ventil

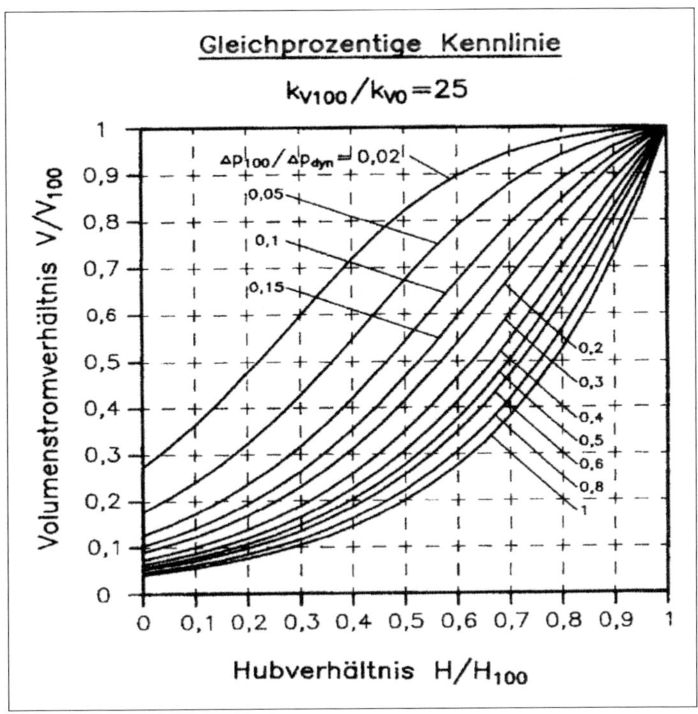

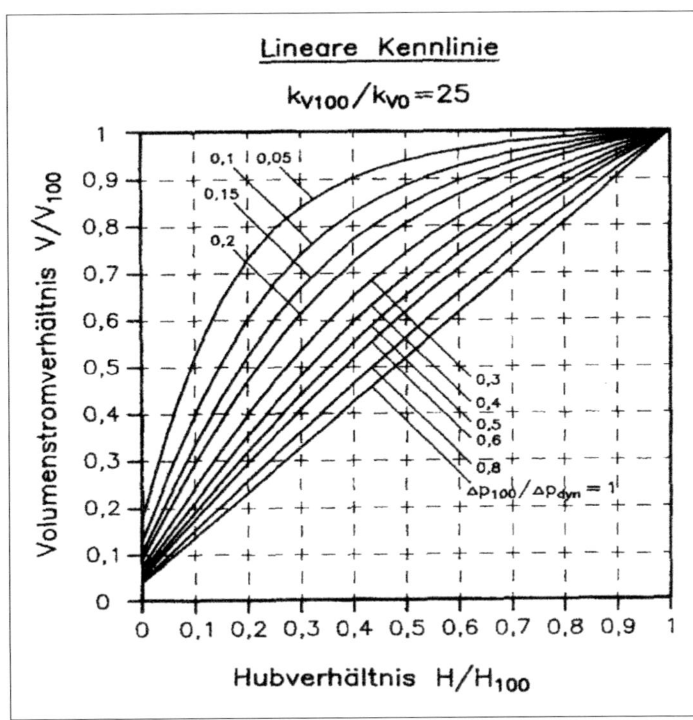

Bild 3.8.3: Lineare Kennlinie mit unterschiedlichen Druckverlustanteilen im Ventil

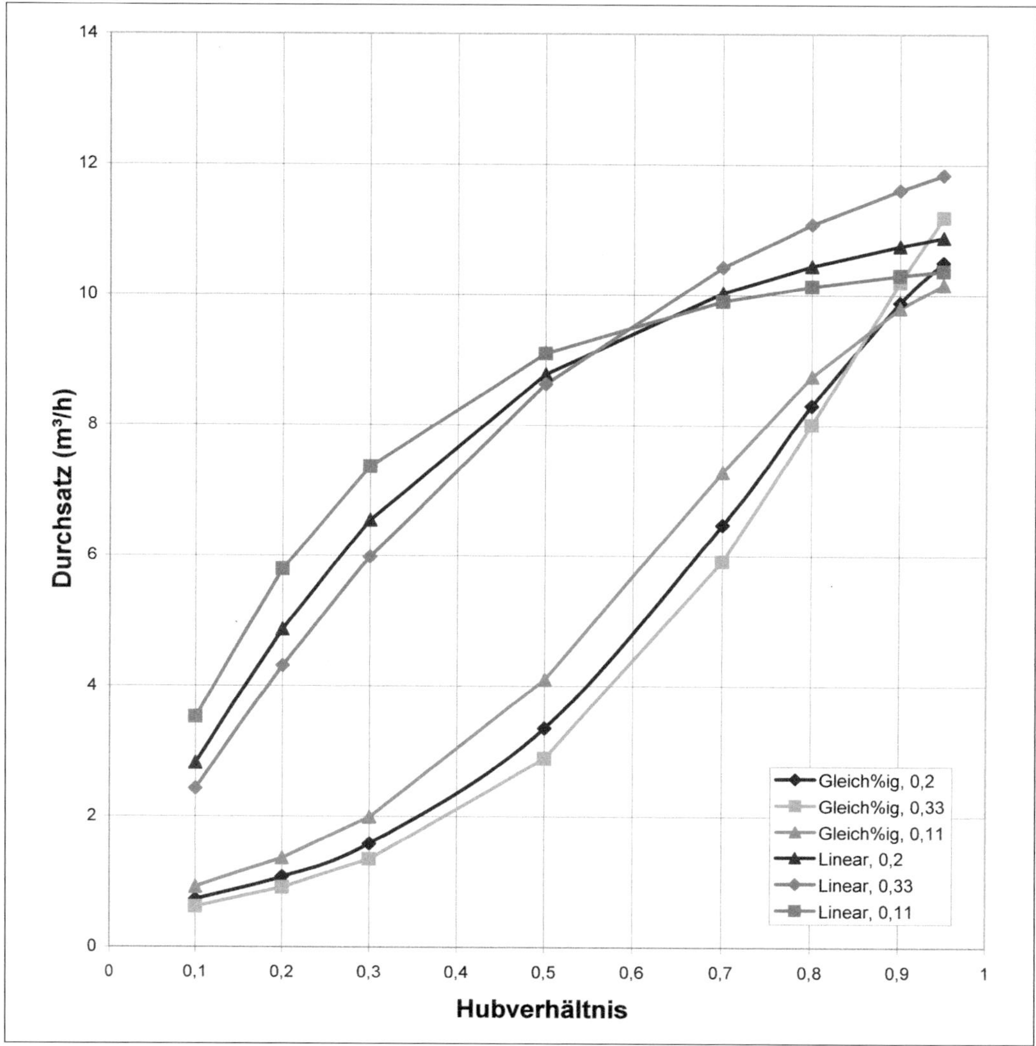

Bild 3.8.4: Betriebskennlinien von drei Regelventilen mit linearer und gleichprozentiger Grundkennlinie und unterschiedlichen Druckverlusten im Ventil

Die Kennlinien in Bild 3.8.1 gelten für den Fall, dass der gesamte Druckverlust im Regelventil erfolgt. Das ist nur selten der Fall, weil ein Großteil des Druckverlustes im Rohrleitungssystem stattfindet. Die Kennlinien ändern sich bzw. entarten, wenn sich die Druckdifferenz im Ventil mit dem Durchfluss ändert, weil zusätzliche Druckverluste in Rohrleitungen und Apparaten auftreten.

Die Abweichung der Betriebskennlinie von der Grundkennlinie wird bestimmt von dem Anteil des Regelventildruckverlustes im geöffneten Zustand ΔP_{100} von dem gesamten dynamischen Druckverlust ΔP_{dyn}. Dieser Zusammenhang ist in den **Bildern 3.8.2 und 3.8.3** dargestellt.

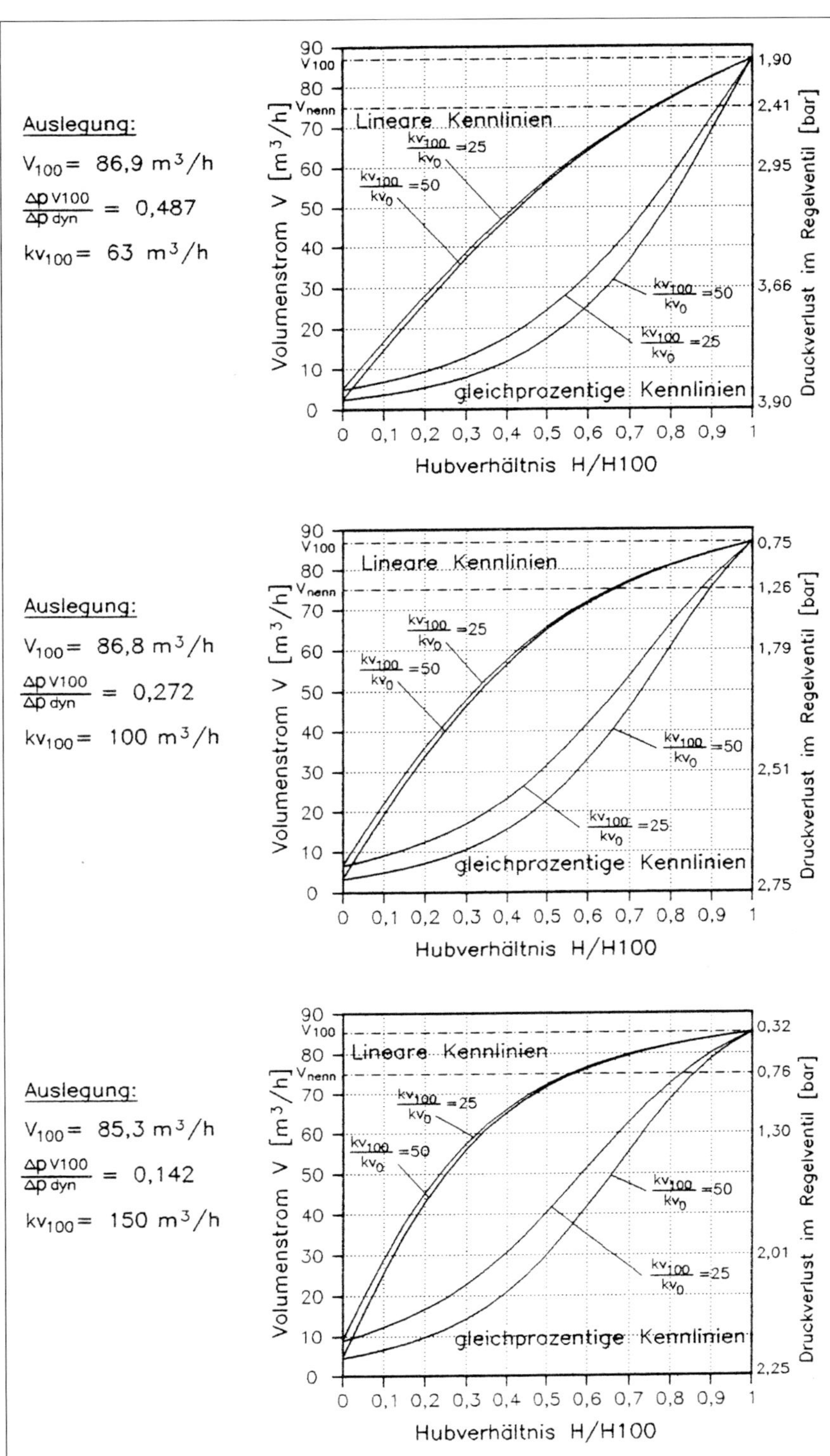

Bild 3.8.5: Betriebskennlinien für unterschiedliche Druckverlustanteile im Regelventil

Bild 3.8.6: Erforderliche Betriebskennlinie für die Anlagenplanung

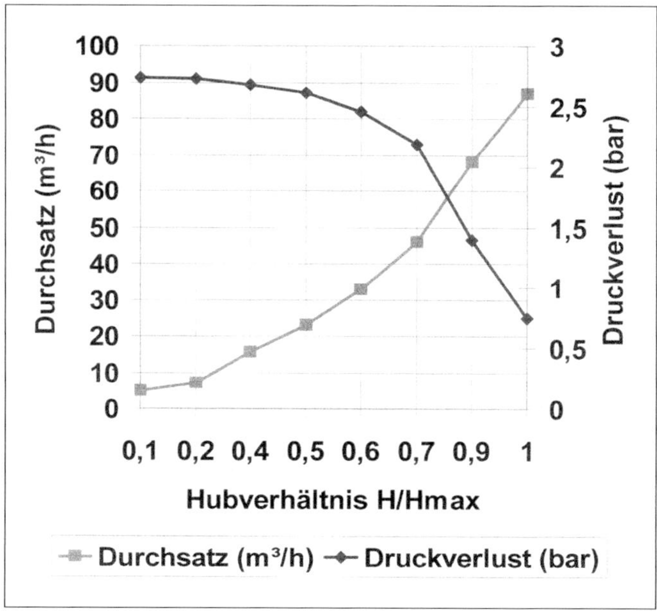

Die gleichprozentige Kennlinie mutiert bei einem Regelventildruckverlustanteil von 15 bis 25 % zu einer nahezu linearen Kennlinie mit steilem Anstieg und die eigentlich lineare Kennlinie entartet zu einer nach oben gekrümmten „Buckelkurve".

Aus **Bild 3.8.4** ist zu erkennen, dass die gleichprozentigen Kennlinien ab einem Hubverhältnis von 0,4 bzw. 40 % Ventilöffnung eine steile lineare Abhängigkeit des Durchflusses von der Ventilstellung aufweisen. Je mehr Druckverlust im Regelventil stattfindet, desto steiler wird die Abhängigkeit des Durchsatzes von der Ventilöffnung, insbesondere in dem normalen Arbeitsbereich von 50 bis 80 % Ventilöffnung.

Die linearen Kennlinien verlaufen im oberen Bereich zu flach, zeigen aber im unteren Arbeitsbereich einen steilen Zusammenhang zwischen Durchfluss und Ventilöffnung.

In **Bild 3.8.5** sind einige lineare und gleichprozentige Betriebskennlinien für unterschiedliche Auslegungen dargestellt.

Die gleichprozentigen Kennlinien sind zum Regeln deutlich besser geeignet.

Für die Planung von Anlagen mit Regelventilen benötigt man die in **Bild 3.8.6** dargestellten **Betriebskennlinien mit dem Mengendurchsatz und dem Druckverlust** im Regelventil in Abhängigkeit von der Ventilöffnung.

Die Durchflusskennlinie verläuft im Bereich von 50 bis 100 % Ventilöffnung steil und nahezu linear, so dass eine **funktionsfähige Regelung** gegeben ist.

3.9 Berechnung der Betriebskennlinien von Regelventilen

3.9.1 Grundkennlinien von Regelventilen

In einer Ventilkennlinie wird der Durchfluss durch das Ventil in Abhängigkeit vom Stellweg – Hub- oder Drehbewegung – bzw. Ventilöffnung dargestellt. Diese Ventilkennlinie gilt für einen konstanten Druckverlust ΔP_V im Ventil und eine konstante Dichte.

Im Wesentlichen gibt es zwei Grundkennlinien, die gleichprozentige und die lineare.

Für die **gleichprozentige Kennlinie** gilt, dass der k_V-Wert sich gleichprozentig mit der Öffnung ändert.

Berechnungsgleichung:

$$k_V = \frac{k_{V100}}{S} \cdot S^{H/H_{100}} \quad [m^3/h]$$

H = Hub bei dem k_V-Wert
H_{100} = Hub bei 100 % Öffnung
S = Stellverhältnis des Regelventils $\dfrac{k_{V100}}{k_{V0}}$

> ***Beispiel 3.9.1.1: Berechnung des k_V-Wertes bei 50 % Öffnung für ein gleichprozentiges Regelventil***
>
> Stellverhältnis S = 25 $\qquad k_{V100} = 60\ m^3/h$
>
> $$k_V = \frac{k_{V100}}{S} \cdot S^{H/H_{100}} = \frac{60}{25} \cdot 25^{0,5} = 12\ m^3/h$$

Bei 50 % Ventilöffnung beträgt der Durchfluss nur 20 % vom maximalen Durchfluss.

In der **linearen Grundkennlinie** eines Regelventils entspricht der Durchfluss dem Hub.

Berechnungsgleichung:

$$k_V = \left[\frac{1}{S} + \left(1 - \frac{1}{S}\right) \cdot \frac{H}{H_{100}}\right] \cdot k_{V100}$$

> ***Beispiel 3.9.1.2: Berechnung des k_V-Werts bei 50 % Öffnung für ein lineares Regelventil***
>
> Stellverhältnis S = 25 $\qquad k_{V100} = 60\ m^3/h$
>
> $$k_V = \left[\frac{1}{S} + \left(1 - \frac{1}{S}\right) \cdot \frac{H}{H_{100}}\right] \cdot k_{V100} = \left[\frac{1}{25} + \left(1 - \frac{1}{25}\right) \cdot 0,5\right] \cdot 60 = 31,2\ m^3/h$$
>
> Bei 50 % Ventilöffnung beträgt der Durchfluss ca. 50 % von k_{V100}.

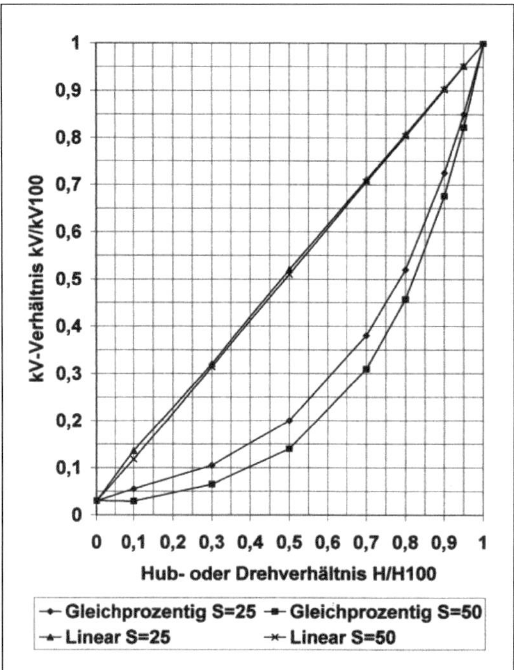

Bild 3.9.1.1 : Berechnete lineare und gleichprozentige Grundkennlinien von Regelventilen

In **Bild 3.9.1.1** sind die gleichprozentige und die lineare Kennlinie in Abhängigkeit vom Öffnungsverhältnis dargestellt für die Stellverhältnisse S = 25 und S = 50.

Die beiden Grundkennlinien wurden mit folgenden Gleichungen berechnet:

Gleichprozentige Kennlinie

$$S = 25: \quad \frac{k_V}{k_{V100}} = \frac{S^{H/H_{100}}}{S} = \frac{25^{H/H_{100}}}{25} \qquad S = 50: \quad \frac{k_V}{k_{V100}} = \frac{S^{H/H_{100}}}{S} = \frac{50^{H/H_{100}}}{50}$$

Lineare Kennlinie

$$S = 25: \quad \frac{k_V}{k_{V100}} = 0{,}04 + 0{,}96 \cdot \frac{H}{H_{100}} \qquad S = 50: \quad \frac{k_V}{k_{V100}} = 0{,}02 + 0{,}98 \cdot \frac{H}{H_{100}}$$

3.9.2 Betriebskennlinien von Regelventilen

Die Grundkennlinie des Regelventils gilt für einen konstanten Druckverlust im Ventil. Dieser Fall, dass der gesamte Druckverlust nur im Ventil stattfindet, ist in der Praxis selten gegeben.

Normalerweise ändert sich der Druckverlust im Regelventil ΔP_V, weil sich bei der Durchströmung der Druckverlust in der Rohrleitung ΔP_L durch Widerstände im Rohr und in Armaturen, Formstücken, Messgeräten und Wärmetauschern mit dem Durchsatz ändert.

Der gesamte dynamische Druckverlust setzt sich zusammen aus dem Druckverlust im Regelventil ΔP_V und dem Druckverlust der Rohrleitung ΔP_L, der im turbulenten Bereich quadratisch mit dem Durchsatz ansteigt.

$$\Delta P_{dyn} = \Delta P_{RV} + \Delta P_L$$

Aus **Bild 3.9.2.1** geht hervor, dass der Druckverlust im Regelventil bei kleinen Durchflussmengen mit geringen Druckverlusten in der Rohrleitung künstlich im Regelventil angehoben werden muss, um den gewünschten Betriebspunkt auf der Pumpenkennlinie zu erreichen.

In Bild 3.9.2.1 muss der Druckverlust im Regelventil von ΔP_{RV2} auf ΔP_{RV1} angehoben werden, um auf den neuen gewünschten Betriebspunkt A mit der Fördermenge V_1 zu kommen.

Diese Änderung des Druckverlustes ΔP_V im Regelventil führt dazu, dass die Betriebskennlinien „entarten". Die Betriebskennlinien werden verformt (siehe Bild 3.8.2 und 3.8.3).

Beim Schließen des Ventils nimmt die Durchflussleistung ab, aber nicht um den in der Grundkennlinie dargestellten Betrag, weil gleichzeitig der Druckverlust im Ventil beim Schließen ansteigt und somit weniger durch das Regelventil strömt.

Für die Umrechnung der Durchflussleistung gilt:

$$\left(\frac{V}{V_{100}}\right)^2 = \left(\frac{k_V}{k_{VS}}\right)^2 \cdot \frac{\Delta P_{RV}}{\Delta P_{V100}}$$

Unter Berücksichtigung des dynamischen Druckverlustes ΔP_{dyn} ergibt sich folgende Beziehung für die normierte Durchflussleistung V/V_{100}.

$$\frac{V}{V_{100}} = \frac{1}{\sqrt{1 + \frac{\Delta P_{100}}{\Delta P_{dyn}} \cdot \left[\left(\frac{k_{V100}}{k_V}\right)^2 - 1\right]}}$$

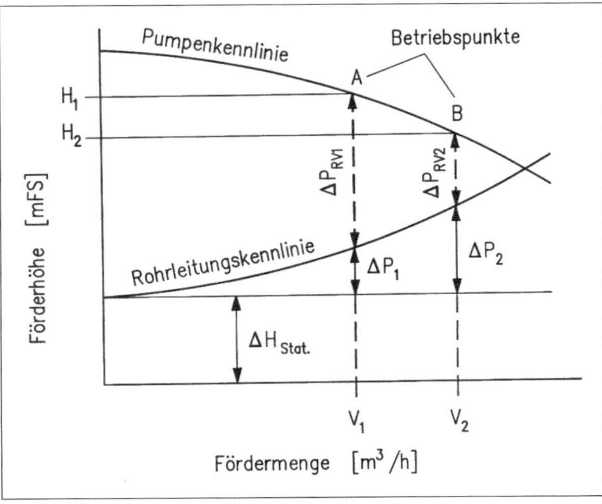

Bild 3.9.2.1: Drosselregelung mit dem Druckverlust ΔP_{RV} im Regelventil

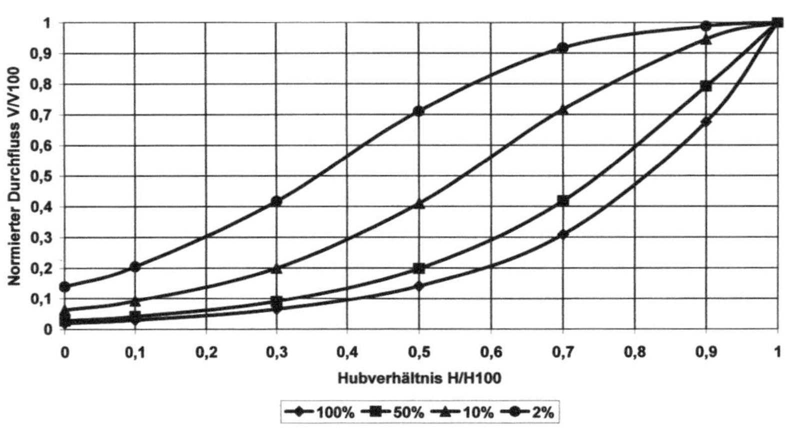

Bild 3.9.2.2: Normierte Durchflusskennlinie für ein gleichprozentiges Regelventil

In **Bild 3.9.2.2** ist die Durchflussleistung in Abhängigkeit von der Ventilöffnung für unterschiedliche Anteile des dynamischen Druckverlusts im Regelventil dargestellt.

In der Grundkennlinie (100 %) ist der Regelventildruckverlust gleich dem dynamischen Druckverlust: $\Delta P_{RV} = \Delta P_{dyn}$. Die Betriebskennlinie verformt sich nach oben, wenn im Regelventil nur 50 % oder 10 % oder 2 % des dynamischen Druckverlustes abgebaut werden (siehe auch Bild 3.8.2 und 3.8.3).

Der Quotient k_{VS} / k_V ändert sich mit dem Hub bzw. der Drehung des Ventils wie folgt:

Gleichprozentige Kennlinie

$$\frac{k_V}{k_{VS}} = \exp\left[n \cdot \left(1 - \frac{H}{H_{100}}\right)\right] = S^{\left(1 - \frac{H}{H_{100}}\right)}$$

Lineare Kennlinie

$$\frac{k_V}{k_{VS}} = \frac{1}{S} + \left(1 - \frac{1}{S}\right) \cdot \frac{H}{H_{100}}$$

In der Praxis ist der für die Beschaffung gewählte k_{VS} – Wert immer höher als der berechnete erforderliche k_{VN}-Wert für den angenommenen Nenndurchsatz V_N für die Auslegung des Regelventils. Mit dem grösseren gewählten k_{VS}-Wert ergibt sich eine grössere Durchsatzmenge V_{100} bei 100 % iger Öffnung des Ventils.

$$V_{100} = \frac{V_N}{\sqrt{1 + \frac{\Delta P_{RVN}}{\Delta P_{dyn}} \cdot \left[\left(\frac{k_{VN}}{k_{VS}}\right)^2 - 1\right]}}$$

Beispiel 3.9.2.1: Berechnung von k_{VN} und V_{100} für einen Durchsatz von 75 m³/h

Nenndurchsatz $V_N = 75$ m³/h Flüssigkeit Dichte $\rho = 998{,}2$ kg/m³

$\Delta P_{dyn} = 2{,}75$ bar $\Delta P_L = 1{,}49$ bar $\Delta P_{RVN} = 2{,}75 - 1{,}49 = 1{,}26$ bar

Ermittlung des erforderlichen k_V-Werts für $V_N = 75$ m³/h

$$k_{VN} = \frac{V_N}{31{,}6} \cdot \sqrt{\frac{\rho}{\Delta P_{RVN}}} = \frac{75}{31{,}6} \cdot \sqrt{\frac{998{,}2}{1{,}26}} = 66{,}8 \text{ m}^3/\text{h}$$

Gewählt: $k_{VS} = k_{V100} = 100$ m³/h

Berechnung von V_{100} für den gewählten k_{VS}-Wert 100

$$V_{100} = \frac{V_N}{\sqrt{1 + \frac{\Delta P_{RVN}}{\Delta P_{dyn}} \cdot \left[\left(\frac{k_{VN}}{k_{VS}}\right)^2 - 1\right]}} = \frac{75}{\sqrt{1 + \frac{1{,}26}{2{,}75} \cdot \left[\left(\frac{66{,}8}{100}\right)^2 - 1\right]}} = 86{,}8 \text{ m}^3/\text{h}$$

Berechnung des Rohrleitungsdruckverlustes für einen Durchsatz von V_{100} = 86,8 m³/h

$$\Delta P_{L100} = \left(\frac{V_{100}}{V_N}\right)^2 \cdot \Delta P_{LN} = \left(\frac{86{,}8}{75}\right)^2 \cdot 1{,}49 = 2 \text{ bar}$$

Ermittlung des Druckverlustes ΔP_{V100} im Regelventil für V_{100} = 86,8 m³/h und des Druckverlustanteils vom dynamischen Druck im Regelventil

$$\Delta P_{V100} = \Delta P_{dyn} - \Delta P_{L100} = 2{,}75 - 2 = 0{,}75 \text{ bar}$$

$$\Delta P_{V100} = \Delta P_{VN} \cdot \left(\frac{k_{VN}}{k_{VS}}\right)^2 \cdot \left(\frac{V_{100}}{V_N}\right)^2 = 1{,}26 \cdot \left(\frac{66{,}8}{100}\right)^2 \cdot \left(\frac{86{,}8}{75}\right)^2 = 0{,}75 \text{ bar}$$

$$\frac{\Delta P_{V100}}{\Delta P_{dyn}} = \frac{0{,}75}{2{,}75} = 0{,}272 = \text{Druckverlustanteil des Regelventils}$$

Kontrollrechnungen:

$$V_N = 31{,}6 \cdot k_{VN} \cdot \sqrt{\frac{\Delta P_{RV}}{\rho}} = 31{,}6 \cdot 66{,}8 \cdot \sqrt{\frac{1{,}26}{998{,}2}} = 75 \text{ m}^3/\text{h}$$

$$V_{100} = 31{,}6 \cdot k_{VS} \cdot \sqrt{\frac{\Delta P_{V100}}{\rho}} = 31{,}6 \cdot 100 \cdot \sqrt{\frac{0{,}75}{998{,}2}} = 86{,}8 \text{ m}^3/\text{h}$$

$$\left(\frac{V_N}{V_{100}}\right)^2 = \left(\frac{75}{66{,}8}\right)^2 = 0{,}75 = \left(\frac{k_{VN}}{k_{V100}}\right)^2 \cdot \frac{\Delta P_{VN}}{\Delta P_{V100}} = \left(\frac{66{,}8}{100}\right)^2 \cdot \frac{1{,}26}{0{,}75} = 0{,}75$$

In der Praxis benötigt man eine Kennlinie mit der Durchflussmenge V und dem Druckverlust ΔP_V in Abhängigkeit vom Öffnungsverhältnis H / H_{100} (siehe Bild 3.8.6).

Die Berechnungen werden mit den folgenden Gleichungen durchgeführt:

Gleichprozentige Kennlinie

Mit dem Stellverhältnis S = 25:

$$V = \frac{V_{100}}{\sqrt{1 + \frac{\Delta P_{100}}{\Delta P_{dyn}} \cdot S^{2 \cdot \left(1 - \frac{H}{H_{100}}\right)} - 1}} = \frac{V_{100}}{\sqrt{1 + \frac{\Delta P_{100}}{\Delta P_{dyn}} \cdot 625^{\left(1 - \frac{H}{H_{100}}\right)} - 1}} \quad [m^3/h]$$

Mit dem Stellverhältnis S = 50:

$$V = \frac{V_{100}}{\sqrt{1 + \frac{\Delta P_{100}}{\Delta P_{dyn}} \cdot S^{2 \cdot \left(1 - \frac{H}{H_{100}}\right)} - 1}} = \frac{V_{100}}{\sqrt{1 + \frac{\Delta P_{100}}{\Delta P_{dyn}} \cdot 2500^{\left(1 - \frac{H}{H_{100}}\right)} - 1}} \quad [m^3/h]$$

Lineare Kennlinie

Mit dem Stellverhältnis S = 25:

$$V = \frac{V_{100}}{\sqrt{1 + \frac{\Delta P_{100}}{\Delta P_{dyn}} \cdot \left[\left(\frac{1}{0{,}04 + 0{,}96 \cdot \frac{H}{H_{100}}}\right)^2 - 1\right]}} \quad [m^3/h]$$

Lineare Kennlinie

Mit dem Stellverhältnis S = 50:

$$V = \frac{V_{100}}{\sqrt{1 + \frac{\Delta P_{100}}{\Delta P_{dyn}} \cdot \left[\left(\frac{1}{0{,}02 + 0{,}98 \cdot \frac{H}{H_{100}}}\right)^2 - 1\right]}} \quad [m^3/h]$$

Beispiel 3.9.2.2: Berechnungsablauf für die Ermittlung der Betriebskennlinie eines Regelventils mit den Daten von Beispiel 3.9.2.1

1. Berechnung des k_{VN}-Werts für den maximalen Nenndurchsatz V_N (m^3/h)

$$k_{VN} = \frac{V_N}{31{,}6} \cdot \sqrt{\frac{\rho}{\Delta P_{RVN}}} = \frac{75}{31{,}6} \cdot \sqrt{\frac{998{,}2}{1{,}26}} = 66{,}8\ m^3/h$$

2. Auswahl des k_{VS}-Werts aus den Lieferanten-Tabellen

Der k_{VS}-Wert wird größer gewählt als der berechnete erforderliche k_{VN}-Wert.

Gewählt: $k_{VS} = k_{V100} = 100\ m^3/h$

3. Berechnung des maximalen Volumendurchsatzes V_{100} für den gewählten k_{VS}-Wert bei 100%iger Ventilöffnung

$$V_{100} = \frac{V_N}{\sqrt{1 + \frac{\Delta P_{RVN}}{\Delta P_{dyn}} \cdot \left[\left(\frac{k_{VN}}{k_{VS}}\right)^2 - 1\right]}} = \frac{75}{\sqrt{1 + \frac{1{,}26}{2{,}75} \cdot \left[\left(\frac{66{,}8}{100}\right)^2 - 1\right]}} = 86{,}8\ m^3/h$$

4. Ermittlung des Druckverlustes ΔP_{V100} im Ventil für den maximalen Durchfluss V_{100}

$$\Delta P_{L100} = \left(\frac{V_{100}}{V_N}\right)^2 \cdot \Delta P_{LN} = \left(\frac{86{,}8}{75}\right)^2 \cdot 1{,}49 = 2\ bar$$

$$\Delta P_{V100} = \Delta P_{dyn} - \Delta P_{L100} = 2{,}75 - 2 = 0{,}75\ bar$$

$$\Delta P_{V100} = \Delta P_{VN} \cdot \left(\frac{k_{VN}}{k_{VS}}\right)^2 = \left(\frac{V_{100}}{V_N}\right)^2 = 1{,}26 \cdot \left(\frac{66{,}8}{100}\right)^2 \cdot \left(\frac{86{,}8}{75}\right)^2 = 0{,}75\ bar$$

5. Bestimmung des anteiligen dynamischen Druckverlustes im Regelventil bei V_{100}

$$\frac{\Delta P_{V100}}{\Delta P_{dyn}} = \frac{0{,}75}{2{,}75} = 0{,}272$$ = Druckverlustanteil des Regelventils vom dynamischen Druckverlust

6. Berechnung der normierten Regelventilkennlinie

$$\frac{V}{V_{100}} = \frac{1}{\sqrt{1 + \frac{\Delta P_{100}}{\Delta P_{dyn}} \cdot \left[\left(\frac{k_{VS}}{k_{VN}} \right)^2 - 1 \right]}} = \frac{1}{\sqrt{1 + 0{,}272 \cdot \left[\left(\frac{100}{66{,}8} \right)^2 - 1 \right]}} = 0{,}864$$

$$V = 0{,}864 \cdot V_{100} = 0{,}864 \cdot 86{,}8 = 75\ m^3/h = V_N$$

Berechnung für eine gleichprozentige Kennlinie mit der Öffnung H = 50 % und S = 50

$$\frac{k_{VS}}{k_V} = S^{\left(1 - \frac{H}{H_{100}}\right)} = 50^{(1 - 0{,}5)} = 7{,}07$$

$$\frac{V}{V_{100}} = \frac{1}{\sqrt{1 + \frac{\Delta P_{100}}{\Delta P_{dyn}} \cdot \left[\left(\frac{k_{VS}}{k_{VN}} \right)^2 - 1 \right]}} = \frac{1}{\sqrt{1 + 0{,}272 \cdot [\, 7{,}07^2 - 1]}} = 0{,}264$$

$$V = 0{,}264 \cdot V_{100} = 0{,}264 \cdot 86{,}8 = 22{,}93\ m^3/h$$

Für eine lineare Kennlinie mit H = 50 % und S = 50 erhält man folgendes Ergebnis:

$$\frac{k_{VS}}{k_V} = \frac{1}{\left[\frac{1}{S} + \left(1 - \frac{1}{S} \right) \cdot \frac{H}{H_{100}} \right]} = \frac{1}{0{,}02 + 0{,}98 \cdot 0{,}5} = 1{,}96$$

$$\frac{V}{V_{100}} = \frac{1}{\sqrt{1 + \frac{\Delta P_{100}}{\Delta P_{dyn}} \cdot \left[\left(\frac{k_{VS}}{k_{VN}} \right)^2 - 1 \right]}} = \frac{1}{\sqrt{1 + 0{,}272 \cdot [\, 1{,}96^2 - 1]}} = 0{,}5638$$

$$V = 0{,}5638 \cdot V_{100} = 0{,}5638 \cdot 86{,}8 = 48{,}9\ m^3/h$$

7. Durchflusskennlinie in Abhängigkeit vom Öffnungsverhältnis für S = 50

7.1 Gleichprozentige Durchsatzberechnung

$$\frac{\Delta P_{V100}}{\Delta P_{dyn}} = \frac{0{,}75}{2{,}75} = 0{,}272 \qquad \frac{H}{H_{100}} = 0{,}5$$

$$V = \frac{V_{100}}{\sqrt{1 + 0{,}272 \cdot \left[2500^{\left(1 - \frac{H}{H_{100}}\right)} - 1\right]}} = \frac{86{,}8}{\sqrt{1 + 0{,}272 \cdot \left(2500^{0{,}5} - 1\right)}} = 22{,}93 \text{ m}^3/\text{h}$$

$$\Delta P_{RV} = \Delta P_{dyn} \cdot \left[1 + \left(\frac{\Delta P_{100}}{\Delta P_{dyn}} - 1\right) \cdot \left(\frac{V}{V_{100}}\right)^2\right] = 2{,}75 \cdot \left[1 + \left(\frac{0{,}75}{2{,}75} - 1\right) \cdot \left(\frac{22{,}93}{86{,}8}\right)^2\right] = 2{,}61 \text{ bar}$$

7.2 Lineare Durchsatzberechnung

$$V = \frac{V_{100}}{\sqrt{1 + \frac{\Delta P_{100}}{\Delta P_{dyn}} \cdot \left[\left(\frac{1}{0{,}02 + 0{,}98 \cdot \frac{H}{H_{100}}}\right)^2 - 1\right]}}$$

$$= \frac{86{,}8}{\sqrt{1 + 0{,}272 \cdot \left[\left(\frac{1}{0{,}02 + 0{,}98 \cdot 0{,}5}\right)^2 - 1\right]}} = 65{,}2 \text{ m}^3/\text{h}$$

Die Ergebnisse der Durchflussberechnungen sind in Tabelle 3.9.2.1 aufgelistet und in Bild 3.9.2.3 in Abhängigkeit vom Öffnungsverhältnis dargestellt.

Tabelle 3.9.2.1: Berechnete Durchflussleistungen

	Gleichprozentige Kennlinie		**Lineare Kennlinie**	
H / H_{100}	**V [m³/h]**	**ΔP_{RV} [bar]**	**V [m³/h]**	**ΔP_{RV} [bar]**
0,1	4,9	2,74	19,3	2,65
0,2	7,26	2,73	33,8	2,45
0,4	15,7	2,68	56,8	1,9
0,6	32,93	2,46	71,7	1,4
0,8	60,94	1,76	81	1
0,9	75,47	1,24	84,2	0,86
1	86,8	0,75	86,8	0,75

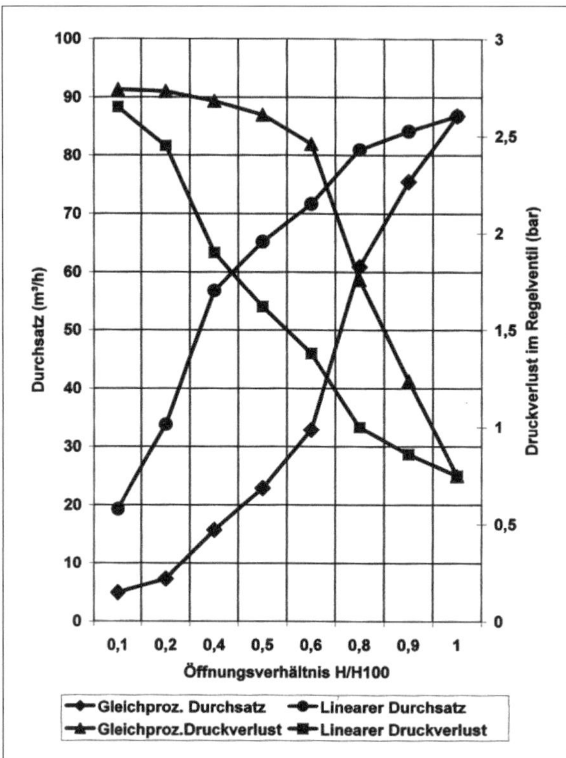

Bild 3.9.2.3: Durchsatz- und Druckverlust-kennlinien eines gleichprozentigen und eines linearen Regelventils

Schriftzeichen

k_{V100} = k_V-Wert bei 100%iger Ventilöffnung = k_{VS} [m³/h]
k_{VN} = k_V-Wert für den Nenndurchsatz [m³/h]
k_{V0} = Schnittpunkt der Ventilkennlinie mit der Ordinate [m³/h]
V_{100} = Durchflussleistung bei 100%iger Ventilöffnung [m³/h]
ΔP_{RV} = ΔP im Regelventil [bar]
ΔP_{100} = Druckverlust bei 100 %iger Ventilöffnung [bar]
ΔP_{dyn} = Dynamischer Druckverlust = $\Delta P_{RV} + \Delta P_L$ [bar]
ΔP_L = Druckverlust in der Rohrleitung [bar]

4 Kreiselpumpen

4.1 Betriebseigenschaften von Kreiselpumpen

Bei konstanter Drehzahl ist jeder Fördermenge eine bestimmte Förderhöhe zugeordnet (**Bild 4.1.1**). Die Darstellung der Förderhöhe über der Fördermenge bezeichnet man als Pumpenkennlinie oder Drosselkurve. Der Betriebspunkt B liegt am Schnittpunkt von Pumpen- und Rohrleitungskennlinie.

Was kann man aus Bild 4.1.1 erkennen?

Die Rohrleitungskennlinie zeigt, dass der Druckverlust bzw. die erforderliche Förderhöhe H der Pumpe mit zunehmendem Mengendurchsatz ansteigt.

Aus der Pumpenkennlinie ist zu ersehen, dass mit zunehmender Fördermenge die Förderhöhe H der Pumpe abfällt und der Leistungsbedarf N ansteigt.

Die Pumpenwirkungsgradkurve hat ein Maximum, das möglichst mit dem Betriebspunkt übereinstimmen sollte. BEP = Best efficiency point!

4.2 Pumpenkennlinie beim Hintereinanderschalten von zwei Kreiselpumpen

Beim Hintereinanderschalten von 2 Kreiselpumpen ergibt sich die neue Pumpenkennlinie aus der Addition der beiden Einzelförderhöhen.

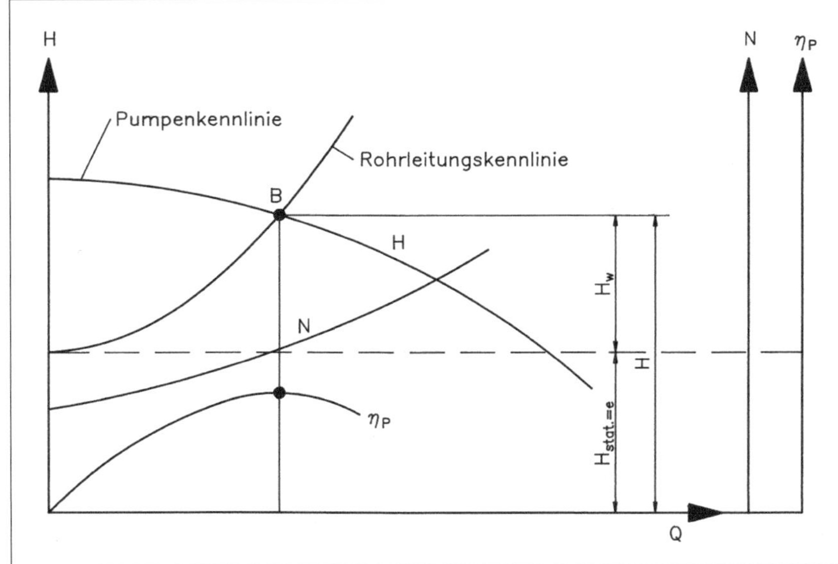

Bild 4.1.1: Pumpen- und Rohrleitungskennlinie

Die Erstellung der neuen Pumpenkennlinie für zwei Pumpen in Reihe wird in **Bild 4.2.1** gezeigt: Die Förderhöhen werden addiert in vertikaler Richtung.

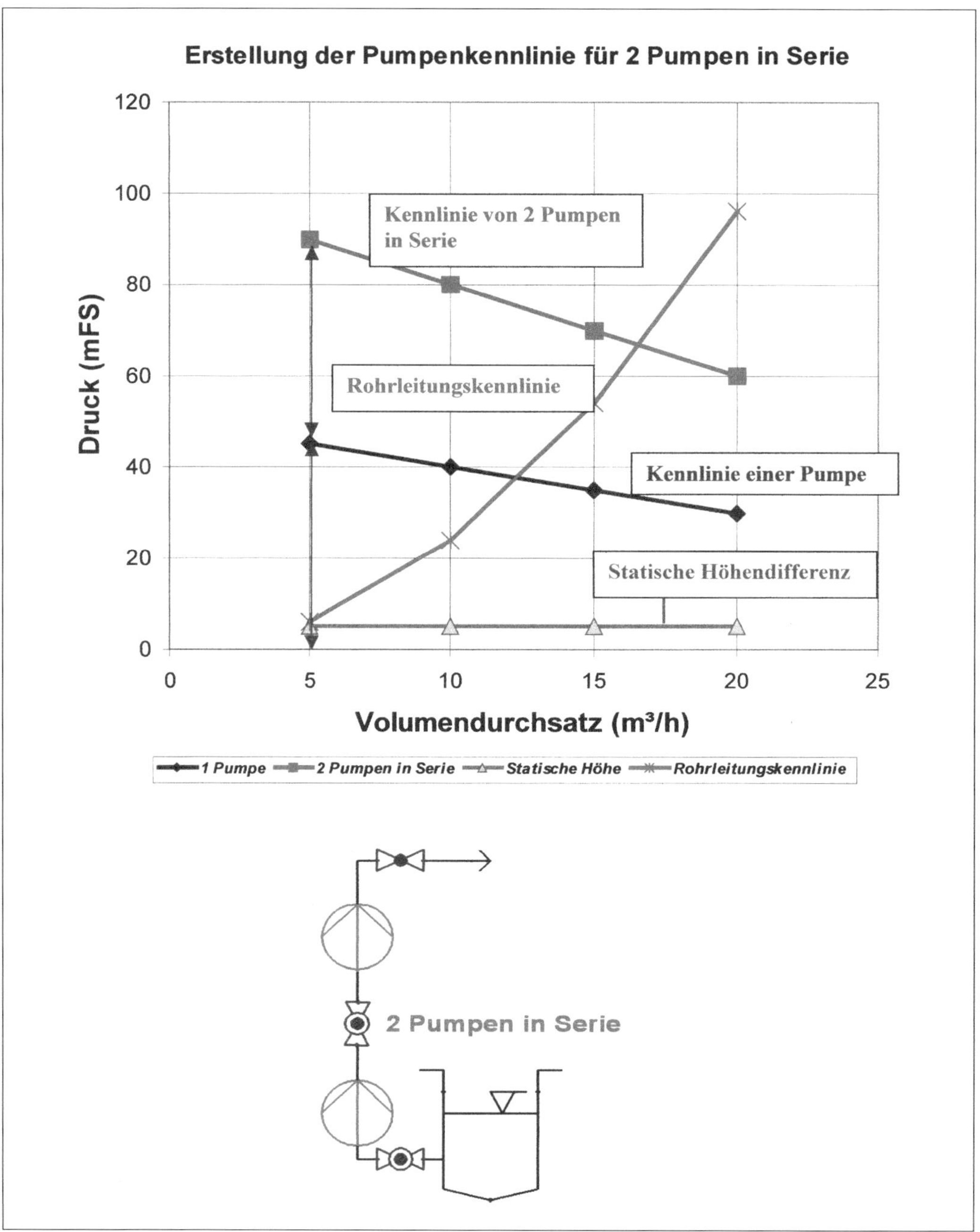

Bild 4.2.1: Pumpenkennlinien und Schaltbild für zwei in Serie geschaltete Pumpen

4.3 Pumpenkennlinie beim Parallelschalten von zwei Kreiselpumpen

Die Pumpenkennlinie bei Parallelbetrieb von zwei Kreiselpumpen ergibt sich aus der Addition der Einzelfördermengen bei der jeweiligen Förderhöhe (**Bild 4.3.1**). Wegen des größeren Druckverlustes in der Rohrleitung bei Parallelbetrieb benötigt man mehr Förderhöhe, so dass die Gesamtfördermenge kleiner ist als die Summe der Fördermengen bei Einzelbetrieb der Pumpen. Nach Möglichkeit sollte jede Pumpe eine eigene Saugleitung haben, um zu hohe saugseitige Druckverluste und Kavitationsprobleme bei Parallelbetrieb zu vermeiden.

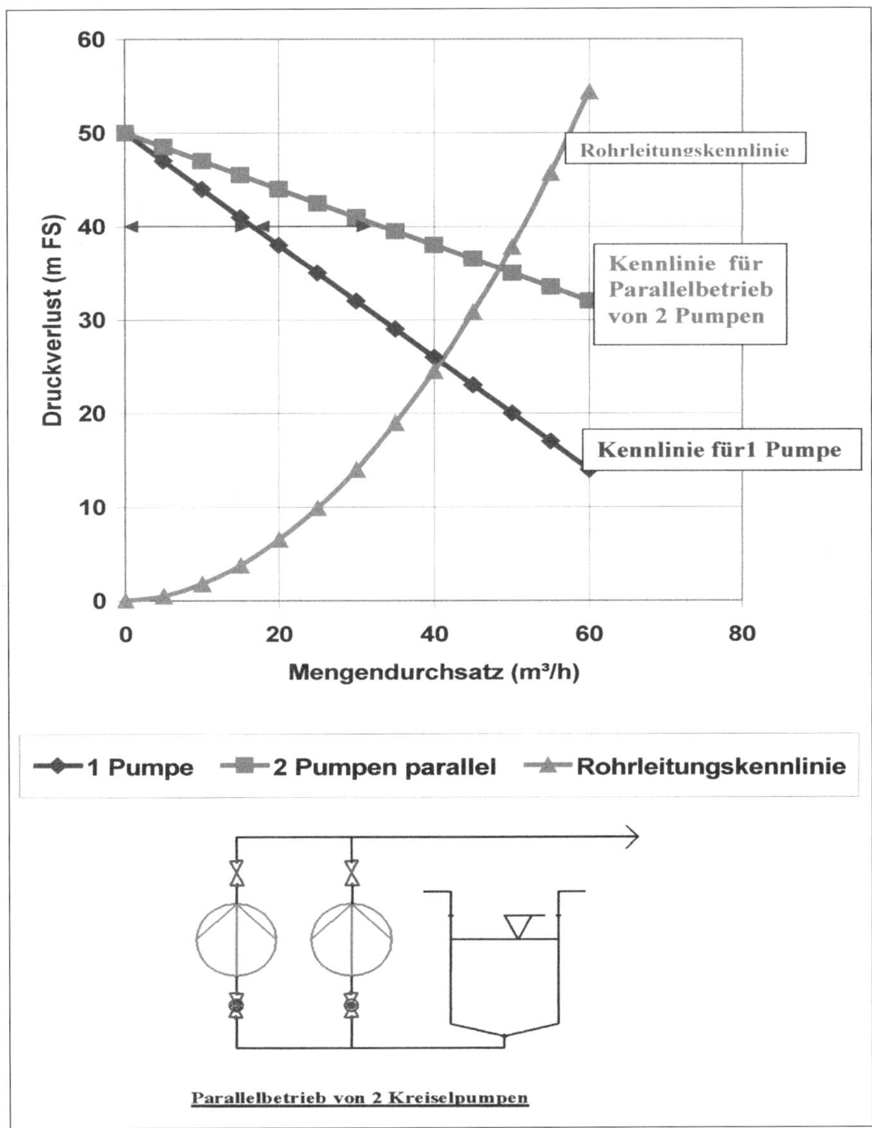

Bild 4.3.1: Pumpenkennlinien und Schaltbild von zwei parallel betriebenen Einzelpumpen

4.4 NPSH-Wert und Mindestdurchfluss zur Vermeidung von Kavitation [3] [4]

Der erforderliche NPSH-Wert der Pumpen zur Vermeidung von Kavitation in der Pumpe steigt mit zunehmendem Mengendurchsatz (**Bild 4.4.1**). Der vorhandene NPSH-Wert der Anlage fällt mit zunehmender Fördermenge wegen des größeren Druckverlustes in der Saugleitung. Im Bereich geringer Teillastmengen steigt der Pumpen-NPSH-Wert wegen der internen Zirkulationsströmung.

Zur Vermeidung von Kavitation im gedrosselten Zustand muss eine Mindestdurchflussmenge zur Wärmeabfuhr aus der Pumpe eingehalten werden, z. B. mit Hilfe von Blenden (**Bild 4.4.2**). Die durch die Blende strömende Beipassmenge muss bei der Auslegung der Pumpe berücksichtigt werden (**Bild 4.4.3**). Alternativ kann die Mindestdurchflussmenge geregelt werden (**Bilder 4.4.4 und 4.4.5**).

Erforderlicher Mindestdurchsatz G_{min} durch Kreiselpumpen zur Wärmeabfuhr, um Kavitation zu vermeiden:

$$G_{min} = \frac{N_{Wgedr} \cdot 3600}{c \cdot \Delta T_{zul} + g \cdot H_{gedr}} \quad [kg/h]$$

Zunächst muss die maximal zulässige Temperaturerhöhung berechnet werden.

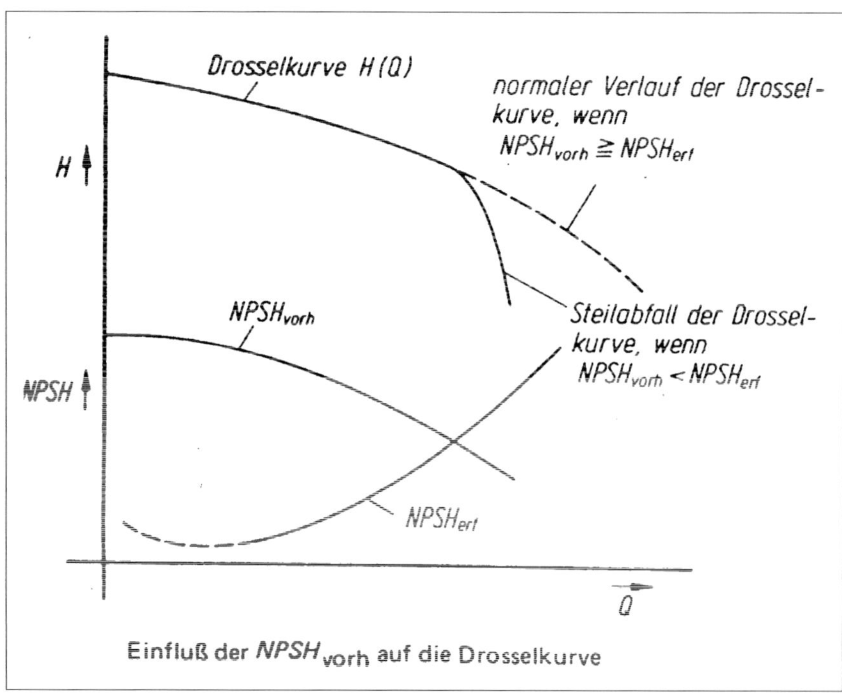

Bild 4.4.1: Drosselkurve mit NPSH-Werten [3]

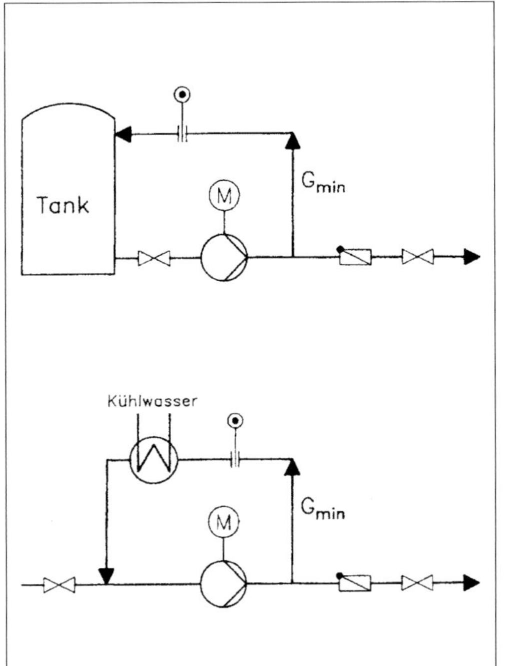

Bild 4.4.2: Mindestdurchfluss mit Rezirkulation

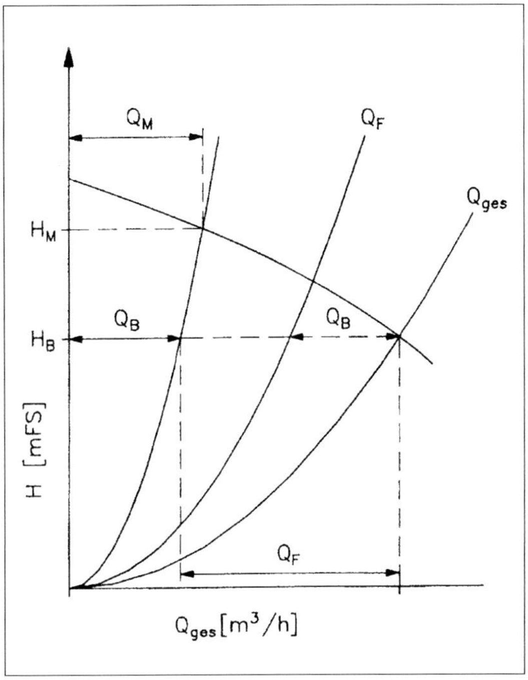

Bild 4.4.3: Rohrleitungskennlinie mit Beipassmenge

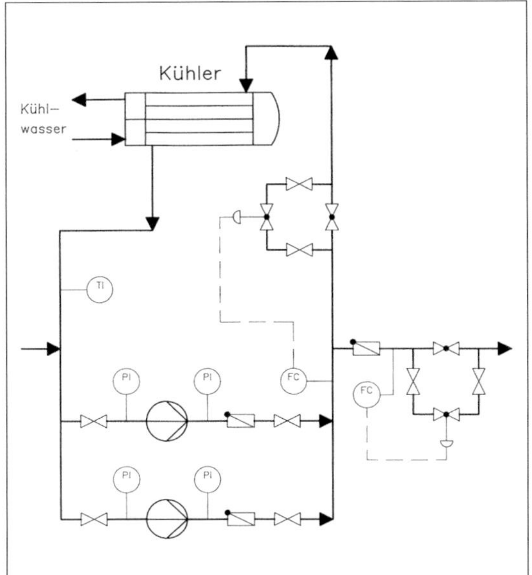

Bild 4.4.4: Beipassregelung mit Rückführung über Kühler

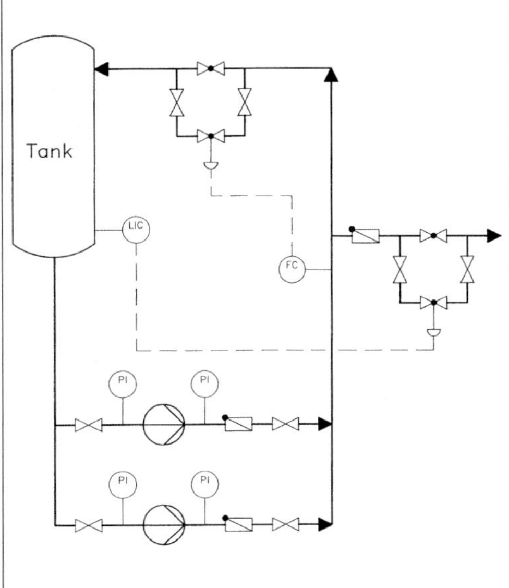

Bild 4.4.5: Beipassregelung mit Rückführung zum Tank

Die zulässige Temperaturerhöhung ΔT_{zul} in der Pumpe ergibt sich aus der Differenz zwischen dem NPSHA-Wert der Anlage und dem erforderlichen NPSHR-Wert der Pumpe (siehe 4.6 „Kavitation und Pumpensaughöhen".

$$\Delta P_{NPSH} = (NPSHA - NPSHR) \cdot \rho \cdot g \cdot 10^{-5} \text{ [bar]}$$

Der Dampfdruck des geförderten Mediums darf um diesen Druck steigen bevor es zur Kavitation in der Pumpe kommt. Es wird der maximal zulässige Dampfdruck ermittelt und anschließend die Temperatur des Fördermediums bei diesem Dampfdruck bestimmt.

Beispiel 4.4.1:

$Q = 30\ m^3/h$	$H = 70$ mFS	$\eta = 0{,}6$	$N_W = 9347$ W
Dichte $\rho = 980\ kg/m^3$	NPSHA = 4,5 m FS	NPSHR = 2,5 m FS	c = 4200 J/kg K

Dampfdruck des Wassers bei 80 °C Eintrittstemperatur: $P_V = 0{,}474$ bar

$$\Delta P_{NPSH} = (4{,}5 - 2{,}5) \cdot 980 \cdot 9{,}81 = 19228 \text{ Pa} = 0{,}192 \text{ bar}$$

Maximal zulässiger Dampfdruck $P_{Vmax} = P_V + \Delta P_{NPSH} = 0{,}474 + 0{,}192 = 0{,}666$ bar

Aus der Wasserdampfdrucktafel wird für den Dampfdruck P_{vmax} 0,666 bar eine Sättigungstemperatur von 88,6 °C entnommen. Dann beträgt die zulässige Temperaturerhöhung

$$\Delta T_{zul} = 88{,}6 - 80 = 8{,}6\ °C$$

Jetzt kann der Mindestdurchfluss für ΔT_{zul} =8,6 °C berechnet werden: Die Pumpenleistung im gedrosselten Zustand wird der Kennlinie entnommen oder es wird 50 % der Leistung bei Normalbetrieb eingesetzt.

$$N_{Wgedr} = 0{,}5 \cdot 9347 = 4674 \text{ W}$$

Die Förderhöhe im gedrosselten Zustand wird der Drosselkurve entnommen oder es werden pauschal 110 % der Förderhöhe bei Normalbetrieb eingesetzt.

$$H_{gedr} = 1{,}1 \cdot 70 = 77 \text{ m FS}$$

$$G_{min} = \frac{4674 \cdot 3600}{4200 \cdot 8{,}6 + 9{,}81 \cdot 77} = 457{,}2 \text{ kg/h}$$

Der erforderliche Mindestdurchfluss für die Pumpe beträgt 457,2 kg/h.

4.5 Regelung von Kreiselpumpen über Drosselung oder Drehzahl

Drosselregelung

Bei konstanter Drehzahl kann durch einen künstlich erzeugten Druckverlust mit Hilfe eines Drossel- oder Regelventils die Förderhöhe vergrößert werden, so dass entsprechend der Pumpenkennlinie der Mengendurchsatz zurückgeht.

Eine Drosselregelung ist einfach und betriebssicher, stellt aber eine Verlustregelung dar. Die Funktionsweise ist in **Bild 4.5.1** dargestellt.

Betriebspunkt B_1: Ventil geöffnet ⇒ Große Fördermenge Q_1
Betriebspunkt B_2: Ventil etwas gedrosselt ⇒ Mittlere Fördermenge Q_2
Betriebspunkt B_3: Ventil stark gedrosselt ⇒ Kleine Fördermenge Q_3

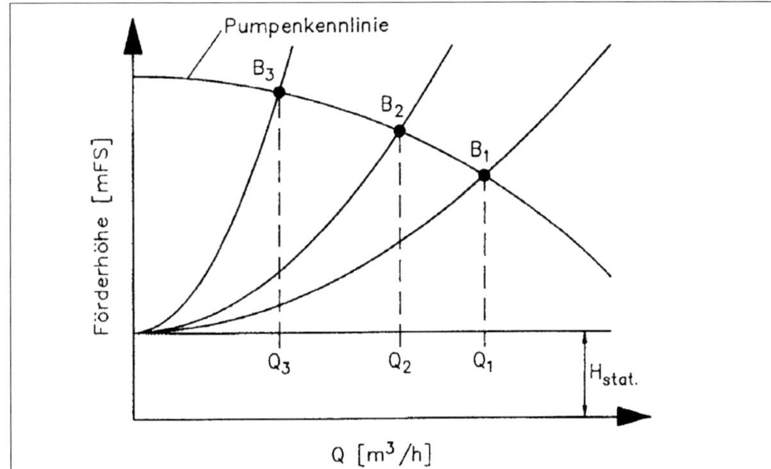

Bild 4.5.1: Pumpenkennlinie bei Drosselregelung

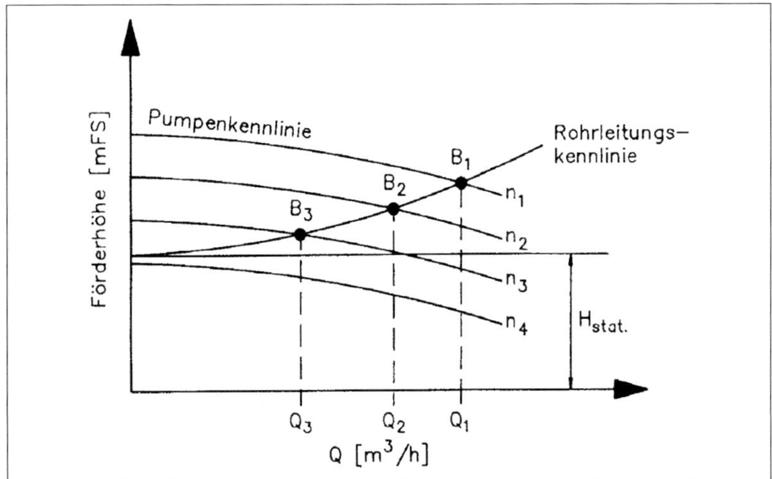

Bild 4.5.2: Pumpenkennlinie bei Drehzahlregelung

Drehzahlregelung

Durch die Änderung der Drehzahl verschiebt man die Pumpenkennlinie entsprechend den Affinitätsgesetzen. Die Verschiebung ist in **Bild 4.5.2** dargestellt.

Affinitätsgesetze für die Drehzahlregelung:

$$\frac{Q_1}{Q_2} = \frac{n_1}{n_2}$$

$$\frac{H_1}{H_2} = \left(\frac{n_1}{n_2}\right)^2$$

$$\frac{N_1}{N_2} = \left(\frac{n_1}{n_2}\right)^3$$

Q = Fördermenge (m^3/h)
H = Förderhöhe (m FS)
N = Leistungsbedarf (kW)
n = Drehzahl (U/min)

Beispiel 4.5.1: Umrechnung der Förderleistung und Förderhöhe bei einer anderen Drehzahl

Pumpe mit 1800 U/min

Q = 684 m^3/h   H = 61 m FS   N = 150 kW
NPSH = 3 m FS   Neue Drehzahl = 1200 U/min

$$Q_2 = \frac{1200}{1800} \cdot 684 = 456 \text{ m}^3\text{/h}$$

$$H_2 = \left(\frac{1200}{1800}\right)^2 \cdot 61 = 27{,}1 \text{ m FS}$$

$$N_2 = \left(\frac{1200}{1800}\right)^3 \cdot 150 = 44{,}4 \text{ kW}$$

$$NPSH_2 = \left(\frac{1200}{1800}\right)^2 \cdot 3 = 1{,}33 \text{ m FS}$$

Zu beachten ist der starke Abfall der Förderhöhe bei Verringerung der Drehzahl!

4.6 Kavitation und Pumpensaughöhen [4]

4.6.1 Was bedeutet Kavitation?

Kavitation tritt immer dann auf, wenn der statische Druck in der Rohrleitung absinkt auf den Dampfdruck der Flüssigkeit oder bei gasbeladenen Flüssigkeiten auf den sogenannten „effektiven Dampfdruck" der Flüssigkeit.

Der statische Druck wird verringert durch hohe Druckverluste und hohe Strömungsgeschwindigkeiten insbesondere in Engstellen, z. B. in Blenden und Regelventilen und im verengten Saugmund von Pumpen.

Höhere Strömungsgeschwindigkeiten vergrößern den kinetischen Druck und reduzieren somit den statischen Druck (Gesetz von Bernoulli), so dass es leichter zur Verdampfung von Flüssigkeit kommt.

Unter Kavitationsbedingungen entstehen Dampfblasen, die anschließend bei höherem Druck implodieren. Äußerlich erkennt man Kavitation an einem Abfall der Pumpenleistung, Lärm und Vibration der Pumpe.

Beim Einsatz von Kreiselpumpen bricht die Förderung zusammen, wenn der Kreisel in der Gas- oder Dämpfephase arbeitet, weil die Druckhöhe in m Fördermedium erzeugt wird, so dass wegen der geringen Gasdichte kaum noch Förderdruck erzeugt wird.

Was passiert bei Kavitation?

- Abfall der Förderhöhe und des Wirkungsgrads bis zum Abreißen der Förderung
- Geräusche und Laufunruhe mit Dichtungsschäden
- Erosion an Laufrad und Pumpe

4.6.2 NPSH-Werte

Kavitationsbedingungen in einer Pumpe werden nur dann erreicht, wenn der erforderliche NPSHR-Wert der Pumpe größer ist als der vorhandene NPSHA-Wert in der Anlage.

NPSHR > NPSHA

Der Begriff NPSHR (Net Positive Suction Head Required) kommt aus dem Amerikanischen und gibt für Kreiselpumpen die erforderliche Druckhöhe am Pumpeneintritt zur Vermeidung von Kavitation in der Pumpe an. Dieser Wert wird vom Pumpenlieferanten zur Verfügung gestellt mit den Kennlinien.

Zu empfehlen ist ein Sicherheitszuschlag von 0,5 m FS auf den NPSHR-Wert.

NPSHR + 0,5 m FS < NPSHA

Der in der Anlage vorhandene NPSHA (Net Positive Suction Head Available) wird berechnet (**Bild 4.6.2.1**).

Dabei sind folgende Punkte zu beachten:

- Druck P_1 über der angesaugten Flüssigkeit und Saug- oder Zulaufhöhe
- Druckverlust in der Saugleitung bis zur Pumpe
- Dampfdruck der Flüssigkeit bei der vorliegenden Temperatur
- In der Flüssigkeit gelöste Gasmenge oder der „effektive Dampfdruck" der Flüssigkeit unter Berücksichtigung der Gaslöslichkeit
- Beschleunigungsdruckverlust beim Anfahren der Anlage in der Saugleitung

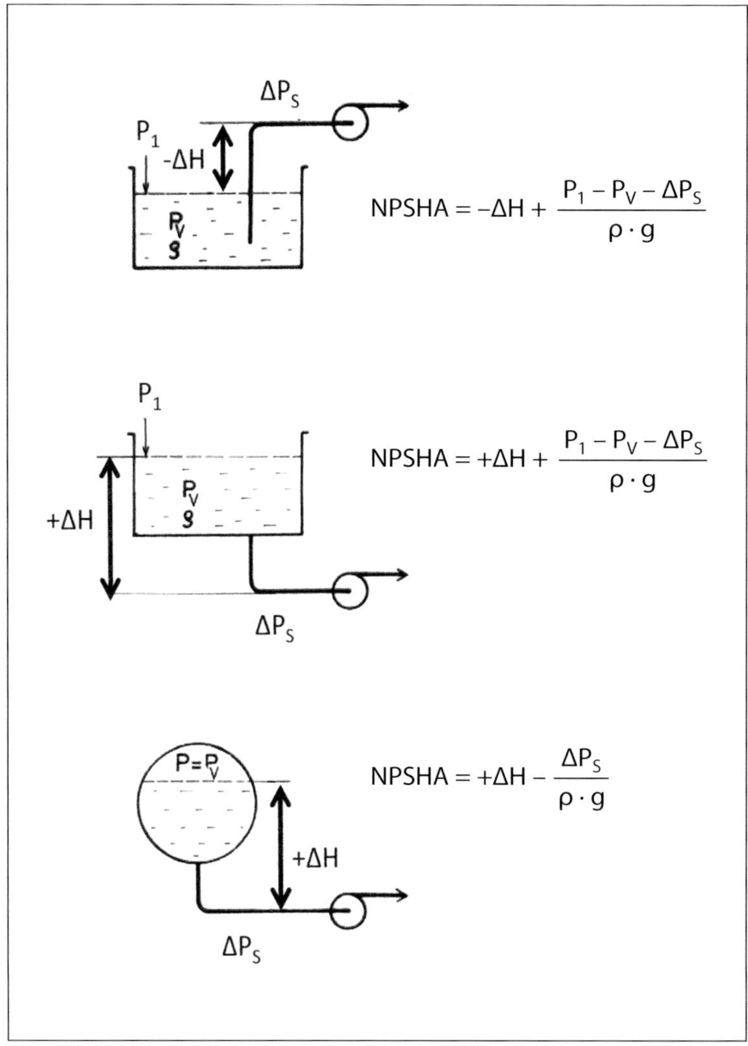

Bild 4.6.2.1: Berechnung des vorhandenen NPSH-Werts der Anlage

Für die Berechnung des NPSHA-Werts mit dem Dampfdruck der Flüssigkeit ohne gelöste Gase gilt folgende Gleichung:

$$NPSHA = \Delta H + \frac{P_1 - P_V - \Delta P_S - \Delta P_B}{\rho \cdot g} \quad [\text{m FS}]$$

P_1 = Druck über der angesaugten Flüssigkeit [bar]

P_V = Dampfdruck der Flüssigkeit [bar]

ΔP_S = Druckverlust in der Saugleitung [bar]

ΔP_B = Beschleunigungsdruckverlust [bar]

ρ = Dichte der Flüssigkeit [kg/m³]

ΔH = Zulauf- oder Ansaughöhe [m FS]

Beispiel 4.6.2.1:

$P_1 = 1$ bar $\quad P_V = 2400$ Pa $\quad \Delta P_S = 68670$ Pa $\quad \Delta P_B = 0$

$\rho = 1000$ kg/m³ $\quad$ NPSHR = 2,5 m FS $\quad \Delta H = 0$

$$NPSHA = 0 + \frac{1 \cdot 10^5 - 2400 - 68670 - 0}{1000 \cdot 9{,}81} = 2{,}95 \text{ m FS}$$

NPSHA = 2,95 m FS > NPSHR = 2,5 m FS Keine Kavitation!

Beispiel 4.6.2.2:

Daten wie in Beispiel 4.6.2.1, aber das Wasser muss beim Anfahren zunächst von 0 m/s auf 3 m/s Strömungsgeschwindigkeit in der Saugleitung beschleunigt werden.

Dieser Beschleunigungsdruckverlust muss bei der Berechnung von NPSHA berücksichtigt werden.

$$\Delta P_B = m\,(\text{kg/m}^2\,\text{s}) \cdot \Delta w = 1000 \cdot 3 \cdot (3 - 0) = 9000 \text{ Pa}$$

$$NPSHA = 0 + \frac{1 \cdot 10^5 - 2400 - 68670 - 9000}{1000 \cdot 9{,}81} = 2{,}04 \text{ m FS}$$

NPSHA = 2,04 m FS < NPSHR = 2,5 m FS Kavitation!

Besonders kavitationsgefährdet sind Pumpen für reine Flüssigkeiten mit einem großen Dampf-Flüssigkeitsverhältnis, z. B. kaltes Wasser, während bei Mehrkomponentengemischen, z. B. Kohlenwasserstoffen, die Kavitationsgefahr geringer ist, weil nur ein Teil der leichtflüchtigen Anteile beim Unterschreiten des erforderlichen NPSHR-Werts in der Pumpe verdampft wird. Da der NPSHR-Wert mit kaltem Wasser gemessen wird, gibt es vom Hydraulic Institute in den USA eine Umrechnungsmethode für andere Flüssigkeiten.

Aus Bild 4.4.1 in Abschnitt 4.4 geht hervor, dass der NPSHR-Wert mit zunehmender Fördermenge ansteigt, während der vorhandene Anlagen-NPSHA-Wert wegen der zunehmenden Druckverluste mit zunehmender Menge in der Saugleitung abnimmt.

Wesentlich schwieriger wird die Berechnung des vorhandenen NPSHA-Werts der Anlage, wenn in der geförderten Flüssigkeit Gase gelöst sind, weil diese Gase bei der Absenkung des statischen Drucks in der Pumpe entlöst werden.

Typische Beispiele für gashaltige Flüssigkeiten:

- Luftgesättigtes Kühlwasser vom Kühlturm
- NH_3 und H_2S im Sauerwasser
- HCl in chlorierten Kohlenwasserstoffen
- Erdgas im Glykol
- Stickstoff in gerührten inertgasüberlagerten Produkten in Lagerbehältern

Grundsätzlich sollte der Gasgehalt der geförderten Flüssigkeit in der Pumpe geringer sein als 2,5 % Gasanteil. Dabei spielt es keine Rolle, ob diese 2,5 % Gasanteil sich aus einer Teilverdampfung der Flüssigkeit bei abgesenktem statischen Druck oder aus freigesetzten gelösten Gasen in der Flüssigkeit bei dem geringeren Druck in der Pumpe ergeben.

4.6.3 „Effektiver Dampfdruck" [5]

In der Praxis ist es daher üblich, dass man den sogenannten „effektiven Dampfdruck" der gasbeladenen Flüssigkeit ermittelt und mit diesem „effektiven Dampfdruck" den vorhandenen NPSHA-Wert der Anlage oder die zulässige Saughöhe bestimmt. In Anlage 2 wird gezeigt, wie man den „effektiven Dampfdruck" für einen maximalen Gasanteil von 2,5 % in der Pumpe berechnet.

Das folgende Beispiel 4.6.3.1 verdeutlicht den Einfluss von im Wasser gelöster Luft auf den NPSH-Wert der Anlage.

Beispiel 4.6.3.1: Ansaugen von Wasser aus 4 m Tiefe bei 25 °C

$P_1 = 1$ bar $\quad P_V = 0{,}032$ bar $\quad \Delta P_S = 0{,}1$ bar $\quad \rho = 997$ kg/m^3

NPSHA-Berechnung für $P_V = 0{,}032$ bar ohne gelöste Luft:

$$NPSHA = H + \frac{P_1 - P_V - \Delta P_S}{\rho \cdot g} = -4 + \frac{(1 - 0{,}032 - 0{,}1) \cdot 10^5}{997 \cdot 9{,}81} = 4{,}87 \text{ m WS}$$

NPSHA-Berechnung für $P_{eff} = 0{,}456$ bar mit gelöster Luft:

$$NPSHA = H + \frac{P_1 - P_{eff} - \Delta P_S}{\rho \cdot g} = -4 + \frac{(1 - 0{,}456 - 0{,}1) \cdot 10^5}{997 \cdot 9{,}81} = 0{,}54 \text{ m WS}$$

Beispiel 4.6.3.2: Berechnung des vorhandenen NPSHA-Werts von Hexan mit gelöstem Stickstoff bei unterschiedlichen Stickstoffdrücken P_1 über dem Hexan

$\rho = 654\ kg/m^3$ $\Delta P_S = 0{,}05\ bar$ $H = 0\ m\ FS$

A) $P_1 = 1$ bar **$P_{eff} = 0{,}9$ bar bei 100 % Stickstoffsättigung**

$$NPSHA = H + \frac{P_1 - P_{eff} - \Delta P_S}{\rho \cdot g} = 0 + \frac{(1 - 0{,}9 - 0{,}05) \cdot 10^5}{654 \cdot 9{,}81} = 0{,}779\ m\ FS$$

B) $P_1 = 2$ bar **$P_{eff} = 1{,}85$ bar bei 100 % Stickstoffsättigung**

$$NPSHA = H + \frac{P_1 - P_{eff} - \Delta P_S}{\rho \cdot g} = 0 + \frac{(2 - 1{,}85 - 0{,}05) \cdot 10^5}{654 \cdot 9{,}81} = 1{,}55\ m\ FS$$

C) $P_1 = 4$ bar **$P_{eff} = 3{,}67$ bar bei 100 % Stickstoffsättigung**

$$NPSHA = H + \frac{P_1 - P_{eff} - \Delta P_S}{\rho \cdot g} = 0 + \frac{(4 - 3{,}67 - 0{,}05) \cdot 10^5}{654 \cdot 9{,}81} = 4{,}36\ m\ FS$$

D) Ohne gelösten Stickstoff mit dem physikalischen Dampfdruck

$P_1 = 1$ bar $P_V = 0{,}2$ bar

$$NPSHA = H + \frac{P_1 - P_V - \Delta P_S}{\rho \cdot g} = 0 + \frac{(1 - 0{,}2 - 0{,}05) \cdot 10^5}{654 \cdot 9{,}81} = 11{,}7\ m\ FS$$

Beispiel 4.6.3.3: Stickstoff in Dichlormethan bei 25 °C

$P_V = 0{,}58$ bar $\rho = 1317\ kg/m^3$ $\Delta P_S = 0{,}1$ bar $P_1 = 1$ bar

Ohne gelösten Stickstoff mit dem Dampfdruck $P_V = 0{,}58$ bar

$$NPSHA = H + \frac{P_1 - P_V - \Delta P_S}{\rho \cdot g} = 0 + \frac{(1 - 0{,}58 - 0{,}1) \cdot 10^5}{1317 \cdot 9{,}81} = 2{,}47\ m\ FS$$

Für $P_{eff} = 0{,}97$ bar bei 100 % Stickstoffsättigung:

$$NPSHA = H + \frac{P_1 - P_{eff} - \Delta P_S}{\rho \cdot g} = 0 + \frac{(1 - 0{,}97 - 0{,}1) \cdot 10^5}{1317 \cdot 9{,}81} = -0{,}54\ m\ FS$$

Für $P_{eff} = 0{,}78$ für 50 % Stickstoffsättigung:

$$NPSHA = H + \frac{P_1 - P_{eff} - \Delta P_S}{\rho \cdot g} = 0 + \frac{(1 - 0{,}78 - 0{,}1) \cdot 10^5}{1317 \cdot 9{,}81} = 0{,}93\ m\ FS$$

4.6.4 Gasvolumenanteil in der Fördermenge [6]

Alternativ kann die bei dem abgesenkten Druck P_{min} in der Pumpe freigesetzte Gasmenge oder der Gasanteil f von der Fördermenge in der Pumpe berechnet werden.

Die Bestimmung der Gaslöslichkeit wird in Anlage 1 gezeigt.

Zunächst muss der niedrigste in der Pumpe auftretende Druck P_{min} ermittelt werden:

$$P_{min} = P_1 + P_H - P_{NPSHR} - \Delta P_S$$

P_{min} = niedrigster Druck in der Pumpe [bar]
P_1 = Druck über der angesaugten Flüssigkeit [bar]
P_{NPSHR} = Druck entsprechend dem erforderlichen NPSHR-Wert [bar]
P_H = Druck entsprechend der Saughöhe (–) oder Zulaufhöhe (+) [bar]
ΔP_S = Druckverlust in der Saugleitung [bar]

Beispiel 4.6.4.1:

$P_1 = 1$ bar $\quad$ $P_H = -5$ m FS = Saughöhe $\quad$ Dichte $\rho = 997$ kg/m³

$\Delta P_S = 0{,}1$ bar $\quad$ NPSHR = 2,5 m FS

$P_{NPSHR} = 2{,}5 \cdot 997 \cdot 9{,}81 = 24451$ Pa = 0,24451 bar

$P_H = -5 \cdot 997 \cdot 9{,}81 = 48903$ Pa = – 0,489 bar

$P_{min} = 1 - 0{,}2445 - 0{,}489 - 0{,}1 = 0{,}166$ bar

Ansaughöhe H = – 3,1 m FS $\quad$ $P_H = -3{,}1 \cdot 997 \cdot 9{,}81 = -30320$ Pa = – 0,3 bar

$P_{min} = 1 - 0{,}2445 - 0{,}3 - 0{,}1 = 0{,}355$ bar

Zulaufhöhe H = +2 m FS $\quad$ $P_H = +2 \cdot 997 \cdot 9{,}81 = +19561$ Pa = +0,195 bar

$P_{min} = 1 - 0{,}2445 + 0{,}195 - 0{,}1 = 0{,}85$ bar

Anschließend wird der Gasanteil f in der Pumpe berechnet:

Diese Gleichung gilt für 100 % Gassättigung.

$$f = \frac{1}{\dfrac{\left(\dfrac{P_{min}}{P_1} - \dfrac{P_V}{P_1}\right)^2 \cdot \left(1 - \dfrac{P_V}{P_1}\right)}{S \cdot \dfrac{P_{min}}{P_1} \cdot \left(1 - \dfrac{P_{min}}{P_1}\right)} + 1}$$

P_V = Dampfdruck [bar]

S = Gaslöslichkeit [l Gas/ l Flüssigkeit]

P_1 = Druck auf der angesaugten Flüssigkeit [bar]

P_{min} = Minimaler Druck in der Pumpe [bar]

Bei teilweiser Gassättigung muss ein Korrekturfaktor b eingesetzt werden:

$$f = \frac{1}{\dfrac{\left(\dfrac{P_{min}}{P_1} - \dfrac{P_V}{P_1}\right)^2 \cdot \left(1 - \dfrac{P_V}{P_1}\right)}{S \cdot \dfrac{P_{min}}{P_1} \cdot b \cdot \left(1 - \dfrac{P_{min}}{P_1}\right)} + 1}$$

$$b = a + (1 - a)\,\frac{P_V}{P_1}$$

a = Sättigungsfraktion: **50 % Sättigung → a = 0,5**

In **Bild 4.6.4.1** ist der Gasvolumenanteil von Luft und Sauerstoff in Wasser bei unterschiedlicher Gassättigung als Funktion der Druckabsenkung in der Pumpe dargestellt. Ebenfalls eingetragen ist der zulässige Grenzwert von 2,5 % Gas.

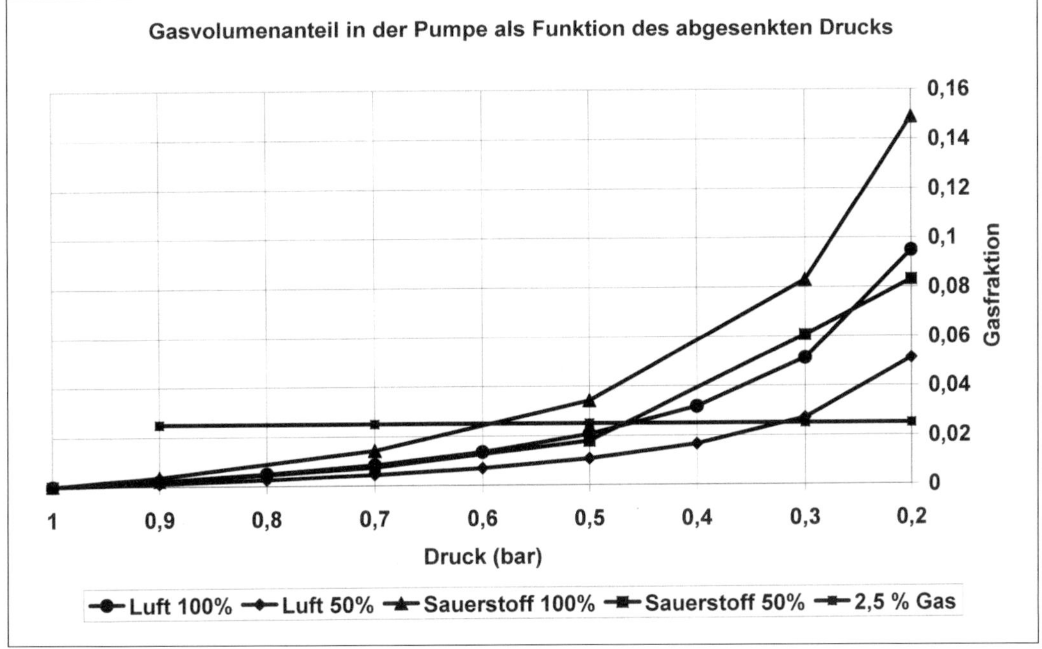

Bild 4.6.4.1: Gasfraktion in der Pumpe bei Unterdruck

Beispiel 4.6.4.2: Berechnung des Gasanteils f für CO_2 in Wasser bei 25 °C

$P_1 = 1$ bar $P_{min} = 0{,}7$ bar $P_V = 0{,}032$ bar $M_G = 44$

$\rho_{Wasser} = 995$ kg/m³   H = Henry = 1650 bar

$$x_1 = \frac{P - P_V}{H} = \frac{1 - 0{,}032}{1650} = 0{,}000587 \text{ [Molfraktion Gas]}$$

W = 0,001435 kg Gas / kg Flüssigkeit

$$\rho_G = \frac{44}{22{,}4} \cdot \frac{273}{298} \cdot \frac{1}{1{,}0133} = 1{,}776 \text{ kg/m}^3$$

$$S = W \cdot \frac{\rho_{Fl}}{\rho_G} = 1{,}4335 \cdot 10^{-3} \cdot \frac{995}{1{,}776} = 0{,}804 \text{ l Gas / l Flüssigkeit}$$

$$f = \frac{1}{\frac{(0{,}7 - 0{,}032)^2 \cdot (1 - 0{,}032)}{0{,}804 \cdot 0{,}7 \cdot (1 - 0{,}7)} + 1} = \frac{1}{3{,}558} = 0{,}281$$

Der Gasanteil in der Förderflüssigkeit beträgt 28,1 %.   Nicht zulässig!!

Beispiel 4.6.4.3: Berechnung des Gasanteils für Stickstoff in Aceton bei 25 °C

$P_1 = 1$ bar $P_{min} = 0{,}8$ bar $P_V = 0{,}306$ bar   100 % Sättigung

$\rho_{Aceton} = 784$ kg/m³   H = Henry = 1840 bar

$$x_1 = \frac{1 - 0{,}306}{1840} = 0{,}000377$$

$W = 1{,}82 \cdot 10^{-6}$ $\rho_G = 1{,}13$ kg/m³ $S = 126{,}26 \cdot 10^{-3}$

$$f = \frac{1}{\frac{(0{,}8 - 0{,}306)^2 \cdot (1 - 0{,}306)}{126{,}26 \cdot 10^{-3} \cdot 0{,}8 \cdot (1 - 0{,}8)} + 1} = \frac{1}{9{,}38} = 0{,}106$$

Der Gasanteil beträgt 10,6 %.   Nicht zulässig!!

4.6.5 Zulässige Saughöhen

Normalerweise überprüft man die Funktionsfähigkeit einer Pumpe, indem man kontrolliert, ob der vorhandene Anlagen-NPSHA-Wert größer ist als der für die Pumpe erforderliche NPSHR-Wert.

In der Praxis interessiert aber auch die mögliche Saughöhe bzw. die Frage, aus welcher Tiefe man das Medium ohne Verdampfung oder Entgasung in der Saugleitung ansaugen kann.

Die zulässige Saughöhe H_S für den physikalischen Dampfdruck P_V bzw. den effektiven Dampfdruck P_{eff} bestimmt man wie folgt:

Mit dem physikalischen Dampfdruck

$$H_S = (NPSHR + 0{,}5) - \left(\frac{P_1 - P_V}{\rho \cdot g} - H_{Verl}\right) \quad [m\ FS]$$

Mit dem effektiven Dampfdruck

$$H_S = (NPSHR + 0{,}5) - \left(\frac{P_1 - P_{eff}}{\rho \cdot g} - H_{Verl}\right) \quad [m\ FS]$$

H_S = Zulässige Saughöhe [m FS]
H_{Verl} = Druckverlust in der Saugleitung [m FS]
P_1 = Druck auf der angesaugten Flüssigkeit [bar]
P_V = Dampfdruck der Flüssigkeit [bar]
P_{eff} = effektiver Dampfdruck [bar]

Beispiel 4.6.5.1: Kann Benzin aus 3 m Tiefe angesaugt werden?

$P_1 = 1$ bar $\quad$ $P_V = 0{,}55$ bar (Benzin bei 30 °C) $\quad$ $\rho = 735$ kg/m^3

$H_{saug} = 3$ m FS $\quad$ NPSHR = 2 m FS

Berechnung mit dem physikalischen Dampfdruck:

$$H_S = (2 + 0{,}5) - \left(\frac{(1 - 0{,}55) \cdot 10^5}{735 \cdot 9{,}81} - 3\right) = -0{,}74\ m\ FS$$

Das Benzin kann wegen des hohen Dampfdrucks nur aus 0,74 m Tiefe angesaugt werden, wenn eine Verdampfung in der Saugleitung vermieden werden soll.

Für gasbeladene Flüssigkeiten muss mit dem „effektiven Dampfdruck" P_{eff} gerechnet werden.

Hinweis: Wenn der Wert für H_S positiv wird, ist eine Zulaufhöhe erforderlich.

Beispiel 4.6.5.2: Berechnung der zulässigen Saughöhe für Wasser bei 25 °C

$P_1 = 1$ bar $\Delta P_S = 0{,}1$ bar NPSHR = 2,5 m FS $\rho = 997$ kg/m³

A) Berechnung für den physikalischen Dampfdruck ohne gelöste Luft:

$P_V = 0{,}032$ bar

$$H_S = (2{,}5 + 0{,}5) - \frac{(1 - 0{,}032 - 0{,}1) \cdot 10^5}{997 \cdot 9{,}81} = -5{,}87 \text{ m FS}$$

B) Berechnung für den effektiven Dampfdruck mit gelöster Luft: $P_{eff} = 0{,}456$ bar

$$H_S = (2{,}5 + 0{,}5) - \frac{(1 - 0{,}456 - 0{,}1) \cdot 10^5}{997 \cdot 9{,}81} = -1{,}54 \text{ m FS}$$

Beispiel 4.6.5.3: Berechnung der zulässigen Saughöhe für Dichlormethan bei 25 °C

$P_1 = 1$ bar $\Delta P_S = 0{,}1$ bar $\rho = 1317$ kg/m³ NPSHR = 2,5 m FS

A) Berechnung für den Dampfdruck $P_V = 0{,}58$ bar ohne gelöstes Gas

$$H_S = (2{,}5 + 0{,}5) - \frac{(1 - 0{,}58 - 0{,}1) \cdot 10^5}{1317 \cdot 9{,}81} = 0{,}52 \text{ m FS}$$

Zulaufhöhe erforderlich

B) Berechnung für den effektiven Dampfdruck $P_{eff} = 0{,}97$ bar bei Stickstoffsättigung:

$$H_S = (2{,}5 + 0{,}5) - \frac{(1 - 0{,}97 - 0{,}1) \cdot 10^5}{1317 \cdot 9{,}81} = 3{,}54 \text{ m FS}$$

Zulaufhöhe erforderlich

C) Berechnung für 50 % Stickstoffsättigung mit $P_{eff} = 0{,}78$ bar:

$$H_S = (2{,}5 + 0{,}5) - \frac{(1 - 0{,}78 - 0{,}1) \cdot 10^5}{1317 \cdot 9{,}81} = 2{,}07 \text{ m FS}$$

Zulaufhöhe erforderlich

Beispiel 4.6.5.4: Berechnung der zulässigen Saughöhe bei unterschiedlichen P_1-Werten und P_{eff}-Werten für Stickstoff in Hexan

$\rho = 654\ kg/m^3$ $\Delta P_S = 0{,}05$ bar NPSHR = 2,5 m FS

Für $P_1 = 1$ bar und $P_V = 0{,}2$ bar:

$$H_S = (2{,}5 + 0{,}5) - \frac{(1 - 0{,}2 - 0{,}05) \cdot 10^5}{654 \cdot 9{,}81} = -8{,}69 \text{ m Ansaugtiefe}$$

Für $P_1 = 1$ bar und $P_{eff} = 0{,}9$ bar:

$$H_S = (2{,}5 + 0{,}5) - \frac{(1 - 0{,}9 - 0{,}05) \cdot 10^5}{654 \cdot 9{,}81} = 2{,}22 \text{ m}$$

Zulaufhöhe erforderlich

Für $P_1 = 2$ bar und $P_{eff} = 1{,}85$ bar:

$$H_S = (2{,}5 + 0{,}5) - \frac{(2 - 1{,}85 - 0{,}05) \cdot 10^5}{654 \cdot 9{,}81} = 1{,}44 \text{ m}$$

Zulaufhöhe erforderlich

Für $P_1 = 4$ bar und $P_{eff} = 3{,}67$ bar:

$$H_S = (2{,}5 + 0{,}5) - \frac{(4 - 3{,}67 - 0{,}05) \cdot 10^5}{654 \cdot 9{,}81} = -1{,}36 \text{ m Ansaugtiefe}$$

Tabelle 4.6.5.1: Ergebnisübersichtstabelle mit Saug- bzw. Zulaufhöhen – Gasbeladenes Wasser bei 25 °C

Dampfdruck $P_V = 0{,}032$ bar	$P_1 = 1$ bar	$\Delta P_S = 0{,}1$ bar	NPSHR + 0,5 m FS = 2,5 m FS
Gasbeladung	**P_{eff} [bar]**	**Saughöhe [m FS]**	**Zulaufhöhe [m FS]**
Kein Gas	0,032	–6,37	
Luft (100 %)	0,456	–2,04	
Luft (50 %)	0,252	–4,1	
Sauerstoff (100%)	0,576	–0,81	
CO_2 (100 %)	0,97		+ 3,2
CO_2 (50 %)	0,5	–1,6	

Tabelle 4.6.5.2: Ergebnisübersichtstabelle mit Saug- bzw. Zulaufhöhen – Stickstoffbeladene Lösemittel bei 25 °C

$P_1 = 1$ bar	$\Delta P_S = 0{,}1$ bar	NPSHR + 0,5 = 2,5 m FS		
Lösemittel	**P_V [bar]**	**P_{eff} [bar]**	**Saughöhe [m FS]**	**Zulaufhöhe [m FS]**
Aceton	0,306		-5,2	
Aceton (100%)		0,94		+ 3
Aceton (50 %)		0,63	– 1	
Benzol	0,127		– 6,5	
Benzol (100%)		0,87		+ 2,15
Cyclohexan	0,13		– 7,6	
Cyclohexan (100%)		0,89		+ 2,39
Hexan	0,2		– 8,4	
Hexan (100%)		0,93		+ 2,97
Hexan (50 %)		0,407	– 5,18	

Hinweis für die Praxis:

Falls man kaum Angaben über die mögliche Gassättigung bekommt, kann man den Mittelwert von Dampfdruck P_V und Gasdruck P_1 als effektiven Dampfdruck einsetzen.

Beispiele:

Aceton: $P_V = 0{,}3$ bar $P_1 = 1$ bar $P_{eff} = \dfrac{1 + 0{,}3}{2} = 0{,}65$ bar

Hexan: $P_V = 0{,}2$ bar $P_1 = 1$ bar $P_{eff} = \dfrac{1 + 0{,}2}{2} = 0{,}6$ bar

Anlagen:

Anlage 1: Ermittlung der Gaslöslichkeit in Flüssigkeiten mit Beispielen

Anlage 2: Berechnung des "effektiven Dampfdrucks" mit Beispielen

Anlage 1: Ermittlung der Gaslöslichkeiten in Flüssigkeiten [7]

Die Löslichkeit von Gasen in Wasser kann man Tabellenwerken entnehmen oder mithilfe der tabellierten Henrykonstanten H bestimmen.

Einige Henry-Konstanten sind in Tabelle 4.6.5.3 aufgelistet.

In **Bild 4.6.5.1** ist die Gaslöslichkeit von schlechtlöslichen Gasen in Wasser als Funktion der Wassertemperatur dargestellt, in **Bild 4.6.5.2** die Gaslöslichkeit von gutwasserlöslichen Gasen. **Bild 4.6.5.3** verdeutlicht den Einfluss des Gasdrucks:

Mit abnehmendem Druck in der Pumpe ist weniger Gas im Wasser gelöst. Es wird also Gas in der Pumpe freigesetzt, wenn der Pumpeninnendruck abnimmt.

Tabelle 4.6.5.3: Henry-Konstanten [bar] für verschiedene Gase in Wasser

Gas	20 °C	30 °C	40 °C	50 °C	60 °C
Luft	67200	78200	88100	95900	102000
Stickstoff	81500	93600	106000	115000	121000
Sauerstoff	40500	48100	55600	59600	63800
Kohlendioxid	1440	1880	2360	2870	3450

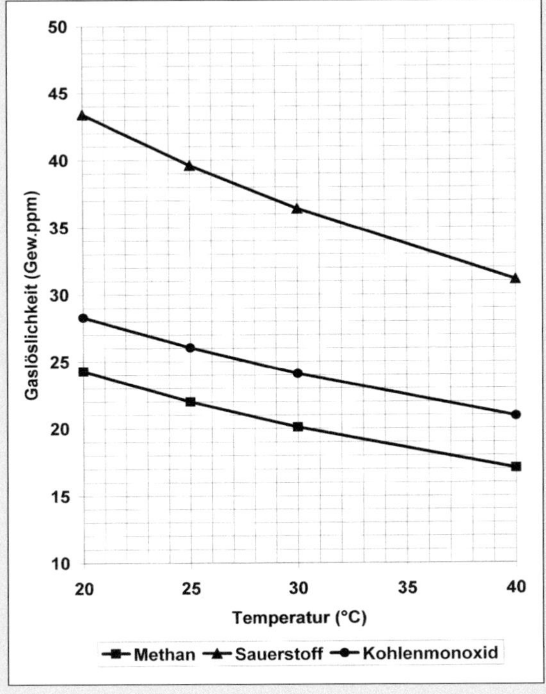

Bild 4.6.5.1: Gaslöslichkeit von schlecht löslichen Gasen in Wasser als Funktion der Temperatur

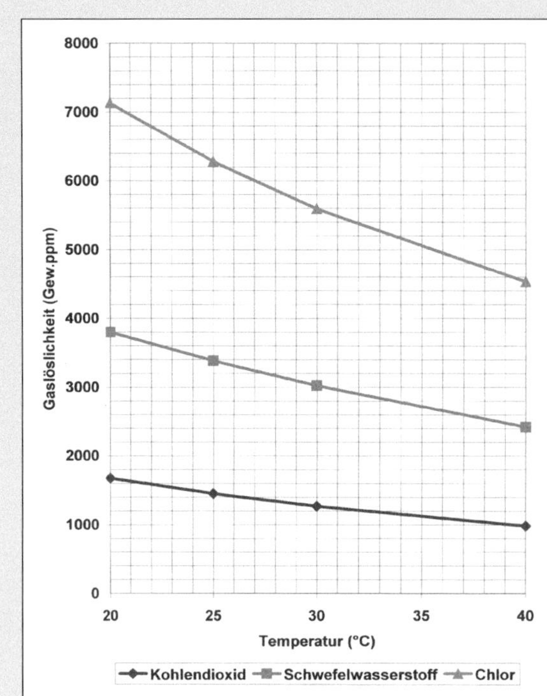

Bild 4.6.5.2: Gaslöslichkeit von gut lösbaren Gasen in Wasser als Funktion der Temperatur

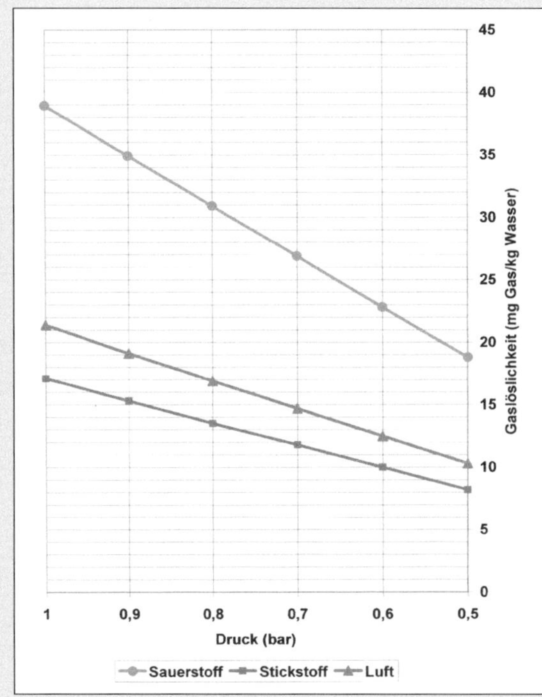

Bild 4.6.5.3: Gaslöslichkeit als Funktion des Druckes

Berechnung der Gaslöslichkeit aus der Henrykonstanten H:

Die Henrykonstante H ist keine Konstante, sondern eine temperaturabhängige Größe. Mit zunehmender Temperatur steigt der Henry-Wert.

$$x_G = \frac{P_{ges} - P_V}{H} \quad \text{[Molfraktion Gas in der Flüssigkeit]}$$

$$W = \frac{x_G \cdot M_G}{M_{Fl} \cdot (1 - x_G)} \quad \text{[kg Gas / kg Flüssigkeit]}$$

$$S = \frac{\rho_{Fl}}{\rho_G} \cdot W \quad [\text{m}^3 \text{ Gas / m}^3 \text{ Flüssigkeit}]$$

x_G = Molfraktion des Gases in der Flüssigkeit
P_{ges} = Gesamtdruck [bar]
P_V = Dampfdruck der Flüssigkeit [bar]
M_G = Molgewicht des Gases
M_{Fl} = Molgewicht der Flüssigkeit
W = Gasbeladung der Flüssigkeit [kg Gas/kg Flüssigkeit]
S = Gaslöslichkeit [m^3 Gas/m^3 Flüssigkeit]

Beispiel 4.6.5.5: Berechnung der Luftlöslichkeit in Wasser bei verschiedenen Temperaturen

$P_{ges} = 1$ bar $\quad M_G = 29 \quad M_{Fl} = 18$

Wasser bei 40 °C:
H = 88100 bar $\quad P_V = 0{,}0738$ bar

$$x_G = \frac{1 - 0{,}0738}{88100} = 10{,}5 \cdot 10^{-6} \quad \text{[Molfraktion Gas]}$$

$$W = \frac{10{,}5 \cdot 10^{-6} \cdot 29}{18 \cdot (1 - 10{,}5 \cdot 10^{-6})} = 16{,}94 \cdot 10^{-6} \quad \text{[kg / kg]}$$

Wasser bei 25 °C:
H = 73000 bar $\quad P_V = 0{,}032$ bar

$$x_G = \frac{1 - 0{,}032}{73000} = 13{,}26 \cdot 10^{-6} \quad \text{[Molfraktion Gas]}$$

$$W = \frac{13{,}26 \cdot 10^{-6} \cdot 29}{18 \cdot (1 - 13{,}26 \cdot 10^{-6})} = 21{,}36 \cdot 10^{-6} \quad \text{[kg / kg]}$$

Beispiel 4.6.5.6: Berechnung der Gaslöslichkeit von CO_2, H_2S und Cl_2 in Wasser bei 25 °C

CO_2: $P_{ges} = 1$ bar $P_V = 0{,}032$ bar $H = 1650$ bar

$$x_G = \frac{1 - 0{,}032}{1650} = 0{,}586 \cdot 10^{-3}$$

$W = 1{,}43$ g/kg

H_2S: $P_{ges} = 1$ bar $P_V = 0{,}032$ bar $H = 552$ bar

$$x_G = \frac{1 - 0{,}032}{552} = 1{,}75 \cdot 10^{-3}$$

$W = 3{,}32$ g/kg

Cl_2: $P_{ges} = 1$ bar $P_V = 0{,}032$ bar $H = 605$ bar

$$x_G = \frac{1 - 0{,}032}{605} = 1{,}6 \cdot 10^{-3}$$

$W = 6{,}2$ g/kg

Beispiel 4.6.5.7: Berechnung der Stickstofflöslichkeit in Aceton bei 25 °C bei unterschiedlichen Drücken

$H = 1840$ bar $P_V = 0{,}306$ bar $M_G = 28$ $M_{Fl} = 58$

$P_{ges} = 1$ bar:

$$x_G = \frac{1 - 0{,}306}{1840} = 0{,}377 \cdot 10^{-3}$$

$$W = \frac{0{,}377 \cdot 10^{-3} \cdot 28}{58 \cdot (1 - 0{,}377 \cdot 10^{-3})} = 0{,}182 \cdot 10^{-3} \quad [kg / kg]$$

$P_{ges} = 6$ bar:

$$x_G = \frac{6 - 0{,}306}{1840} = 3{,}09 \cdot 10^{-3}$$

$$W = \frac{3{,}09 \cdot 10^{-3} \cdot 28}{58 \cdot (1 - 3{,}09 \cdot 10^{-3})} = 1{,}5 \cdot 10^{-3} \quad [kg / kg]$$

Mit zunehmendem Druck steigt die Gaslöslichkeit!

Ergebnistabellen:

Tabelle 4.6.5.4: Ergebnistabelle für schlechtlösliche Gase in Wasser bei 25 °C

Gas	Henrykonstante H	Gasbeladung der Flüssigkeit W
Stickstoff	H = 88276 bar	W = 17,35 mg/kg
Luft	H = 73000 bar	W = 21,4 mg/kg
Sauerstoff	H = 44198 bar	W = 39,6 mg/kg

Tabelle 4.6.5.5: Ergebnistabelle für gutlösliche Gase in Wasser bei 25 °C

Gas	Henrykonstante H	Gasbeladung der Flüssigkeit W
CO_2	H = 1650 bar	W = 1,43 g/kg
H_2S	H = 552 bar	W = 3,32 g/kg
Chlor	H = 605 bar	W = 6,2 g/kg

Tabelle 4.6.5.6: Ergebnistabelle für die Löslichkeit von Stickstoff in Lösemitteln bei 25 °C

Gas	Henrykonstante H	Gasbeladung der Flüssigkeit W
Hexan	H = 750 bar	W = 347 g/kg
Cyclohexan	H = 1297 bar	W = 223 g/kg
Aceton	H = 1840 bar	W = 182 g/kg
Dichlormethan	H = 2900 bar	W = 48 g/kg

Tabelle 4.6.5.7: Dampfdrücke von Wasser

Temperatur [°C]	20	25	30	40	50
Dampfdruck [mbar]	23,4	31,7	42,4	73,8	123,3

Anlage 2: Berechnung des „effektiven Dampfdrucks“ P_{eff}

Bei 100-prozentiger Gassättigung bestimmt man P_{eff} mithilfe einiger Rechengrößen wie folgt:

$$N = \frac{f}{1-f} \Big/ S \qquad R = \frac{P_V}{P_1}$$

$$A = N \cdot (1 - R) + 1$$

$$B = 2 \cdot N \cdot R \cdot (1 - R) + 1$$

$$C = N \cdot R^2 \cdot (1 - R)$$

$$F = \frac{B + \sqrt{B^2 - 4 \cdot A \cdot C}}{2 \cdot A}$$

$$P_{eff} = F \cdot P_1$$

f = Zulässiger Gasanteil in der Pumpe: 2,5 % bzw. 0,025 Gasfraktion
S = Gaslöslichkeit [l / l]
P_V = Dampfdruck [bar]
P_1 = Druck auf der angesaugten Flüssigkeit [bar]

Bei einer teilweisen Gassättigung, z. B. 50 %, muss die Rechengröße B anders bestimmt werden:

$$B = 2 \cdot N \cdot R \cdot (1 - R) + b$$

$$b = a + (1 - a) \cdot \frac{P_V}{P_1}$$

a = Sättigungsfraktion 50 % Sättigung → a = 0,5

Beispiel 4.6.5.8: Luft in Wasser bei 25 °C und P_1 = 1 bar

H = 73000 bar P_V = 0,032 bar Zulässige Gasfraktion f = 0,025

$$x_G = \frac{1 - 0{,}032}{73000} = 13{,}26 \cdot 10^{-6}$$

$$W = 21{,}36 \cdot 10^{-6}\ \text{kg/kg}$$

$$\rho_G = \frac{29}{22{,}4} \cdot \frac{273}{298} \cdot \frac{1}{1{,}0133} = 1{,}17\ \text{kg/m}^3$$

$$S = 21{,}36 \cdot 10^{-6} \cdot \frac{995}{1{,}17} = 18{,}157 \cdot 10^{-3}\ \text{l/l}$$

$$N = \frac{0{,}025}{1 - 0{,}025} \Big/ 18{,}157 \cdot 10^{-3}$$

$$R = \frac{0{,}032}{1} = 0{,}032$$

$$A = 1{,}412 \cdot (1 - 0{,}032) + 1 = 2{,}367$$

$$B = 2 \cdot 1{,}412 \cdot 0{,}032 \cdot (1 - 0{,}032) + 1 = 1{,}0875$$

$$C = 1{,}412 \cdot 0{,}032^2 \cdot (1 - 0{,}032) = 1{,}4 \cdot 10^{-3}$$

$$F = \frac{1{,}0875 \cdot \sqrt{1{,}0875^2 - 4 \cdot 2{,}367 \cdot 1{,}4 \cdot 10^{-3}}}{2 \cdot 2{,}367} = 0{,}456$$

$P_{eff} = 0{,}456 \cdot 1 = 0{,}456$ bar

Beispiel 4.6.5.9: Daten wie in Beispiel 4.6.5.8, aber nur 50 % Luftsättigung im Wasser

$$b = 0{,}5 + (1 - 0{,}5) \cdot \frac{0{,}032}{1} = 0{,}516$$

$$B = 2 \cdot 1{,}412 \cdot 0{,}032 \cdot (1 - 0{,}032) + 0{,}516 = 0{,}603$$

$$F = \frac{0{,}603 \cdot \sqrt{0{,}603^2 - 4 \cdot 2{,}367 \cdot 1{,}4 \cdot 10^{-3}}}{2 \cdot 2{,}367} = 0{,}252$$

$P_{eff} = 0{,}252 \cdot 1 = 0{,}252$ bar

Beispiel 4.6.5.10: CO_2 in Wasser bei 25 °C

S = 0,789 l/l f = 0,025

100 % Sättigung

N = 0,03249	R = 0,032	ρ = 995 kg/m³	P_V = 0,032 bar
A = 1,0314	B = 1,002	$C = 32{,}2 \cdot 10^{-6}$	F = 0,97

$\mathbf{P_{eff} = 0{,}97 \cdot 1 = 0{,}97\ bar}$

50 % Sättigung

b = 0,516 B = 0,518 F = 0,502

$\mathbf{P_{eff} = 0{,}502 \cdot 1 = 0{,}502\ bar}$

Beispiel 4.6.5.11: O_2 in Wasser bei 25 und 60 °C und P_1 = 1 bar

f = 0,025

25 °C:

H = 44198 bar	S = 0,02998 l/l	N=0,855	R = 0,032
A = 1,8279	B = 1,05298	C = 0,00084	F = 0,575

$\mathbf{P_{eff} = 0{,}575 \cdot 1 = 0{,}575\ bar}$

60 °C:

H = 63819 bar	P_V = 0,2 bar	ρ = 983,7 kg/m³	
S = 0,0187 l/l	N = 1,371	R = 0,032	
A = 2,0969	B = 1,43877	C = 0,0438	F = 0,654

$\mathbf{P_{eff} = 0{,}654 \cdot 1 = 0{,}654\ bar}$

Beispiel 4.6.5.12: Stickstoff in Hexan bei 25 °C und P_1 = 1 bar

$S = 0{,}2093$ l/l $P_V = 0{,}201$ bar $f = 0{,}025$ $N = 0{,}1276$ $R = 0{,}201$

100 % Sättigung:

$A = 1{,}1$ $B = 1{,}0409$ $c = 0{,}004119$ $F = 0{,}9$

$\mathbf{P_{eff} = 0{,}9 \cdot 1 = 0{,}9}$ **bar**

50 % Sättigung:

$b = 0{,}516$ $B = 0{,}557$ $F = 0{,}407$

$\mathbf{P_{eff} = 0{,}407 \cdot 1 = 0{,}407}$ **bar**

Beispiel 4.6.5.13: Stickstoff in Hexan bei 25 °C bei verschiedenen Drücken P_1

$\mathbf{P_1 = 2}$ **bar:**

$$x_G = \frac{2 - 0{,}201}{750} = 0{,}00239$$

$W = 0{,}000783$

$$S = 0{,}000783 \cdot \frac{654}{2{,}26} = 0{,}2266 \text{ l/l}$$

$$N = \frac{0{,}025}{1 - 0{,}025} \Big/ 0{,}2266 = 0{,}113$$

$$R = \frac{0{,}201}{2} = 0{,}1005$$

$A = 1{,}1017$ $B = 1{,}02$ $C = 0{,}001$ $F = 0{,}925$

$\mathbf{P_{eff} = 0{,}925 \cdot 2 = 1{,}85}$ **bar**

$P_1 = 4$ bar:

$$x_G = \frac{4 - 0{,}201}{750} = 0{,}00506$$

$$W = 0{,}001658$$

$$S = 0{,}001658 \cdot \frac{654}{4{,}52} = 0{,}2398 \text{ l/l}$$

$$N = \frac{0{,}025}{1 - 0{,}025} \Big/ 0{,}2398 = 0{,}1069$$

$$R = \frac{0{,}201}{4} = 0{,}05025$$

$A = 1{,}015$ $B = 1{,}01$ $C = 0{,}000256$ $F = 0{,}916$

$P_{eff} = 0{,}916 \cdot 4 = 3{,}667$ bar

Bei höheren Gasdrücken über der Flüssigkeit ergeben sich höhere effektive Dampfdrücke, weil sich unter höherem Druck mehr Gas in der Flüssigkeit löst.

4.7 Probleme beim Ansaugen aus Leitungen oder Behältern

Es wurde bereits im Abschnitt 4.6 darauf hingewiesen, dass in einer gasgefüllten Kreiselpumpe die Förderung zusammenbricht. Es sollte daher tunlichst kein Gas angesaugt werden, weil ab einem Gasanteil von 2,5 % in der Pumpe die Pumpenfunktion beeinträchtigt wird:

Förderhöhe und Fördermenge gehen zurück.

Wie vermeidet man das Gasansaugen?

1. Durch den Einbau von Sperrblechen zur Erschwerung der Gasansaugung oder durch den Einsatz von Wirbelbrechern zur Vermeidung der Trombenbildung im Absaugstutzen (**Bild 4.7.1**).

2. Durch das Einhalten einer Mindestflüssigkeitshöhe h_F über dem Stutzenauslauf (**Bild 4.7.2**).

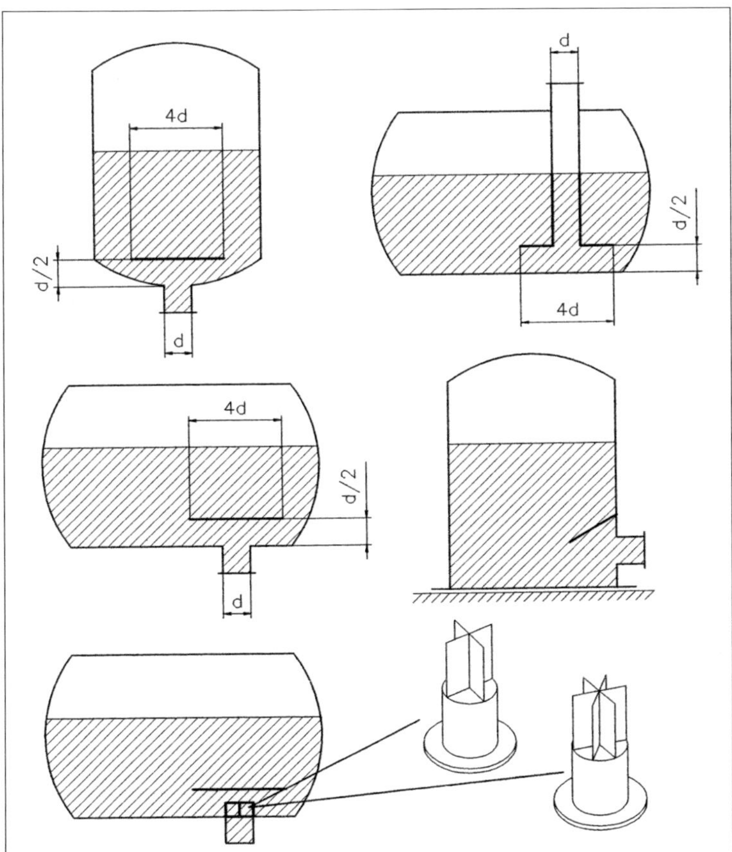

Bild 4.7.1: Vermeidung von Wirbelbildung beim Auslauf aus Behältern

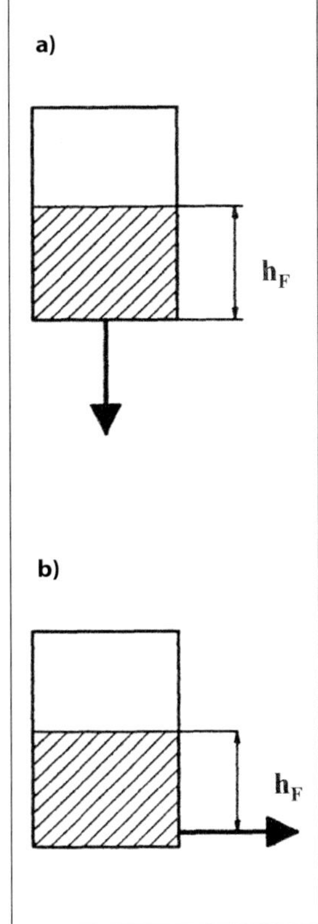

Bild 4.7.2: Mindesflüssigkeitshöhe über dem Stutzenauslauf

Die Flüssigkeitshöhe h_F über dem Stutzenauslauf muss größer sein als der beim Ausströmen gebildete Unterdruck im Stutzenauslauf, der im Wesentlichen abhängig ist von der Strömungsgeschwindigkeit w_{St} im Auslaufstutzen.

Berechnung der erforderlichen Flüssigkeitshöhe:

$h_F = 102 \cdot w_{St}^2$ [mm FS]

Berechnung der zulässigen Strömungsgeschwindigkeit:

$w_{ST} = 0{,}1 \cdot \sqrt{h_F \text{ [mm FS]}}$

h_F = Flüssigkeitshöhe über dem Stutzen [mm FS]
w_{St} = Strömungsgeschwindigkeit im Stutzen [m/s]

Beispiel 4.7.1: Erforderliche Flüssigkeitshöhe über dem Stutzen bei $w_{St} = 2$ m/s

$h_F = 102 \cdot 2^2 = 408$ mm FS   Kontrolle: $w_{ST} = 0{,}1 \cdot \sqrt{408} = 2$ m/s

Physikalische Begründung:

Im Ablaufstutzen entsteht ein statischer Unterdruck wegen des Druckverlustes ΔP_{St} im Stutzen und wegen der Zunahme des dynamischen Drucks P_{dyn} bei der höheren Strömungsgeschwindigkeit.

Beispiel 4.7.2:

$w_{St} = 2$ m/s $K = 0{,}5$ $\rho = 1000$ kg/m³

$$\Delta P_{St} = K \cdot \frac{w_{ST}^2 \cdot \rho}{2} = 0{,}5 \cdot \frac{2^2 \cdot 1000}{2} = 1000 \text{ Pa}$$

$$P_{dyn} = \frac{w^2 \cdot \rho}{2} = \frac{2^2 \cdot 1000}{2} = 2000 \text{ Pa}$$

Daraus ergibt sich folgende statische Druckabsenkung ΔP_{stat} im Auslaufstutzen.

$$\Delta P_{stat} = \Delta P_{St} + P_{dyn} = 1000 + 2000 = 3000 \text{ Pa} = 0{,}305 \text{ m FS}$$

Es wird also eine Mindestflüssigkeitshöhe von 0,305 m FS benötigt, um ein Durchsaugen von Luft zu vermeiden. Der in Beispiel 4.7.1 ermittelte Wert von $h_F = 408$ mm FS liegt deutlich über dem in Beispiel 4.7.2 berechneten Unterdruck von 305 mm FS.

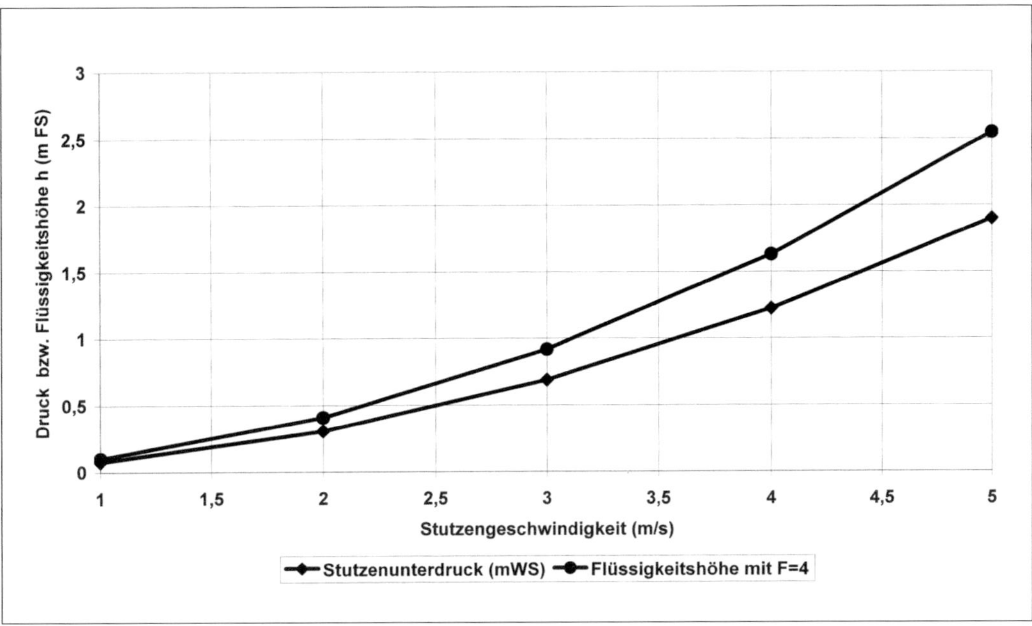

Bild 4.7.3: Berechnete Flüssigkeitshöhen über dem Stutzen und Unterdruck im Auslaufstutzen in Abhängigkeit von der Strömungsgeschwindigkeit im Stutzen

In **Bild 4.7.3** sind die berechneten Werte für die Mindestflüssigkeitshöhe und den Unterdruck im Ablaufstutzen als Funktion der Strömungsgeschwindigkeit im Stutzen dargestellt.

Alternativ kann die erforderliche **Mindestflüssigkeitshöhe S_{min}** über dem Stutzen nach folgender Gleichung vom „Hydraulic Institute“ in USA bestimmt werden [2]:

$$S_{min} = d_{St} + 2{,}3 \cdot w_{St} \cdot \sqrt{\frac{d_{ST}}{g}}$$

d_{St} = Stutzendurchmesser [m]

Beispiel 4.7.3:

Stutzendurchmesser $d_{St} = 0{,}08$ m $\qquad w_{St} = 2$ m/s

$$S_{min} = 0{,}08 + 2{,}3 \cdot 2 \cdot \sqrt{\frac{0{,}08}{9{,}81}} = 0{,}49 \text{ m FS}$$

Dieser Wert ist höher als der in Beispiel 4.7.1 ermittelte Wert von $h_F = 408$ mm FS.

3. Durch das Vermeiden von Gastaschen oder Hochpunkten in der Saugleitung.

Zu empfehlen ist eine leicht steigende Verlegung hin zur Pumpe und exzentrische Reduzierungen für den Übergang von der größeren Saugleitung auf den kleineren Pumpensaugstutzen, damit sich keine größeren Gasblasen bilden können.

4. Durch die Installation von selbstentlüftenden Rohrleitungen.

In selbstentlüftenden Rohrleitungen muss die nach unten gerichtete Strömungsgeschwindigkeit der Flüssigkeit kleiner sein als die nach oben gerichtete Gasblasenaufstiegsgeschwindigkeit. Außerdem muss die Rohrführung so gemacht werden, dass die Gasblasen beim Aufsteigen nicht behindert werden (**Bild 4.7.4**).

Auslegungsbedingung: Froudezahl $F_R < 0{,}3$

Für den Volumenstrom V_L ermittelt man den erforderlichen Rohrleitungsdurchmesser wie folgt:

$$d_{min} \geq \left(\frac{4 \cdot V_L}{0{,}3 \cdot \pi \cdot \sqrt{g}} \right)^{0{,}4} \quad [m] \qquad V_L = \text{Volumenstrom } [m^3/s]$$

Beispiel 4.7.4:

Volumenstrom $V_L = 100\ m^3/h$

$$d_{min} \geq \left(\frac{4 \cdot 100/3600}{0{,}3 \cdot \pi \cdot \sqrt{9{,}81}} \right)^{0{,}4}$$

$d_{min} = 0{,}269\ m$

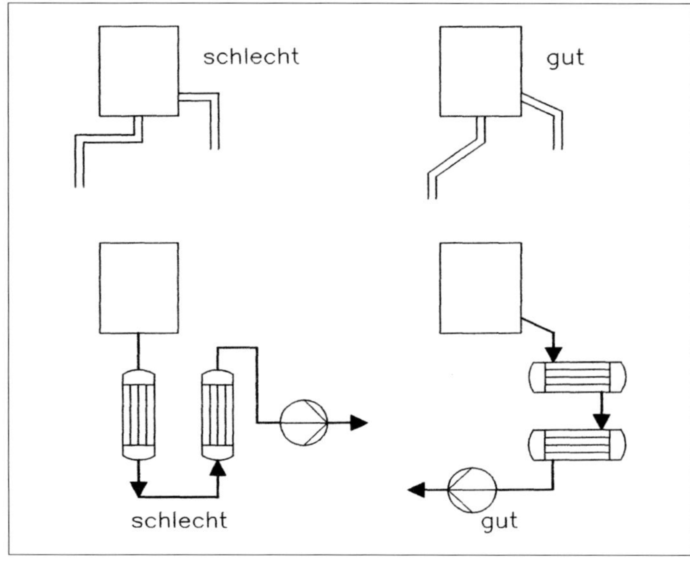

Bild 4.7.4: Verrohrung von selbstentlüftenden Leitungen

5. Ein besonderes Problem ist das Ansaugen von siedenden Flüssigkeiten.

Durch den Druckverlust im Austrittsstutzen kommt es zu einer Druckabsenkung und somit zu einer Teilverdampfung in der Abzugsleitung. Es hängt eine Dämpfeblase im Ablaufrohr und blockiert den Ablauf der Flüssigkeit.

Um die Dämpfebildung zu vermeiden, muss eine **Flüssigkeitshöhe h_F** über dem Abzugsstutzen eingehalten werden.

$$h_F = \frac{3 \cdot K \cdot w_L^2 \cdot 1000}{2 \cdot g} \text{ [mm FS]}$$

K = Widerstandsbeiwert des Stutzens

3 = Sicherheitsfaktor

w_L = Strömungsgeschwindigkeit im Stutzen [m/s]

Um eine weitere Dämpfebildung in der horizontalen Rohrleitung zu vermeiden, sollte man oberhalb der horizontalen Leitung eine vertikale Rohrlänge zur Druckerhöhung in der Horizontalleitung installieren (**Bild 4.7.5**).

Beispiel 4.7.5: Ansaugen von siedenden Flüssigkeiten

$$h_F = \frac{3 \cdot K \cdot w_L^2 \cdot 1000}{2 \cdot g} \text{ [mm FS]} \qquad h_F = \frac{3 \cdot K \cdot w_{FL}^2}{2 \cdot g} \text{ [m]}$$

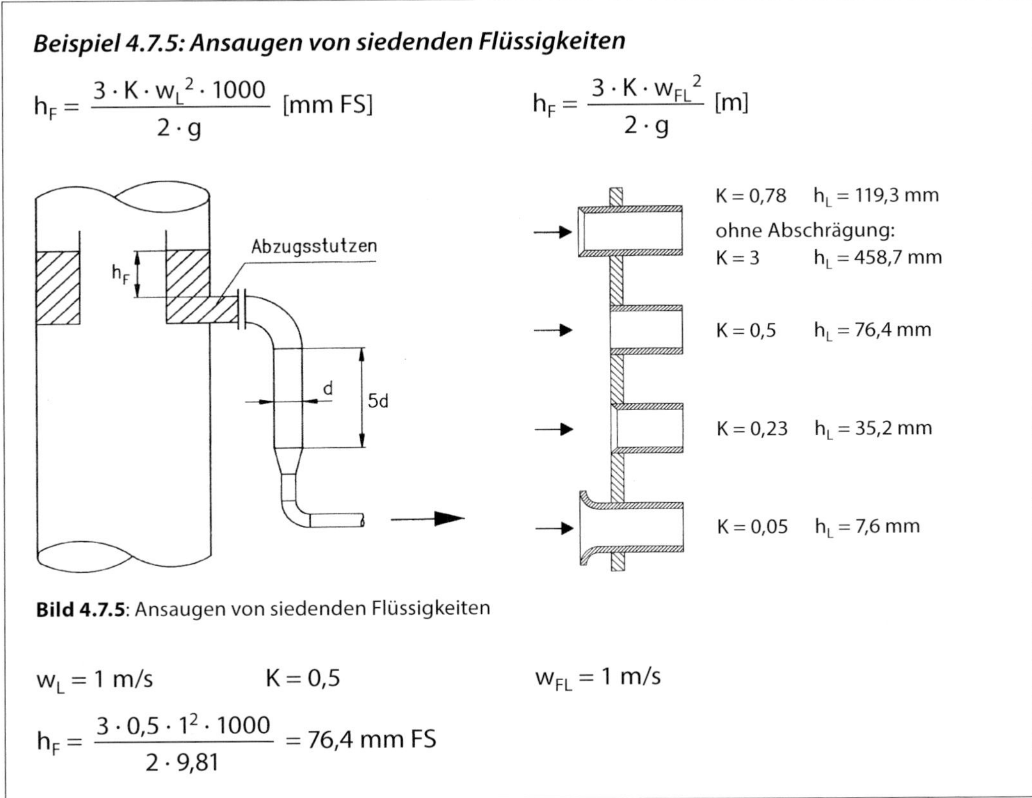

Bild 4.7.5: Ansaugen von siedenden Flüssigkeiten

w_L = 1 m/s K = 0,5 w_{FL} = 1 m/s

$$h_F = \frac{3 \cdot 0{,}5 \cdot 1^2 \cdot 1000}{2 \cdot 9{,}81} = 76{,}4 \text{ mm FS}$$

6. Wenn die Saugleitung mit Luft gefüllt ist, z. B. bei der ersten Inbetriebnahme oder bei Produktwechsel oder beim Ansaugen aus tiefergelegenen Behältern mit undichtem Fussventil, muss die Pumpe vor Inbetriebnahme mit Flüssigkeit aufgefüllt werden.

Dazu gibt es die in **Bild 4.7.6** gezeigten Möglichkeiten:

- Saugbehälter zum Anfahren über der Pumpe
- Beipass von der Druck- zur Saugseite
- Separate Füllleitung
- Vakuumansaugung

Alternativ können Tauchpumpen oder Tauchmotorpumpen eingesetzt werden. Oft genügt auch eine sogenannte selbstansaugende Kreiselpumpe mit einem zusätzlichen Stirnrad zur Gasabsaugung.

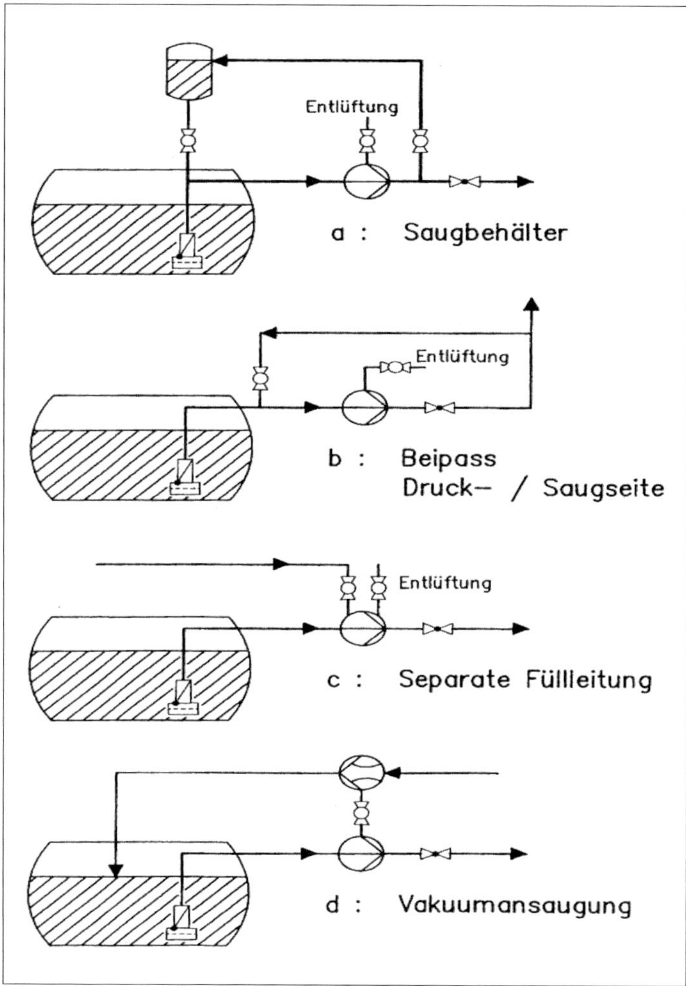

Bild 4.7.6: Möglichkeiten zum Auffüllen einer Pumpe mit Flüssigkeit

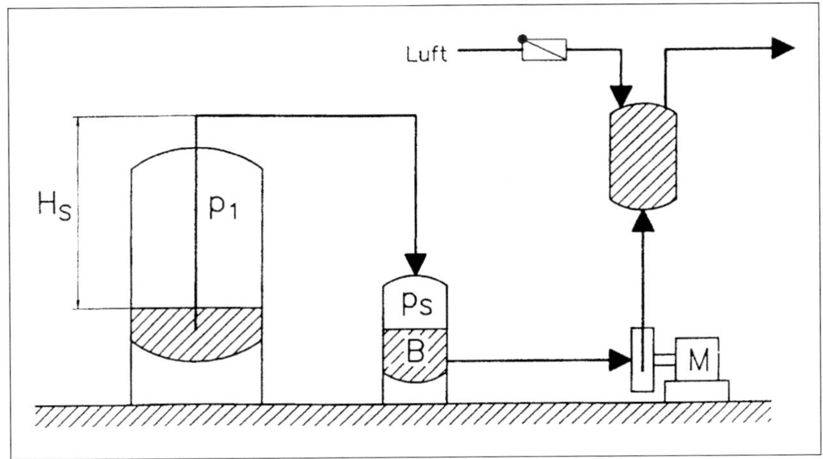

Bild 4.7.7: Entlüften einer Saugleitung

Beispiel für eine Vakuumvorlage zum Entlüften der Saugleitung

Wenn man einen Behälter oder einen Tank- bzw. Kesselwagen über Kopf abpumpen möchte, hat man ständig das Problem der luftgefüllten Saugleitung.

Man löst dieses Problem durch die Installation eines vakuumdichten Behälters B in der Saugleitung und eines Produktspeichers in der Druckleitung. Dieser Produktspeicher dient zur Befüllung des Saugbehälters B.

Betriebsweise: Die normalsaugende Kreiselpumpe saugt die Flüssigkeit aus dem Saugbehälter B ab und erzeugt in der Saugleitung ein Vakuum, das die Flüssigkeit aus dem Behälter über Kopf in den Behälter B hebert. Die abgesaugte Luft verbleibt in B und die über den Berg geheberte Flüssigkeit wird abgepumpt.

Entscheidend ist die richtige Auslegung der Vakuumvorlage B für das abzusaugende Luftvolumen V_{Luft} in der Saugleitung und der erforderliche Saugdruck P_S zum Hochsaugen bzw. Hebern der Flüssigkeit.

Berechnung des erforderlichen Volumens V_B der Vakuumvorlage B:

$$P_1 \cdot V_{Luft} = P_S \cdot V_B$$

$$V_B = \frac{P_1}{P_S} \cdot V_{Luft} \cdot S$$

Berechnung des erforderlichen Saugdrucks P_S zum Hebern:

$$P_S = P_1 \cdot 10^5 - H_S \cdot \rho \cdot g$$

Berechnung der maximal zulässigen Saughöhe H_{Smax}:

$$H_{Smax} = \frac{(P_1 - P_D) \cdot 10^5}{\rho \cdot g} - H_V \text{ [m FS]}$$

P_1 = Druck über der Flüssigkeit [bar]

P_D = Dampfdruck der Flüssigkeit [bar]

P_S = Erforderlicher Saugdruck zum Hochsaugen [Pa]

H_S = Erforderliche Saughöhe [m FS]

H_{Smax} = Maximal zulässige Saughöhe [m FS]

H_V = Druckverlust in der Saugleitung [m FS]

S = Sicherheitsfaktor

ρ = Flüssigkeitsdichte [kg/m³]

V_B = Inhalt der Vakuumvorlage

V_{Luft} = Luftvolumen in der Saugleitung

Beispiel 4.7.6: Auslegung einer Vakuumvorlage

$V_{Luft} = 0{,}5\ m^3$ $S = 2{,}5$ $H_S = 4\ m$ $\rho = 800\ kg/m^3$

$H_V = 2\ m\ FS$ $P_1 = 1\ bar$ $P_D = 0{,}4\ bar$

Berechnung des erforderlichen Saugdrucks:

$$P_S = 1 \cdot 10^5 - 4 \cdot 800 \cdot 9{,}81 = 68608\ Pa$$

Berechnung des Volumens der Vakuumvorlage:

$$V_B = \frac{100000}{68608} \cdot 0{,}5 \cdot 2{,}5 = 1{,}82\ m^3$$

Kontrolle der maximal zulässigen Saughöhe:

$$H_{Smax} = \frac{(1 - 0{,}4) \cdot 10^5}{800 \cdot 9{,}81} - 2 = 5{,}64\ m\ FS$$

Die Auslegung ist in Ordnung!

Die geforderte Saughöhe liegt unterhalb der maximal zulässigen Saughöhe.

Alternativberechnung für die Flüssigkeitsdichte $\rho = 1250\ kg/m^3$

Zunächst muss die maximal zulässige Saughöhe ermittelt werden.

Maximal zulässige Saughöhe zur Vermeidung von Verdampfung:

$$H_{Smax} = \frac{(1 - 0{,}4) \cdot 100000}{1250 \cdot 9{,}81} - 2 = 2{,}89\ m\ FS$$

Durch die höhere Dichte von 1250 kg/m³ verringert sich die maximal zulässige Saughöhe auf 2,89 m FS.

Die geforderte Saughöhe von 4 m FS ist nicht möglich!

Für eine Saughöhe von 2,89 m ergibt sich folgender erforderlicher Saugdruck PS zum Hebern der Flüssigkeit:

$$P_S = 100000 - 2{,}89 \cdot 1250 \cdot 9{,}81 = 64561\ Pa$$

Das erforderliche Volumen V_B der Vakuumvorlage für ein Luftvolumen von $V_{Luft} = 0{,}5\ m^3$ und einen Saugdruck von $P_S = 64561$ Pa berechnet man wie folgt:

$$V_B = \frac{100000}{64561} \cdot 0{,}5 \cdot 2{,}5 = 1{,}94\ m^3$$

Kavitationsgefahr durch die Druckabsenkung in der Pumpenvorlage

Zum Abhebern der Flüssigkeit muss der Druck in der Vakuumvorlage abgesenkt werden. Wenn man den Druck über der angesaugten Flüssigkeit vermindert, ergibt sich ein geringerer NPSHA-Wert der Anlage.

Es muss demnach kontrolliert werden, ob der geringere NPSHA-Wert größer ist als der für die Pumpe erforderliche NPSHR-Wert.

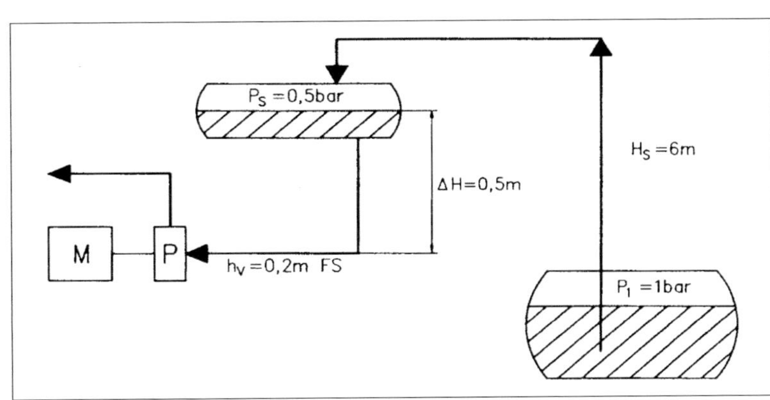

Bild 4.7.8: Durch das Absenken des Drucks in der Vakuumvorlage auf den erforderlichen Saugdruck P_S verringert sich der vorhandene NPSH-Wert der Anlage. Es muss daher eine ausreichende Zulaufhöhe ΔH vorgesehen werden

Beispiel 4.7.7: Überprüfung des NPSHA-Werts bei 0,5 bar in der Vakuumvorlage

NPSHR = 2,5 m H = 0,5 m FS $\Delta P_S = 0{,}2$ m FS

$P_V = 0{,}4$ bar $\rho = 800\ kg/m^3$ $P_1 = 0{,}5$ bar

$$NPSHA = H + \frac{P_1 - P_V - \Delta P_S}{\rho \cdot g} = 0{,}5 + \frac{(0{,}5 - 0{,}4 - 0{,}05) \cdot 10^5}{800 \cdot 9{,}81} = 1{,}14\ m\ FS$$

NPSHA = 1,14 m FS < NPSHR = 2,5 m FS → Kavitation!

Wenn man die Pumpenvorlage 2 m über der Pumpe installiert, ist das Kavitationsproblem behoben.

$$NPSHA = H + \frac{P_1 - P_V - \Delta P_S}{\rho \cdot g} = 2 + \frac{(0{,}5 - 0{,}4 - 0{,}05) \cdot 10^5}{800 \cdot 9{,}81} = 2{,}64\ m\ FS$$

NPSHA = 2,64 m FS > NPSHR = 2,5 m FS → Keine Kavitation!

4.8 Rohrleitungsdimensionierung für Kreiselpumpen

Bei der Auslegung bzw. Dimensionierung der Rohrleitungen für eine Kreiselpumpe müssen die unterschiedlichen Kriterien für die Saug- und Druckleitung beachtet werden.

Die richtige Dimensionierung der Saugleitung ist entscheidend für einen störungsfreien Pumpenbetrieb. Es darf nicht zur Gas- oder Dampfblasenbildung im Pumpeneintritt kommen.

Kontrolle:
Der NPSHA-Wert der Anlage muss größer sein als der NPSHR-Wert der Kreiselpumpe!

Die Bemessung der Druckleitung erfolgt nach wirtschaftlichen Gesichtspunkten:

Ein größerer Rohrleitungsdurchmesser verursacht höhere Investitionskosten, reduziert aber die Energiekosten für das Pumpen.

Bei den Investitionskosten müssen unbedingt mögliche Mehrkosten für Beheizung und Isolierung der Rohrleitung berücksichtigt werden. Für kleinere Nennweiten verringern sich die Rohrleitungskosten, aber die Pumpen werden teurer.

Die wesentlichen Formeln für die Berechnung von Pumpenkreisläufen sind in **Tabelle 4.8.1** aufgelistet.

In zwei Pumpenberechnungen wird die Anwendung der Gleichungen gezeigt:

$NPSH_{vorh} = HS + \frac{P - P_V}{\rho \cdot g} - \frac{\Delta P_{Saug}}{\rho \cdot g}$	in m FS	d	= Rohrleitungsdurchmesser
		ΔH	= $H_{Druck} - H_{Saug}$
$P_{Saug} = P + HS \cdot \rho \cdot g - \Delta P_{Saug}$	in Pa	ΔP_D	= Druckverlust der Druckleitung
		ΔP_{Druck}	= druckseitiger Druckverlust
$H_{Saug} = HS + \frac{P - \Delta P_{Saug}}{\rho \cdot g}$	in m FS	ΔP_{Saug}	= Druckverlust der Saugleitung
		ΔP_{RV}	= Druckverlust des Regelventils
$\Delta P_{Druck} = \Delta P_D + \Delta P_{RV} + \Delta P_{WT}$	in Pa	ΔP_{WT}	= Druckverlust des Wärmeübertragers
		f	= Reibungsbeiwert
$H_{Druck} = HD + \frac{\Delta P_{Druck}}{\rho \cdot g}$	in m FS	HD	= statische Höhe auf der Druckseite
		H_{Druck}	= statische Höhe am Druckstutzen
$\Delta P_D = \left(f \cdot \frac{L}{d} + K_{ges}\right) \cdot \frac{w^2 \cdot \rho}{2}$	in Pa	HS	= statische Höhe auf der Saugseite
		ρ	= Flüssigkeitsdichte
$\Delta P_{RV} = \left(\frac{V}{k_{VS}}\right)^2 \cdot \rho \cdot 100$	in Pa	K_{ges}	= Widerstandsbeiwerte
		η	= Pumpenwirkungsgrad
$\Delta P_{WT} = \frac{w^2 \cdot \rho}{2} \cdot z \cdot \left(f \cdot \frac{L}{d} + 4\right)$	in Pa	L	= Rohrleitungslänge
		N	= Pumpenleistung
$N = 1{,}1 \cdot \frac{V \cdot \rho \cdot \Delta H}{367200 \cdot \eta}$	in kW	$NPSH_{vorh}$	= vorhandener NPSH-Wert
		P	= Druck über der Flüssigkeit
		P_{eff}	= effektiver Dampfdruck
		P_{Saug}	= Druck am Saugstutzen
		P_V	= Flüssigkeitsdampfdruck
		V	= Fördermenge
		w	= Strömungsgeschwindigkeit
		z	= Wärmetauschergangzahl

Tabelle 4.8.1: Formeln für die Berechnung von Pumpenkreisläufen

Berechnung 1: Geschlossener Wasserkreislauf mit Luftsättigung in der Kolonne

Berechnung 2: Unterschiedliche Nennweiten auf der Druckseite zur Verdeutlichung des höheren Leistungsbedarfs in kleineren Leitungen

Danach folgen eine Wirtschaftlichkeitsbetrachtung und eine Erläuterung zur Kapitalisierung von Betriebskosten.

Pumpenberechnung 1: Auslegung eines Pumpenumlaufs mit luftgesättigtem Wasser

$V = 50\ m^3/h$ $HS = 3$ m FS $HD = 25$ m FS $NPSH_{Pumpe} = 2{,}5$ m FS

$P_K = 1$ bar $\rho = 988\ kg/m^3$ $P_{eff} = 0{,}5$ bar = effektiver Dampfdruck

Berechnung des vorhandenen NPSHA-Wertes der Anlage mit P_{eff}:

$$NPSHA = HS + \frac{P_K - P_{eff}}{\rho \cdot g} - \frac{\Delta P_{Saug}}{\rho \cdot g} = 3 + \frac{(1 - 0{,}5) \cdot 10^5}{988 \cdot 9{,}81} - \frac{2899}{988 \cdot 9{,}81} = 7{,}8 \text{ m FS}$$

$> NPSHR = 2{,}5$ m FS

Berechnung der statischen Höhe H_{Saug} auf der Saugseite:

$\Delta P_{Saug} = 2899\ \text{Pa}$

$$H_{Saug} = HS + \frac{P_K - \Delta P_{Saug}}{\rho \cdot g} = 3 + \frac{100000 - 2899}{988 \cdot 9{,}81} = 13\ \text{m FS}$$

Berechnung der statischen Höhe H_{Druck} auf der Druckseite:

$P_K = 1\ \text{bar}$ $\Delta P_D = 64928\ \text{Pa}$ $\Delta P_{RV} = 50408\ \text{Pa}$ $\Delta P_{WT} = 42793\ \text{Pa}$

$$P_{Druck} = P_K + \Delta P_D + \Delta P_{RV} + \Delta P_{WT} = 100000 + 64928 + 50408 + 42792 = 258129$$

$$H_{Druck} = HD + \frac{P_{Druck}}{\rho \cdot g} = 25 + \frac{258129}{988 \cdot 9{,}81} = 51{,}6\ \text{m FS}$$

Berechnung des Leistungsbedarfs N der Pumpe mit η = 50 % Wirkungsgrad:

$$\Delta H_{Pumpe} = H_{Druck} - H_{Saug} = 51{,}6 - 13 = 38{,}6\ \text{m FS}$$

$$N = 1{,}1 \cdot \frac{V \cdot \rho \cdot \Delta H \cdot g}{h \cdot 1000} = \frac{50 \cdot 988 \cdot 38{,}6 \cdot 9{,}81}{3600 \cdot 0{,}5 \cdot 1000} = 10{,}4\ \text{kW}$$

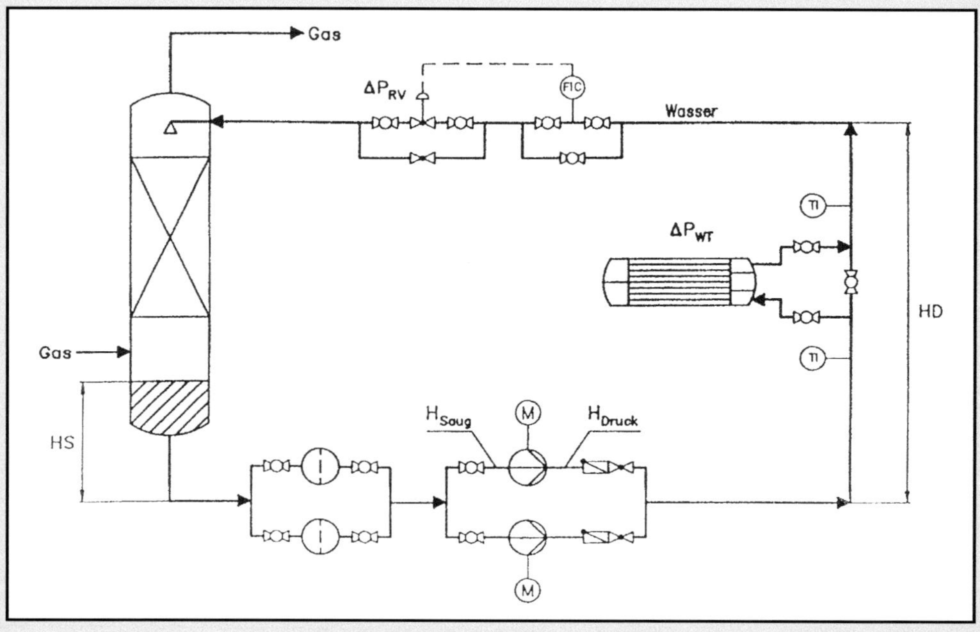

Bild 4.8.1: Pumpenumlauf mit luftgesättigtem Wasser

Pumpenberechnung 2: Leistungsbedarf der Pumpe für unterschiedliche Nennweiten

$V = 30\ m^3/h$ $HS = 4\ m\ FS$ $HD = 10\ m\ FS$ $NPSHR = 2{,}2\ m\ FS$

$P_K = P_V = 0{,}2\ bar$ $\rho = 800\ kg/m^3$ $P_V = 0{,}2\ bar$ = Dampfdruck

Berechnung des vorhandenen NPSHA-Wertes der Anlage mit P_V:

$$NPSHA = HS + \frac{P_K - P_V}{\rho \cdot g} - \frac{\Delta P_{Saug}}{\rho \cdot g} = 4 + \frac{(0{,}2 - 0{,}2) \cdot 10^5}{800 \cdot 9{,}81} - \frac{10000}{800 \cdot 9{,}81} = 2{,}7\ m\ FS$$

$$> NPSHR = 2{,}2\ m\ FS$$

Berechnung der statischen Höhe H_{Saug} auf der Saugseite: $\Delta P_{Saug} = 10000\ Pa$

$$H_{Saug} = HS + \frac{P_K - \Delta P_{Saug}}{\rho \cdot g} = 4 + \frac{20000 - 10000}{800 \cdot 9{,}81} = 5{,}3\ m\ FS$$

Berechnung der statischen Höhe H_{Druck} auf der Druckseite für 1000 m DN 80:

$P_{Tank} = 1\ bar$ $\Delta P_D = 4{,}4\ bar$ $\Delta P_{RV} = 1\ bar$ $\Delta P_{WT} = 0{,}8\ bar$ $P_{Druck} = 7{,}2\ bar$

$$H_{Druck} = HD + \frac{P_{Druck}}{\rho \cdot g} = 10 + \frac{7{,}2 \cdot 10^5}{800 \cdot 9{,}81} = 101{,}8\ m\ FS$$

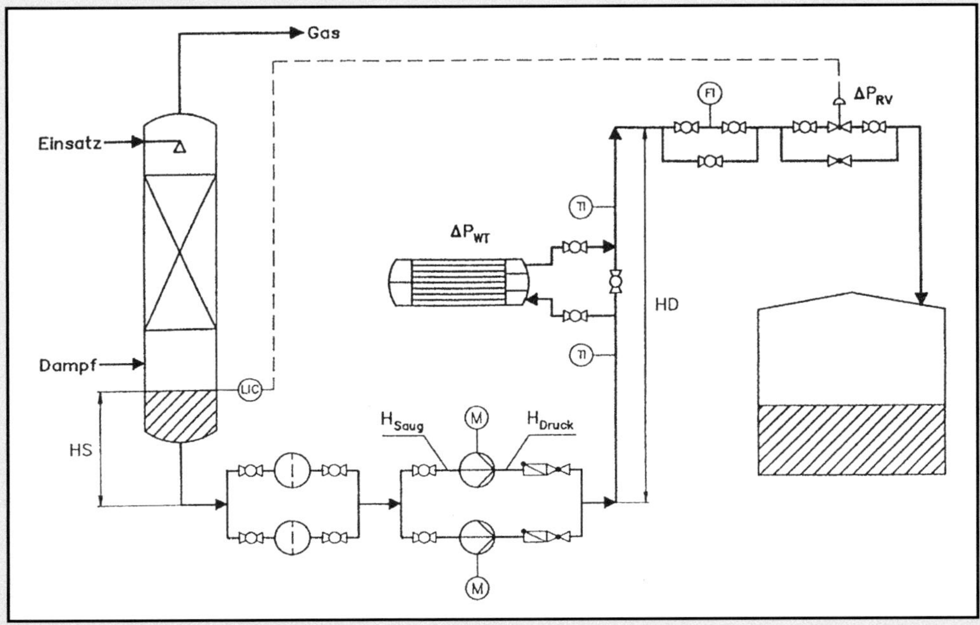

Bild 4.8.2: Pumpen zum Lagertank

Berechnung des Leistungsbedarfs N der Pumpe mit η = 0,5 für 1000 m DN 80:

$$N = 1{,}1 \cdot \frac{V \cdot \rho \cdot \Delta H \cdot g}{h \cdot 1000} = \frac{30 \cdot 800 \cdot (101{,}8 - 5{,}3) \cdot 9{,}81}{3600 \cdot 0{,}5 \cdot 1000} = 12{,}6\ \text{kW}$$

Berechnung der statischen Höhe H_{Druck} auf der Druckseite für 1000 m DN 100:

$P_K = 1$ bar $\Delta P_D = 1{,}5$ bar $\Delta P_{RV} = 0{,}5$ bar $\Delta P_{WT} = 0{,}8$ bar $P_{Druck} = 3{,}8$ bar

$$H_{Druck} = HD + \frac{P_{Druck}}{\rho \cdot g} = 10 + \frac{3{,}8 \cdot 10^5}{800 \cdot 9{,}81} = 58{,}4\ \text{m FS}$$

Berechnung des Leistungsbedarfs N der Pumpe mit η = 0,5 für 1000 m DN 100:

$$N = 1{,}1 \cdot \frac{V \cdot \rho \cdot \Delta H \cdot g}{h \cdot 1000} = \frac{30 \cdot 800 \cdot (58{,}4 - 5{,}3) \cdot 9{,}81}{3600 \cdot 0{,}5 \cdot 1000} = 6{,}95\ \text{kW}$$

Wirtschaftliche Rohrleitungsdimensionierung

1. Ermittlung der Betriebskosten für verschiedene Nennweiten:
   Pumpenenergie
   Wärmeverluste
   Beheizungsenergie
2. Berechnung der Betriebskosteneinsparung für eine größere Nennweite
3. Zurückdiskontierung der Betriebskosteneinsparung auf den Anschaffungszeitpunkt
4. Ermittlung der zusätzlichen Investitionskosten für eine größere Nennweite einschließlich Isolierung + Begleitheizung + Rohrhalterungen

Beispiel 4.8.1:

DN 80: 12 kW → 72000 kWh/a
DN 100: 5,3 kW → 31800 kWh/a Einsparung: 40200 kWh/a
Strompreis: 0,15 Euro/kWh Stromkosteneinsparung: 6030 Euro

Stromkosteneinsparung über die Betriebsdauer:
n = 10 Jahre Zinssatz i = 6 %
Kostensteigerungsfaktor e = 3 %
Diskontfaktor $PV_{ges} = 8{,}57$

Auf den Anschaffungszeitpunkt zurückdiskontierte Betriebskosteneinsparung:
GW = 8,57 · 6030 = 51677 Euro in 10 Jahren

Zusätzliche Investitionskosten für 1000 m DN 100 statt DN 80: 30.000 Euro

Den Diskontfaktor PV_{ges} für die gesamte Betriebszeit ermittelt man folgendermaßen:

$$PV_{ges} = \frac{1+e}{1+i} \cdot \left(\frac{\left(\frac{1+e}{1+i}\right)^n - 1}{\left(\frac{1+e}{1+i}\right) - 1} \right)$$

e = Kostensteigerungsfaktor
i = Zinssatz
n = Betriebszeit (Jahre)

Erläuterung zur Kapitalisierung der Betriebskosten

Häufig muss eine Entscheidung getroffen werden zwischen einer billigen Maschine oder Anlage mit hohen Betriebskosten und einer teuren Maschine oder neuen Anlage mit niedrigen Betriebskosten.

Was ist wirtschaftlich sinnvoll?

Hohe Betriebskosten über einen langen Zeitraum oder eine einmalige höhere Investition?

Beispiele:

- Pumpen + Kompressoren mit unterschiedlichem Stromverbrauch
- Dampfkessel oder Wärmeträgeranlagen mit unterschiedlicher Brennstoffnutzung
- Wärme- oder Kälteeinsparung durch bessere und wirksame Isolierung
- Wertstoffeinsparung durch eine Rückgewinnungsanlage, z. B. durch Kondensation oder Destillation
- Abfallkostenminimierung durch eine zusätzliche Aufarbeitungsstufe
- Personalkosteneinsparung durch eine bessere Automatisierung
- Größere Rohrleitungsdurchmesser mit geringerem Energiebedarf für die Pumpen oder Kompressoren

Wenn man vor einer derartigen Entscheidung steht, sollte man die Investitionskosten mit den über die Betriebszeit kapitalisierten Betriebskosten vergleichen.

Die Kapitalisierung der Betriebskosten erfolgt so, dass die Betriebskosten für die gesamte Betriebszeit unter Berücksichtigung der inflationsbedingten Kostensteigerungen für Energie, Personal, Wertstoffe etc. addiert und mit dem gültigen Zinssatz auf den Anschaffungszeitpunkt zurückdiskontiert werden.

Das Zurückdiskontieren ist erforderlich, weil eine Einsparung über eine längere Betriebszeit zum Zeitpunkt der Anschaffung wegen der Verzinsung des eingesetzten Kapitals deutlich weniger wert ist.

Zum Beispiel ist eine Einsparung von 100.000 Euro über einen Zeitraum von 5 Jahren bei einem Zinssatz von 10 % zum Zeitpunkt der Anschaffung nur 62.092 Euro wert.

Wenn man umgekehrt einen Betrag von 62.092 Euro zu einem Zinssatz von 10 % anlegt, so hat man mit Zins + Zinseszins nach 5 Jahren ein Kapital von 100.000 Euro.

Berechnung: $62092 \cdot 1{,}1^5 = 100000$ Euro

Durch das Diskontieren erhält man den Gegenwartswert GW der Betriebskosten, also den Kapitalwert zum Anschaffungszeitpunkt. Dieser Gegenwartswert der Betriebskosten wird mit den Investitionskosten verglichen. Die Vorgehensweise geht aus Beispiel 4.8.1 hervor.

Den Gegenwartswert GW der Betriebskosten berechnet man wie folgt:

$$GW = PV_{ges} \cdot \Delta BK = PV_{ges} \cdot \Delta E \cdot EP$$

GW = Gegenwartswert einer Einsparung oder eines Gewinns [Euro]
ΔBK = Betriebskosteneinsparung [Euro/a]
ΔE = Energieeinsparung [kWh/a oder t Dampf/a]
EP = Gegenwärtiger Energiepreis [Euro/kWh oder Euro/t Dampf]
PV_{ges} = Diskontfaktor einschließlich Kostensteigerung durch Inflation für die gesamte Betriebszeit in Jahren

4.9 Anlagenkennlinien für Serien- oder Parallelschaltung von Rohrleitungen

Bei zusammengesetzten hintereinander oder parallel geschalteten Druckverlust erzeugenden Rohrleitungen mit Wärmetauschern, Filtern, Regelventilen etc. muss die Anlagenkennlinie ermittelt werden, um den Betriebspunkt auf der Pumpenkennlinie zu fixieren und die erforderliche Pumpe auszuwählen.

In den Funktionsfließbildern **Bild 4.9.1** und **Bild 4.9.2** wird gezeigt, wie man die Anlagenkennlinie für hintereinander oder parallel geschaltete Strömungswiderstände aus den Rohrleitungskennlinien der einzelnen Rohrleitungen DN 50 und DN 65 erstellt.

In den **Bildern 4.9.3 bis 4.9.6** werden weitere Beispiele für die Ermittlung der Anlagenkennlinie in unterschiedlichen Systemen dargestellt.

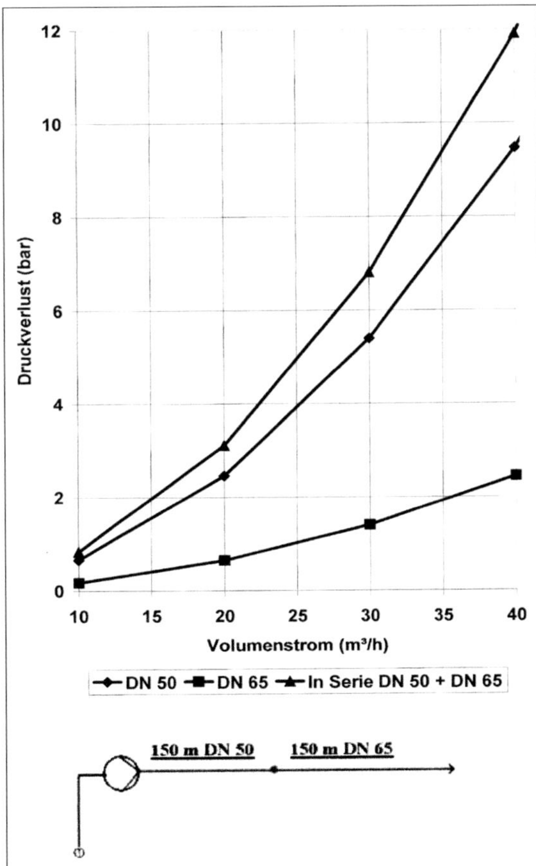

Bild 4.9.1: Zunahme des Druckverlustes durch Serienschaltung von 150 m DN 50 und 150 m DN 65. Man addiert die Druckverluste der einzelnen Kennlinien in vertikaler Richtung.

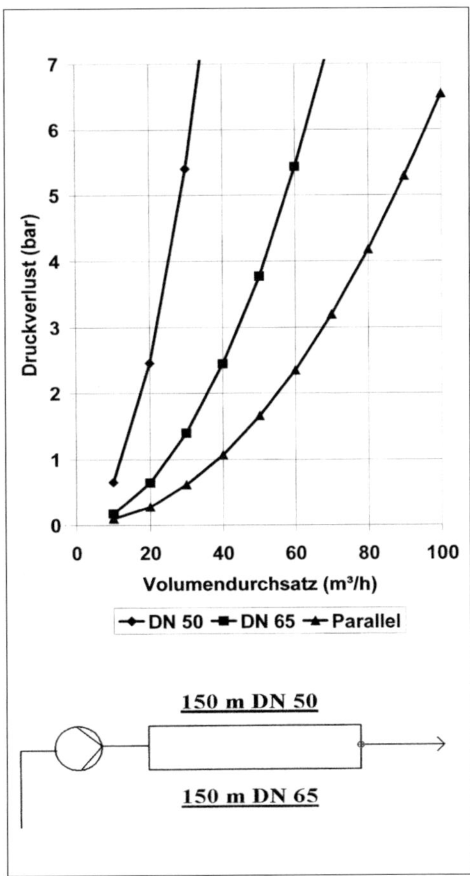

Bild 4.9.2: Vergrößerung der Rohrleitungskapazität durch Parallelschaltung von 150 m DN 50 und 150 m DN 65. Man addiert den Durchfluss der beiden Einzelkennlinien in horizontaler Richtung.

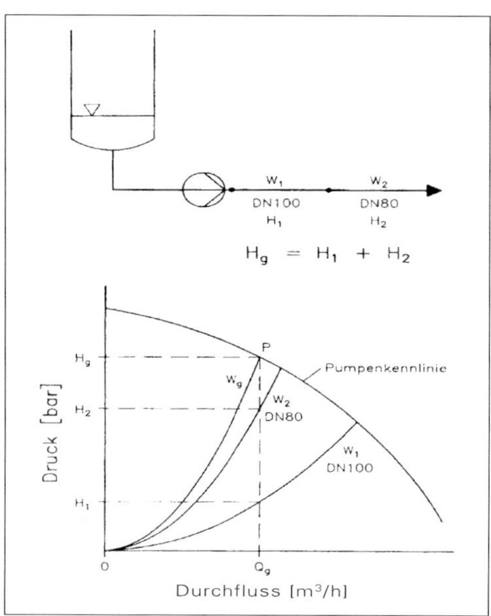

Bild 4.9.3: Strömungswiderstände in Serie

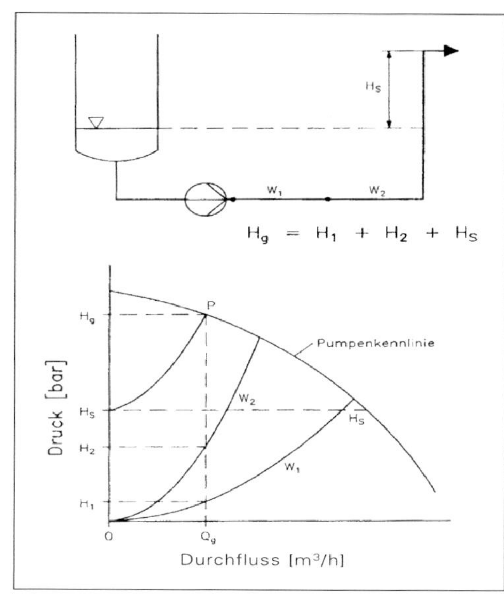

Bild 4.9.4: Hintereinander geschaltete Strömungswiderstände plus statische Höhendifferenz

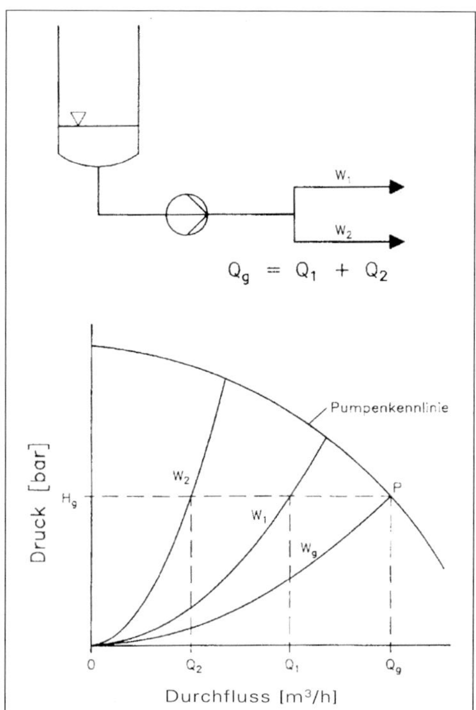

Bild 4.9.5: Parallelströmung durch zwei Rohrleitungen

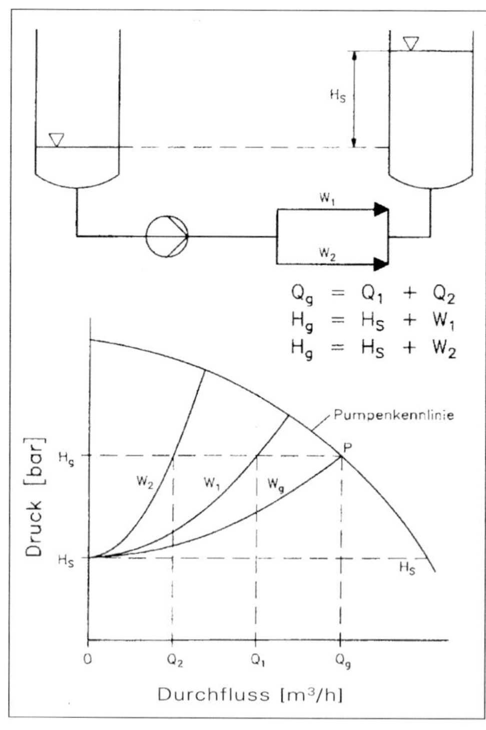

Bild 4.9.6: Parallelgeschaltete Strömungswiderstände plus statische Höhendifferenz

4.10 Kreiselpumpen-Probleme [8]

1. Höhere Viskositäten der Förderflüssigkeit

Problem: Wirkungsgradabfall und hohe Leistungsaufnahme
Unzureichende Kühlung in Spaltrohrmotor- und Magnetkupplungspumpen

Mit zunehmender Viskosität nimmt die Förderhöhe ab und der Leistungsbedarf steigt.

2. Gasgehalt in der Flüssigkeit

Problem: Leistungsabfall mit zunehmendem Gasgehalt
Zulässig: max. 3 Vol.-%

Durch die Freisetzung von gelösten Gasen bei dem niedrigeren Pumpeninnendruck kommt es zu einer Gasanreicherung in der Pumpe mit Totalausfall der Förderung. Eine gasgefüllte Kreiselpumpe fördert keine Flüssigkeit!

Abhilfen: Inducer = Booster-Pumpe zur Druckerhöhung in der Pumpe
Selbstansaugende Pumpen (selfpriming) mit Extralaufrad
Rotierende Verdrängerpumpen

3. Emissionen

Problem: Einhaltung der TA Luft

⇒ Kein Produktaustritt in die Atmosphäre

Abhilfen: Dichtungslose Pumpen ⇒ Spaltrohrmotorpumpen ⇒ Magnetkupplungspumpen

Doppelte Gleitringdichtungen mit Sperrflüssigkeitsbehälter

a) Back-to-Back-Dichtungen mit Trennflüssigkeitszirkulation und Wärmeabfuhr
Funktionskontrolle: Niveau im Sperrdruckbehälter

b) Tandem-Dichtung mit Trennflüssigkeit, wenn keine Produktkontamination zulässig ist
Funktionskontrolle: Druck und Niveau im Sperrflüssigkeitsbehälter

4. Abrasive Partikel in der Förderflüssigkeit

Problem: Erosion
Beispiel: Rauchgaswäschen

Abhilfen: Kreiselpumpen aus Hartmetall
Kreiselpumpen mit Gummierung
Freistrompumpen mit offenem Laufrad
Exzenterschneckenpumpen mit niedriger Drehzahl
Druckluft-Membranpumpen
Mammut-Pumpen mit Gasinjektion

5. Erstarrende Flüssigkeiten

Problem: Erstarrung des Fluids in der Pumpe
Verstopfung

Abhilfen: Heizmantel und Entleerungsmöglichkeit

6. Korrosive Flüssigkeiten

Problem: Pumpenzerstörung durch chemischen Angriff

Abhilfen: Geeignete Werkstoffe, z. B. Edelstahl, Duplex, Sondermetalle (Monel 400 oder Incoloy 825)
Kunststoff für anorganische Säuren: HCl, HF, H_2SO_4, Chloride

4.11 Seitenkanalpumpen [9] [10]

Mit Seitenkanalpumpen lassen sich bei kleinen Fördermengen große Förderhöhen erreichen. Aus **Bild 4.11.1** ist zu erkennen, dass man mit mehreren Stufen sehr steile Drosselkurven mit großen Förderhöhen erreichen kann [3].

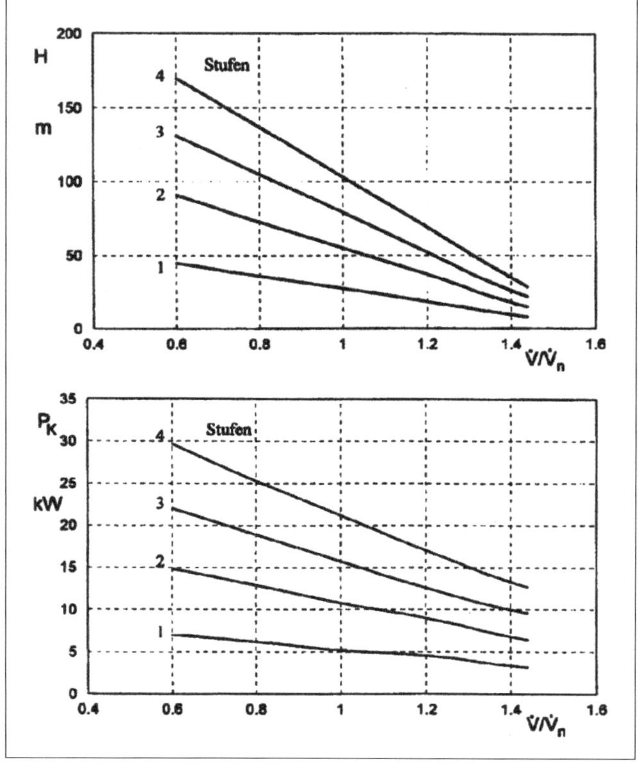

Bild 4.11.1: Kenlinien von Seitenkanalpumpen

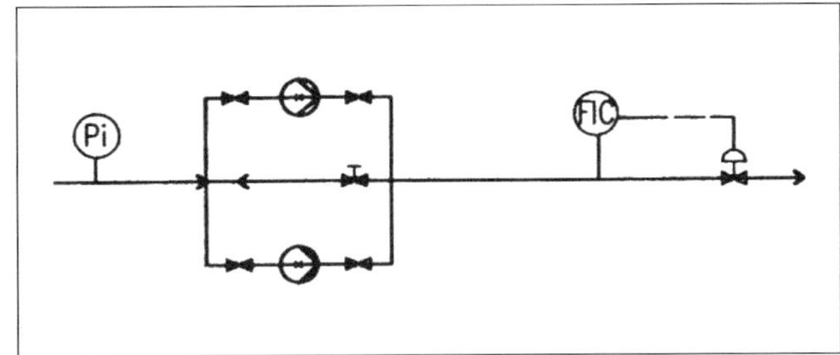

Bild 4.11.2: Mengenregelung für Seitenkanalpumpen

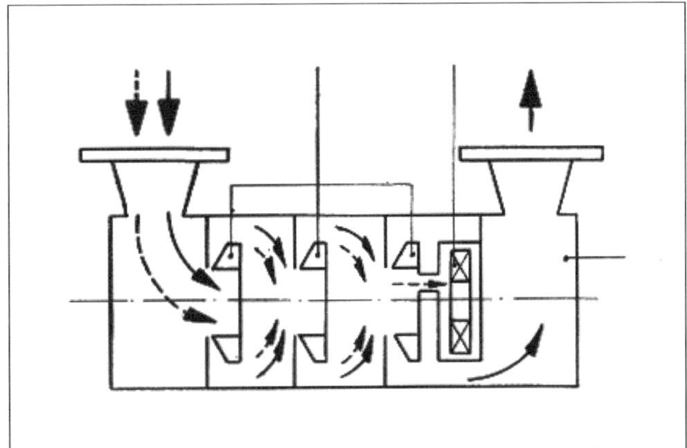

Bild 4.11.3: Selbstansaugende Kreiselpumpe mit Seitenkanalrad [11]

Wegen der engen Toleranzen eignen sich Seitenkanalpumpen nur für reine Flüssigkeiten [9].

Zu beachten ist, dass bei den Seitenkanalpumpen der Leistungsbedarf bei Drosselung zunimmt (Bild 4.11.1). Das ist bei der Mengenregelung zu berücksichtigen (**Bild 4.11.2**).

Ein besonderer Vorteil ist das bessere Ansaugvermögen und die Mitförderung von Gasen oder Dämpfen, aber die Pumpe muss immer mit Flüssigkeit gefüllt sein [10].

Die Förderung erfolgt durch einen rotierenden Flüssigkeitsring.

Bei den sogenannten selbstansaugenden Pumpen wird mit einer Seitenkanalstufe auf der Druckseite von mehrstufigen Gliederpumpen die Luft aus der Saugleitung abgesaugt. Bei derartigen Pumpen sind die Stutzen vertikal angeordnet, damit die Pumpe immer mit Flüssigkeit gefüllt ist (**Bild 4.11.3**).

4.12 Verdrängerpumpen [12] [13] [14]

Zur Förderung viskoser Medien mit Viskositäten über 300 mPas setzt man Verdrängerpumpen ein. Die verschiedenen Bauarten sind in **Bild 4.12.1** dargestellt.

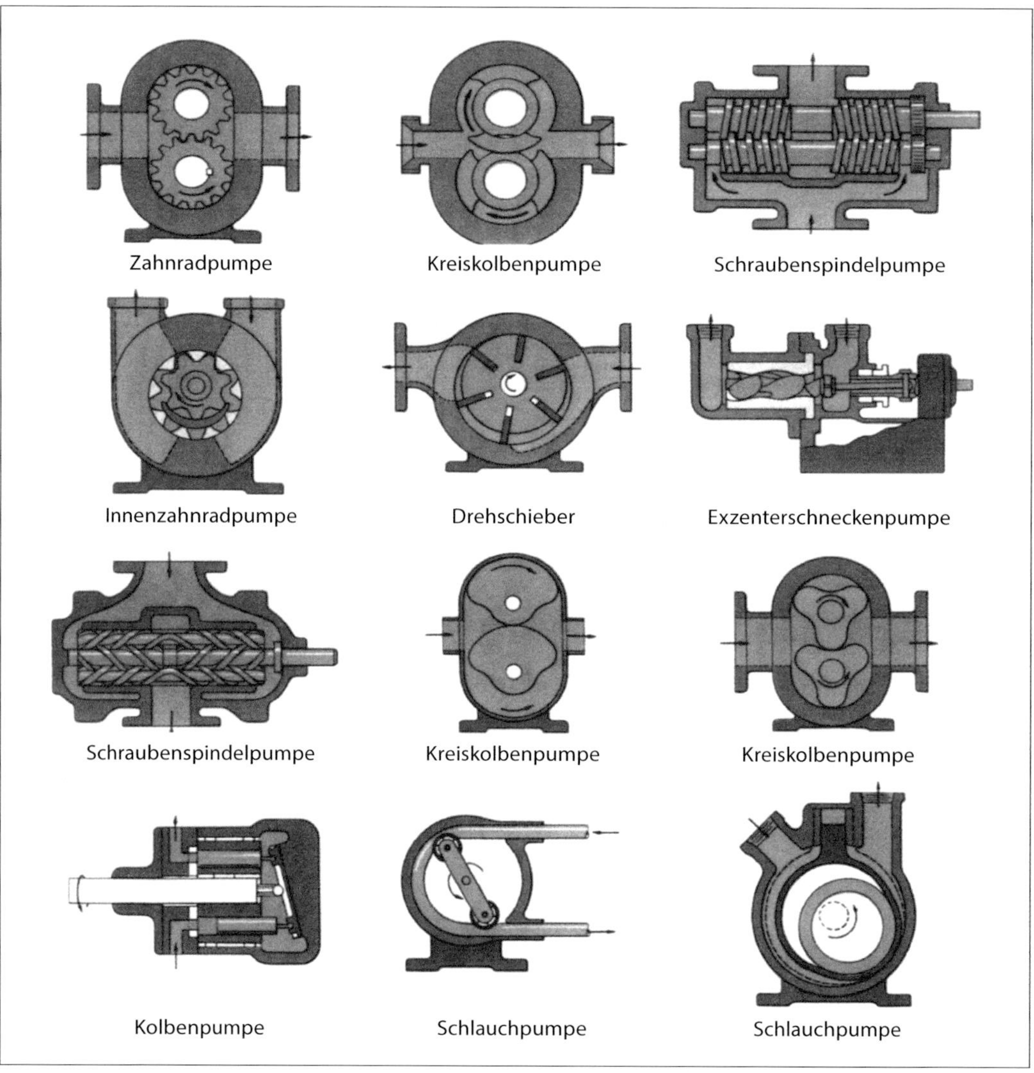

Bild 4.12.1: Bauarten von Verdrängerpumpen

4.12.1 Besonderheiten bei rotierenden Verdrängerpumpen

- Normalerweise ist der Wirkungsgrad von rotierenden Verdrängerpumpen deutlich besser als der von Kreiselpumpen. Für gashaltige Fluide sind sie besser geeignet als Kreiselpumpen.
- Bei dünnflüssigen Medien tritt eine verstärkte Rückströmung durch die Spalte zur Saugseite auf. Das verschlechtert den volumetrischen Wirkungsgrad bzw. Liefergrad.

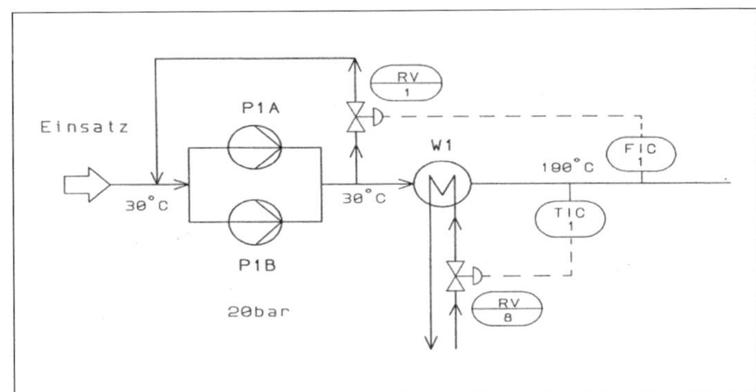

Bild 4.12.2: Beipassregelung von Verdrängerpumpen

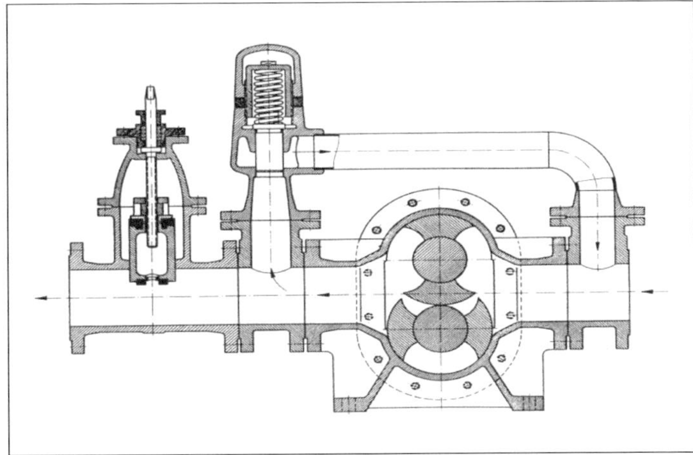

Bild 4.12.3: Kreiskolbenpumpe mit eingebautem Überströmventil [1]

- Keine Drosselregelung, weil dadurch die Spaltverluste größer werden und somit auch die Gefahr der Spaltkavitation ansteigt. Es muss ein Sicherheits- bzw. Überströmventil installiert sein! Empfehlung: Drehzahl- und Beipassregelung.

4.12.2 Kavitation und erforderliche Haltedruckhöhe

Für Kolbenpumpen werden wegen der Beschleunigung in der Pumpe große Zulaufhöhen benötigt, z. B. 10 m FS. Der erforderliche NPSH-Wert ist abhängig von der Massenkennzahl und der Kolbengeschwindigkeit.

In den rotierenden Verdrängerpumpen entstehen keine dynamischen Unterdrücke wie bei Kreiselpumpen, in denen Geschwindigkeit in Druck umgesetzt wird, aber es gibt die Spaltkavitation wegen der Spaltrückströmung von der Druck- zur Saugseite bei niedrigen Viskositäten und Ansaugkavitation durch einen zu geringen Füllungsgrad bei hohen Viskositäten.

Der Spaltstrom in den kleinen Spalten hat eine hohe Geschwindigkeit, so dass der statische Druck im Spalt abgesenkt wird. Das führt zur Verdampfung und Kavitation.

Ein geringer Füllungsgrad erzeugt Unterdruck auf der Saugseite, so dass es bei dem abgesenkten Druck zur Verdampfung kommen kann.

Die erforderliche Haltedruckhöhe zur Vermeidung der Kavitation hängt ab von der Viskosität und der Drehzahl und der Pumpenbauart.

Die maximale Ansaughöhe H_{Smax} berechnet man wie folgt:

$$H_{Smax} = \frac{P - P_D}{\rho \cdot g} - H_V - \Delta h$$

P = Druck über der Flüssigkeit (Pa)
P_D = Dampfdruck der Flüssigkeit (Pa)
ρ = Flüssigkeitsdichte (kg/m^3)
H_V = Druckverlust in der Saugleitung (Pa)
Δh = Erforderliche Druckhaltehöhe (m FS), 1 bis 5 m FS

Für den Leistungsbedarf N gilt:

$$N = \frac{\rho \cdot g \cdot Q \cdot H}{\eta} \quad \text{(W)}$$

H = Förderhöhe (mFS)
Q = Förderstrom (m^3/s)
η = Wirkungsgrad

4.12.3 Hinweise zu den verschiedenen Pumpenbauarten [2]

Zahnradpumpen

- Nicht ganz pulsationsfrei
- Starke Geschwindigkeitsänderungen → hohe Scherkräfte
- Nur für saubere Fluide geeignet
- Keine Faserstoffe und keine grobkörnigen harten Beimengungen!
- Bis $2 \cdot 10^6$ mPas und bis 300 bar

Kreiskolbenpumpen

- Große Förderräume und kleine Drehzahlen, daher gut geeignet für scherempfindliche Produkte und Medien mit grösseren Stücken sowie faserhaltiges Gut
- Umlaufende Nabe: bis 6 bar
- Feststehende Nabe: bis 25 bar

Schraubenspindelpumpen

- Kleine Strömungsgeschwindigkeit in den Spalten und deshalb niedrige Haltedruckhöhen. Pulsationsarme Förderung
- Geeignet für gashaltige und verschmutzte Medien

Exzenterschneckenpumpen

- Geeignet für hochviskose Pasten und faserhaltige Fluide
- Der Stator besteht aus einem Elastomer, z. B. Gummi, Silicon, Viton, und muss resistent sein gegen das Fördermedium, z. B. Benzin oder Lösemittel im Fluid
- Es ist ein Tockenlaufschutz erforderlich

Flügelzellen- bzw. Drehschieberpumpen

- Pulsationsfreie Förderung und hohes Ansaugvermögen
- Erosionsgefahr durch abrasive Schmutzpartikel
- Explosionsgefahr beim Ansaugen lösemittelhaltiger Luft beim Entleeren eines Behälters

Schlauchpumpen

- Eine absolut leckagefreie Förderpumpe bis zu 15 bar Druck zum Dosieren und zum Fördern abrasiver und langfaseriger Fluide
- Das Schlauchmaterial muss mit dem Produkt abgestimmt sein

Druckluft-Membranpumpen

- Keine Ventile oder Dichtungen
- Geeignet für gashaltige und feststoffhaltige Medien
- Förderdruck einstellbar mit dem Luftdruck, z. B. für eine Filterpresse

Kolbenpumpen

- Ventile auf der Saug- und Druckseite erforderlich
- Pulsierende Strömung mit grossen Beschleunigungen
- Der Beschleunigungsdruckverlust reduziert den NPSH-Wert auf der Saugseite und erhöht den Reibungsdruckverlust auf der Druckseite
- Sehr flexibel sind dampfbetriebene Kolbenpumpen

5 Auslegen von Lochblenden zur Durchsatzbegrenzung [1] [2]

5.1 Inkompressible Medien

Den erforderlicher Lochdurchmesser d_0 zur Drosselung eines Mengenstroms Q bei vorgegebenem Druckverlust ΔP [bar] ermittelt man wie folgt:

$$d_0 = f \cdot \sqrt{Q\,[m^3/s] \cdot \sqrt{\frac{\rho\,[kg/m^3]}{\Delta P\,[bar] \cdot 10^5}}}\quad [m]$$

$$f = 0{,}949 \cdot \frac{(1-m)^{0{,}25}}{\sqrt{a}}$$

$$\alpha = 0{,}6 + 0{,}41 \cdot m^2$$

$$m = \left(\frac{d_0}{D}\right)^2$$

Q = Flüssigkeitsmenge [m^3/s]
ΔP = Druckverlust [bar]
d_0 = Blendenbohrung [m]
D = Rohrdurchmesser [m]
m = Öffnungsverhältnis
α = Durchflusszahl (DIN 1952)
ρ = Dichte [kg/m^3]

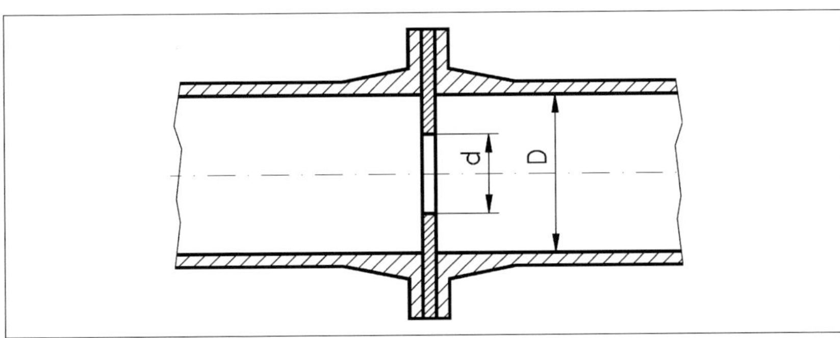

Bild 5.1.1:

m	α	f
0,1	0,604	1,189
0,2	0,616	1,143
0,3	0,637	1,087
0,4	0,665	1,023
0,5	0,7025	0,952

Tabelle 5.1.1:

Beispiel 5.1.1: Auslegung einer Drosselblende für Flüssigkeiten

Rohrleitungsdurchmesser $D = 102$ mm Blendendurchmesser $d_0 = ?$

Druckverlust $\Delta P = 2$ bar Volumenstrom $Q = 60\ m^3/h$

Dichte $\rho = 997\ kg/m^3$

A) Vorgabe: $m = 0{,}1$ → $f_v = 1{,}189$ $\alpha = 0{,}604$

$$d_0 = f_V \cdot \sqrt{Q \cdot \sqrt{\frac{\rho}{\Delta P}}}$$

$$d_0 = 1{,}189 \cdot \sqrt{\frac{60}{3600} \cdot \sqrt{\frac{997}{2 \cdot 10^5}}} = 0{,}040787\ m$$

Kontrolle:

$$m = \left(\frac{40{,}787}{102}\right)^2 = 0{,}1599$$

$$\alpha = 0{,}6 + 0{,}41 \cdot 0{,}1599^2 = 0{,}6105$$

$$f_V = 0{,}949 \cdot \frac{(1 - 0{,}1599)^{0{,}25}}{\sqrt{0{,}6105}} = 1{,}1628$$

$$d_0 = \sqrt{m} \cdot D = \sqrt{0{,}1599} \cdot 102 = 40{,}78\ mm$$

Durchsatzkontrolle:

a) $$Q = \left(\frac{d_0}{f_V}\right)^2 \cdot \sqrt{\frac{\Delta P}{\rho}} = \left(\frac{0{,}040787}{1{,}1628}\right)^2 \cdot \sqrt{\frac{2 \cdot 10^5}{997}} = 0{,}0174\ m^3/s = 62{,}7\ m^3/h$$

b) $$G = 24 \cdot \frac{D^2 \cdot m}{(1 - m)\sqrt{1 + m}} \cdot \sqrt{\Delta P \cdot \frac{\rho}{1000}}$$

$$G = 24 \cdot \frac{102^2 \cdot 0{,}1599}{0{,}9048} \cdot \sqrt{2 \cdot \frac{997}{1000}} = 62313\ kg/h = 62{,}5\ m^3/h$$

c) $$Q = a \cdot \frac{d_0^2 \cdot \Pi}{4} \cdot \sqrt{\frac{2 \cdot 9{,}81 \cdot H}{1 - m}} = 0{,}6105 \cdot 0{,}04078^2 \cdot \frac{\Pi}{4} \cdot \sqrt{\frac{2 \cdot 9{,}81 \cdot 20}{1 - 0{,}1599}}$$

$$= 0{,}0172\ m^3/s = 62{,}1\ m^3/h$$

Druckverlust-Kontrolle:

$$\Delta P = K \cdot \frac{{w_R}^2 \cdot \rho}{4}$$

$$w_R = 2{,}12 \text{ m/s}$$

$$K_{Blende} = 2{,}8 \cdot (1 - m) \cdot \left(\left(\frac{1}{\sqrt{m}}\right)^4 - 1\right)$$

$$K_{Blende} = 2{,}8 \cdot (1 - 0{,}1599) \cdot \left(\left(\frac{1}{\sqrt{0{,}1599}}\right)^4 - 1\right) = 89{,}72$$

$$\Delta P = 89{,}72 \cdot 2{,}12^2 \cdot \frac{997}{2} = 201\,013 \text{ Pa} = 2{,}01 \text{ bar}$$

Durchsatz bei anderen Differenzdrücken ΔP:

$\Delta P =$ 1 bar → 44,3 m^3/h
2 bar → 62,7 m^3/h
3 bar → 76,8 m^3/h
4 bar → 88,7 m^3/h

B) Vorgabe: m = 0,2 → **$f_v = 1{,}143$ $\alpha = 0{,}616$**

$$d_0 = 1{,}143 \cdot \sqrt{\frac{60}{3600} \cdot \sqrt{\frac{997}{2 \cdot 10^5}}} = 0{,}0392 \text{ m}$$

Kontrolle

$$m = \left(\frac{39{,}209}{102}\right)^2 = 0{,}1478$$

$$\alpha = 0{,}609$$

$$f_V = 1{,}1685$$

$$d_0 = \sqrt{0{,}1478} \cdot 102 = 39{,}2091 \text{ mm}$$

5.2 Kompressible Medien

Bei Gasen wird der adiabate Druckverlust unter Berücksichtigung der Expansionszahl ε bzw. Y berechnet, weil sich die Gase beim Druckabfall in der Blende ausdehnen.

Gasmengendurchsatz durch eine Drosselblende

$$G = \alpha \cdot \varepsilon \cdot m \cdot \frac{\pi}{4} \cdot D^2 \cdot \sqrt{\frac{2 \cdot \Delta P \cdot \rho_1}{1 - m}} \quad [\text{kg/s}]$$

$$\varepsilon = 1 - (0{,}3707 + 0{,}3184 \cdot m^2) \cdot \left[1 - \left(\frac{P_1}{P_2}\right)^{\frac{1}{k}}\right]^{0{,}935}$$

$$Y = 1 - (0{,}41 + 0{,}35 \cdot m^2) \cdot \frac{\Delta P}{k \cdot P_1} \qquad \text{gültig für } \frac{\Delta P}{k \cdot P_1} < 0{,}35$$

k = Adiabatenexponent

Beispiel 5.2.1:

$P_1 = 5$ bar $P_2 = 3$ bar $\Delta P = 2$ bar $k = 1{,}4$ $d_0 = 40$ mm

$D = 102{,}26$ mm $m = 0{,}153$ $\rho = 5{,}95\ \text{kg}/\text{m}^3$ $\alpha = 0{,}609$ $\varepsilon = Y = 0{,}88$

$$G = 0{,}609 \cdot 0{,}88 \cdot 0{,}153 \cdot 0{,}00821 \cdot \sqrt{\frac{2 \cdot 200000 \cdot 5{,}95}{1 - 0{,}153}} = 1{,}128\ \text{kg/s} = 4062\ \text{kg/h}$$

Kontrolle mit Gleichung „Durchsatzkontrolle b) für inkompressible Medien“:

$$G = 24 \cdot \frac{102^2 \cdot 0{,}153}{0{,}847 \cdot \sqrt{0{,}153}} \cdot \sqrt{\frac{2 \cdot 5{,}95}{1000}} = 4605{,}6\ \text{kg/h (ohne Y-Korrektur)}$$

$$G_{korr} = Y \cdot G = 0{,}88 \cdot 4605{,}6 = 4053\ \text{kg/h (mit Y-Korrektur)}$$

In **Tabelle 5.2.1** sind die berechneten Gasdurchsätze nach der adiabaten und der isothermen Berechnungsmethode bei verschiedenen Differenzdrücken ΔP aufgelistet.

Tabelle 5.2.1:

ΔP (bar)	Adiabat (kg / h)	Isotherm (kg / h)
1,2	3314	3338
1,6	3728	3761
1,8	3901	3939
2	4062	4098
max. ΔP *	4822 (ΔP = 3,5 bar)	5007 (ΔP = 4,41 bar)

* bei Schallgeschwindigkeit

5.3 Schnellmethode zur Dimensionierung von Drosselblenden für Flüssigkeiten

$$\Delta P = P_1 - P_2 = K_{Blende} \cdot \frac{w_R^{\,2} \cdot \rho}{2}$$

$$K_{Blende} = \frac{2 \cdot \Delta P}{w^2 \cdot \rho}$$

Es wird der erforderliche K-Wert der Blende für den gewünschten Druckverlust in der Blende berechnet und aus **Bild 5.3.1** mit dem Diagramm K = f(β) das dazugehörige Durchmesserverhältnis β abgelesen. Mit Hilfe von β wird dann d_0 berechnet.

$$d_0 = \beta \cdot D$$

d_0 = Blendendurchmesser [m]
D = Rohrleitungsdurchmesser [m]
w = Strömungsgeschwindigkeit in der Rohrleitung [m/s]
ρ = Flüssigkeitsdichte [kg/m³]
β = Durchmesserverhältnis d_0 / D
ΔP = Bleibender Druckverlust der Blende [Pa]

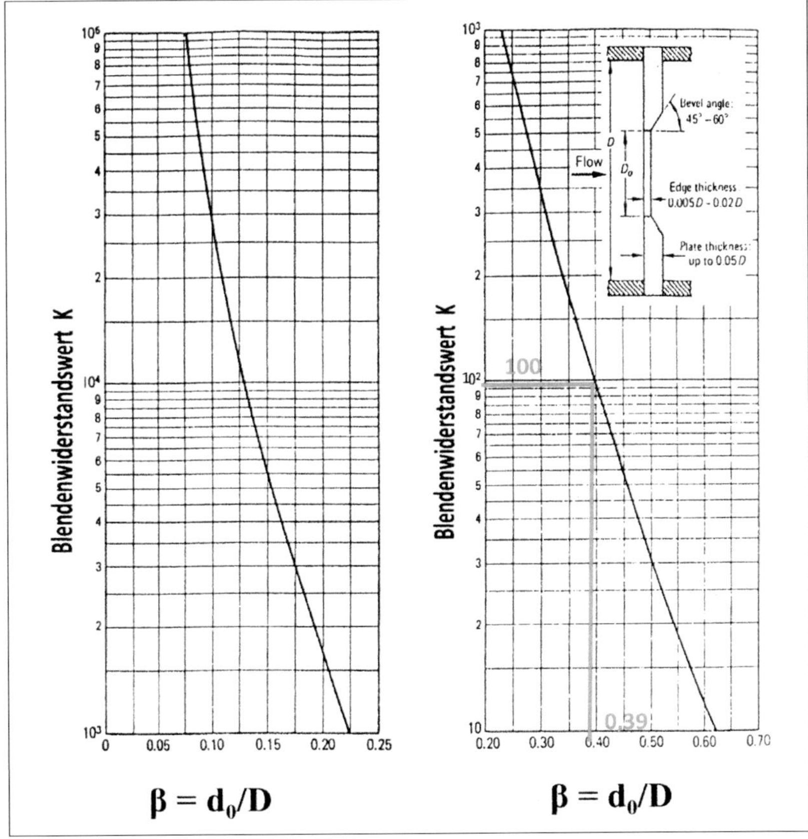

Bild 5.3.1: Widerstandsbeiwert K der Blende in Abhängigkeit vom Durchmesserverhältnis β

Beispiel 5.3.1: Dimensionierung einer Drosselblende

$Q = 59{,}8\ m^3/h$ $\rho = 997\ kg/m^3$ $D = 102{,}26\ mm$

$w = 2{,}01\ m/s$ $\Delta P = 2\ bar = 2 \cdot 10^5\ Pa$

$$K = \frac{2 \cdot 2 \cdot 10^5}{2{,}01^2 \cdot 997} = 99{,}28 \qquad \beta = 0{,}39 \text{ aus Bild 5.3.1}$$

$$d_0 = \beta \cdot D = 0{,}39 \cdot 102{,}26 = 39{,}9\ mm$$

Kontrolle von K:

$$K_{Blende} = 2{,}8 \cdot (1 - m) \cdot \left(\left(\frac{1}{\sqrt{m}}\right)^4 - 1\right)$$

$$m = \beta^2 = 0{,}39^2 = 0{,}1521 \qquad K_{Blende} = 100$$

$$\Delta P = K \cdot \frac{w_R^{\,2} \cdot \rho}{2} = 100 \cdot \frac{2{,}01^2 \cdot 997}{2 \cdot 10^5} = 2\ bar$$

Durchsatzkontrolle:

Es wird kontrolliert, ob die vorgegebenen $Q = 59{,}8\ m^3/h$ durch die Blendenbohrung von 39,9 mm bei einem Differenzdruck von $\Delta P = 2$ bar strömen.

$$Q = \left(\frac{d_0}{f_V}\right)^2 \cdot \sqrt{\frac{\Delta P}{\rho}}$$

$$m = \left(\frac{39{,}9}{102{,}26}\right)^2 = 0{,}152$$

$$\alpha = 0{,}6 + 0{,}41 \cdot 0{,}152^2 = 0{,}6095$$

$$f_V = 0{,}949 \cdot \frac{(1 - 0{,}152)^{0{,}25}}{\sqrt{0{,}6105}} = 1{,}166$$

$$Q = \left(\frac{0{,}0399}{1{,}166}\right)^2 \cdot \sqrt{\frac{2 \cdot 10^5}{997}} = 0{,}0166\ m^3/s = 59{,}8\ m^3/h$$

Alternativrechnung für den Mengenstrom in kg/s bzw kg/h:

Es wird berechnet, welche Menge G in kg/h durch die Blendenbohrung von 39,9 mm bei $\Delta P = 2$ bar strömt.

$$G = \frac{2}{3} \cdot \frac{D^2 \cdot m}{(1-m)\sqrt{1+m}} \cdot \sqrt{\Delta P \cdot \rho}$$

$$G = \frac{2}{3} \cdot \frac{0{,}10226^2 \cdot 0{,}152}{(1-0{,}152) \cdot \sqrt{1+0{,}152}} \cdot \sqrt{2 \cdot 10^5 \cdot 997}$$

$G = 16{,}47$ kg/s $= 59289$ kg $= 59{,}5$ m³/h

5.4 Kavitationskontrolle von Drosselblenden

Durch den Abfall des statischen Drucks in der Blende kann es zur Verdampfung mit anschließender Implosion der Dampfblasen kommen (**Bild 5.4.1**).

Zur Vermeidung dieser Kavitation in der Blende muss die Kavitationszahl σ der Blende größer sein als der erforderliche Kavitationsindex σ_{erf}.

$$\sigma = \frac{P_2 - P_V}{\Delta P} = \frac{P_2 - P_V}{P_1 - P_2} \qquad \sigma = \text{Kavitationszahl der Blende}$$

ΔP = Druckverlust der Blende [bar]
P_1 = Druck vor der Blende [bar]
P_2 = Druck hinter der Blende [bar]
P_V = Dampfdruck der Flüssigkeit [bar]
d_0 = Blendendurchmesser [mm]
D = Rohrleitungsdurchmesser [mm]
β = Durchmesserverhältnis d_0 / D
σ_{erf} = Kavitationsindex = $f(\beta)$

Der erforderliche Kavitationsindex σ_{erf} ist in **Bild 5.4.2** als Funktion von $\beta = d_0 / D$ dargestellt. Der Blendenabstand für Mehrfachblenden wird in Kapitel 5.5 bestimmt.

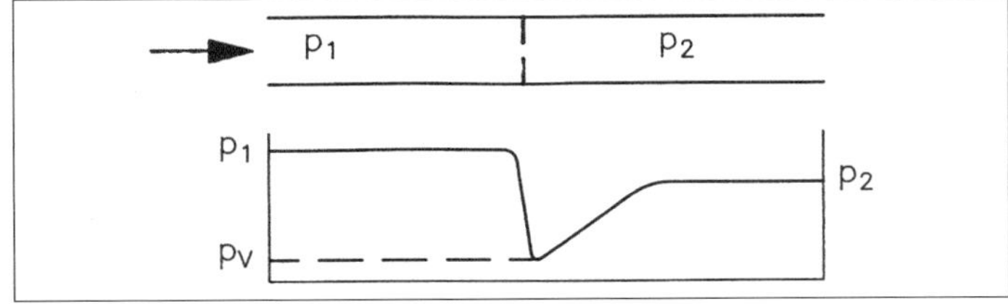

Bild 5.4.1: Absenkung des statischen Drucks in der Blende auf den Dampfdruck P_V

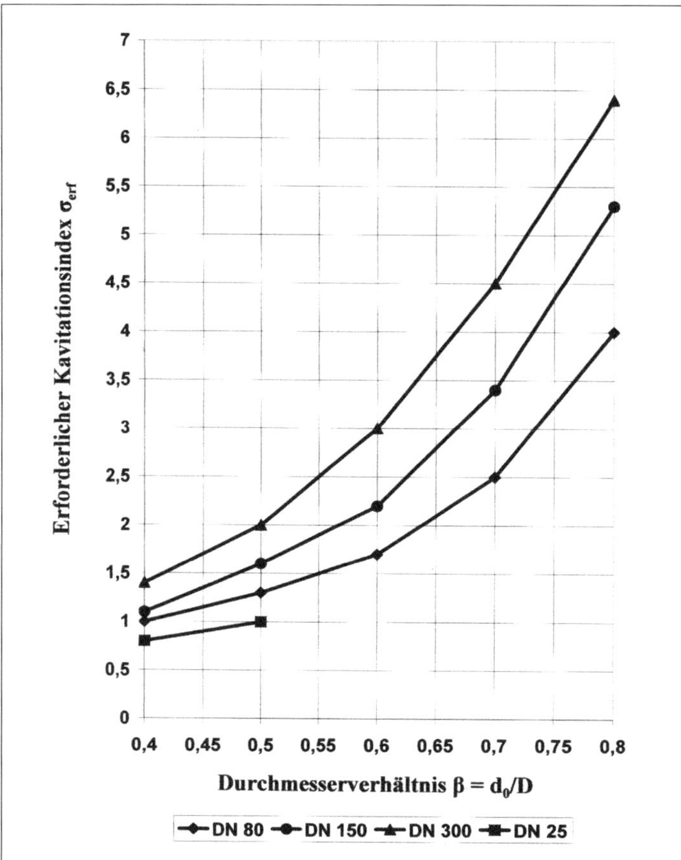

Bild 5.4.2: Kavitationsindex σ_{erf} als Funktion von β

Beispiel 5.4.1: Kontrolle einer Drosselblende auf Kavitation

D = 100 mm β = 0,4 $d_0 = \beta * D = 40$ mm

Aus Bild 5.4.2 wird für β = 0,4 der Kavitationsindex $\sigma_{erf} = 0,9$ entnommen.

Berechnung der Kavitationszahl der Blende für zwei Bedingungen:

Fall A:

$P_2 = 3$ bar ΔP = 2 bar $P_V = 0,2$ bar

$$\sigma = \frac{P_2 - P_V}{\Delta P} = \frac{3 - 0,2}{2} = 1,4$$

$\sigma = 1,4 > \sigma_{erf} = 0,9$ → Keine Kavitation!

Fall B:

$P_2 = 1{,}5$ bar $\Delta P = 2$ bar $P_V = 0{,}2$ bar

$$\sigma = \frac{1{,}5 - 0{,}2}{2} = 0{,}65$$

$\sigma = 0{,}65 < \sigma_{erf} = 0{,}9$ → Kavitation in der Blende!

5.5 Auslegung von Mehrfachblenden in Serie

Wenn es in der Blende zur Kavitation kommt, z. B. im Beispiel 5.4.1, Fall B, müssen mehrere Blenden hintereinander angeordnet werden mit einem reduzierten Druckabfall in den einzelnen Blenden, um die Bildung von Dampfblasen zu vermeiden.

Der Blendenabstand kann **Bild 5.5.1** in Abhängigkeit vom Blendenradius R_P entnommen werden. Die Vorgehensweise bei der Auslegung von Mehrfachblenden wird in Beispiel 5.5.1 gezeigt.

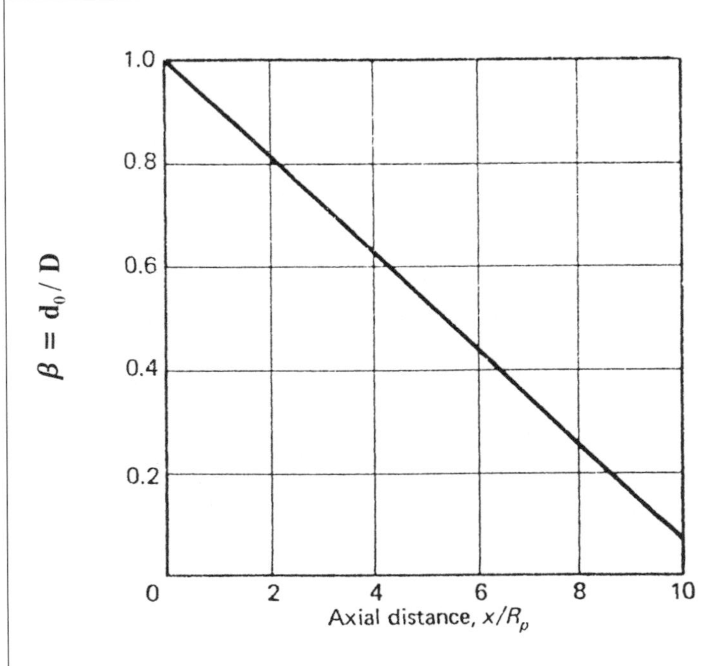

Bild 5.5.1: Blendenabstand x in Abhängigkeit vom Blendenradius R_P

Beispiel 5.5.1: Dimensionierung von Mehrfachblenden zur Vermeidung von Kavitation in den Blenden

$D = 102{,}26$ mm $w = 2{,}01$ m/s $\rho = 997$ kg/m³
$P_1 = 3{,}5$ bar $P_2 = 1{,}5$ bar $\Delta P = 2$ bar $P_V = 0{,}2$ bar

Auslegung für eine Blende

mit $\beta = 0{,}4 \Rightarrow \sigma_{erf} = 0{,}9$ aus Bild 5.3.1:

$\sigma = 0{,}65 < \sigma_{erf} = 0{,}9$ → Kavitation in der Blende!

Es müssen mehrere Blenden in Serie installiert werden, weil die Kavitationszahl σ kleiner ist als der erforderliche Kavitationsindex σ_{erf}.

Auslegung für zwei Blenden in Serie:

Berechnung der **hinteren Blende** für $P_2 = 1{,}5$ bar:

Gewählt: $\beta = 0{,}45$ mit $d_0 = 46$ mm $\Rightarrow \sigma_{erf} = 1$ für $\beta = 0{,}45$

Aus Bild 5.3.1 wird für $\beta = 0{,}45$ ein Widerstandsbeiwert der Blende $K = 52$ abgelesen. Mit diesem K-Wert wird der Druckverlust der Blende ermittelt.

$$\Delta P = K \cdot w^2 \cdot \frac{\rho}{2} = 52 \cdot 2{,}01^2 \cdot \frac{997}{2} = 104727 \text{ Pa} = 1{,}047 \text{ bar}$$

Für diesen Druckverlust der Blende wird die Kavitationszahl σ berechnet.

$$\sigma = \frac{P_2 - P_V}{\Delta P} = \frac{1{,}5 - 0{,}2}{1{,}047} = 1{,}27$$

$\sigma = 1{,}27 > \sigma_{erf} = 1$ → Keine Kavitation!

Berechnung der **vorderen Blende** für $P_2{}' = P_2 + \Delta P = 2{,}547$ bar:

$P_2{}' = 1{,}5 + 1{,}047 = 2{,}547$

$\Delta P = P_1 - P_2{}' = 3{,}5 - 2{,}547 = 0{,}953$ bar

Zunächst wird der Widerstandsbeiwert der Blende für einen Druckverlust von 0,953 bar ermittelt:

$$K_{Blende} = \frac{2 \cdot \Delta P}{w^2 \cdot \rho} = \frac{2 \cdot 0{,}953 \cdot 10^5}{2{,}01^2 \cdot 997} = 47{,}3$$

Aus Bild 5.3.1 wird für den Widerstandsbeiwert $K = 47{,}3$ ein β-Wert von 0,46 entnommen.

$d_0 = 0{,}46 \cdot 102{,}26 = 47$ mm $\sigma_{erf} = 1{,}1$ aus Bild 5.41

Berechnung der Kavitationszahl:

$$\sigma = \frac{P_2 - P_V}{\Delta P} = \frac{2{,}547 - 0{,}2}{0{,}953} = 2{,}46$$

$\sigma = 2{,}46 > \sigma_{erf} = 1{,}1$ → Keine Kavitation!

Kontrolle des Gesamtdruckverlustes in den zwei Blenden:

$$\Delta P_{ges} = (K_1 + K_2) \cdot w^2 \cdot \frac{\rho}{2} = (52 + 47{,}3) \cdot 2{,}01^2 \cdot \frac{997}{2 \cdot 10^5} = 2 \text{ bar}$$

Kontrolle der Widerstandsbeiwerte K der beiden Blenden:

$$K_{Blende} = 2{,}8 \cdot (1 - m) \cdot \left(\left(\frac{1}{\sqrt{m}}\right)^4 - 1\right)$$

Hintere Blende:

$\beta = 0{,}45$ $d_0 = 46$ mm $m = \beta^2 = 0{,}2025$

$$K_{Blende} = 2{,}8 \cdot (1 - 0{,}2025) \cdot \left(\left(\frac{1}{\sqrt{0{,}2025}}\right)^4 - 1\right) = 52{,}2$$

Vordere Blende:

$\beta = 0{,}46$ $d_0 = 47$ mm $m = \beta^2 = 0{,}2116$

$$K_{Blende} = 2{,}8 \cdot (1 - 0{,}2116) \cdot \left(\left(\frac{1}{\sqrt{0{,}2116}}\right)^4 - 1\right) = 47{,}3$$

Erforderlicher Blendenabstand x aus Bild 5.5.1:

$x/R_P = 5$ für $\beta = 0{,}46$

$$x = \frac{x}{R_P} \cdot \frac{D}{2} = 5 \cdot \frac{102}{2} = 255 \text{ mm}$$

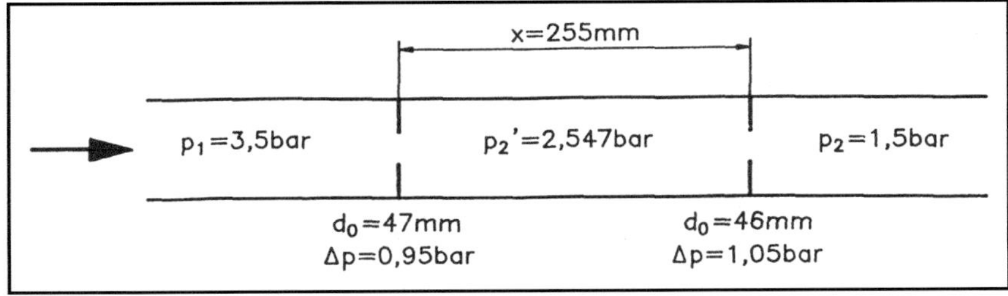

Bild 5.5.2:

5.6 Schnellmethode zur Dimensionierung von Drosselblenden für Gase und Dämpfe

Zunächst wird der Widerstandsbeiwert der Blende für den vorgegebenen Druckverlust ΔP in der Blende berechnet.

$$\Delta P = P_1 - P_2 = K \cdot w^2 \cdot \frac{\rho}{2}$$

$$K = \frac{2 \cdot (P_1 - P_2)}{w^2 \cdot \rho}$$

Für den berechneten K-Wert wird β aus **Bild 5.6.1** für das jeweilige Druckverhältnis P_2 / P_1 entnommen. Mit dem β-Wert bestimmt man den Blendendurchmesser d_0.

$$d_0 = \beta \cdot D$$

P_1 = Eintrittsdruck vor der Blende
P_2 = Austrittsdruck hinter der Blende
w = Strömungsgeschwindigkeit im Rohr
ρ = Gasdichte
K = Widerstandsbeiwert der Blende
d_0 = Blendendurchmesser
D = Rohrleitungsdurchmesser
β = Durchmesserverhältnis d_0 / D

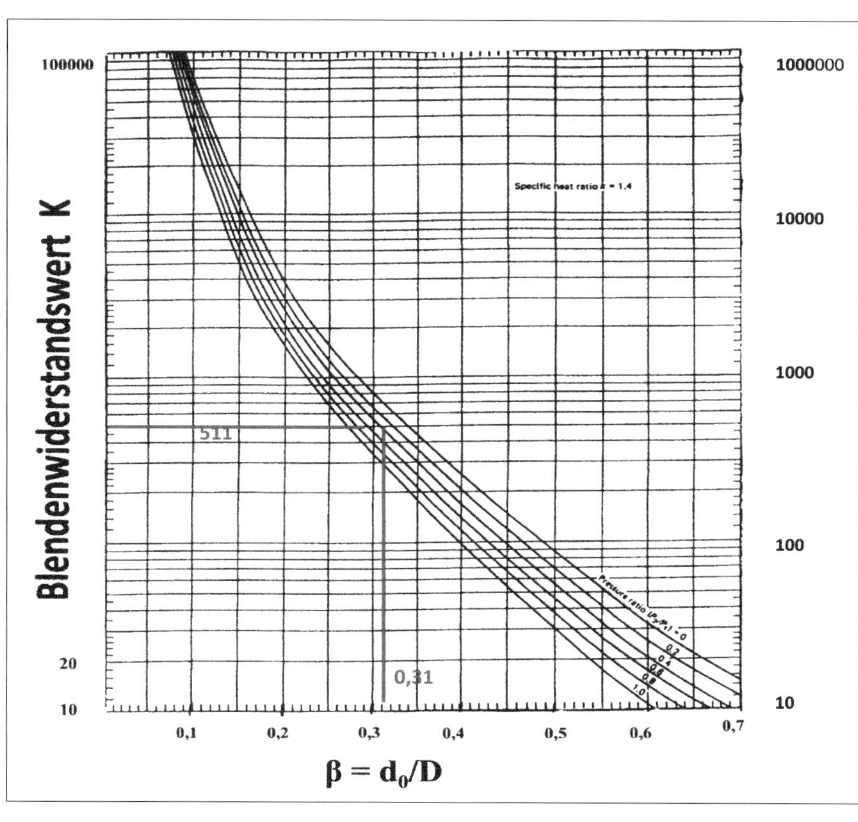

Bild 5.6.1: Blendenwiderstandswert K für kompressible Medien in Abhängigkeit vom Durchmesserverhältnis β

Beispiel 5.6.2: Drosselblende für Dampf

$G = 6480$ kg/h Dampf $\quad P_1 = 4{,}62$ bar $\quad P_2 = 1{,}38$ bar

$\rho = 2{,}48$ kg/m³ $\quad D = 154$ mm

$$V = \frac{6480}{2{,}48} = 2612{,}9\ \text{m}^3/\text{h} = 0{,}7258\ \text{m}^3/\text{s} \qquad w = 39\ \text{m/s}$$

$$K = \frac{2 \cdot (4{,}62 - 1{,}38) \cdot 10^5}{39^2 \cdot 2{,}48} = 171{,}8$$

$$\frac{P_2}{P_1} = \frac{1{,}38}{4{,}62} = 0{,}3$$

$\beta = 0{,}405$ aus Bild 5.6.1 für $K = 171{,}8$:

$$d_0 = \beta \cdot D = 0{,}405 \cdot 154 = 62{,}4\ \text{mm}$$

Beispiel 5.6.1: Drosselblendenauslegung für folgende Bedingungen

Blendendurchsatz G = 2500 kg/h $\rho = 5\ kg/m^3$ D = 100 mm

$P_1 = 6$ bar $P_2 = 2$ bar $\Delta P = 4$ bar

Volumendurchsatz V = 2500 / 5 = 500 m^3/h = 0,138 m^3/s

Strömungsgeschwindigkeit w = 17,69 m/s in der Rohrleitung

$$K = \frac{2 \cdot (6-2) \cdot 10^5}{17{,}69^2 \cdot 5} = 511$$

$$\frac{P_2}{P_1} = \frac{2}{6} = 0{,}333$$

Aus Bild 5.6.1 wird für K = 511 der β-Wert 0,31 entnommen.

$d_0 = \beta \cdot D = 0{,}31 \cdot 100 = 31$ mm

Gewählt: $d_0 = 30$ mm $\Rightarrow$ $\beta = 0{,}3$

Druckverlustkontrolle für β = 0,3:

Für β = 0,3 wird aus Bild 5.6.1 der Widerstandsbeiwert K-Wert abgelesen: K = 520

Druckverlustberechnung der 30 mm-Blende:

$$\Delta P = K \cdot w^2 \cdot \frac{\rho}{2} = 520 \cdot 17{,}69^2 \cdot \frac{5}{2} = 406817 \text{ Pa} = 4{,}06 \text{ bar}$$

Durchsatzkontrolle:

$$G = \varepsilon \cdot \alpha \cdot m \cdot D^2 \cdot \frac{\pi}{4} \cdot \sqrt{\frac{2 \cdot \Delta P \cdot \rho_1}{1-m}}$$

$$m = \left(\frac{d_0}{D}\right)^2 = \left(\frac{30}{100}\right)^2 = 0{,}09$$

$$\alpha = 0{,}6 + 0{,}41 \cdot m^2 = 0{,}6 + 0{,}41 \cdot 0{,}09^2 = 0{,}6033$$

$$\varepsilon = 1 - (0{,}3707 + 0{,}3184 \cdot 0{,}09^2) \cdot \left(1 - \left(\frac{1{,}94}{6}\right)^{1/1{,}4}\right)^{0{,}935} = 0{,}7852$$

$$G = 0{,}7852 \cdot 0{,}6033 \cdot 0{,}09 \cdot 0{,}1^2 \cdot 0{,}785 \cdot \sqrt{\frac{2 \cdot 406000 \cdot 5}{1-0{,}09}}$$

G = 0,706 kg/s = 2542 kg/

6 Verschiedenes aus der Praxis

6.1 Wehrablauf-Kapazitäten

6.1.1 Rechteck-Wehr

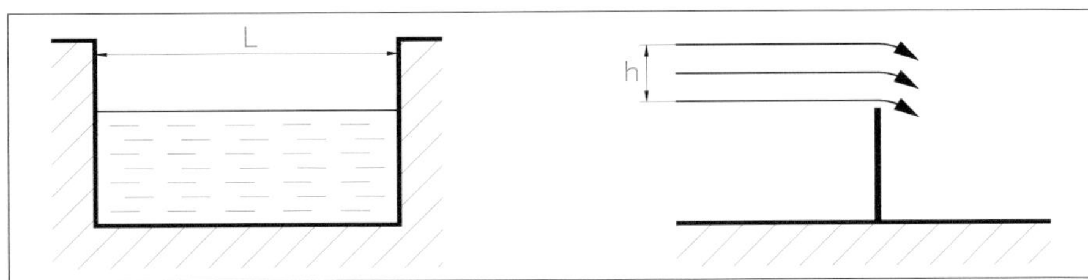

Bild 6.1.1.1:

1. $V = \mu \cdot L \cdot h \cdot \sqrt{2 \cdot g \cdot h}$ [m³/s]

2. $V = 6620 \cdot L \cdot h^{1,5}$ [m³/h]

μ = Überfallkoeffizient (= 0,42)
h = Wehrüberlaufhöhe [m]
L = Wehrüberlaufbreite [m]

Beispiel 6.1.1.1: $h = 60$ mm $= 0,06$ m $\quad L = 1$ m

1. $V = 0,42 \cdot 1 \cdot 0,06 \cdot (2 \cdot 9,81 \cdot 0,06)^{0,5} = 0,02734\ m^3/s = 98,4\ m^3/h$

2. $V = 6620 \cdot 1 \cdot 0,06^{1,5} = 97,3\ m^3/h$

Kontrolle der Wehrüberlaufhöhe

$$h = 2,8 \cdot \left(\frac{V}{L}\right)^{2/3} = 2,8 \cdot 98^{0,666} = 60\ mm$$

6.1.2 Dreieck-Wehr

Dreieckige Wehre sind flexibler, weil sich mit der Höhe h auch der Strömungsquerschnitt ändert (**Bild 6.1.2.1**).

$\alpha = 90°$ $\quad V = 2,48 \cdot h^{2,5}$ [m³/s]

$\alpha = 60°$ $\quad V = 1,43 \cdot h^{2,5}$ [m³/s]

h = Höhe im Dreieck-Schlitz [m]

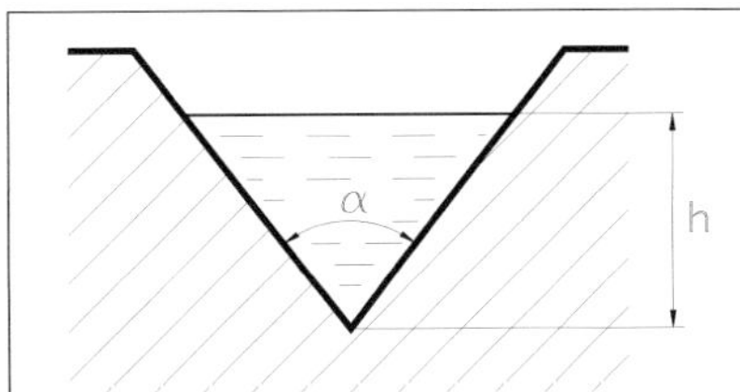

Bild 6.1.2.1:

Beispiel 6.1.2.1:

h = 60 mm		h = 100 mm	
$\alpha = 90°$	$\alpha = 60°$	$\alpha = 90°$	$\alpha = 60°$
7,9 m^3/h	4,5 m^3/h	28,2 m^3/h	16,3 m^3/h

6.1.3 Runder Überlauf

$V = 16800 \cdot d \cdot h^{1,5} \quad [m^3/h]$

d = Durchmesser des Überlaufs [m]
h = Wehrüberlaufhöhe [m]

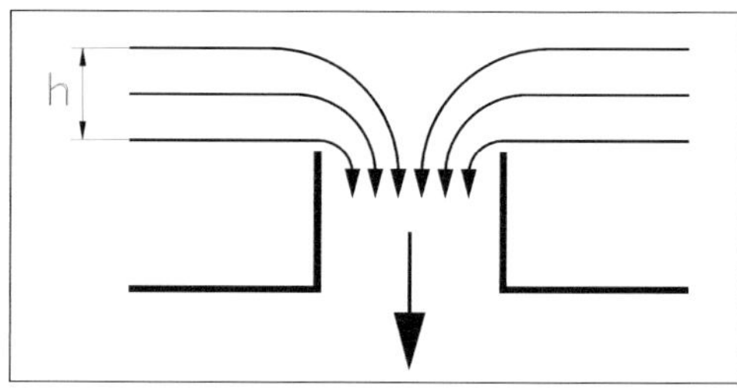

Bild 6.1.3.1:

Beispiel 6.1.3.1:

h = 60 mm d = 0,3183 $V = 78{,}6\ m^3/h = \frac{78600}{3600}\ l/s$

Kontrolle auf Selbstentlüftung

$D_{erf} = 70 \cdot V^{0,4} \quad [mm]$

$$D_{erf} = 70 \cdot \left(\frac{78600}{3600}\right)^{0,4} = 240\ mm$$

6.1.4 Bestimmung der Wassermenge aus der Spritzweite

$$w^2 = \frac{1}{2} \cdot g \cdot \frac{x^2}{y}$$

$$x^2 = 0{,}2039 \cdot w^2 \cdot y$$

$$V = 6258{,}6 \cdot \frac{x}{\sqrt{y}} \cdot d^2 \quad [m^3/h]$$

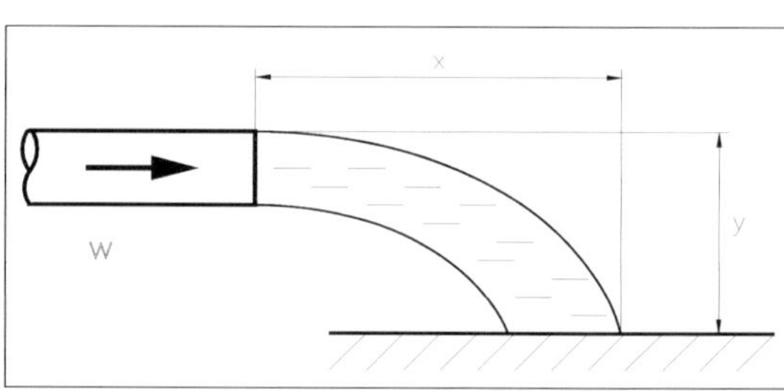

Bild 6.1.4.1:

Beispiel 6.1.4.1:

$x = 0{,}6\ m$ $\qquad y = 0{,}7\ m$ $\qquad d = 50\ mm$

$w^2 = \frac{1}{2} \cdot 9{,}81 \cdot \frac{0{,}6^2}{0{,}7} = 2{,}52$ $\qquad w = 1{,}588\ m/s$

$V = 1{,}588 \cdot 3600 \cdot 0{,}05^2 \cdot \frac{\pi}{4} = 11{,}22\ m^3/h$

$V = 6258{,}6 \cdot \frac{0{,}6}{\sqrt{0{,}7}} \cdot 0{,}05^2 = 11{,}22\ m^3/h$

$x^2 = 0{,}2039 \cdot 1{,}588^2 \cdot 0{,}7 = 0{,}36$ $\qquad x = 0{,}6\ m$

6.2 Dimensionierung einer Pumpenvorlage

Das erforderliche Volumen V_{erf} einer Pumpenvorlage wird folgendermaßen berechnet:

$$V_{erf} = \frac{Q_P \cdot t_V}{60} \quad [m^3]$$

t_V = Verweilzeit in der Pumpenvorlage [min]

Minimum: 2 min
Normal: 5–15 min

Q_P = Pumpenförderleistung [m³/h]
V_{erf} = Erforderliches Volumen einer Pumpenvorlage

Da eine Pumpenvorlage im Normalfall nur zu 50 % gefüllt ist, damit auch Zulaufspitzen aufgefangen werden, muss der Faktor 2 eingesetzt werden.

Bei einem H:D-Verhältnis von 3:1 ergibt sich der Durchmesser: $D_{erf} = 0{,}75 \cdot \sqrt[3]{V_{erf}}$ [m]

Beispiel 6.2.1:

$t_v = 5\ min$ $\qquad H:D = 3:1$

$Q_P = 30\ m^3/h = 0{,}5\ m^3/min$

$V_{erf} = \frac{2 \cdot 30 \cdot 5}{60} = 5\ m^3$

$D_{erf} = 0{,}75 \cdot \sqrt[3]{5} = 1{,}285\ m$

$H = 3{,}85\ m = 3 \cdot 1{,}285\ m$

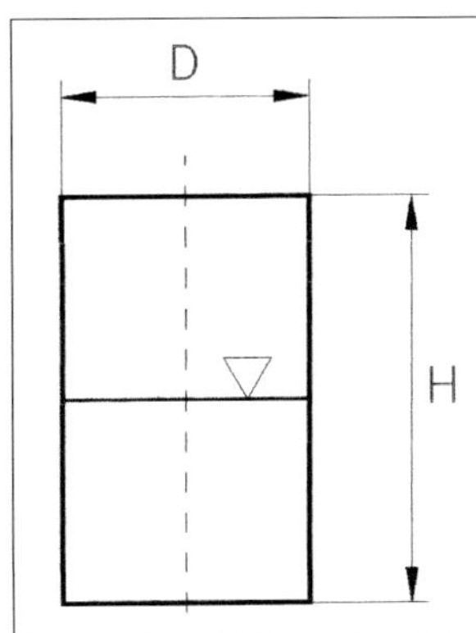

Bild 6.2.1:

6.3 Behälterdimensionierung für bestimmte Verweilzeiten

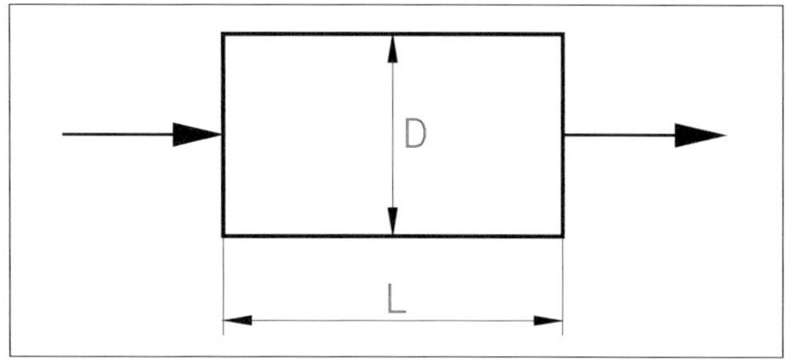

Bild 6.3.1:

Querschnitt A [m²] $= \frac{V}{w}$

Geschwindigkeit w [m/s] $= \frac{L}{t} = \frac{V}{A}$

Volumenstrom V [m³/s] $= \frac{G}{3600 \cdot \rho}$

Verweilzeit t [s] $= \frac{A \cdot L}{V}$

Volumenstrom V [m³/s] $= \frac{A \cdot L}{t}$

Querschnitt A [m²] $= \frac{V \cdot t}{L}$

A = Strömungsquerschnitt [m²]
D = Behälterdurchmesser [m]
G = Mengendurchsatz [kg/h]
L = Behälterlänge [m]
t = Verweilzeit [s]
V = Volumenstrom [m²/s]
ρ = Dichte [kg/m³]
w = Strömungsgeschwindigkeit [m/s]

Beispiel 6.3.1:

$D = 0{,}6$ m $\quad A = 0{,}28$ m^2 $\quad L = 1{,}5$ m $\quad V = 2$ m^3/h $= 5{,}56 \cdot 10^{-4}$ m^3/s

$$t_V = \frac{A \cdot L}{V} = \frac{0{,}28 \cdot 1{,}5}{5{,}56 \cdot 10^{-4}} = 756 \text{ s} = 12{,}6 \text{ min}$$

$$w = \frac{L}{t_V} = \frac{1{,}5}{756} = 1{,}984 \cdot 10^{-3} \text{ m/s} = 0{,}119 \text{ m/min}$$

$$w = \frac{V}{A} = \frac{5{,}56 \cdot 10^{-4}}{0{,}28} = 1{,}98 \cdot 10^{-3} \text{ m/s}$$

6.4 Syphonberechnungen

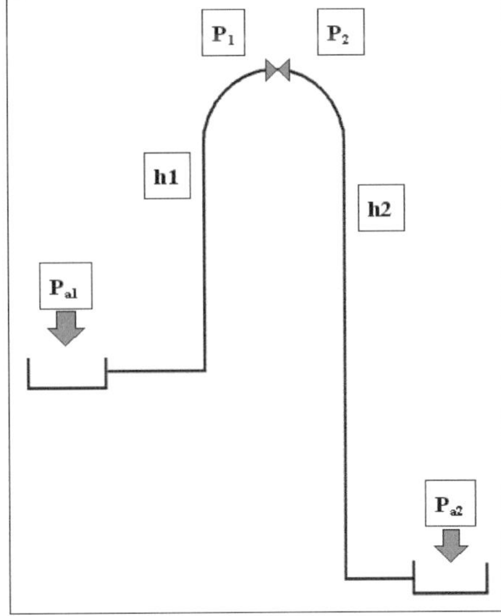

Bild 6.4.1:

6.4.1 Treibendes Gefälle für den Syphon

Wenn die Leitungen mit Flüssigkeit gefüllt sind und die Armatur am Scheitel geschlossen ist, kann man die Drücke P_1 vor der Armatur und P_2 hinter der Armatur berechnen:

$$P_1 = P_{a1} - h1 \cdot g \cdot \rho \quad [Pa]$$

$$P_2 = P_{a2} - h2 \cdot g \cdot \rho \quad [Pa]$$

Treibendes Druckgefälle für den Syphon:

$$\Delta P = P_1 - P_2 = \Delta h \cdot \rho \cdot g = (h2 - h1) \cdot \rho \cdot g \quad [Pa]$$

P_{a1} = Druck auf der Flüssigkeit eintrittsseitig, meist 1 bar
P_{a2} = Druck auf der Flüssigkeit austrittsseitig, meist 1 bar
ρ = Dichte [kg/m^3]
h1 = Zulaufheberhöhe [m]
h2 = Ablaufheberhöhe [m]

Beispiel 6.4.1.1:

h1 = 1 m   h2 = 3 m $P_{a1} = P_{a2} = P_0 = 1$ bar $\rho = 1000$ kg/m^3
P_0 = 1 bar = Atmosphärendruck

$P_1 = 100000 - (1 \cdot 9{,}81 \cdot 1000) = 90190$ Pa

$P_2 = 100000 - (3 \cdot 9{,}81 \cdot 1000) = 70570$ Pa

$\Delta P = 90190 - 70570 = 19620$ Pa $\Delta P = (3 - 1) \cdot 9{,}81 \cdot 1000 = 19620$ Pa

Das treibende Druckgefälle beträgt 0,1962 bar oder 1,96 m Wassersäule. Wenn die Armatur geöffnet ist, fließt aufgrund des Druckgefälles Wasser durch den Syphon.

6.4.2 Wieviel strömt durch einen Syphon bei einem vorgegebenen ΔP?

Dafür benötigt man den Druckverlust des Siphons mit anschließenden Rohrleitungen, also den Reibungsdruckverlust in den Heberleitungen h1 und h2 und in den horizontalen Leitungen L_{horiz} zuzüglich der Druckverluste in Bögen, Armaturen, Reduzierungen, T-Stücken etc.

Am einfachsten ist die Ermittlung der zulässigen Durchflussmenge anhand der Rohrleitungskennlinie für die Rohrleitung. Das wird in Beispiel 6.4.2.1 gezeigt.

Beispiel 6.4.2.1: Treibendes Druckgefälle ΔP = 19620 Pa von Beispiel 6.4.1.1

$L_{horiz} = 4$ m h1 = 1 m h2 = 3 m

Rohrleitungslänge $L_{ges} = h1 + h2 + L_{horiz} = 1 + 3 + 4 = 8$ m

K = 6 = Widerstandsfaktor für Armaturen + Formstücke

Durchmesser d = 50 mm Dichte ρ = 1000 kg/m³ Viskosität ν = 1 mm²/s

In **Bild 6.4.2.1** ist die Rohrleitungskennlinie dargestellt, also der Druckverlust in Abhängigkeit vom Durchsatz. Aus der Rohrleitungskennlinie ist abzulesen, dass bei einem treibenden Druck von ΔP = 0,196 bar knapp 14 m³/h durch die Rohrleitung mit dem Siphon strömen.

Alternativ kann man die Rohrleitungskapazität – also den Durchsatz G bei vorgegebenem Druckgefälle ΔP – bei vorgegebenem Rohrleitungswiderstand K_{ges} nach Kapitel 1.8 ermitteln.

$$G = 3996{,}6 \cdot d^2 \cdot \sqrt{\frac{\Delta P \cdot \rho}{K_{ges}}} \quad \text{[kg/h]}$$

$$K_{ges} = f \cdot \frac{L}{d} + K = 0{,}027 \cdot \frac{8}{0{,}05} + 6 = 10{,}32$$

f = Reibungsbeiwert = 0,027
K = Widerstandsfaktor für Bögen, Armaturen etc. = 6
d = Rohrleitungsdurchmesser = 0,05 m
L = Gesamtlänge des Syphons mit horizontalen Leitungen = 8 m

$$G = 3996{,}6 \cdot 0{,}05^2 \cdot \sqrt{\frac{19620 \cdot 1000}{10{,}32}} = 13776 \text{ kg/h} = 13{,}77 \text{ m}^3/\text{h}$$

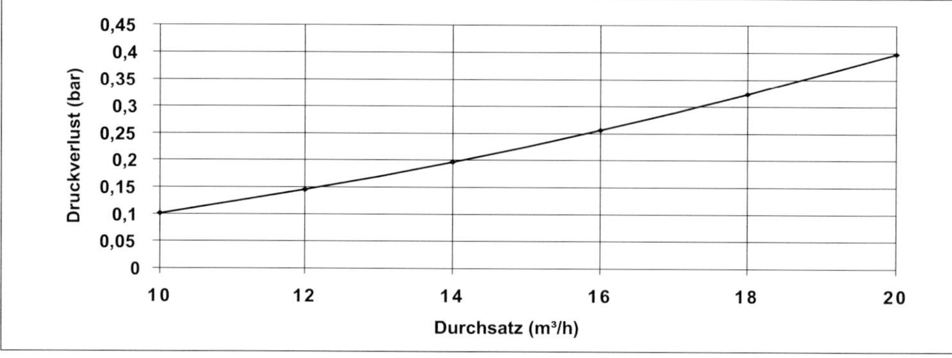

Bild 6.4.2.1: Rohrleitungskennlinie für einen Syphon

6.4.3 Was ist die maximal zulässige Heberhöhe $h1_{max}$?

Aus den im Anhang aufgelisteten Syphonformeln entnimmt man die nachfolgende Beziehung für $h1_{max}$. Die Drücke und der Druckverlust werden in m FS umgerechnet.

$$h1_{max} = \frac{P_{a1}}{\rho \cdot g} - \frac{P_D}{\rho \cdot g} - \frac{w^2}{2 \cdot g} \cdot (1 + K_{ges}) \quad [\text{m FS}]$$

P_{a1} = P_0 = Druck auf der Flüssigkeit eintrittsseitig [Pa]
P_D = Dampfdruck der Flüssigkeit [Pa]
w = Strömungsgeschwindigkeit in der Rohrleitung [m/s]
ρ = Flüssigkeitsdichte [kg/m³]
K_{ges} = Widerstandsfaktor der Rohrleitung mit Formstücken und Armaturen etc.

$$K_{ges} = f \cdot \frac{L_1}{d} + K$$

f = Reibungsbeiwert
L_1 = h1 + horizontale Leitungen = Zulauflänge bis zum Scheitel [m]
d = Rohrdurchmesser [m]
K = Widerstandsfaktor für Formstücke etc.in der Zulaufleitung

Beispiel 6.4.3.1:

$P_0 = 1$ bar $\quad P_D = 30$ mbar $\quad K_{ges} = 6 \quad \rho = 1000$ kg/m³

w = 2 m/s:

$$h1_{max} = \frac{100000}{9{,}81 \cdot 1000} - \frac{3000}{9{,}81 \cdot 1000} - \frac{2^2}{2 \cdot 9{,}81} \cdot (1+6) = 10{,}2 - 0{,}31 - 1{,}43 = 8{,}46 \text{ m FS}$$

w = 4 m/s:

$$h1_{max} = 10{,}2 - 0{,}31 - 5{,}7 = 4{,}19 \text{ m FS}$$

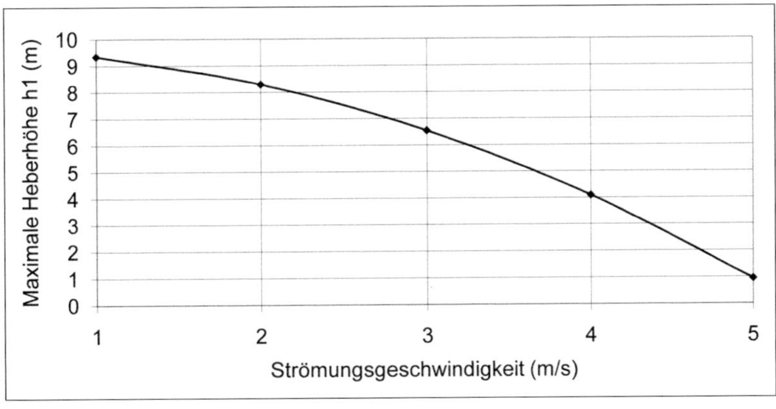

Bild 6.4.3.1: Maximal zulässige Heberhöhe h1 in Abhängigkeit von der Strömungsgeschwindigkeit im Rohr

6.4.4 Berechnung des Drucks P_S im Syphonscheitel

Diese Berechnung ist erforderlich, weil bei einem geringen statischen Druck Flüssigkeit verdampfen kann oder gelöste Gase freigesetzt werden.

Wenn der Siphonscheitel mit Dämpfen oder Gasen gefüllt ist, funktioniert der Siphon nicht!

Es gilt folgende Gleichung (siehe Anlage):

$$P_S = \frac{P_{a1}}{\rho \cdot g} - h1 - \frac{w^2}{2 \cdot g} \cdot K_{ges} \quad [\text{m FS}]$$

K_{ges} = Widerstandsfaktor der Rohrleitung

Beispiel 6.4.4.1:

$P_{a1} = P_0 = 1$ bar $w = 3$ m/s $h1 = 5$ m $K_{ges} = 4$ $\rho = 1000$ kg/m³

$$P_S = \frac{100000}{9{,}81 \cdot 1000} - 5 - \frac{3^2}{2 \cdot 9{,}81} \cdot 4 = 10{,}2 - 5 - 1{,}83 = 3{,}37 \text{ m FS} = 33700 \text{ Pa} = 0{,}337 \text{ bar}$$

Um Gasbildung bzw. Verdampfung im Siphonscheitel zu vermeiden, muss der statische Druck im Scheitel des Siphons größer sein als der Dampfdruck der Flüssigkeit.

Den statischen Druck im Scheitel P_{Sstat} ermittelt man wie folgt:

$$P_{Sstat} = P_S - P_{dyn} = P_S - \frac{w^2}{2 \cdot g}$$

Beispiel 6.4.4.2:

$P_S = 33700$ Pa (von Beispiel 6.4.4.1) $w = 3$ m/s $P_D = 0{,}3$ m FS

$$P_{Sstat} = P_S - P_{dyn} = \frac{33700}{9{,}81 \cdot 1000} - \frac{3^2}{2 \cdot 9{,}81} = 3{,}4 - 0{,}46 = 2{,}94 \text{ m FS} = 29400 \text{ Pa}$$

$$P_{Sstat} = 2{,}94 \text{ m FS} > P_D = 0{,}3 \text{ m FS}$$

Ergebnis: Keine Flüssigkeitsverdampfung im Siphon, weil der statische Druck höher ist als der Dampfdruck der Flüssigkeit.

6.4.5 Berechnung der maximalen Heberhöhe $h2_{max}$ des Ablaufschenkels

Aus der Anlage ergibt sich folgende Gleichung für $h2_{max}$:

$$h2_{max} = \frac{P_{a2}}{\rho \cdot g} - \frac{P_S}{\rho \cdot g} + \Delta Ph2_{max}$$

$$h2_{max} = \frac{P_{a2}}{\rho \cdot g} - \frac{P_S}{\rho \cdot g} + \frac{w^2}{2 \cdot g} \cdot \frac{f}{d} \cdot h2_{max}$$

$\Delta Ph2_{max}$ = Druckverlust im Heber mit der Länge $h2_{max}$

Beispiel 6.4.5.1:

$P_{a2} = P_0 = 1$ bar $\qquad P_S = 0{,}1$ bar

$$\frac{w^2}{2 \cdot g} \cdot \frac{f}{d} = 0{,}333$$

$$h2_{max} = \frac{100000}{9{,}81 \cdot 1000} - \frac{10000}{9{,}81 \cdot 1000} + 0{,}333 \cdot h2_{max}$$

$$h2_{max} = 10{,}2 - 1{,}02 + 0{,}333 \cdot h2_{max}$$

$$10{,}2 - 1{,}02 = (1 - 0{,}333) \cdot h2_{max}$$

$$h2_{max} = \frac{9{,}18}{0{,}667} = 13{,}76 \text{ m FS}$$

Für den Druckverlust $\Delta Ph2_{max}$ in $h2_{max}$ gilt:

$$\Delta Ph2_{max} = \frac{w^2}{2 \cdot g} \cdot \frac{f}{d} \cdot h2_{max} = 0{,}333 \cdot 13{,}76 = 4{,}58 \text{ m FS}$$

Kontrollrechnung für P_S im Syphonscheitel:

$$P_S = \frac{P_0}{\rho \cdot g} - h2_{max} + \Delta Ph2 = 10{,}2 - 13{,}76 + 4{,}58 = 1 \text{ m FS}$$

Anlage: Formeln zur Siphonberechnung

Druckangaben in m FS (Flüssigkeitssäule)

Eintrittsschenkel h1:

$P_S + \Delta Ph1 + h1 - P_{a1} > 0$ → Strömung im Siphon

$h1 < P_{a1}$ → Strömung im Siphon

$h1 = P_{a1}$ → Keine Strömung

$P_S = P_{a1} - \Delta Ph1 - h1$ (m FS)

Austrittsschenkel h2:

$P_S + h2 - \Delta Ph2 - P_{a2} > 0$ → Strömung im Siphon

$h2 = P_{a2}$ → Keine Strömung

$P_S = P_{a2} + \Delta Ph2 - h2$ (m FS)

P_S = Druck im Scheitel des Siphon
$\Delta Ph1$ = Druckverlust im Eintrittsrohr bis zum Scheitel
$\Delta Ph2$ = Druckverlust im Austrittsrohr ab Scheitel
P_{a1} = Druck auf der Flüssigkeit , eintrittsseitig (meist 1 bar)
P_{a2} = Druck auf der Flüssigkeit, austrittsseitig (meist 1 bar)

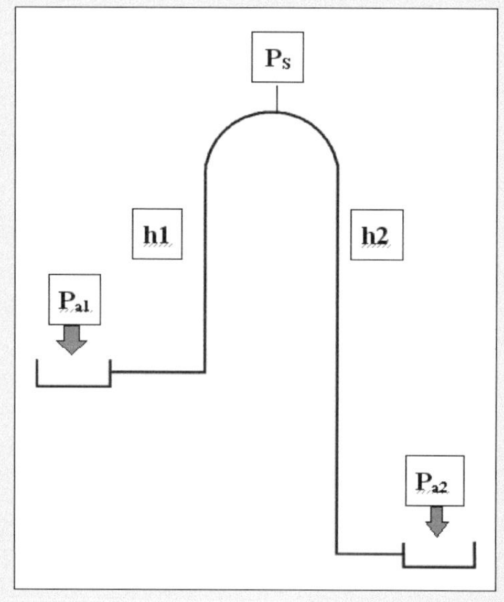

Bild 6.4.5.1:

6.5 Maximal zulässige Fallrohrhöhen

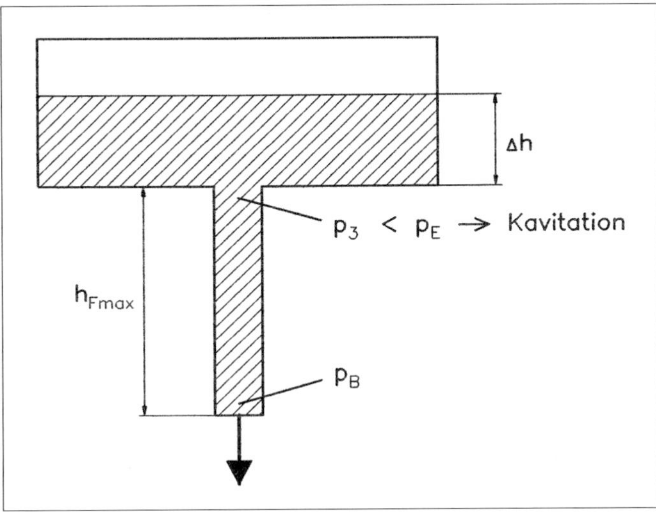

Bild 6.5.1: Maximale Fallrohrhöhe zur Vermeidung von Kavitation

$$h_{Fmax} = \frac{P_B - P_E}{\rho \cdot g}$$

P_B = Druck im Auslauf [Pa]
P_E = Dampfdruck der Flüssigkeit [Pa]
ρ = Flüssigkeitsdichte [kg/m^3]

Beispiel 6.5.1: Fallrohrlänge für Wasser bei 20 °C

P_B = 1 bar = Atmosphärendruck = 100000 Pa
P_E = 2337 Pa = Wasserdampfdruck bei 20 °C
ρ = 1000 kg/m^3 = Wasserdichte

$$h_{Fmax} = \frac{100000 - 2337}{1000 \cdot 9{,}81} = 9{,}955 \text{ m}$$

Bei einem freien Flüssigkeitsablauf kann der statische Druck im Fallrohr so weit absinken, dass es zur Verdampfung bzw. Kavitation kommt.

Die zulässige Fallrohrhöhe ist abhängig vom Dampfdruck der Flüssigkeit und vom Gegendruck P_B im Auslauf. Eine Drosselung im Auslauf erhöht die zulässige Fallrohrhöhe h_{Fmax}.

6.6 Dimensionierung von Kondensatleitungen

Bei der Auslegung von Kondensatleitungen muss zunächst die Dampfmenge E nach der Entspannung der Kondensatmenge K vom Heizdruck P_1 auf den Druck P_2 im Kondensatsystem berechnet werden. Die Kondensatleitung wird dimensioniert für eine Strömungsgeschwindigkeit w des Entspannungsdampfes.

$$E = x \cdot K \cdot v_2 \quad [m^3/h]$$

$$x = \frac{i_1 - i_2}{r_2}$$

$$D = \sqrt{\frac{E}{3600 \cdot w} \cdot \frac{4}{\pi}} \quad [m]$$

E = Entspannungsdampfmenge [m^3/h]
K = Kondensatmenge [kg/h]
D = Rohrleitungsdurchmesser [m]
i_1 = Kondensatenthalpie bei P_1/T_1 [kJ/kg]
i_2 = Kondensatenthalpie bei P_2/T_2 [kJ/kg]
v_2 = spezifisches Volumen bei P_2/T_2 [m^3/kg]
r_2 = Verdampfungswärme bei P_2 [kJ/kg]
w = Strömungsgeschwindigkeit des Entspannungsdampfes [m/s]

Beispiel 6.6.1:

K = 1000 kg/h w = 15 m/s P_1 = 10 bar P_2 = 1 bar
i_1 = 762 kJ/kg (180 °C) i_2 = 417 kJ/kg (100 °C)
r_2 = 2258 kJ/kg v_2 = 1,694 m^3/kg

$$x = \frac{762 - 417}{2258} = 0{,}1528$$

$$E = 0{,}1528 \cdot 1000 \cdot 1{,}694 = 258{,}8\ m^3/h$$

$$D = \sqrt{\frac{258{,}8}{3600 \cdot 15} \cdot \frac{4}{\pi}} = 0{,}078\ m$$

Gewählt: DN 80 für die Kondensatleitung

Dampfleitung: 1000 kg/h = 194,3 m^3/h
Gewählt: DN 65 mit 16,3 m/s Strömungsgeschwindigkeit

6.7 Flüssigkeitsausdehnung und Volumenkompensator

Problem: Wenn ein Flüssigkeitsvolumen zwischen zwei Armaturen eingeschlossen ist und erwärmt wird, kommt es durch die Flüssigkeitsausdehnung zu einem starken Druckanstieg in der Rohrleitung.

Folge: Leckagen und Schäden an Flanschen und Armaturen

Abhilfe: Ein mit dem Flüssigkeitsrohrsystem verbundener Gasspeicher nimmt die ausgedehnte Flüssigkeit auf. Durch die hohe Kompressibilität des Gases wird der Druckanstieg drastisch reduziert.

Beispiel 6.7.1:

Ausdehnungsvolumen bei Erwärmung $V_{Ex} = 4\ l$
$P_1 = 1$ bar = Druck in der Leitung vor der Erwärmung

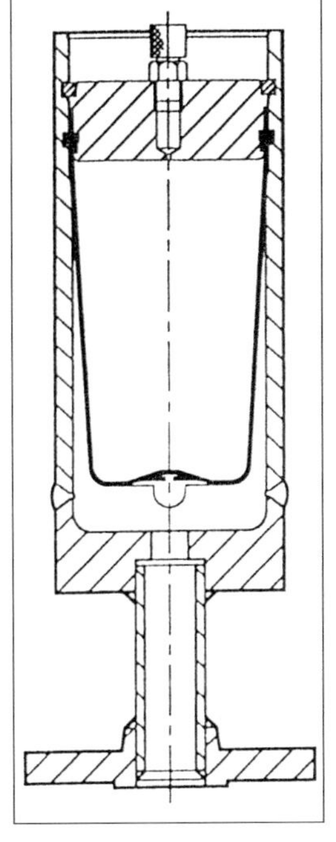

Bild 6.7.1:

Fall A:

Gasvolumen im System $V_{G1} = 4{,}04\ l$ bei $P_1 = 1$ bar
Gasvolumen nach der Ausdehnung

$$V_{G2} = V_{G1} - V_{Ex} = 4{,}04 - 4 = 0{,}04\ l$$

$$P_2 = \frac{P_1 \cdot V_{G1}}{V_{G2}} = \frac{1 \cdot 4{,}04}{0{,}04} = 101 \text{ bar}$$

Fazit: Hoher Druckanstieg bei geringem Gasvolumen!

Fall B:

Gasvolumen im System $V_{G1} = 8{,}04\ l$ bei $P_1 = 1$ bar
Nach der Ausdehnung: $V_{G2} = 8{,}04 - 4 = 4{,}04\ l$

$$P_2 = \frac{1 \cdot 8{,}04}{4{,}04} = 1{,}99 \text{ bar}$$

Fazit: Geringer Druckanstieg bei größerem Gasvolumen!

Deshalb werden Blasen- oder Membranspeicher mit dem ausreichenden Gasvolumen zur Aufnahme des Flüssigkeitsexpansionsvolumen eingesetzt, um die auftretenden hohen Drücke durch die Flüssigkeitsausdehnung zu vermeiden.

Im Beispiel 6.7.2 wird gezeigt, wie ein derartiger Gasspeicher ausgelegt wird.

Alternativ können Überströmventile zur Ableitung des Expansionsvolumens der Flüssigkeit eingesetzt werden.

Beispiel 6.7.2: Auslegung eines Volumenkompensators

Anhand eines Beispiels wird gezeigt, wie man einen Gasspeicher zur Aufnahme des durch Erwärmung expandierten Flüssigkeitsvolumens berechnet.

Beispieldaten:
V_1 = 662 l = Flüssigkeitsvolumen bei der niedrigen Temperatur T_1
T_1 = 283 K = Minimale Flüssigkeitstemperatur
T_2 = 303 K = Maximale "
T_F = 293 K = Gaseinfülltemperatur in den Gasspeicher
P_B = 10,2 bar = Betriebsdruck bei T_1
P_{max} = 16 bar = Maximal zulässiger Druck im System
ρ_1 = 1,608 kg/m³ = Dichte bei 283 K
ρ_2 = 1,564 kg/m³ = Dichte bei 303 K

1. Ermittlung des Expansionsvolumens V_{Ex} der Flüssigkeit bei Erwärmung
$V_1 = 662$ l $\quad S = \rho_1/\rho_2 = 1{,}608 / 1{,}564 = 1{,}028$
$V_2 = S \cdot V_1 = 1{,}028 \cdot 662 = 680{,}5$ l
$V_{Ex} = V_2 - V_1 = 680{,}5 - 662 = 18{,}5$ l

2. Wahl eines Gasspeichervolumens V_G aus Katalogangaben
$V_G = 100$ l

3. Berechnung des Arbeitsvolumens V_{GA} des gewählten Gasspeichers
$V_{GA} = V_G - V_{Ex} = 100 - 18{,}5 = 81{,}5$ l

4. Fixierung des erforderlichen Gasfülldrucks P_{GE}
Der eingestellte Gasdruck P_{GE} des Gasspeichers sollte etwas oberhalb des Betriebsdrucks P_B liegen.
$P_{GE} = P_B + 0{,}1 = 10{,}2 + 0{,}1 = 10{,}3$ bar
Korrektur des Gaseinfülldrucks für die Einfülltemperatur T_F

$$P_{GEkorr} = P_{GE} \cdot \frac{T_F}{T_1} = 10{,}3 \cdot \frac{293}{283} = 10{,}66 \text{ bar}$$

5. Berechnung des erforderlichen Arbeitsvolumens V_{GAerf} des Gasspeichers

$$V_{GAerf} = \frac{P_{GE} \cdot V_G \cdot T_2}{T_1 \cdot P_{max}} = \frac{10{,}3 \cdot 100 \cdot 303}{283 \cdot 16} = 68{,}9 \text{ l} < V_{GA} = 81{,}5 \text{ l}$$

Das vorhandene Arbeitsvolumen ist größer als das erforderliche!

6. Ermittlung des Höchstdrucks P_2 nach der Flüssigkeitsausdehnung

$$P_2 = \frac{P_{GE} \cdot V_G \cdot T_2}{V_{GA} \cdot T_1} = \frac{10{,}3 \cdot 100 \cdot 303}{81{,}5 \cdot 283} = 13{,}53 \text{ bar} < P_{max} = 16 \text{ bar}$$

6.8 Druckstoßberechnungen

Durch das schnelle Schließen von Armaturen wird die in der Rohrleitung strömende Flüssigkeit schlagartig gestoppt und es kommt zu einem Druckanstieg weit über den Auslegungsdruck der Rohrleitung.

Der maximale Druckstoß ΔP_{Dmax} wird wie folgt ermittelt:

$$\Delta P_{Dmax} = a \cdot \rho \cdot \Delta w \cdot 10^{-5} \quad [bar]$$

a = Druckwellengeschwindigkeit [m/s], z. B. 1000 m/s für Wasser im Stahlrohr
w = Strömungsgeschwindigkeit der Flüssigkeit in der Rohrleitung [m/s]
ρ = Dichte [kg/m³]
T = Reflexionszeit [s]
t_S = Armaturenschließzeit [s]

Beispiel 6.8.1:

w = 2 m/s a = 1000 m/s Betriebsdruck = 10 bar PN 16

$$\Delta P_{Dmax} = 2 \cdot 1000 \cdot 1000 = 2 \cdot 10^6 \text{ Pa} = 20 \text{ bar}$$

$$P_{max} = 10 + 20 = 30 \text{ bar} > \text{PN } 16$$

Durch den Druckstoß steigt der Druck in der Rohrleitung kurzfristig auf 30 bar! Gleichzeitig steigt die Rohrlagerkraft durch den Druckstoß auf > 100 kN!

Der **tatsächliche Druckstoß ΔP_D** wird unter Berücksichtigung der **Reflexionszeit T** für die Rohrleitungslänge L und die **Armaturenschließzeit t_S** ermittelt.

$$T = \frac{2 \cdot L}{a} \quad [s]$$

$$\Delta P_D = \Delta P_{Dmax} \cdot \frac{T}{t_S} = \Delta P_{Dmax} \cdot \frac{2 \cdot L}{a \cdot t_S} \quad [bar]$$

Diese sehr einfache Umrechnungsmethode gilt unter der Annahme, dass die Strömungsgeschwindigkeit beim Schließen der Armatur linear abnimmt.

In der Praxis sollte man **$0{,}2 \cdot t_S$ als Schließzeit** einsetzen, weil nur das Schließen in der Schlussphase den Druckstoß verursacht. Vorher wird nur der Druckverlust erhöht.

Minimale Länge für einen vollen Druckstoß:

$$L_{min} = \frac{a \cdot t_S}{2} \quad [m]$$

Beispiel 6.8.2:

$t_S = 4$ sec a = 1000 m/s $L_{min} = \frac{1000 \cdot 4 \cdot 0,2}{2} = 400$ m

Beispiel 6.8.3: Berechnung des realen Druckstoßes bei unterschiedlichen Schließzeiten

$\Delta P_{Dmax} = 20$ bar a = 1000 m/s L = 1000 m

Reflexionszeit $T = \frac{2 \cdot 1000}{1000} = 2$ s Gewählte Armaturenschließzeit $= 0,2 \cdot t_S$

Armaturenschließzeit: 2 s $\Delta P_D = \frac{2}{0,2 \cdot 2} \cdot 20 = 100$ bar

Armaturenschließzeit: 12 s $\Delta P_D = \frac{2}{0,2 \cdot 12} \cdot 20 = 16,7$ bar

Armaturenschließzeit: 20 s $\Delta P_D = \frac{2}{0,2 \cdot 20} \cdot 20 = 10$ bar

Berechnung der Kraft F_R auf die Rohrleitungslager durch Druckstöße

$F_R = P \cdot A$ [kN] $A = d^2 \cdot \frac{\pi}{4}$ [m²]

Beispiel 6.8.4:

Druckstoß $\Delta P_D = 20$ bar Betriebsdruck $P_{Betrieb} = 10$ bar

Gesamtdruck $P_{ges} = P_{Betrieb} + \Delta P_D = 10 + 20 = 30$ bar d = 0,2073 m

Zusätzliche Lagerbelastung durch den Druckstoß:

$F_R = 20 \cdot 10^5 \cdot 0,2073^2 \cdot 0,785 = 67,5$ kN

Berechnung der Druckwellenfortpflanzungsgeschwindigkeit a

Druckstoßgleichung: $\Delta P = a \cdot \rho \cdot \Delta w$

Ermittlung der Schallgeschwindigkeit a_0 der Flüssigkeit:

$$a_0 = \sqrt{\frac{E_{FL}}{\rho}}$$

Berechnung der Druckwellenfortpflanzungsgeschwindigkeit a in der Rohrleitung:

$$a = \sqrt{\frac{\frac{E_{FL}}{\rho}}{1 + \frac{E_{FL} \cdot d}{E_R \cdot s}}}$$

ΔP = Druckstoß (bar)
ρ = Flüssigkeitsdichte
a_0 = Schallgeschwindigkeit der Flüssigkeit
Δw = Änderung der Strömungsgeschwindigkeit
a = Druckwellenfortpflanzungsgeschwindigkeit

Die Druckwellengeschwindigkeit a ist abhängig von:

- dem Elastizitätsmodul E_{Fl} der Flüssigkeit
- der Dichte ρ der Flüssigkeit
- dem Rohrdurchmesser d
- der Rohrwandstärke s
- dem Elastizitätsmodul E_R des Rohrwerkstoffs

Beispiele für die Druckwellengeschwindigkeit von Wasser in Rohrleitungen:

Stahl: $E_R = 2{,}2 \cdot 10^{11}$ N/m²: a = 1000 m/s

Kunststoff: $E_R = 1 \cdot 10^{9}$ N/m²: a = 400 m/s

Möglichkeiten zur Reduzierung der Rohrleitungsbelastungen durch Druckstöße:

1. Strömungsgeschwindigkeit w reduzieren
2. Auslegung für den maximalen Druck einschließlich Druckstoß
3. Längere Armaturenschließzeiten
4. Einbau von Membranspeichern (**Bild 6.8.1**) oder Blasenspeichern (**Bild 6.8.2**) zur Kompensation der Druckstöße

Die kinetische Energie des Druckstoßes wird in eine adiabate Verdichtung umgesetzt.

Das erforderliche Gasvolumen zur Absorption des Druckstoßes muss berechnet werden.

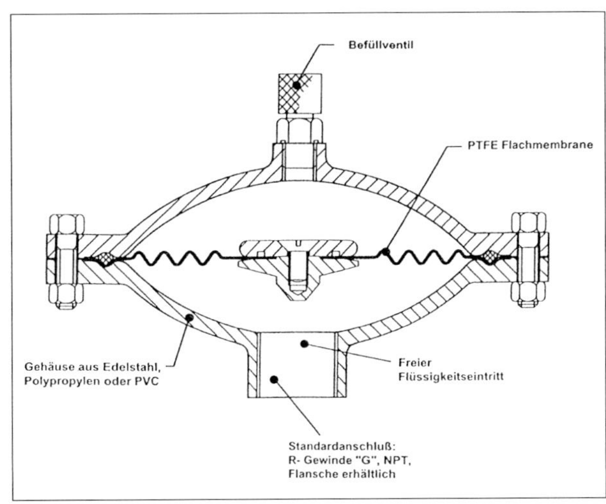

Bild 6.8.1: Membranspeicher

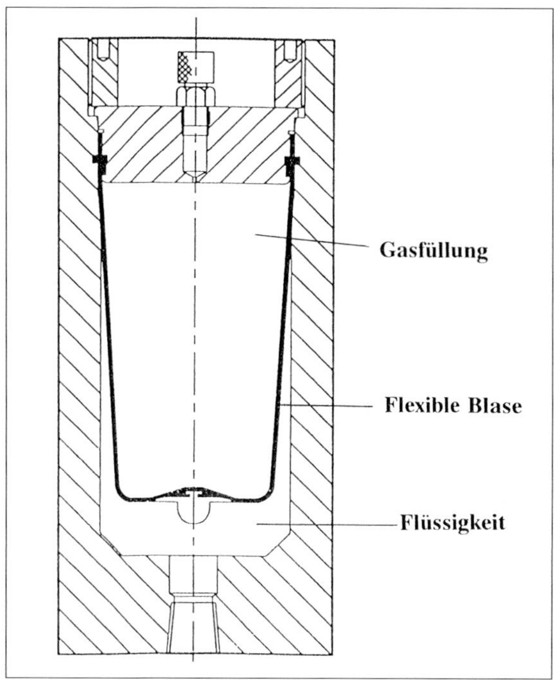

Bild 6.8.2: Blasenspeicher

6.9 Auslegung eines Verteilers für Flüssigkeiten

Ein Flüssigkeitsverteiler (**Bild 6.9.1**) besteht aus einem Hauptverteilerrohr mit vielen Austrittsbohrungen oder -stutzen, z. B. ein Hauptverteilerrohr DN 200 mit 20 Rohrstutzen DN 12.

Angestrebt wird eine möglichst gleichmässige Verteilung der Flüssigkeit: Durch jede Eintrittsöffnung soll die gleiche Menge strömen.

Den Mengendurchsatz durch die einzelnen Bohrungen oder Stutzen berechnet man mit der Behälterausflußformel für den anliegenden statischen Differenzdruck zwischen dem Verteilerinnendruck und dem Außendruck.

$$V = \alpha \cdot A_0 \cdot \sqrt{\frac{2 \cdot \Delta P}{\rho}} \quad [m^3/s]$$

$$\Delta P = \frac{V^2 \cdot \rho}{(\alpha \cdot A_0)^2 \cdot 2} = \frac{w^2 \cdot \rho}{\alpha^2 \cdot 2} = K \cdot \frac{w^2 \cdot \rho}{2}$$

Bild 6.9.1: Flüssigkeitsverteiler

$$K = \left(\frac{1}{\alpha}\right)^2 = \frac{2 \cdot \Delta P}{w^2 \cdot \rho}$$

A_0 = Strömungsquerschnittsfläche [m^2] des Stutzens bzw. der Bohrung/Düse
α = Ausflußzahl
ΔP = Statischer Differenzdruck = $P_{innen} - P_{außen}$ (Pa)
K = Widerstandbeiwert der Ausflusszahl α
w = Strömungsgeschwindigkeit (m/s)
ρ = Dichte (kg/m^3)

In **Bild 6.9.2** ist der Mengendurchsatz durch zwei unterschiedliche Rohrstutzen in Abhängigkeit vom statischen Differenzdruck für Wasser dargestellt.

Die Mengenströme wurden mit der Ausflusszahl $\alpha = 0{,}8$ für Stutzen ermittelt.

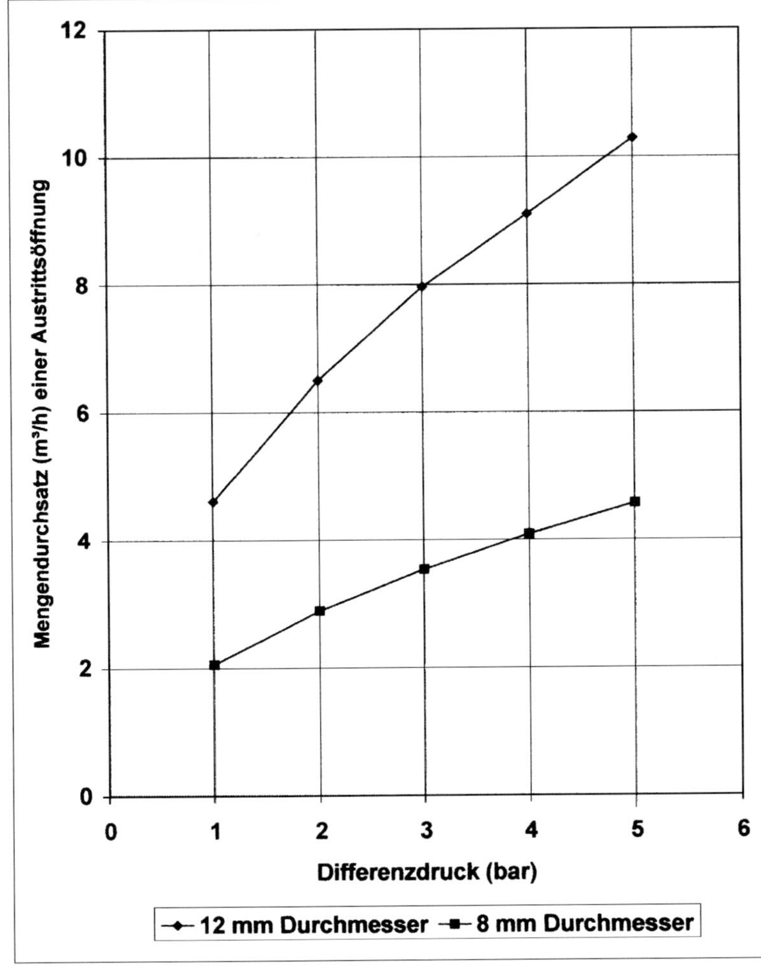

Bild 6.9.2: Mengendurchsatz in einem Verteiler mit 8- und 12-mm-Bohrungen in Abhängigkeit vom Differenzdruck

Umgekehrt kann man auch den erforderlichen Strömungsquerschnitt A_0 für einen bestimmten Mengendurchsatz und ein vorgegebenes ΔP berechnen.

$$A_0 = \frac{V\,[m^3/s]}{\alpha \cdot \sqrt{\frac{2 \cdot \Delta P}{\rho}}} \quad [m^2]$$

$$d_0 = 1000 \cdot \sqrt{\frac{a \cdot A_0}{\pi}} \quad [mm]$$

Der Mengendurchsatz durch eine Düse oder Bohrung ist stark abhängig ist von der statischen Druckdifferenz.

In einem Verteiler ändert sich jedoch der statische Innendruck: Durch den Reibungsdruckverlust verringert sich der statische Innendruck und wegen der abnehmenden Strömungsgeschwindigkeit erhöht sich der statische Innendruck, weil der dynamische Druck abnimmt.

$$P_{ges} = P_{stat} + P_{dyn}$$

$$\Delta P_{stat} = P_{ges} - \Delta P_{Reib} + \Delta P_{dyn}$$

$$\Delta P_{stat} = P_{ges} - f \cdot \frac{L}{D} \cdot \frac{w_1^2 \cdot \rho}{2} + (w_1^2 - w_2^2) \cdot \frac{\rho}{2} \quad [Pa]$$

P_{ges} = Eintrittsdruck im Hauptverteiler = $P_{stat} + P_{dyn}$
ΔP_{Reib} = Reibungsdruckverlust bis zum nächsten Austrittsstutzen
L = Länge des Hauptverteilerrohrs bis zur nächsten Austrittsöffnung
D = Durchmesser des Hauptverteilers
f = Reibungsbeiwert
w_1 = Strömungsgeschwindigkeit vor dem Austrittsstutzen [m/s]
w_2 = Strömungsgeschwindigkeit hinter der Austrittsöffnung
ρ = Flüssigkeitsdichte [kg/m³]

Empfehlung:

Die Eintrittsströmungsgeschwindigkeit in den Hauptverteiler sollte < 3 m/s betragen, um die Differenzen in der statischen Druckdifferenz zu minimieren, damit die Austrittsbohrungsdurchmesser nicht variiert werden müssen.

Anzustreben ist die gleiche statische Druckdifferenz ΔP für alle Austrittsstutzen mit dem gleichen Durchmesser d_0.

Beispiel 6.9.1: Mengendurchsatz durch einen Stutzen DN 12 bei ΔP = 2 bar

$\alpha = 0{,}8$ $\rho = 1000\ kg/m^3$

$$V = 0{,}8 \cdot 0{,}000113 \cdot \sqrt{\frac{2 \cdot 2 \cdot 10^5}{1000}} \cdot 3600 = 6{,}5\ m^3/h \qquad w = 16\ m/s$$

Kontrolle:

$$K = \left(\frac{1}{0,8}\right)^2 = 1,56$$

$$\Delta P = K \cdot \frac{w^2 \cdot \rho}{2} = 1,56 \cdot \frac{16^2 \cdot 1000}{2} = 200000 \text{ Pa}$$

$$K = \frac{2 \cdot \Delta P}{w^2 \cdot \rho} = \frac{2 \cdot 200000}{16^2 \cdot 1000} = 1,56$$

Alternativberechnung mit der Behälterauslaufformel für eine angeschlossene Rohrleitung mit $K = 0,5$ für Stutzeneinlauf:

$$V = A_0 \cdot \sqrt{\frac{2 \cdot \Delta P / \rho}{K + 1}} = 0,000113 \cdot \sqrt{\frac{2 \cdot 200000 / 1000}{0,5 + 1}} = 0,001864 \text{ m}^3/\text{s}$$

$$V = 6,64 \text{ m}^3/\text{h}$$

Beispiel 6.9.2: Berechnung der treibenden statischen Druckdifferenz für den zweiten Austrittsstutzen in einem Hauptverteiler DN 50

Eintrittsmenge in den Hauptverteiler: 200 m³/h Wasser für 10 Austrittsstutzen

Eintrittsdruck P_{ges}=4 bar

Austritt aus Stutzen 1: 20 m³/h

w_1=28,3 m/s für 200 m³/h

Zulauf zu Stutzen 2: 200-20=180 m³/h

w_2=25,47 m³/h für 180 m³/h

$$\Delta P_{dyn} = (28,3^2 - 25,4^2) \cdot 500 = 77865 \text{ Pa}$$

$$\Delta P_{Reib} = 0,02355 \cdot \frac{1}{0,05} \cdot \frac{25,47^2 \cdot 1000}{2} = 152278 \text{ Pa}$$

$$\Delta P_{stat} = 400000 - 152278 + 77865 = 325587 \text{ Pa}$$

Erforderlicher Austrittsquerschnitt für 20 m³/h und $\alpha = 0,8$:

$$A_0 = \frac{20 / 3600}{0,8 \cdot \sqrt{\frac{2 \cdot 3,255 \cdot 10^5}{1000}}} = 0,000272 \text{ m}^2$$

$$d_0 = 1000 \cdot \sqrt{\frac{0,000272 \cdot 4}{3,14}} = 18,62 \text{ mm}$$

6.10 Auslegung von Ausdehnungsgefäßen

In geschlossenen Flüssigkeitskreisläufen muss eine Ausdehnungsmöglichkeit für die Ausdehnung der Flüssigkeit bei Erwärmung vorgesehen werden.

Man unterscheidet offene Flüssigkeitskreisläufe (**Bild 6.10.1**) und geschlossene Flüssigkeitskreisläufe (**Bild 6.10.2**).

6.10.1 Offener Flüssigkeitskreislauf (Bild 6.10.1)

In offenen Flüssigkeitskreisläufen mit Temperaturschwankungen müssen zur Aufnahme der temperaturbedingten Flüssigkeitsausdehnung Ausdehnungsgefäße installiert werden mit einem ausreichenden Gasvolumen über der Flüssigkeit zur Aufnahme des Ausdehnungsvolumens der Flüssigkeit.

Anwendungsbeispiele: Temperierkreisläufe und Wärmeträgeranlagen

Berechnung des Ausdehnungsvolumens ΔV bei Erwärmung

Zunächst wird das Ausdehnungsvolumen des Flüssigkeitsinhalts im System bei Erwärmung ermittelt:

$$V_1 \cdot \rho_1 = V_2 \cdot \rho_2 \qquad V_2 = V_1 \cdot \frac{\rho_1}{\rho_2}$$

$$\Delta V = V_1 \cdot \left(\frac{\rho_1}{\rho_2} - 1 \right)$$

V_1 = Flüssigkeitsvolumen im System bei Temperatur t_1
V_2 = Flüssigkeitsvolumen im Kreislauf bei Temperatur t_2
ρ_1 = Flüssigkeitsdichte bei t_1
ρ_2 = Flüssigkeitsdichte bei t_2
ΔV = Ausdehnungsvolumen der Flüssigkeit bei Erwärmung

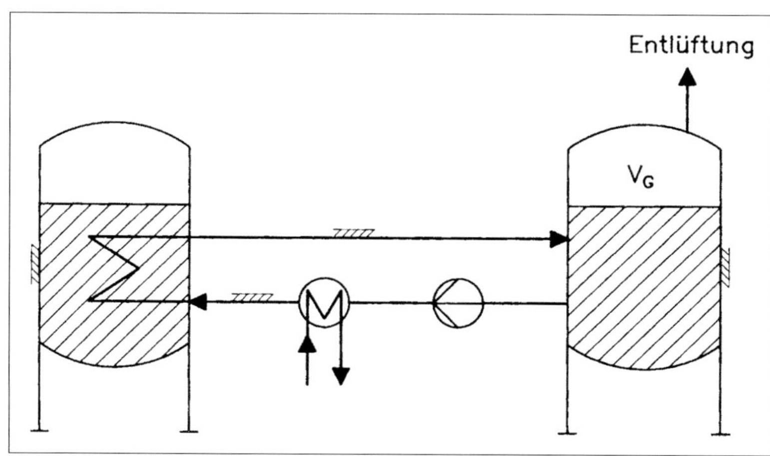

Bild 6.10.1: Offener Flüssigkeitskreislauf mit Gasvolumen V_G

Beispiel 6.10.1.1: Berechnung des Ausdehnungsvolumens

Flüssigkeitsinhalt V_1 = 1000 l Methanol bei 0 °C

Zu ermitteln ist das Ausdehnungsvolumen bei Erwärmung auf 50 °C.

$\rho_1 = 810\ kg/m^3$ bei 0 °C $\qquad \rho_2 = 765\ kg/m^3$ bei 50 °C

$$V_2 = 1000 \cdot \frac{810}{765} = 1058{,}8\ l$$

$$\Delta V = V_2 - V_1 = 1058{,}8 - 1000 = 58{,}8\ l$$

$$\Delta V = 1000 \cdot \left(\frac{810}{765} - 1 \right) = 58{,}8\ l$$

Das Ausdehnungsgefäß muss zumindest 58,8 l aufnehmen können, also ein Gasvolumen von 58,8 l haben.

Alternativ kann die Flüssigkeitsausdehnung mit dem räumlichen Ausdehnungskoeffizienten β berechnet werden.

$$\Delta V = V_1 \cdot \beta \cdot \Delta t$$

Der Ausdehnungskoeffizient β wird aus den Dichten bei unterschiedlichen Temperaturen ermittelt.

Beispiel 6.10.1.2: Berechnung des Ausdehnungskoeffizienten

$V_1 = 1000\ l \qquad \Delta t = 50\ °C \qquad \rho_1 = 810\ kg/m^3$ bei 0 °C

$\rho_2 = 765\ kg/m^3$ bei 50 °C

$$\frac{\Delta V}{\Delta t} = \frac{\frac{1}{765} - \frac{1}{810}}{50} = 1{,}45 \cdot 10^{-6}\ [m^3/kg\ K]$$

$$\beta_1 = 810 \cdot 1{,}45 \cdot 10^{-6} = 1{,}176 \cdot 10^{-3}\ [1/K]$$

$$\beta_2 = 765 \cdot 1{,}45 \cdot 10^{-6} = 1{,}111 \cdot 10^{-3}\ [1/K]$$

Es wird der Mittelwert β_m berechnet.

$$\beta_m = \frac{\beta_1 + \beta_2}{2} = 1{,}144 \cdot 10^{-3}\ (1/K)$$

$$\Delta V = V_1 \cdot \beta_m \cdot \Delta t = 1000 \cdot 1{,}144 \cdot 10^{-3} \cdot 50 = 57{,}2\ l$$

Dimensionierung des Ausdehnungsgefäßes

Im Allgemeinen wird das Gasvolumen V_G in dem Ausdehnungsgefäß so dimensioniert, dass es die 1,3- bis 1,5-fache Menge der Volumenzunahme des Flüssigkeitsinhalts bei maximaler Erwärmung aufnehmen kann.

$V_G = 1{,}5 \cdot \Delta V$ V_G = Gasvolumen des Ausdehnungsgefäßes

Der Ausdehnungsbehälter wird so bemessen, dass er ständig zu 30 % mit Flüssigkeit befüllt ist und 70 % des Behältervolumens für die Flüssigkeitsausdehnung zur Verfügung steht.

Auslegungsempfehlung:

1. Ausdehnungsvolumen ΔV des Flüssigkeitsinhalts berechnen.
2. Gasvolumen im Ausdehnungsgefäß festlegen $\Rightarrow$ $V_G = 1{,}5 \cdot \Delta V$
3. Kesselinhalt V_K für 70 % Gasinhalt bestimmen $\Rightarrow$ $V_K = 1{,}4 \cdot V_G$

Beispiel 6.10.1.3: Behältervolumen für ein Ausdehnungsvolumen bestimmen

$\Delta V = 58{,}8$ l

$V_G = 1{,}5 \cdot 58{,}8 = 88{,}2$ l

$V_K = 1{,}4 \cdot 88{,}2 = 123{,}5$ l

Anschließend wird ein geeigneter Behälter, z. B. nach DIN 4810, ausgewählt. Diese Dimensionierung gilt nur für das Expansionsvolumen beim Aufheizen des Flüssigkeitsinhalts.

Bei Wärmeträgeranlagen ist die DIN 4754 zu beachten.

Falls das Ausdehnungsgefäß gleichzeitig als **Pumpenvorlage** oder **Wärme-/Kältespeicher** dient, so muss die entsprechende Verweilzeit bzw. Pufferkapazität berücksichtigt werden.

6.10.2 Geschlossenes Ausdehnungsgefäß mit Gaspolster (Bild 6.10.2)

Für einen geschlossenen Flüssigkeitskreislauf ohne Austrittsöffnung zur Atmosphäre muss das erforderliche Gasvolumen im Ausdehnungsbehälter unter Berücksichtigung der zulässigen Drucksteigerung im Behälter ermittelt werden.

Die Volumenzunahme der Flüssigkeit bewirkt eine Verdichtung des Gaspolsters im Ausdehnungsgefäß. Der Druckanstieg im Behälter und im Flüssigkeitskreislauf muss bei der Auslegung bzw. Planung berücksichtigt werden (Druckstufe!).

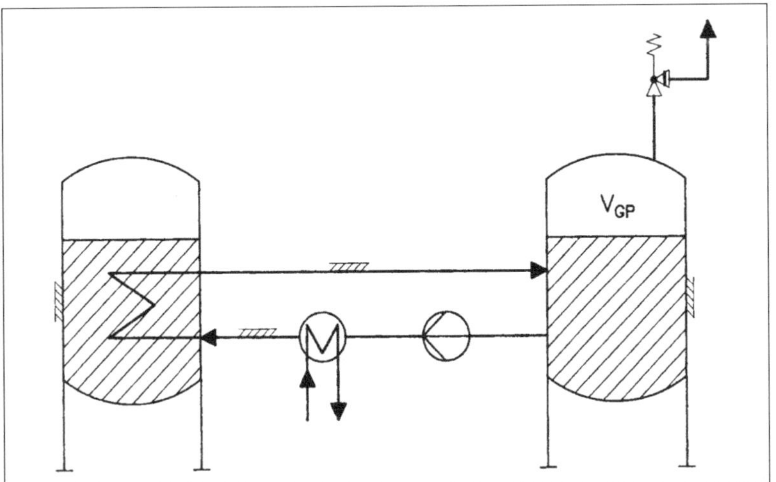

Bild 6.10.2: Geschlossener Flüssigkeitskreislauf mit Gasvolumen V_{GP}

Das erforderliche Gasvolumen V_{GP} zur Aufnahme der Flüssigkeitsausdehnung in einem Druckbehälter mit Gaspolster wird wie folgt berechnet:

$$V_{GP} = \frac{V_G}{1 - \frac{P_1}{P_2}} = \frac{1{,}5 \cdot \Delta V}{1 - \frac{P_1}{P_2}}$$

V_{GP} = Erforderliches Gasvolumen für das Druckverhältnis P_2 / P_1
P_1 = Anfangsdruck ohne Verdichtung [bar]
P_2 = Enddruck nach der Verdichtung durch die Volumenzunahme [bar]

Für die Bestimmung des Nutzinhalts bzw. der Arbeitskapazität ΔV_P des vorgelegten Gasvolumens V_{GP} im Ausdehnungsgefäß gilt:

$$\Delta V_P = V_{GP} \cdot \left(1 - \frac{P_1}{P_2}\right) = V_{GP} \cdot \frac{P_2 - P_1}{P_2}$$

Beispiel 6.10.2.1: Berechnung des Gaspolstervolumens und der Arbeitskapazität

Ausdehnungsvolumen $\Delta V = 58{,}8$ l

Anfangsdruck $P_1 = 2$ bar Enddruck $P_2 = 5$ bar

Gasvolumen im Ausdehnungsbehälter: $V_G = 1{,}5 \cdot 58{,}8 = 88{,}2$ l

$$V_{GP} = \frac{V_G}{1 - \frac{P_1}{P_2}} = \frac{88{,}2}{1 - \frac{2}{5}} = 147\text{ l}$$

$$\Delta V_P = V_{GP} \cdot \left(1 - \frac{P_1}{P_2}\right) = 147 \cdot \left(1 - \frac{2}{5}\right) = 88{,}2\text{ l}$$

Kontrolle:

$V_1 = 147$ l bei 2 bar → 294 l bei 1 bar

$V_2 = 147 - 88{,}2 = 58{,}8$ l bei 5 bar → 294 l bei 1 bar

Für größere Drucksteigerungen im Behälter benötigt man ein kleineres Gaspolster.

Beispiel 6.10.2.2: Erforderliches Gaspolstervolumen bei verschiedenen Drücken P_2

$V_G = 88{,}2$ l $\qquad P_1 = 1$ bar

$P_2 = 2$ bar $\Rightarrow$ $V_{GP} = 176{,}4$ l

$P_2 = 3$ bar $\Rightarrow$ $V_{GP} = 132{,}3$ l

$P_2 = 5$ bar $\Rightarrow$ $V_{GP} = 110{,}2$ l

$P_2 = 8$ bar $\Rightarrow$ $V_{GP} = 100{,}8$ l

Der **Enddruck P_2** für ein vorgegebenes Gasvolumen V_{GP} im Druckbehälter und ein benötigtes Ausdehnungsvolumen ΔV kann folgendermaßen bestimmt werden:

$$P_2 = \frac{P_1}{1 - \frac{\Delta V}{V_{GP}}}$$

Beispiel 6.10.2.3: Berechnung des Enddrucks P_2 für ein bestimmtes Ausdehnungsvolumen ΔV und ein vorgegebenes Gaspolstervolumen V_{GP}

Ausdehnungsvolumen $\Delta V = 58{,}8$ l

a) Gaspolstervolumen $V_{GP} = 78{,}4$ l **$P_1 = 2$ bar**

$$P_2 = \frac{2}{1 - \frac{58{,}8}{78{,}4}} = \frac{2}{1 - 0{,}75} = 8 \text{ bar}$$

b) Gaspolstervolumen $V_{GP} = 88{,}2$ l **$P_1 = 1$ bar**

$$P_2 = \frac{1}{1 - \frac{58{,}8}{88{,}2}} = \frac{1}{1 - 0{,}666} = 3 \text{ bar}$$

6.11 Dimensionierung von Gefälleleitungen [1]

Bei Gefälleleitungen wird die treibende Druckdifferenz für die Flüssigkeitsströmung durch die Rohrleitung nicht durch eine Förderpumpe oder eine statische Höhe aufgebracht, sondern durch das Gefälle der verlegten Rohrleitung.

Bei der Auslegung ist zu unterscheiden zwischen

- dem Schwerkraftablauf in vollen horizontalen Rohrleitungen und
- der Strömung in teilgefüllten horizontalen Freispiegelleitungen.

6.11.1 Gefälleströmung in vollen horizontalen Rohrleitungen

In **Bild 6.11.1.1** sind die erforderlichen Rohrleitungsdurchmesser d [cm] für die Durchflussraten 0,1 m^3/s, 0,2 m^3/s und 0,3 m^3/s in Abhängigkeit vom Rohrleitungsgefälle dargestellt. Mit zunehmendem Durchmesser verringert sich der erforderliche Rohrleitungsdurchmesser.

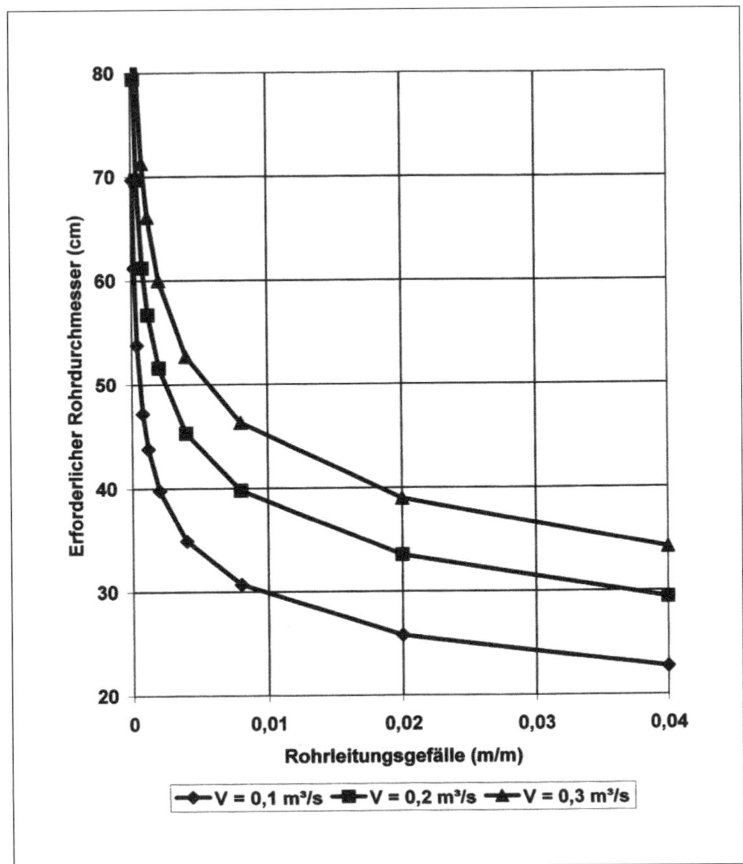

Bild 6.11.1.1: Erforderlicher Rohrleitungsdurchmesser als Funktion des Rohrleitungsgefälles

Berechnungsformeln für Schwerkraftablauf in vollen Rohrleitungen:

Durchflussrate $$V = \frac{0{,}314}{n} \cdot d^{8/3} \cdot \sqrt{S} \quad [m^3/s] \qquad (1)$$

Strömungsgeschwindigkeit $$w = \frac{0{,}4}{n} \cdot d^{2/3} \cdot \sqrt{S} \quad [m/s] \qquad (2)$$

Erforderliche Höhendifferenz $$\Delta H = 6{,}25 \cdot n^2 \cdot \frac{L \cdot w^2}{d^{4/3}} \quad [m] \qquad (3)$$

Erforderlicher Durchmesser $$d = \left(\frac{3{,}185 \cdot V \cdot n}{\sqrt{S}} \right)^{3/8} \quad [m] \qquad (4)$$

mit

d = Rohrleitungsdurchmesser [m]
L = Rohrleitungslänge [m]
n = Rauigkeitskoeffizient nach Manning: n = 0,012 bis 0,014 in Rohrleitungen
S = Rohrleitungsgefälle [m/m]
V = Durchflussrate [m^3/s]

Beispiel 6.11.1: Berechnungen für den Rohrdurchmesser d = 0,661 m

Rohrlänge L = 100 m Rohrleitungsgefälle S = 0,0012

Rauigkeitskoeffizient nach Manning n = 0,012

Gl. (1) $$V = \frac{0{,}314}{0{,}012} \cdot 0{,}661^{8/3} \cdot \sqrt{0{,}0012} = 0{,}3 \text{ m}^3/\text{s}$$

Gl. (2) $$w = \frac{0{,}4}{0{,}012} \cdot 0{,}661^{2/3} \cdot \sqrt{0{,}0012} = 0{,}876 \text{ m/s}$$

Gl. (3) $$\Delta H = 6{,}25 \cdot 0{,}012^2 \cdot \frac{100 \cdot 0{,}876^2}{\sqrt{0{,}0012}} = 0{,}12 \text{ m}$$

Gefälle $$S = \frac{\Delta H}{L} = \frac{0{,}12}{100} = 0{,}0012 \text{ m/m}$$

Gl. (4) $$d = \left(\frac{3{,}185 \cdot 0{,}3 \cdot 0{,}012}{\sqrt{0{,}0012}} \right)^{3/8} = 0{,}661 \text{ m}$$

Alternative Berechnung mit der Gleichung für den Rohrleitungsdruckverlust ΔP

$$\Delta P = \left(f \cdot \frac{L}{d} + K \right) \cdot \frac{w^2 \cdot \rho}{2} \quad [Pa] \qquad (5)$$

Umrechnung des Druckverlustes von ΔP [Pa] in m Flüssigkeitssäule ΔH [m FS]:

$$\Delta P = \Delta H \cdot \rho \cdot g \quad [Pa]$$

$$\Delta H = \frac{\Delta P}{\rho \cdot g} \quad [m\,FS]$$

Berechnung des Druckverlustes ΔH [m FS]:

$$\Delta H = \left(f \cdot \frac{L}{d} + K \right) \cdot \frac{w^2}{2 \cdot g} \quad [\text{m FS}] \tag{6}$$

Berechnung des Reibungsbeiwerts f für turbulente Strömung und eine Rauigkeit der Rohrleitung von k = 0,2 mm (siehe Kap. 1.1):

$$f = \frac{0{,}3}{Re^{0{,}2}} \tag{7}$$

In vollen Leitungen wird der Durchmesser d bei der Berechnung der Reynoldszahl Re eingesetzt, in teilgefüllten Freispiegelleitungen der hydraulische Durchmesser D_H.

Beispiel 6.11.1.2: Berechnung der erforderlichen Höhendifferenz für eine volle und eine teilgefüllte Rohrleitung für eine Strömungsgeschwindigkeit w = 1 m/s

Rohrlänge L = 100 m Dichte ρ = 1000 kg/m^3

Kinematische Viskosität ν = 1 mm^2/s

Gefüllte Leitung mit Durchmesser d = 0,3 m:

Strömungsquerschnitt a = 0,07065 m^2

Durchflussrate V = 254,3 m^3/h bei w = 1 m/s

$$Re = \frac{w}{d \cdot \nu} = \frac{1 \cdot 0{,}3}{1 \cdot 10^{-6}} = 300000 \qquad f = \frac{0{,}3}{300000^{0{,}2}} = 0{,}024$$

$$\Delta H = \left(0{,}024 \cdot \frac{100}{0{,}3} + 10 \right) \cdot \frac{1^2}{2 \cdot 9{,}81} = 0{,}917 \text{ m FS}$$

Teilgefüllte Rohrleitung mit d = 0,3 m und 60 % Füllungsgrad

Strömungsquerschnitt a = 0,04428 m^2

Durchflussrate V = 159,4 m^3/h bei w = 1 m/s

Hydraulischer Durchmesser D_H = 0,3336 m

$$Re = \frac{1 \cdot 0{,}3336}{1 \cdot 10^{-6}} = 333600 \qquad f = \frac{0{,}3}{333600^{0{,}2}} = 0{,}0235$$

$$\Delta H = \left(0{,}0235 \cdot \frac{100}{0{,}3336} + 10 \right) \cdot \frac{1^2}{2 \cdot 9{,}81} = 0{,}869 \text{ m FS}$$

6.11.2 Gefälleströmung in teilgefüllten horizontalen Freispiegelleitungen

In **Bild 6.11.2.1** ist der Flüssigkeitsdurchsatz in Abhängigkeit von dem Rohrdurchmesser für verschiedene Rohrleitungsgefälle S = ΔH / L dargestellt, wenn die Rohre zu 60 % gefüllt sind.

Der Einfluss des Flüssigkeitsstands im Rohr T / d geht aus **Bild 6.11.2.2** hervor: Mit zunehmender Füllung steigt der Mengendurchsatz.

Bei der Auslegung von teilgefüllten Rohrleitungen rechnet man mit dem hydraulischen Radius R_H bzw. dem hydraulischen Durchmesser D_H.

Der hydraulische Radius R_H ist definiert als der Quotient aus Strömungsquerschnitt und benetztem Umfang.

$$\text{Hydraulischer Radius } R_H = \frac{\text{Strömungsquerschnitt } [m^2]}{\text{Benetzter Umfang } [m]} \quad [m]$$

$$\text{Hydraulischer Durchmesser } D_H = 4 \cdot R_H \quad [m]$$

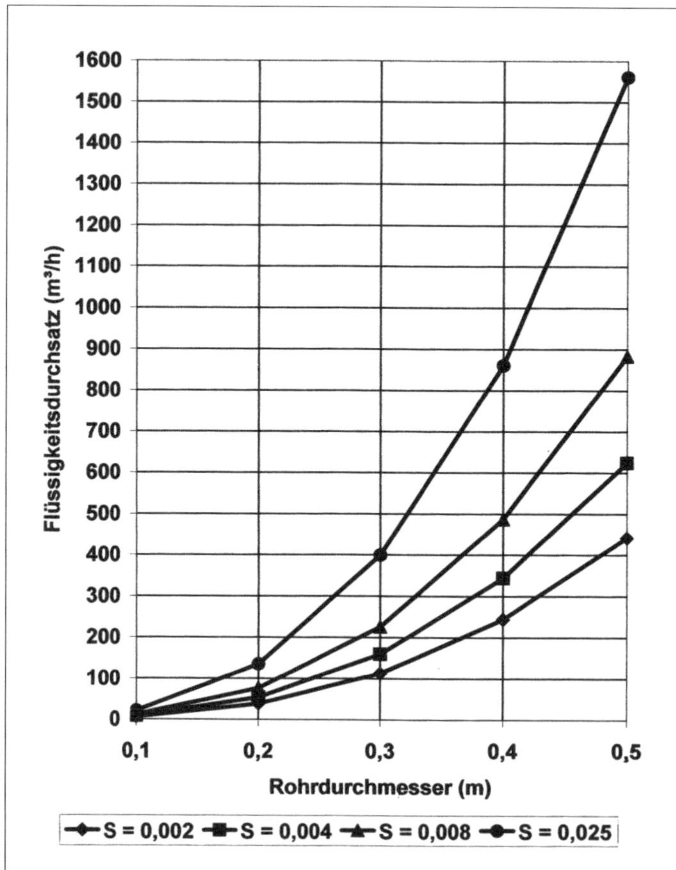

Bild 6.11.2.1: Schwerkraftablauf bei unterschiedlichem Gefälle in Rohren mit T / d = 0,6

d = Rohrleitungsdurchmesser [m]
T = Flüssigkeitsstand im Rohr [m]
T / d = Füllgrad des Rohrs
= Höhe der Flüssigkeit im Rohr / Rohrdurchmesser

Bild 6.11.2.2: Mengendurchsatz in vollen und teilgefüllten Rohren bei einem Gefälle von S = 0,004 m/m in Abhängigkeit vom Rohrdurchmesser

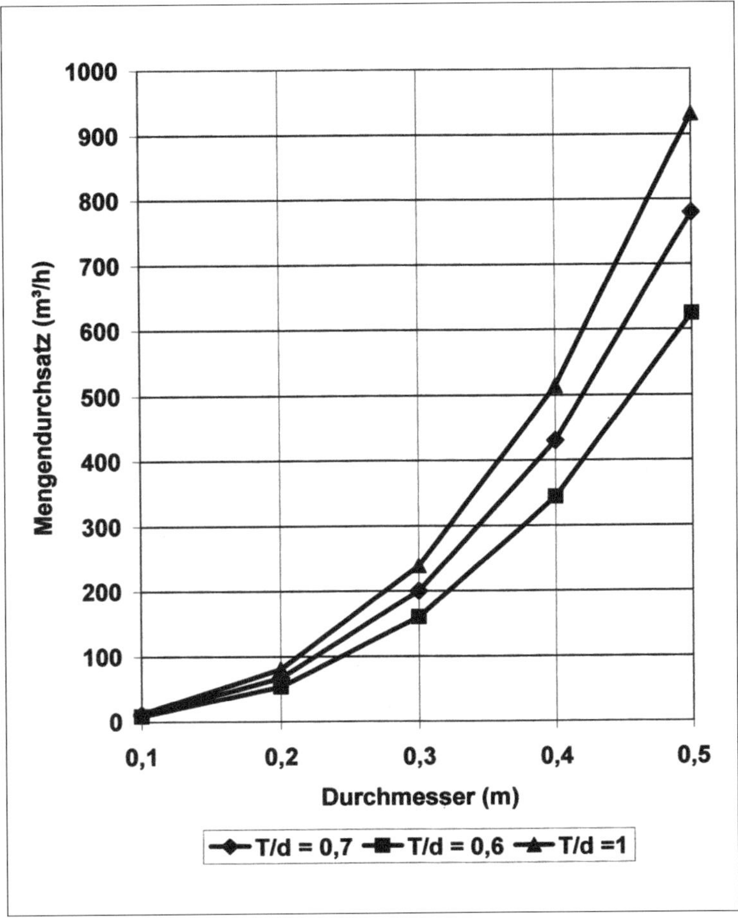

6.11.3 Berechnungen für die Auslegung von Gefälleleitungen

a) Berechnung des hydraulischen Durchmessers R_H und des hydraulischen Durchmessers D_H der teilgefüllten Rohrleitung für den gewählten Füllgrad T / d

$R_H = C_R \cdot d$ [m] d = Rohrdurchmesser [m] (8)

$D_H = 4 \cdot R_H$ C_R = Rechenfaktor aus **Tabelle 6.11.3.1** (9)

b) Ermittlung des Strömungsquerschnitts a der teilgefüllten Rohrleitung für den Füllgrad T / d

$a = C_a \cdot d2$ $[m^2]$ C_a = Rechenfaktor aus Tabelle 6.11.3.1 (10)

Tabelle 6.11.3.1: Rechenfaktoren für unterschiedliche Füllgrade T / d

T / d	0,1	0,2	0,3	0,4	0,5	0,6	0,7	0,8	0,9	1
C_R	0,063	0,121	0,171	0,214	0,25	0,278	0,296	0,304	0,298	—
C_a	0,0409	0,1118	0,1982	0,2934	0,393	0,492	0,587	0,674	0,745	—
K_d	0,0065	0,0273	0,061	0,105	0,156	0,209	0,261	0,305	0,332	0,312
K_T	3,02	1,99	1,51	1,21	0,989	0,818	0,676	0,552	0,44	0,312

c) Berechnung des Mengendurchsatzes V für ein vorgegebenes Gefälle S und einen gewählten Füllgrad T / d

Für einen Durchmesser d mit dem Rechenfaktor K_d aus Tabelle 6.11.3.1:

$$V = \frac{K_d}{n} \cdot d^{8/3} \cdot \sqrt{S} \quad [m^3/s] \qquad (11)$$

Für einen Füllstand T mit dem Rechenfaktor K_T aus Tabelle 6.11.3.1:

$$V = \frac{K_T}{n} \cdot T^{8/3} \cdot \sqrt{S} \quad [m^3/s] \qquad (12)$$

Für einen hydraulischen Radius R_H und den Strömungsquerschnitt a:

$$V = \frac{a}{n} \cdot {R_H}^{2/3} \cdot \sqrt{S} \quad [m^3/s] \qquad (13)$$

mit

a = Strömungsquerschnitt des teilgefüllten Rohrs [m^2]
d = Rohrdurchmesser [m]
V = Mengendurchsatz [m^3/s]
S = Rohrleitungsgefälle = ΔH / L
L = Rohrleitungslänge [m]
ΔH = Höhendifferenz der horizontalen Rohrleitung über die Länge [m]
n = Rauigkeitskoeffizient der Rohrleitung nach Manning (n = 0,012 bis 0,014)

Die benötigten Rechenfaktoren für die Berechnung wurden dem „Handbook of Hydraulics“ [1] entnommen und sind in Tabelle 6.11.3.1 aufgelistet.

d) Berechnung der Strömungsgeschwindigkeit w in den teilgefüllten Rohren

Um Sedimentationen zu vermeiden, sollte die Mindestströmungsgeschwindigkeit über 0,6 m/s liegen.

Strömungsgeschwindigkeit mit dem Rauigkeitskoeffizienten n nach Manning:

$$w = \frac{0,4}{n} \cdot {D_H}^{2/3} \cdot \sqrt{S} \quad [m/s] \qquad (14)$$

Berechnung des Reibungsbeiwerts f aus dem Rauigkeitskoeffizienten:

$$f = \frac{122{,}5 \cdot n^2}{d^{1/3}} \qquad (15)$$

Berechnung der Strömungsgeschwindigkeit mit dem Reibungsbeiwert f:

$$w^2 = \frac{2 \cdot g \cdot D_H}{f} \cdot \sqrt{S} \qquad w = \sqrt{w^2} \quad [m/s] \qquad (16)$$

e) Bestimmung der erforderlichen Höhendifferenz ΔH für eine Länge L, um eine bestimmte Strömungsgeschwindigkeit zu erreichen, z. B. w = 0,6 m/s.

Berechnung mit dem Rauigkeitskoeffizienten n nach Manning:

$$\Delta H = 6{,}25 \cdot n^2 \cdot \frac{L \cdot w^2}{{D_H}^{4/3}} \quad [m] \qquad (17)$$

Berechnung mit dem Reibungsbeiwert f:

$$\Delta H = \frac{\Delta P}{\rho \cdot g} = f \cdot \frac{L}{D_H} \cdot \frac{w^2}{2 \cdot g} \quad [m] \qquad (18)$$

$$S = \frac{\Delta H}{L} \quad [m/m]$$

Beispiel 6.11.3.1: Ermittlung des Mengendurchsatzes für eine Freispiegelleitung mit d = 0,5 m

Füllgrad T / d = 0,7 Gefälle S = ΔH / L = 0,002 = 0,2 %

Aus Tabelle 6.11.3.1: $C_R = 0{,}296$ $C_a = 0{,}587$
$K_d = 0{,}261$ $K_T = 0{,}676$ $n = 0{,}012$

Berechnung des hydraulischen Radius R_H und Durchmessers D_H

Gl. (8): $R_H = C_R \cdot d = 0{,}296 \cdot 0{,}5 = 0{,}148$ m

Gl. (9): $D_H = 4 \cdot 0{,}148 = 0{,}592$ m

Berechnung des Strömungsquerschnitts a bei 70%iger Füllung des Rohrs

Gl. (10): $a = C_a \cdot d^2 = 0{,}587 \cdot 0{,}5^2 = 0{,}146\ m^2$

Berechnung des Mengendurchsatzes V

Für einen Durchmesser d = 0,5 m mit dem Rechenfaktor K_d aus Tabelle 6.11.3.1:

Gl. (11): $V = \frac{K_d}{n} \cdot d^{8/3} \cdot \sqrt{S} = \frac{0{,}261}{0{,}012} \cdot 0{,}5^{8/3} \cdot \sqrt{0{,}002} = 0{,}153\ m^3/s = 551\ m^3/h$

Berechnung des Mengendurchsatzes V

Für einen Füllstand T = 0,7 · 0,5 = 0,35 mit dem Rechenfaktor K_T aus Tabelle 6.11.3.1:

$$\text{Gl. (12): } V = \frac{K_T}{n} \cdot T^{8/3} \cdot \sqrt{S} = \frac{0{,}676}{0{,}012} \cdot 0{,}35^{8/3} \cdot \sqrt{0{,}002} = 0{,}153\ m^3/s = 551\ m^3/h$$

Berechnung des Mengendurchsatzes V

Für einen hydraulischen Radius R_H = 0,148 m und den Strömungsquerschnitt a = 0,146 m^2:

$$\text{Gl. (13): } V = \frac{a}{n} \cdot R_H{}^{8/3} \cdot \sqrt{S} = \frac{0{,}146}{0{,}012} \cdot 0{,}148^{2/3} \cdot \sqrt{0{,}002} = 0{,}152\ m^3/s = 548\ m^3/h$$

Berechnung der Strömungsgeschwindigkeit w

$$w = \frac{V}{a} = \frac{0{,}153}{0{,}146} = 1{,}05\ m/s$$

$$\text{Gl. (14): } w = \frac{0{,}4}{n} \cdot D_H{}^{2/3} \cdot \sqrt{S} = \frac{0{,}4}{0{,}012} \cdot 0{,}592^{2/3} \cdot \sqrt{0{,}002} = 1{,}05\ m/s$$

$$V = w \cdot a = 1{,}05 \cdot 1{,}46 = 0{,}153\ m^2/s = 551\ m^3/h$$

Erforderliche Höhendifferenz ΔH für L = 100 m und w = 1,05 m/s

$$\text{Gl. (17): } \Delta H = 6{,}25 \cdot n^2 \cdot \frac{L \cdot w^2}{D_H{}^{4/3}} = 6{,}25 \cdot 0{,}012^2 \cdot 0{,}592^{2/3} \cdot \sqrt{0{,}002} = 0{,}2\ m$$

$$S = \frac{\Delta H}{L} = \frac{0{,}2}{100} = 0{,}002\ m/m$$

Beispiel 6.11.3.2: Berechnung der Strömungsgeschwindigkeit in einer Freispiegelleitung

d = 0,5 m S = 0,008 T / d = 0,7 n = 0,012 C_R = 0,296

R_H = 0,296 · 0,5 = 0,148 m D_H = 4 · 0,148 = 0,592 m

$$\text{Gl. (14): } w = \frac{0{,}4}{n} \cdot D_H{}^{2/3} \cdot \sqrt{S} = \frac{0{,}4}{0{,}012} \cdot 0{,}592^{2/3} \cdot \sqrt{0{,}008} = 2{,}1\ m/s$$

$$\text{Gl. (15): } f = \frac{122{,}5 \cdot 0{,}012^2}{0{,}592^{1/3}} = 0{,}021$$

$$\text{Gl. (16): } w^2 = \frac{2 \cdot 9{,}81 \cdot 0{,}592}{0{,}021} \cdot 0{,}008 = 4{,}42 \qquad w = \sqrt{4{,}42} = 2{,}1\ m/s$$

Kontrollberechnung für das Gefälle in einer 100 m langen Rohrleitung

Gl. (17): $\Delta H = 6{,}25 \cdot 0{,}012^2 \cdot \frac{100 \cdot 2{,}1^2}{0{,}592^{4/3}} = 0{,}798\ \text{m}$ $S = \frac{0{,}798}{100} = 0{,}008$

Gl. (18): $\Delta H = 0{,}021 \cdot \frac{100}{0{,}592} \cdot \frac{2{,}1^2}{2 \cdot 9{,}81} = 0{,}798\ \text{m}$ $S = \frac{0{,}798}{100} = 0{,}008$

Beispiel 6.11.3.3: Berechnung des erforderlichen Gefälles für eine Mindestströmungsgeschwindigkeit von w = 0,6 m/s in Rohren mit d = 0,2 m und d = 0,4 m

$T/d = 0{,}6$ $w = 0{,}6\ \text{m/s}$

$C_R = 0{,}278$ $C_a = 0{,}492$ $K_d = 0{,}209$ $n = 0{,}012$

Berechnung für die Rohrleitung mit d = 0,2 m Durchmesser

$d = 0{,}2\ \text{m}$ $R_H = 0{,}278 \cdot 0{,}2 = 0{,}0556\ \text{m}$ $D_H = 0{,}2224\ \text{m}$

$a = 0{,}492 \cdot 0{,}2^2 = 0{,}01968\ \text{m}^2$ $L = 100\ \text{m}$

Gl. (17): $\Delta H = 6{,}25 \cdot 0{,}012^2 \cdot \frac{100 \cdot 0{,}6^2}{0{,}2224^{4/3}} = 0{,}24\ \text{m}$ $S = \frac{0{,}24}{100} = 0{,}0024$

Kontrollrechnung

Gl. (14): $w = \frac{0{,}4}{0{,}012} \cdot 0{,}2224^{2/3} \cdot \sqrt{0{,}0024} = 0{,}6\ \text{m/s}$

$V = w \cdot a = 0{,}6 \cdot 0{,}01968 = 0{,}0117\ \text{m}^3/\text{s} = 42{,}1\ \text{m}^3/\text{h}$

$V = \frac{0{,}209}{0{,}012} \cdot 0{,}2^{8/3} \cdot \sqrt{0{,}0024} = 0{,}0117\ \text{m}^3/\text{s} = 42{,}1\ \text{m}^3/\text{h}$

Berechnung für die Rohrleitung mit d = 0,4 m Durchmesser

$R_H = 0{,}278 \cdot 0{,}4 = 0{,}1112\ \text{m}$ $D_H = 4 \cdot 0{,}1112 = 0{,}4448\ \text{m}$

$a = 0{,}492 \cdot 0{,}4^2 = 0{,}07872\ \text{m}^2$ $L = 100\ \text{m}$

Gl. (17): $\Delta H = 6{,}25 \cdot 0{,}012^2 \cdot \frac{100 \cdot 0{,}6^2}{0{,}4448^{4/3}} = 0{,}0954\ \text{m}$ $S = \frac{0{,}0954}{100} = 0{,}000954$

Kontrollrechnung

Gl. (14): $w = \frac{0{,}4}{0{,}012} \cdot 0{,}4448^{2/3} \cdot \sqrt{0{,}000954} = 0{,}6\ \text{m/s}$

$V = w \cdot a = 0{,}6 \cdot 0{,}07872 = 0{,}047\ \text{m}^3/\text{s} = 169{,}2\ \text{m}^3/\text{h}$

$V = \frac{0{,}209}{0{,}012} \cdot 0{,}4^{8/3} \cdot \sqrt{0{,}000954} = 0{,}047\ \text{m}^3/\text{s} = 169{,}2\ \text{m}^3/\text{h}$

Für größere Durchmesser d benötigt man ein kleineres Gefälle.

Beispiel 6.11.3.4: Kontrollberechnung der erforderlichen Höhendifferenz mit Gl. (6) und Gl. (7)

d = 0,4 m S = 0,004 m/m L = 100 m n = 0,012 $\nu = 1\ mm^2/s$

1) T / d = 0,5 D_H = 0,4 m V = 257,1 m³/h w = 1,136 m/s

$$Re = \frac{1{,}136 \cdot 0{,}4}{1 \cdot 10^{-6}} = 454400$$

$$f = \frac{0{,}3}{454400^{0{,}2}} = 0{,}022$$

$$\Delta H = \left(0{,}022 \cdot \frac{100}{0{,}4}\right) \cdot \frac{1{,}136^2}{2 \cdot 9{,}81} = 0{,}364\ m\,FS$$

$$S = \frac{0{,}364}{100} = 0{,}004$$

2) T / d = 0,6 D_H = 0,4448 m V = 344 m³/h w = 1,215 m/s

$$Re = \frac{1{,}215 \cdot 0{,}4448}{1 \cdot 10^{-6}} = 540432$$

$$f = \frac{0{,}3}{540432^{0{,}2}} = 0{,}0214$$

$$\Delta H = \left(0{,}0214 \cdot \frac{100}{0{,}4448}\right) \cdot \frac{1{,}215^2}{2 \cdot 9{,}81} = 0{,}362\ m\,FS$$

$$S = \frac{0{,}362}{100} = 0{,}004$$

3) T / d = 1 D_H = 0,4 m V = 514,2 m³/h w = 1,136 m/s

$$Re = \frac{1{,}137 \cdot 0{,}4}{1 \cdot 10^{-6}} = 454800$$

$$f = \frac{0{,}3}{454800^{0{,}2}} = 0{,}022$$

$$\Delta H = \left(0{,}022 \cdot \frac{100}{0{,}4}\right) \cdot \frac{1{,}137^2}{2 \cdot 9{,}81} = 0{,}365\ m\,FS$$

$$S = \frac{0{,}365}{100} = 0{,}004$$

6.11.4 Auslegungsempfehlungen

Um das Einsaugen von Luft in die horizontalen Leitungen zu vermeiden, sollte der Durchmesser d_V der vertikalen Zulaufleitung nach der Gleichung für die **selbstentlüftende Rohrleitungsdimensionierung** dimensioniert werden.

$$d_V = \frac{4 \cdot V}{0{,}3 \cdot \pi \cdot \sqrt{9{,}81}} \quad [m]$$

Bei längeren horizontalen Leitungen kann der Füllstand von zum Beispiel T / d = 0,5 am Anfang nach einer Länge von 50 · D auf einen Füllstand von T / d = 0,7 bis 0,8 erhöht werden.

Es sollten exzentrische Reduzierungen eingesetzt werden, um das Gefälle am Boden des Rohrs nicht zu verändern.

Beispiel 6.11.4.1: Bemessung für selbstentlüftende Strömung im Vertikalrohr für 120 m³/h

$$d_V = \left(\frac{4 \cdot 120 / 3600}{0{,}3 \cdot \pi \cdot \sqrt{9{,}81}}\right)^{0{,}4} = 0{,}289\ m$$

Gewählt: d = 0,3 m

$$w = \frac{120}{0{,}3^2 \cdot 0{,}785} = 0{,}47\ m/s$$

Empfehlung: Vertikales Einlaufrohr mit d = 0,3 m für 120 m^3/h

Beispiel 6.11.4.2: Bemessung der Horizontalleitungen für 120 m³/h mit S = 0,004

T/d = 0,5	$C_d = 0{,}156$	V = 119,4 m^3/h in d = 0,3 m
T/d = 0,55	$C_d = 0{,}182$	V = 139,3 m^3/h in d = 0,3 m
T/d = 0,6	$C_d = 0{,}209$	V = 160,0 m^3/h in d = 0,3 m
T/d = 0,7	$C_d = 0{,}261$	V = 122,8 m^3/h in d = 0,25 m
T/d = 0,8	$C_d = 0{,}305$	V = 143,5 m^3/h in d = 0,25 m

Empfehlung:

Am Anfang: 15 m Horizontalleitung mit d = 0,3 m und T / d = 0,55 und S = 0,004

Nach 15 m: Horizontalleitung mit d = 0,25 m und T / d = 0,7 und S = 0,004

7 Gasausströmung aus Behältern und Rohrleitungen [1]

Bei geringen Druckdifferenzen kann die Volumenänderung des Gases mit dem Druck vernachlässigt werden und es gilt die **Ausflussgleichung für inkompressible Medien**:

(1) $$w = \sqrt{\frac{2 \cdot \Delta P}{\rho_M}} \quad [m/s]$$

$\Delta P = P_1 - P_2$ = Druckdifferenz zwischen innen und außen [Pa]
ρ_M = Mittlere Dichte [kg/m^3]
w = Ausströmgeschwindigkeit [m/s]

Bei größeren Druckunterschieden gilt die folgende **Gleichung mit der Durchflussfunktion ψ** für die austretende Gasmenge G:

(2) $$G = \psi \cdot \varepsilon \cdot A \cdot \sqrt{2 \cdot P_1 \cdot \rho_1} \quad [kg/s]$$

$$\psi = \sqrt{\frac{\kappa}{\kappa - 1} \cdot \left[\left(\frac{P_2}{P_1}\right)^{\frac{2}{\kappa}} - \left(\frac{P_2}{P_1}\right)^{\frac{\kappa+1}{\kappa}}\right]}$$

P_1 = Innendruck [Pa]
$P_2 = P_a$ = Außendruck [Pa]
A = Austrittsquerschnitt [m^2]
ε = Ausflussfaktor
ρ_1 = Gasdichte bei P_1 [kg/m^3]
κ = Adiabatenexponent

Berechnung der **Ausströmungsgeschwindigkeit w_a**:

(2a) $$w_a = \sqrt{2 \cdot \frac{\kappa}{\kappa - 1} \cdot \frac{P_1}{P_2} \cdot \left[1 - \left(\frac{P_2}{P_1}\right)^{\frac{\kappa-1}{\kappa}}\right]} \quad [m/s]$$

Sobald das kritische Druckverhältnis P_2 / P_1 unterschritten wird, herrscht Schallgeschwindigkeit im Austrittsquerschnitt.

Für die Ermittlung der ausströmenden Luftmenge G wird ψ_{krit} in Gleichung (2) eingesetzt.

$$\psi_{krit} = \left(\frac{2}{\kappa + 1}\right)^{\frac{1}{\kappa - 1}} \cdot \sqrt{\frac{\kappa}{\kappa + 1}}$$

Für die Schallgeschwindigkeit a_m im Austritt gilt:

$$a_m = \sqrt{\kappa \cdot R_i \cdot T_m} \quad [m/s]$$

R_i – individuelle Gaskonstante = 8314 / M

Umrechnung der Zustandsgrößen bei kritischer Strömung vom Behälter (Index 1) auf den Austritt (Index m)

Druck $$\frac{P_m}{P_1} = \left(\frac{2}{\kappa + 1}\right)^{\frac{\kappa}{\kappa - 1}}$$ Kritisches Druckverhältnis!

Temperatur $$\frac{T_m}{T_1} = \frac{2}{\kappa + 1}$$

Dichte $$\frac{\rho_m}{\rho_1} = \left(\frac{2}{\kappa + 1}\right)^{\frac{1}{\kappa - 1}}$$

Beispiel 7.1:

$\kappa = 1{,}4$

$$\frac{P_m}{P_1} = \left(\frac{2}{1{,}4 + 1}\right)^{\frac{1{,}4}{1{,}4 - 1}} = 0{,}528$$

Tabelle 7.1: Hilfstabelle für Umrechnungen

	κ = 1,4	**κ = 1,3**	**κ = 1,135**
$\frac{P_m}{P_1}$	0,528	0,546	0,577
$\frac{T_m}{T_1}$	0,833	0,870	0,937
$\frac{\rho_m}{\rho_1}$	0,634	0,628	0,616

7.1 Unterkritische Gasausströmung ohne Rohrleitung

Wenn das Druckverhältnis p_a / p_i oberhalb des kritischen Druckverhältnisses liegt, erfolgt die Berechnung mit der Durchflussfunktion ψ für die unterkritische Strömung nach Gleichung (2):

$$G = \psi \cdot \varepsilon \cdot A \cdot \sqrt{2 \cdot P_i \cdot \rho_i} \quad [\text{kg/s}]$$

$$\psi = \sqrt{\frac{\kappa}{\kappa - 1} \cdot \left[\left(\frac{P_a}{P_i}\right)^{\frac{2}{\kappa}} - \left(\frac{P_a}{P_i}\right)^{\frac{\kappa + 1}{\kappa}}\right]}$$

Beispiel 7.1.1: Berechnung der Leckage aus einer Gasleitung

$d = 0{,}5$ mm $\quad \kappa = 1{,}37 \quad \rho_1 = 0{,}76$ kg/m^3

$\varepsilon = 0{,}62 \quad T_1 = 15$ °C $\quad P_i = 1{,}6$ bar $\quad P_a = 1$ bar

Berechnung des kritischen Druckverhältnisses:

$$\left(\frac{P_a}{P_i}\right)_{krit} = \left(\frac{2}{1{,}37+1}\right)^{\frac{1{,}37}{1{,}37-1}} = 0{,}533 \qquad \frac{P_a}{P_i} = \frac{1}{1{,}6} = 0{,}625$$

Das vorliegende Druckverhältnis liegt über dem kritischen Druckverhältnis.
→ Die Strömung ist unterkritisch!

$$\psi = \sqrt{\frac{1{,}37}{0{,}37} \cdot \left[\left(\frac{1}{1{,}6}\right)^{\frac{2}{1{,}37}} - \left(\frac{1}{1{,}6}\right)^{\frac{2{,}37}{1{,}37}}\right]} = 0{,}471$$

$$G = 0{,}471 \cdot 0{,}62 \cdot 1{,}96 \cdot 10^{-7} \cdot \sqrt{2 \cdot 1{,}6 \cdot 10^5 \cdot 0{,}76}$$

$$G = 28{,}25 \cdot 10^{-6} \text{ kg/s} = 0{,}1 \text{ kg/h}$$

Alternativberechnung für die Ausströmung inkompressibler Medien:

$\rho_1 = 0{,}76$ kg/m^3 $\quad \rho_2 = 0{,}54$ kg/m^3 bei $T_2 = 254$ K und $P = 1$ bar

$\rho_M = 0{,}65$ kg/m^3 $\quad \Delta P = P_i - P_a = 1{,}6 - 1 = 0{,}6$ bar $= 0{,}6 \cdot 10^5$ Pa

Berechnung der Ausströmgeschwindigkeit w und der Gasmenge G nach Gleichung (1):

$$w = \sqrt{\frac{2 \cdot \Delta P}{\rho_M}} \text{ [m/s]} \qquad w = \sqrt{\frac{2 \cdot 0{,}6 \cdot 10^5}{0{,}65}} = 429 \text{ m/s}$$

$$G = w \cdot \varepsilon \cdot A \cdot \rho_2 = 429 \cdot 0{,}62 \cdot 1{,}96 \cdot 10^{-7} \cdot 0{,}54$$

$$G = 28{,}15 \cdot 10^{-6} \text{ kg/s} = 0{,}1 \text{ kg/h}$$

Berechnung der Ausströmungsgeschwindigkeit w_a mit Gleichung (2a):

$$w_a = \sqrt{2 \cdot \frac{\kappa}{\kappa - 1} \cdot \frac{P_1}{\rho_1} \cdot \left[1 - \left(\frac{P_2}{P_1}\right)^{\frac{\kappa-1}{\kappa}}\right]} \text{ [m/s]}$$

$$w_a = \sqrt{2 \cdot \frac{1{,}37}{1{,}37-1} \cdot \frac{1{,}6 \cdot 10^5}{0{,}76} \cdot \left[1 - \left(\frac{1}{1{,}6}\right)^{\frac{0{,}37}{1{,}37}}\right]} = 431{,}1 \text{ m/s}$$

$$G = w_a \cdot \varepsilon \cdot A \cdot \rho_2$$

$$G = 431{,}1 \cdot 0{,}62 \cdot 1{,}96 \cdot 10^{-7} \cdot 0{,}54 \cdot 3600 = 0{,}1 \text{ kg/h}$$

Berechnung der Gasdichte

(a) $$\rho_G = \frac{P\,[Pa]}{R_i \cdot T\,[K]} \quad [kg/m^3]$$

$$R_i = \frac{8314}{M}$$

(b) $$\rho_G = \frac{M}{22{,}4} \cdot \frac{P\,[mbar]}{1013} \cdot \frac{273}{T} \quad [kg/m^3]$$

Beispiel 7.1.2: Luft bei 3,7 bar und 250 K

$$R_i = \frac{8314}{29} = 287$$

(a) $$\rho_G = \frac{3{,}7 \cdot 10^5}{287 \cdot 250} = 5{,}16\ kg/m^3$$

(b) $$\rho_G = \frac{29}{22{,}4} \cdot \frac{3{,}7 \cdot 1000}{1013} \cdot \frac{273}{250} = 5{,}16\ kg/m^3$$

7.2 Überkritische Gasausströmung aus Behältern ohne angeschlossene Rohrleitung

Die austretende Gasmenge G wird mit Hilfe der **Durchflussfunktion ψ_{krit}** wie folgt berechnet:

$$G = \varepsilon \cdot F_{Stutzen} \cdot \psi_{krit} \cdot \sqrt{2 \cdot P_1 \cdot \rho_1} \quad [kg/s]$$

Umgestellt auf praktische Bedingungen:

$$G = \varepsilon \cdot F_{Stutzen} \cdot \psi_{krit} \cdot \sqrt{\frac{2}{R_i \cdot T} \cdot P_1} \quad [kg/s]$$

ψ_{krit} = Durchflussfunktion (für Luft bei überkritischen Bedingungen = 0,484)

ε = Ausflusszahl = 0,8 für normale Stutzen

R_i = Individuelle Gaskonstante = 8314 / M = 287 für Luft

Beispiel 7.2.1: Wieviel Luft strömt aus einem Druckluftbehälter durch einen Stutzen DN 50 ins Freie?

$F_{Stutzen} = 1{,}9625 \cdot 10^{-3}\,m^2$ $\varepsilon = 0{,}8$ $\psi = 0{,}484$ $T = 293\,K$

$$G = 0{,}8 \cdot 1{,}9625 \cdot 10^{-3} \cdot 0{,}484 \cdot \sqrt{\frac{2}{287 \cdot 293} \cdot P_1}$$

$G = 3{,}706 \cdot 10^{-6} \cdot P_1\,[Pa]$ [kg/s]

$P_1 = 5\,bar = 500000\,Pa \Rightarrow G = 1{,}853\,kg/s = 6670\,kg/h$

$P_1 = 10\,bar \Rightarrow G = 3{,}706\,kg/s = 13341\,kg/h$

Alternativberechnung mit der Schallgeschwindigkeit a_m der Luft:

Zunächst wird die Schallgeschwindigkeit a_m der Luft im Austritt bei 293 K berechnet und dann die Luftmenge G.

$a_m = 18{,}3 \cdot \sqrt{T} = 18{,}3 \cdot \sqrt{293} = 313{,}3\,m/s$

Austretende Luftmenge: $G = a_m \cdot \varepsilon \cdot F_{Stutzen} \cdot \rho_m$

$\varepsilon = 0{,}8$ $P = 10\,bar$ $\rho_1 = 11{,}9\,kg/m^3$ $F_{Stutzen} = 1{,}96 \cdot 10^{-3}\,m^2$

$\rho_m = 0{,}634 \cdot \rho_1 = 0{,}634 \cdot 11{,}9 = 7{,}55\,kg/m^3$

$G = 313{,}3 \cdot 0{,}8 \cdot 1{,}96 \cdot 10^{-3} \cdot 7{,}55 = 3{,}709\,kg/s = 13352\,kg/h$

Berechnung der überkritischen Ausströmzeit

Es wird die Zeit t ermittelt bis zum Erreichen der unterkritischen Strömung bzw. des kritischen Drucks.

Für Gase mit $\kappa = 1{,}4$ gilt:

$$t = \frac{V \cdot \ln \frac{P_1}{P_{krit}}}{0{,}634 \cdot a_m \cdot \varepsilon \cdot A}$$

V = Behältervolumen
A = Ausflussquerschnitt
ε = Ausflussfaktor

Für Gase mit $\kappa = 1{,}4$ gelten folgende Zusammenhänge zwischen den Anfangsbedingungen mit dem Index 1 und den Ausströmbedingungen mit dem Index m:

$P_m = 0{,}528 \cdot P_1$ $T_m = 0{,}833 \cdot T_1$ $\rho_m = 0{,}634 \cdot \rho_1$

Beispiel 7.2.2: Berechnung der überkritischen Ausströmzeit für einen Druckluftbehälter

mit $V = 10\ m^3$ und $P_1 = 10$ bar und 20 °C durch einen Stutzen DN 50.

Zunächst wird die Schallgeschwindigkeit a_m der Luft bei 20 °C ermittelt:

$$a_m = 18{,}3 \cdot \sqrt{T} = 18{,}3 \cdot \sqrt{293} = 313{,}3\ m/s$$

$A = 1{,}96 \cdot 10^{-3}\ m^2$ $\varepsilon = 0{,}8$

Berechnung von P_{krit}:

$$P_{krit} = \frac{P_a}{0{,}528} = \frac{1}{0{,}528} = 1{,}89\ bar$$

Berechnung der kritischen Ausströmzeit:

$$t = \frac{10 \cdot \ln \frac{10}{1{,}89}}{0{,}634 \cdot 313{,}3 \cdot 0{,}8 \cdot 1{,}96 \cdot 10^{-3}} = 53{,}5\ s$$

Überkritische Gasausströmung aus Leckstellen

Leckagevolumenstrom $V_L = a_m \cdot \varepsilon \cdot A_L\ [m^3/s]$

Leckagemengenstrom $G_L = V_L \cdot \rho_m\ [kg/s]$

a_m = Schallgeschwindigkeit bei Ausströmbedingungen
ε = Ausflussfaktor
A_L = Leckagequerschnitt
ρ_m = Gasdichte im Austrittsquerschnitt

Beispiel 7.2.3: Zu berechnen ist der Druckluftverlust durch ein 0,5 mm-Loch.

$P_1 = 7$ bar $T_1 = 300$ K $\varepsilon = 0{,}62$ $\rho_1 = 8{,}14\ kg/m^3$

Zunächst werden die Ausflussbedingungen ermittelt:

$P_m = 0{,}528 \cdot 7 = 3{,}7$ bar
$T_m = 0{,}833 \cdot 300 = 250$ K

Berechnung der Schallgeschwindigkeit bei T_m:

$$a_m = 330 \cdot \sqrt{\frac{T_m}{273}} = 330 \cdot \sqrt{\frac{250}{273}} = 316\ m/s$$

Berechnung der Leckagemenge:

$V_L = 316 \cdot 0{,}62 \cdot 1{,}96 \cdot 10^{-7} = 3{,}84 \cdot 10^{-5}\ m^3/s = 0{,}138\ m^3/h$

$$\rho_m = \frac{29}{22{,}4} \cdot \frac{273}{250} \cdot \frac{3{,}7 \cdot 750}{760} = 5{,}16\ kg/m^3$$

$G_L = 0{,}138 \cdot 5{,}16 = 0{,}71\ kg/h$

Kontrolle mit der Ausflussfunktion ψ:

$\psi_{krit} = 0{,}484$

$G = \psi \cdot \varepsilon \cdot A_L \cdot \sqrt{2 \cdot P_1 \cdot \rho_1}$ [kg/h]

$G = 0{,}484 \cdot 0{,}62 \cdot 1{,}96 \cdot 10^{-7} \cdot \sqrt{2 \cdot 7 \cdot 8{,}14}$

$G = 1{,}99 \cdot 10^{-4}\ kg/s = 0{,}71\ kg/h$

Beispiel 7.2.4: Berechnung des erforderlichen Querschnitts für das Sicherheitsventil eines Druckluftkompressors

Förderleistung des Kompressors: $0{,}5\ m^3/s$

Verdichtungsdruck $P_1 = 8$ bar $T_1 = 348$ K $\varepsilon = 0{,}25$

$$\frac{P_a}{P_i} = \frac{1}{8} = 0{,}125 \quad < \quad \left(\frac{P_a}{P_i}\right)_{krit} = 0{,}528$$

Die Strömung ist überkritisch!

Zunächst müssen die Bedingungen im Sicherheitsventil ermittelt werden:

$P_m = 0{,}528 \cdot 8 = 4{,}2$ bar

$T_m = 0{,}833 \cdot 348 = 290$ K

$\rho_m = 5{,}05\ kg/m^3$

Volumendurchsatz V_m im Sicherheitsventil bei P_m und T_m:

$$V_m = 0{,}5 \cdot \frac{1}{4{,}2} \cdot \frac{290}{273} = 0{,}1265\ m^3/s$$

Berechnung der Schallgeschwindigkeit bei 290 K:

$$a_m = 330 \cdot \sqrt{\frac{T_m}{273}} = 330 \cdot \sqrt{\frac{290}{273}} = 340 \text{ m/s}$$

Erforderlicher Strömungsquerschnitt A:

$$A = \frac{V_m}{\varepsilon \cdot a_m} = \frac{0{,}1265}{0{,}25 \cdot 340} = 1{,}488 \cdot 10^{-3} \text{ m}^2$$

$d = 43{,}5$ mm

Mengendurchsatz $G = V_m \cdot \rho_m = 0{,}1265 \cdot 5{,}05 = 0{,}639$ kg/s

Kontrolle mit der Durchflussfunktion ψ:

$P_1 = 8$ bar $\rho_1 = 8{,}02$ kg/m³ $\psi_{krit} = 0{,}484$

$$G = \psi \cdot \varepsilon \cdot A \cdot \sqrt{2 \cdot P_1 \cdot \rho_1} \quad \text{[kg/s]}$$

$$G = 0{,}484 \cdot 0{,}25 \cdot 1{,}488 \cdot 10^{-3} \cdot \sqrt{2 \cdot 8 \cdot 10^5 \cdot 8{,}02} = 0{,}644 \text{ kg/s}$$

Berechnung der kritischen Ausströmzeit:

$$t = \frac{10 \cdot \ln \frac{10}{1{,}89}}{0{,}634 \cdot 313{,}3 \cdot 0{,}8 \cdot 1{,}96 \cdot 10^{-3}} = 53{,}5 \text{ s}$$

Berechnung des Druckabfalls im Behälter und der Luftausaustrittsmenge in Abhängigkeit von der Zeit

Die Berechnung erfolgt schrittweise zunächst für die überkritische und dann – nach Absinken auf den kritischen Druck – für die unterkritische Ausströmung.

Die Vorgehensweise wird an einem Beispiel erläutert.

Beispiel 7.2.5:

Behältervolumen $V = 10$ m³ $P_1 = 10$ bar $\rho_1 = 11{,}9$ kg/m³

$A = 1{,}962 \cdot 10^{-3}$ m² $\varepsilon = 0{,}62$ $\psi_{krit} = 0{,}484$

Überkritische Ausströmung

$$G = 0{,}484 \cdot 0{,}62 \cdot 1{,}962 \cdot 10^{-3} \cdot \sqrt{2 \cdot 10 \cdot 10^5 \cdot 11{,}9} = 2{,}874\ \text{kg/s}$$

Luftgewicht L_G am Anfang im Behälter:

$L_G = V \cdot \rho_1 = 10 \cdot 11{,}9 = 119$ kg Luft im Behälter

Luftauströmung g_5 in 5 Sekunden:

$g_5 = 5 \cdot 2{,}874 = 14{,}37$ kg Luft in 5 Sekunden

Es wird der prozentuale Anteil der ausgeströmten Luftmenge g_5 von der Anfangsluftmenge L_G im Behälter ermittelt:

$$\frac{g_5}{L_G} = \frac{14{,}37}{119} = 0{,}12 \text{ bzw } 12\ \%$$

In 5 Sekunden sind 12 % vom Luft-Anfangsinhalt ausgeströmt. Damit wird gleichzeitig der Druck im Behälter um 12 % abgesenkt.

Druckabsenkung $\Delta P = 0{,}12 \cdot 10 = 1{,}2$ bar.

Demnach beträgt der neue Innendruck nach 5 Sekunden:

$P = 10 - 1{,}2 = 8{,}8$ bar

In den nächsten 5 Sekunden wird der Druck wiederum um 12 % abgesenkt:

$\Delta P = 0{,}12 \cdot 8{,}8 = 1{,}06$

$P = 8{,}8 - 1{,}06 = 7{,}74$ bar

Unterkritische Ausströmung

Nach dem Unterschreiten des kritischen Drucks von $P = 1{,}89$ bar im Behälter erfolgt die Ausströmung unterkritisch.

Es liegt unterkritische Strömung vor, wenn das Druckverhältnis P_2 / P_1 über dem kritischen Druckverhältnis liegt.

Für die Gasausströmung im unterkritischen Bereich gilt:

$$G = \psi \cdot \varepsilon \cdot A \cdot \sqrt{2 \cdot P_1 \cdot \rho_1} \quad [kg/s]$$

$$\psi = \sqrt{\frac{\kappa}{\kappa - 1} \cdot \left[\left(\frac{P_2}{P_1}\right)^{\frac{2}{\kappa}} - \left(\frac{P_2}{P_1}\right)^{\frac{\kappa+1}{\kappa}} \right]}$$

Mit diesen Gleichungen wird das Beispiel weitergerechnet.

$P_1 = 1{,}87$ bar nach 65 Sekunden $\qquad P_2 = 1$ bar = Atmosphärendruck

$T_1 = 20\ °C = 293\ K$

Zunächst müssen ψ und ρ_1 ermittelt werden.

$$\psi = \sqrt{\frac{1{,}4}{0{,}4} \cdot (0{,}535^{1{,}428} - 0{,}535^{1{,}71})} = 0{,}484$$

$$\rho_1 = \frac{29}{22{,}4} \cdot \frac{273}{290} \cdot \frac{1{,}87 \cdot 750}{760} = 2{,}22\ kg/m^3$$

Berechnung der ausströmenden Luftmenge:

$$G = 0{,}484 \cdot 1{,}962 \cdot 10^{-3} \cdot 0{,}62 \cdot \sqrt{2 \cdot 1{,}87 \cdot 10^5 \cdot 2{,}22} = 0{,}54\ kg/s$$

$g_5 = 5 \cdot 0{,}54 = 2{,}68$ kg Luft in 5 Sekunden

Luftgewicht im Behälter $L_G = 10 \cdot 2{,}22 = 22{,}2$ kg Luft im Behälter

$$\frac{g_5}{L_G} = \frac{2{,}68}{22{,}2} = 0{,}12\ \Delta P = 0{,}12 \cdot 1{,}87 = 0{,}226\ bar$$

Nach 70 s: $P_1 = 1{,}87 - 0{,}226 = 1{,}64$ bar

$P_1 = 1{,}64$ bar $\qquad \rho_1 = 1{,}95\ kg/m^3 \qquad \psi = 0{,}474$

$G = 0{,}46$ kg/s $\qquad g_5 = 2{,}3$ kg $\qquad L_G = 19{,}5$ kg

$$\frac{g_5}{L_G} = \frac{2{,}3}{19{,}5} = 0{,}118\ \Delta P = 0{,}19\ bar$$

Nach 75 s: $P_1 = 1{,}44$ bar

$P_1 = 1{,}44$ bar $\qquad \rho_1 = 1{,}7\ kg/m^3 \qquad \psi = 0{,}45$

$G = 0{,}38$ kg/s $\qquad g_5 = 1{,}92$ kg $\qquad L_G = 17$

$$\frac{g_5}{L_G} = \frac{1{,}92}{17} = 0{,}11\ \Delta P = 0{,}16\ bar$$

Nach 80 s: $P_1 = 1{,}28$ bar

$P_1 = 1{,}28$ bar $\quad \rho_1 = 1{,}52\ kg/m^3 \quad \psi = 0{,}406$

$G = 0{,}308$ kg/s $\quad g_5 = 1{,}54$ kg $\quad L_G = 15{,}2$ kg

$$\frac{g_5}{L_G} = \frac{1{,}54}{15{,}2} = 0{,}1 \; \Delta P = 0{,}13 \text{ bar}$$

Nach 85 s: $P_1 = 1{,}15$ bar

Alternativ kann die unterkritische Ausströmung ab $P_i = 1{,}87$ bar mit der Gleichung für die Ausströmung inkompressibler Medien berechnet werden, weil die Druckdifferenzen klein sind.

Für die Ausströmgeschwindigkeit w gilt folgende Gleichung:

$$w = \sqrt{\frac{2 \cdot \Delta P}{\rho_M}} \quad [m/s]$$

Zunächst muss die mittlere Dichte ρ_M ermittelt werden.

$P_1 = 1{,}87$ bar $\quad T_1 = 293$ K $\quad \Delta P = 0{,}87$ bar

$$\rho_1 = \frac{1{,}87 \cdot 10^5}{287 \cdot 293} = 2{,}22\ kg/m^3$$

$$T_2 = 293 \cdot \left(\frac{1}{1{,}87}\right)^{\frac{0{,}4}{1{,}4}} = 245\ K$$

$$\rho_2 = \frac{1 \cdot 10^5}{287 \cdot 245} = 1{,}42\ kg/m^3$$

$$\rho_M = \frac{\rho_1 + \rho_2}{2} = 1{,}82\ kg/m^3$$

Berechnung der Ausströmgeschwindigkeit:

$$w = \sqrt{\frac{2 \cdot 0{,}87 \cdot 10^5}{1{,}82}} = 309\ m/s$$

Mit Hilfe der Strömungsgeschwindigkeit w wird die austretende Gasmenge ermittelt:

$$G = w \cdot \varepsilon \cdot F_{Stutzen} \cdot \rho_2$$

$$G = 309 \cdot 0{,}62 \cdot 1{,}96 \cdot 10^{-3} \cdot 1{,}42 = 0{,}534\ kg/s$$

Die in 5 Sekunden austretende Luftmenge beträgt:

$g_5 = 5 \cdot 0{,}534 = 2{,}67$ kg in 5 Sekunden

Dieses Ergebnis ist fast identisch mit der vorgehenden Berechnung mit ψ für kompressible Medien bei $P_1 = 1,87$ bar im Behälter:

$g_5 = 2,68$ kg Luft in 5 Sekunden

In der folgenden Abbildung ist der Druckabfall im Behälter in jeweils 5 Sekunden über der Zeit dargestellt.

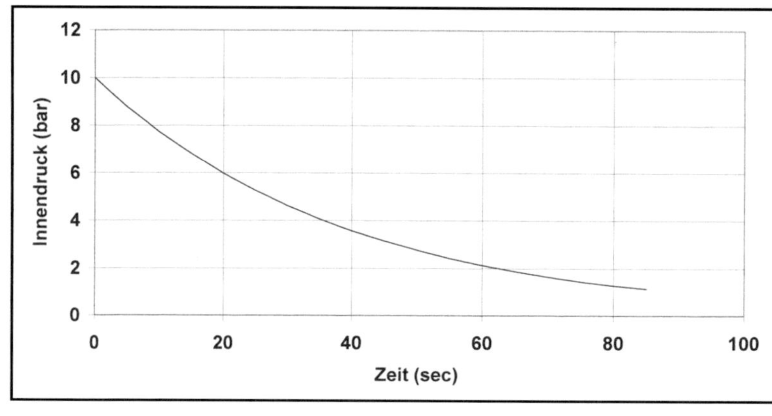

Bild 7.2.1: Druckabfall in einem 10-m^3-Behälter durch einen Stutzen DN 50 in Abhängigkeit von der Zeit

7.3 Gasausströmung aus Behältern mit angeschlossener Rohrleitung bei überkritischen Druckverhältnissen

Die Strömung in der Rohrleitung kann über- oder unterkritisch sein.

Die Berechnung erfolgt mit Hilfe des unten abgebildeten Diagramms (**Bild 7.3.1**) aus dem Crane-Handbuch „Technical Paper No. 410" und der folgenden Gleichung:

$$G = 1,266 \cdot d\,[mm^{2]} \cdot Y \cdot \sqrt{\frac{\Delta P\,[bar] \cdot \rho_1\,[kg/m^3]}{K_{ges}}} \quad [kg/h]$$

Y = Expansionsfaktor aus Diagramm
d = Rohrleitungsdurchmesser
ρ_1 = Eintrittsdichte

Berechnungsgang:

Der Differenzdruck ΔP und der Anfangsdruck P_1 sind bekannt. K_{ges} wird für die Rohrleitung und Formstücke ermittelt. Aus dem Diagramm (Bild 7.3.1) wird für $\Delta P/P_1$ und K_{ges} der Y-Wert abgelesen.

Das Diagramm gilt für Gase mit dem Adiabatenexponenten $\kappa = 1,4$.

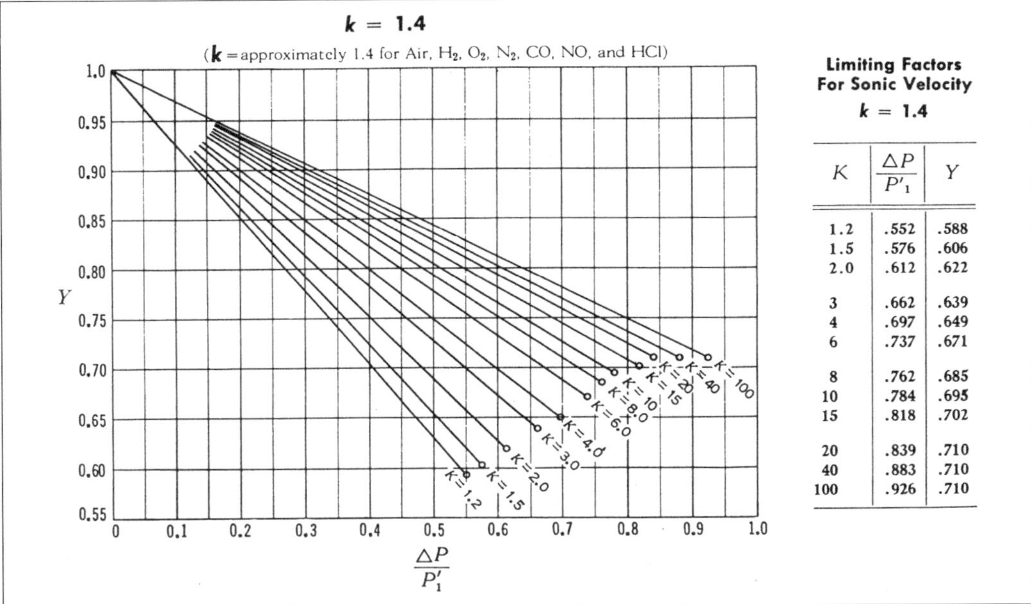

K	$\frac{\Delta P}{P'_1}$	Y
1.2	.552	.588
1.5	.576	.606
2.0	.612	.622
3	.662	.639
4	.697	.649
6	.737	.671
8	.762	.685
10	.784	.695
15	.818	.702
20	.839	.710
40	.883	.710
100	.926	.710

Bild 7.3.1:

Beispiel 7.3.1: Überkritische Strömung!

Wieviel Druckluft strömt aus einem Druckluftbehälter durch eine 50 m lange Leitung DN 50 in die Atmosphäre mit P = 1 bar aus?

$P_1 = 10$ bar $\quad t_1 = 20\ °C = 293$ K $\quad d = 52{,}5$ mm

K_{ges}-Ermittlung:

Eintritt K = 0,5 Austritt K = 1

$$\text{Rohrleitung } K = f \cdot \frac{L}{d} = 0{,}0194 \cdot \frac{50}{0{,}0525} = 18{,}5$$

$$K_{ges} = 0{,}5 + 1 + 18{,}5 = 20$$

$$\rho_1 = \frac{P_1}{R_i \cdot T} = \frac{10 \cdot 10^5}{287 \cdot 293} = 11{,}9\ \text{kg/m}^3$$

$$\frac{\Delta P}{P_1} = \frac{10 - 1}{10} = 0{,}9 \quad > \quad \left(\frac{\Delta P}{P_1}\right)_{krit} = 0{,}839 \text{ aus Diagramm für } K_{ges} = 20$$

Das vorliegende $\Delta P/P_1$ -Verhältnis ist höher als das kritische $\Delta P/P_1$ -Verhältnis. Das bedeutet: Es herrscht überkritische Strömung!

Aus dem Diagramm wird das maximal mögliche $\Delta P/P_1 = 0{,}839$ für $K_{ges} = 20$ entnommen und das maximale ΔP berechnet:

$\Delta P = 0{,}839 \cdot 10 = 8{,}39$ bar

P_2 = Druck am Leitungsende = 10 – 8,39 = 1,61 bar (nicht 1 bar!!)

$Y = 0{,}71$ aus Diagramm für $\Delta P/P_1 = 0{,}839$ und $K_{ges} = 20$

$$G = 1{,}266 \cdot 52{,}5^2 \cdot 0{,}71 \cdot \sqrt{\frac{8{,}39 \cdot 11{,}9}{20}} = 5536 \text{ kg/h}$$

Kontrolle der Strömungsgeschwindigkeit, die der Schallgeschwindigkeit entsprechen sollte:

5536 kg/h = 190,9 kmol/h = 4276 m_N^3/h

$T_m = 0{,}833 \cdot 293 = 244$ K (Temperatur im Austritt)

Austrittsdruck in der Leitung P = 1,61 bar

$$V_B = 4276 \cdot \frac{244}{273} \cdot \frac{760}{1{,}61 \cdot 750} = 2405 \text{ m}^3\text{/h}$$

$$w = \frac{2405}{3600 \cdot 0{,}00216} = 308 \text{ m/s} \approx a_m = \text{Schallgeschwindigkeit}$$

Kontrollberechnung mit der Schallgeschwindigkeit

Austrittsbedingungen: $T_m = 244$ K P = 1,61 bar

a_0 = Schallgeschwindigkeit der Luft bei 0 °C = 330 m/s

$$\rho_m = \frac{29}{22{,}4} \cdot \frac{273}{244} \cdot \frac{1{,}61 \cdot 750}{760} = 2{,}3 \text{ kg/m}^3$$

Berechnung der Schallgeschwindigkeit:

$$a_m = 330 \cdot \sqrt{\frac{T_m}{273}} = 330 \cdot \sqrt{\frac{244}{273}} = 312 \text{ m/s}$$

Volumendurchsatz:

$V_B = a_m \cdot F_{Rohr} \cdot 3600 = 312 \cdot 0{,}00216 \cdot 3600 = 2430$ m³/h

Mengendurchsatz:

$G = V_B \cdot \rho_m = 2430 \cdot 2{,}3 = 5589$ kg/h

Alternativberechnung für den Volumendurchsatz:

$$V_0 = 17{,}6 \cdot Y \cdot d^2 \cdot \sqrt{\frac{\Delta P \cdot P_1}{K_{ges} \cdot T_1 \cdot S_g}} \quad [m^3/h] \quad \text{bei 0 °C und 1 bar}$$

S_g = Wichteverhältnis bezogen auf Luft $\quad S_g = 1$

$$V_0 = 17{,}6 \cdot 0{,}71 \cdot 52{,}5^2 \cdot \sqrt{\frac{8{,}39 \cdot 10}{20 \cdot 293 \cdot 1}} = 4121 \text{ m}^3/\text{h}$$

$$V_B = 4121 \cdot \frac{244}{273} \cdot \frac{1}{1{,}61} = 2288 \text{ m}^3/\text{h}$$

$w = 294$ m/s

Beispiel 7.3.2: Unterkritische Strömung!

Daten wie in Beispiel 7.3.1, aber $P_1 = 4$ bar und $\Delta P = 3$ bar $\quad \rho_1 = 4{,}76$ kg/m³

$$\frac{\Delta P}{P_1} = \frac{4-1}{4} = 0{,}75 \quad < \quad \left(\frac{\Delta P}{P_1}\right)_{krit} = 0{,}839 \text{ für } K_{ges} = 20$$

Die Strömung ist unterkritisch, weil das vorliegende $\Delta P/P_1$-Verhältnis kleiner ist als das kritische $\Delta P/P_1$-Verhältnis im Diagramm.

Die Strömung ist unterkritisch, obwohl das Druckverhältnis p_a/p_i überkritisch ist.

$$\frac{P_a}{P_i} = \frac{1}{4} = 0{,}25 \quad < \quad \left(\frac{P_a}{P_i}\right)_{krit} = 0{,}528$$

Aus dem Diagramm wird für $K_{ges} = 20$ und das Differenzdruckverhältnis $\Delta P/P_1 = 0{,}75$ der Wert für $Y = 0{,}74$ abgelesen. Dann wird die austretende Gasmenge G ermittelt.

$$G = 1{,}266 \cdot 52{,}5^2 \cdot 0{,}74 \cdot \sqrt{\frac{3 \cdot 4{,}76}{20}} = 2181 \text{ kg/h}$$

$w_{aus} = 193$ m/s < Schallgeschwindigkeit

Beispiel 7.3.3: Unterkritische Strömung!

Daten wie Beispiel 7.3.1, aber $P_1 = 5$ bar und $\Delta P = 4$ bar $\rho_1 = 5{,}95\ \text{kg/m}^3$

$$\frac{\Delta P}{P_1} = \frac{5-1}{5} = 0{,}8 \quad < \quad \left(\frac{\Delta P}{P_1}\right)_{krit} = 0{,}839 \text{ für } K_{ges} = 20$$

Die Strömung ist unterkritisch, obwohl das Druckverhältnis 1 / 5 = 0,2 überkritisch ist bzw. unter dem Grenzwert 0,528 liegt.

Aus dem Diagramm wird $Y = 0{,}725$ für $K_{ges} = 20$ und $\Delta P/P_1 = 0{,}8$ entnommen.

$$G = 1{,}266 \cdot 52{,}5^2 \cdot 0{,}725 \cdot \sqrt{\frac{4 \cdot 5{,}95}{20}} = 2760 \text{ kg/h}$$

$w_{aus} = 244$ m/s < Schallgeschwindigkeit

Nicht das Druckverhältnis, sondern das Verhältnis von Differenzdruck ΔP zu Anfangsinnendruck P_1 bestimmt, ob unter- oder überkritische Strömung vorliegt.

Bild 7.3.2 verdeutlicht den Einfluss des Strömungswiderstands in der angeschlossenen Rohrleitung auf den Gasaustritt aus Behältern mit angeschlossener Leitung.

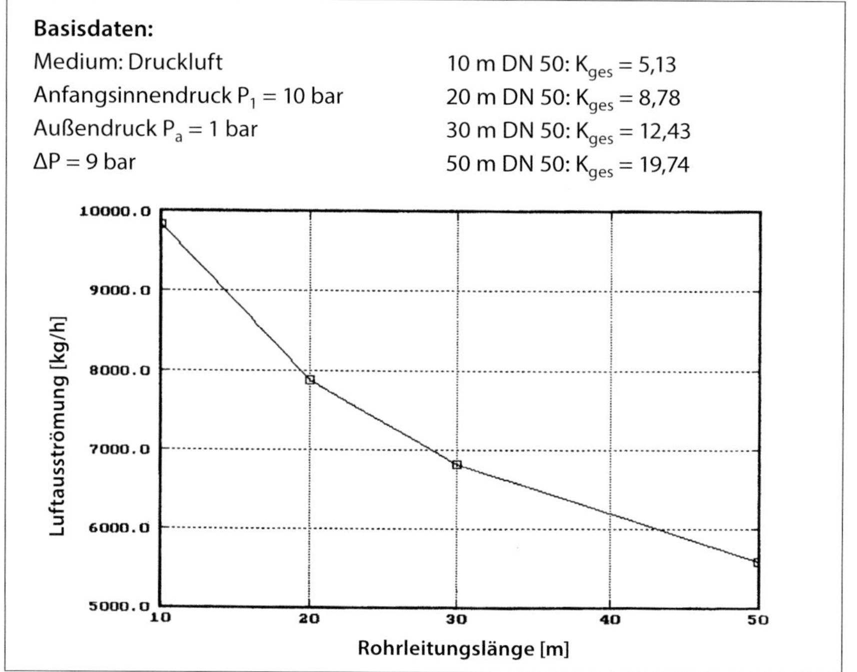

Bild 7.3.2: Luftaustrittsmenge aus einem Behälter mit unterschiedlich langen Austrittsrohrleitungen DN 50

7.4 Maximale Schluckfähigkeit kompressibler Medien in Verengungen

Die absolute Grenze für die Dämpfeeintrittsgeschwindigkeit in Verengungen wie sie in **Bild 7.4.1** gezeigt werden, ist durch die Schallgeschwindigkeit a_m gegeben, wenn das kritische Druckverhältnis unterschritten wird [1].

$$a_m = \sqrt{\kappa \cdot \frac{R}{M} \cdot T_m} \quad [m/s]$$

R = Gaskonstante = 8314 $(Pa \cdot m^3)/(kMol \cdot K)$
M = Molgewicht
κ = Isentropenexponent
T_m = Temperatur im Ausströmungsquerschnitt [K]

Bei höheren Molgewichten ergeben sich relativ geringe Schallgeschwindigkeiten.

Beispiel 7.4.1: Berechnung der Schallgeschwindigkeit

$\kappa = 1{,}4$ M = 200 R = 8314 T1 = 373 K

$$T_m = T \cdot \frac{2}{\kappa + 1} = 373 \cdot \frac{2}{1{,}4 + 1} = 310{,}7\ K$$

$$a_m = \sqrt{1{,}4 \cdot \frac{8314}{200} \cdot 310{,}7} = 134{,}5\ m/s$$

Die Schallgeschwindigkeit ist jedoch keine geeignete Größe für die Bestimmung des Schluckvermögens einer Engstelle, weil die Behinderung der Strömung schon weit vor Erreichen des kritischen Druckgefälles auftritt, meistens bei 30–50 % der Schallgeschwindigkeit.

Durch die Einschnürung von Dämpfeleitungen beim Eintritt aus einem großen Dämpferohr in ein kleineres Rohr oder in eine Vielzahl von kleinen Rohren, wie in Bild 7.4.1, wird die Strömung behindert. Es tritt ein Druckabfall auf. Das Dämpfevolumen erhöht sich, besonders im niedrigen Druckbereich. Die Behinderung wird in der Durchflussfunktion ψ berücksichtigt.

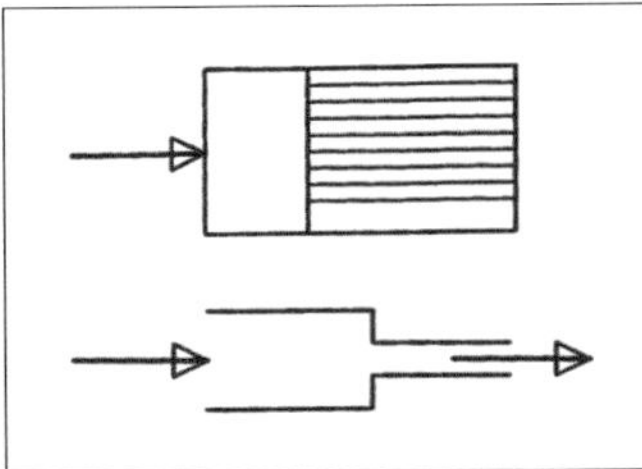

Bild 7.4.1: Einschnürung von Gas- oder Dämpfeleitungen

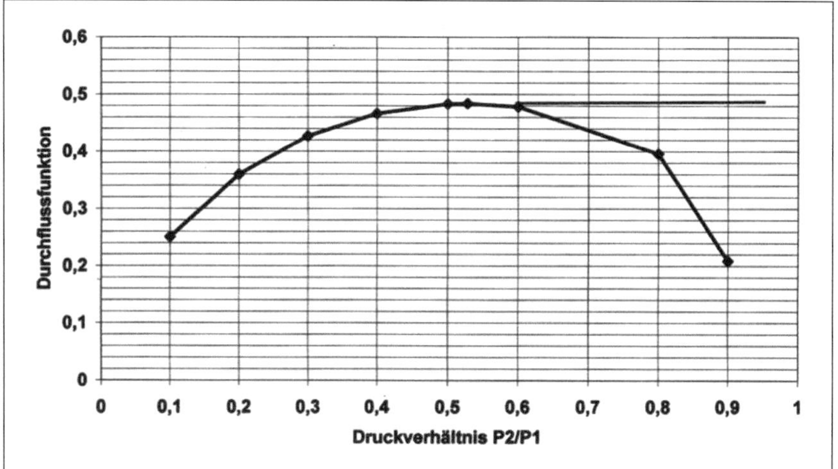

Bild 7.4.2: Durchflussfunktion in Abhängigkeit vom Druckverhältnis P_2 / P_1

Die Berechnung der maximal möglichen Durchsatzmenge G duch eine Verengung erfolgt mit der Durchflussfunktion ψ in der adiabaten Ausflussgleichung für Düsen:

$$G = a \cdot \psi \cdot A \cdot \sqrt{2 \cdot P_1 \cdot \rho_1} \quad \text{(kg/s)}$$

$$\psi = \sqrt{\frac{\kappa}{\kappa - 1} \cdot \left[\left(\frac{P_2}{P_1} \right)^{\frac{2}{\kappa}} - \left(\frac{P_2}{P_1} \right)^{\frac{\kappa + 1}{\kappa}} \right]}$$

α = Einschnürfaktor (0,5–0,8)
ψ = Durchflussfunktion
ρ_1 = Eintrittsdichte [kg/m³]
A = Strömungsquerschnitt der kleinen Rohre [m²]
P_1 = Eintrittsdruck in die Rohre [Pa]
P_2 = Austrittsdruck [Pa]

Aus **Bild 7.4.2** ist zu erkennen, dass die Durchflussfunktion ψ mit zunehmendem Druckverhältnis ansteigt bis zum kritischen Druckverhältnis und dann konstant bleibt.

Ein typischer Anwendungsfall für die Leistungsbeschränkung von Apparaten durch die maximale Schluckfähigkeit sind Vakuumkondensatoren mit der Dämpfekondensation in den Rohren. Die Dämpfe strömen von der Destillationskolonne in einem dicken Dämpferohr zum Kondensator und werden im Kondensator verteilt auf viele kleine Rohre.

Die Kondensatoren werden ausgelegt für eine bestimmte Wärmeleistung, z. B. für die Kondensation von 10 000 kg/h Dämpfe. Die Dimensionierung von Wärmetauschern wird in der Wärmetausch-Fibel I gezeigt [2] [4], die Auslegung von Vakuumanlagen in [3].

Nach der wärmetechnische Auslegung muss die Schluckfähigkeit überprüft werden [2] [4]. Es muss berechnet werden, ob die 10 000 kg/h Dämpfe in die Kondensatorrohre einströmem können. Die Überprüfung der Schluckfähigkeit wird in den folgenden Beispielen gezeigt.

Beispiel 7.4.2: Berechnung des maximalen Schluckvermögens für einen Vakuum-Kondensator mit 364 Rohren 25 x 2 (A = 0,126 m²)

M = 200 P_1 = 20 mbar = 2000 Pa P_2 = 15 mbar = 1500 Pa

t = 100 °C = 373 K α = 0,8 κ = 1,4

$$\psi = \sqrt{\frac{1{,}4}{1{,}4-1} \cdot \left[\left(\frac{1500}{2000}\right)^{\frac{2}{1{,}4}} - \left(\frac{1500}{2000}\right)^{\frac{1{,}4+1}{1{,}4}}\right]} = 0{,}4279$$

$$\rho = \frac{200}{22{,}4} \cdot \frac{20}{1013} \cdot \frac{273}{373} = 0{,}129\ \text{kg/m}^3$$

$$G = 0{,}4279 \cdot 0{,}8 \cdot 0{,}126 \cdot \sqrt{2 \cdot 2000 \cdot 0{,}129} = 0{,}98\ \text{kg/s}$$

Beispiel 7.4.3: Berechnung der Schluckfähigkeit G eines Kondensators mit rohrseitiger Kondensation bei verschiedenen Drücken und unterschiedlichen α-Werten

Kondensationsleistung des Kondensators: 3,175 kg/s Dämpfe

M = 200 κ = 1,4 t = 373 °C

In der folgenden Tabelle 7.4.1 sind die berechneten maximalen Gasdurchsätze G und die daraus folgenden Strömungsgeschwindigkeiten in den Kondensatorrohren für die Einschnürfaktoren α = 0,8 und α = 0,5 aufgelistet.

Tabelle 7.4.1: Maximale Schluckfähigkeit in Abhängigkeit vom Druck bzw. Druckverhältnis

P1	P2	P2 / P1	ψ	ρ	G (ε =0.8)		G (ε =0,5)	
mbar	mbar	—	—	kg/m³	kg/s	m/s	kg/s	m/s
20	15	0,75	0,4279	0,129	0,98	60,2	0,61	37,5
30	25	0,83	0,3729	0,1935	1,28	52,5	0,80	32,8
40	35	0,875	0,329	0,258	1,5	46,1	0,937	28,8
50	45	0,9	0,2988	0,322	1,71	42,1	1,068	26,3
100	95	0,95	0,2175	0,645	2,49	30,6	1,56	19,2
200	195	0,975	0,156	1,29	3,57	22	2,23	13,7
500	495	0,99	0,099	3,225	5,67	13,95	3,54	8,7

In **Bild 7.4.3** ist die Schluckfähigkeit für die Einschnürfaktoren α = 0,8 und α = 0,5 in Abhängigkeit vom Druck im Kondensator dargestellt. Zusätzlich ist die wärmetechnische Kondensationsleistung in das Diagramm eingetragen.

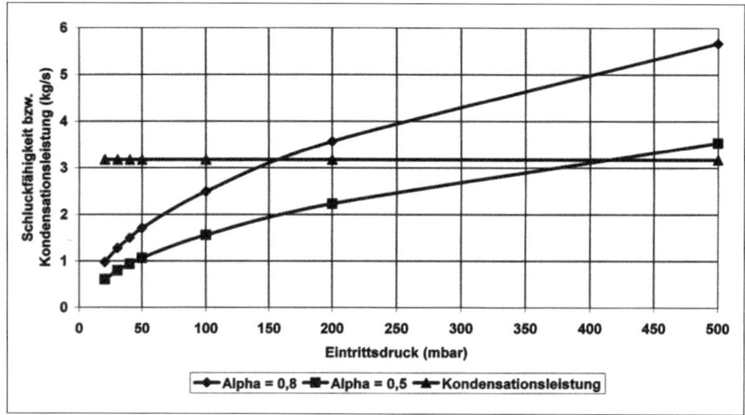

Bild 7.4.3: Schluckfähigkeit in Abhängigkeit vom Eintrittsdruck bei 5 mbar Druckverlust

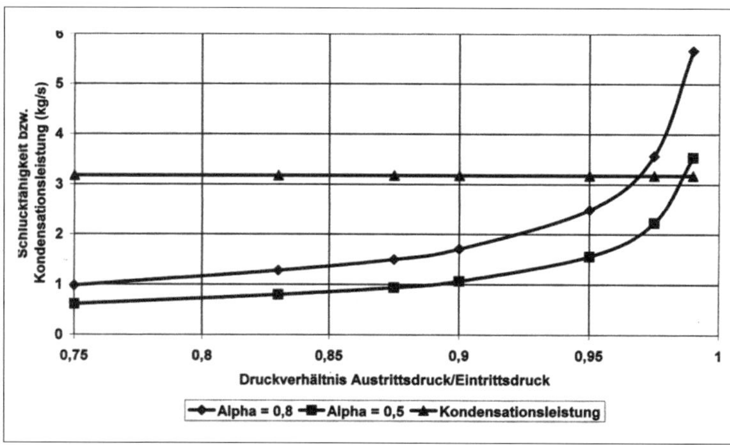

Bild 7.4.4: Schluckfähigkeit als Funktion des Druckverhältnisses bei 5 mbar Druckverlust

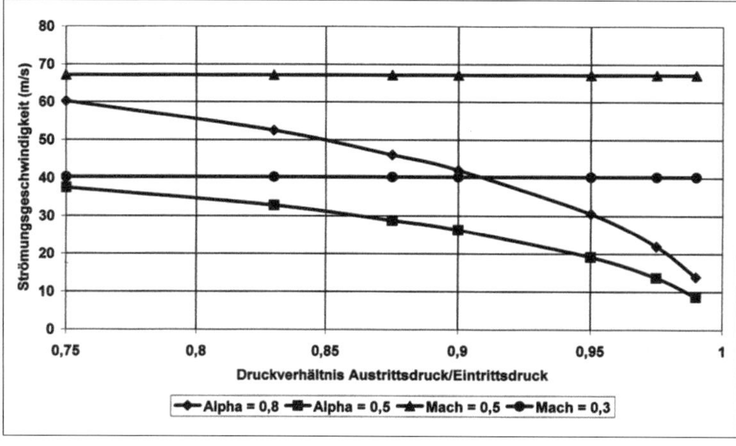

Bild 7.4.5: Strömumgsgeschwindigkeit der Dämpfe als Funktion des Druckverhältnisses

Im Bereich geringer Kondensationsdrücke, also im guten Vakuum, ist die Schluckfähigkeit deutlich kleiner als die Kondensationsleistung.

In **Bild 7.4.4** ist die Schluckfähigkeit und die Kondensationsleistung als Funktion des Druckverhältnisses dargestellt. Mit steigendem Druckverhältnis erhöht sich die Schluckfähigkeit.

Das **Bild 7.4.5** zeigt die Strömungsgeschwindigkeiten für die ermittelten Schluckfähigkeiten in Abhängigkeit vom Druckverhältnis. Zusätzlich sind die Strömungsgeschwindigkeiten bei Mach = 0,5, also 50 % der Schallgeschwindigkeit, und bei Mach = 0,3, also 30 % der Schallgeschwindigkeit, in das Diagramm eingezeichnet.

Im niedrigen Vakuum mit geringen Gasdichten ergeben sich hohe Strömungsgeschwindigkeiten bis an die Machzahl 0,5 oder 0,3.

8 Auslaufzeiten aus Behältern [1]

8.1 Berechnung der Auslaufmenge bei konstanter Flüssigkeitshöhe

$$V = f_0 \cdot \alpha \cdot \sqrt{2 \cdot g \cdot h} = f_0 \cdot w \quad [m^3/s]$$

α = Ausflusszahl
= 0,61 für scharfkantige Ausflussöffnung
= 0,95 für gut abgerundete Ausflussöffnung
= 0,8 für Rohrstutzen
f_0 = Auslaufquerschnitt [m^2]
h = Flüssigkeitshöhe [m]
V = Volumenstrom [m^3/s]
w = Strömungsgeschwindigkeit [m/s]

Beispiel 8.1.1: Zylindrischer Behälter mit Blockflansch

$h = 1$ m $\quad f_0 = 0{,}00785$ m^2 $\quad \alpha = 0{,}61$ (Blockflansch DN 100)

$$V = 0{,}61 \cdot 0{,}00785 \cdot \sqrt{2 \cdot 9{,}81 \cdot 1}$$
$$= 0{,}0212 \text{ m}^3/\text{s}$$
$$= 1{,}27 \text{ m}^3/\text{min} = 76{,}4 \text{ m}^3/\text{h}$$

Beispiel 8.1.2: Zylindrischer Behälter mit Stutzen

$h = 1$ m $\quad f_0 = 0{,}005$ m^2 $\quad \alpha = 0{,}8$ (Stutzen DN 80)

$$V = 0{,}8 \cdot 0{,}005 \cdot \sqrt{2 \cdot 9{,}81 \cdot 1}$$
$$= 0{,}01772 \text{ m}^3/\text{s}$$
$$= 1{,}06 \text{ m}^3/\text{min} = 63{,}8 \text{ m}^3/\text{h}$$

Berechnung der Strömungsgeschwindigkeit

$$w = \sqrt{2 \cdot g \cdot h}$$

$h = 1$ m $\quad w = \sqrt{2 \cdot 9{,}81 \cdot 1} = 4{,}43$ m/s

$h = 2$ m $\quad w = \sqrt{2 \cdot 9{,}81 \cdot 2} = 6{,}26$ m/s

8.2 Berechnung der Entleerungszeit ohne Rohrleitung

Zylindrischer Behälter

$$t = \frac{2 \cdot f \cdot \sqrt{h}}{\alpha \cdot f_0 \cdot \sqrt{2 \cdot g}} \quad [s]$$

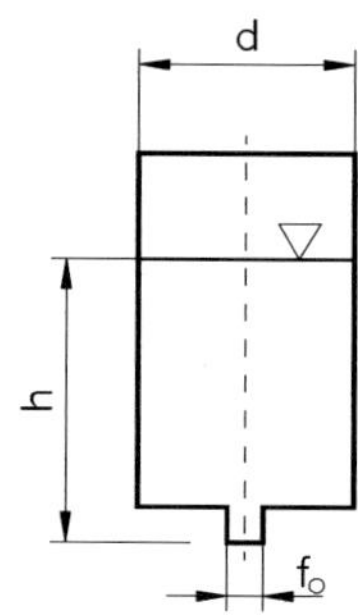

Bild 8.2.1: Zylindrischer Behälter

Waagerechter, kreiszylindrischer Behälter

$$t = \frac{\sqrt{8} \cdot l \cdot [d^{3/2} - (d - h)^{3/2}]}{3 \cdot \alpha \cdot f_0 \cdot \sqrt{g}} \quad [s]$$

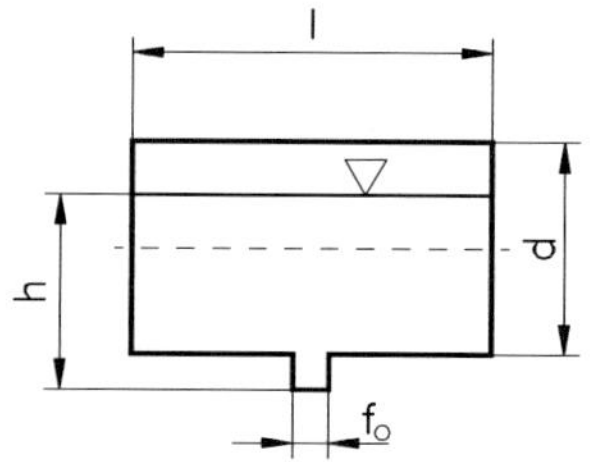

Bild 8.2.2: Waagerechter, kreiszylindrischer Behälter

Kugelbehälter

$$t = \frac{\sqrt{2} \cdot \pi \cdot h^{3/2} \cdot \left(d - \frac{3}{5} \cdot h\right)}{3 \cdot \alpha \cdot f_0 \cdot \sqrt{g}} \quad [s]$$

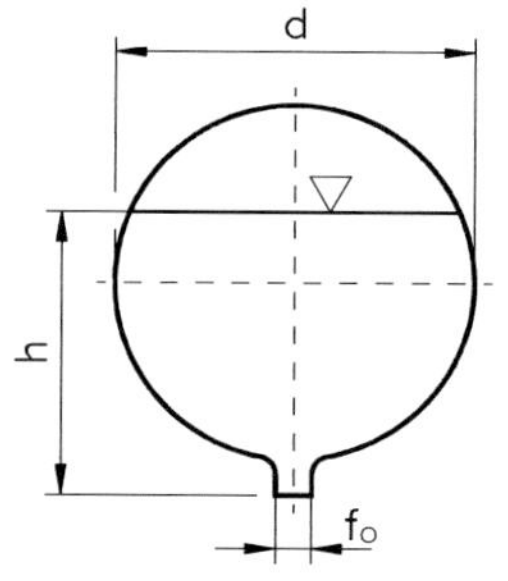

Bild 8.2.3: Kugelbehälter

Kegelförmiger Behälter

$$t = \frac{\sqrt{2} \cdot \pi \cdot \tan^2 \cdot \beta \cdot h^{5/2}}{5 \cdot \alpha \cdot f_0 \cdot \sqrt{g}} \quad [s]$$

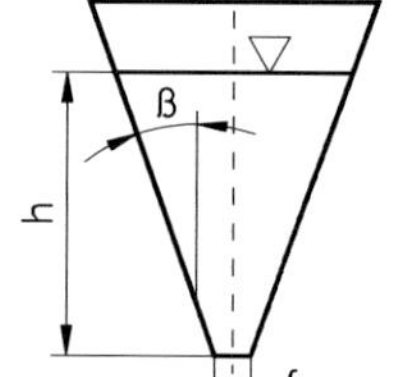

Bild 8.2.4: Kegelförmiger Behälter

f = Behälterquerschnitt [m²]
f_0 = Auslaufquerschnitt [m²]
h = Anfangshöhe der Flüssigkeit im Behälter [m]
α = Ausflusszahl
ß = Kegelwinkel
d = Behälterdurchmesser [m]
d_0 = Durchmesser Auslauf [m]
l = Länge [m]
g = Erdbeschleunigung (9,81 m/s²)

Beispiel 8.2.1: Entleerungszeit für einen zylindrischer Behälter

$d = 3 \text{ m}$

$f = 7{,}07 \text{ m}^2$

$f_0 = 0{,}00785 \text{ m}^2$ (DN 100)

$h = 4 \text{ m}$

$\alpha = 0{,}8$ für Stutzen DN 100

Berechnung der Entleerungszeit

$$t = \frac{2 \cdot 7{,}07 \cdot \sqrt{4}}{0{,}8 \cdot 0{,}00785 \cdot \sqrt{2 \cdot 9{,}81}} = 1016{,}6 \text{ s} = 16{,}9 \text{ min}$$

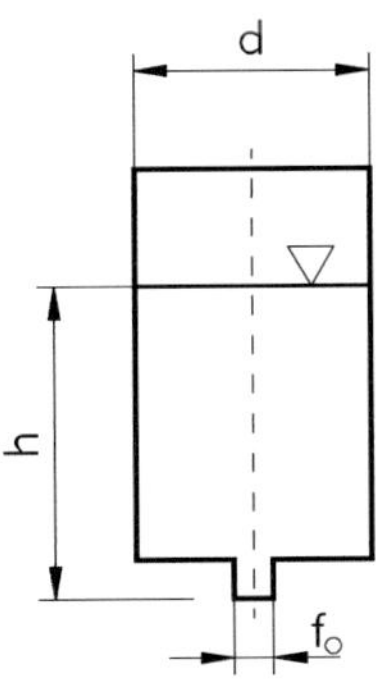

Bild 8.2.5:
Zylindrischer Behälter

8.3 Auslaufzeiten für Behälter mit angeschlossener Rohrleitung

Berechnung der Ausflussgeschwindigkeit

$$w_0 = \sqrt{\frac{2 \cdot g \cdot (h - h_0)}{K_{ges} + 1}} \quad [\text{m/s}]$$

Volumenstrom

$$V_0 = w_0 \cdot f_0 \quad [\text{m}^3/\text{s}]$$

d_0 = Durchmesser des Auslaufs [m]
h_0 = Höhe des Auslaufs [m]
f_0 = Auslaufquerschnitt [m²]
K_{ges} = Summe der Widerstandszahlen = $K_{FA} + K_R$
K_{FA} = Summe der Widerstandszahlen für Formstücke und Armaturen
K_R = Widerstandszahl der Rohrleitung = $f \cdot L / d_0$
f = Rohrreibungszahl $\approx 0{,}216 / Re^{0{,}2}$

$$Re = \frac{w_0 \cdot d_0}{\nu}$$

L = Rohrlänge [m]

Berechnung der maximalen Ablaufgeschwindigkeit in Abhängigkeit von der treibenden Höhendifferenz und dem Rohrleitungsdruckverlust:

$$w_{max} = \sqrt{\frac{2 \cdot g \cdot \Delta H}{K_{ges} + 1}}$$

Beispiel 8.3.1: Schwerkraftablauf mit konstanter Flüssigkeitshöhe

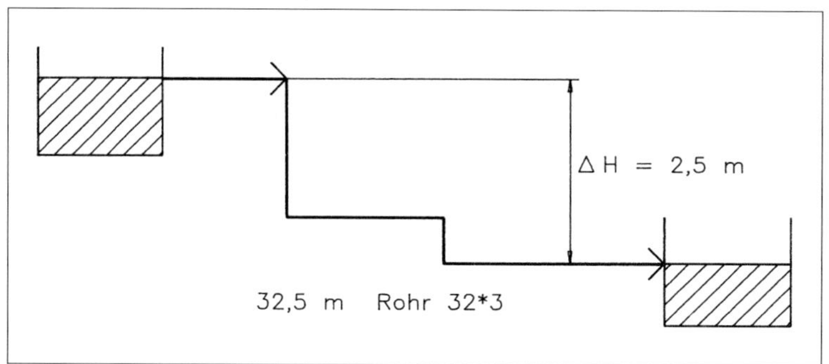

Bild 8.3.1: Schwerkraftablauf aus einem Dekanter

$\Delta H = 2{,}5\ m$ $\rho = 1000\ kg/m^3$ $\nu = 1\ mm^2/s$ 32,5 m Rohrleitung $32 \cdot 3$

$K_{Rohr} = f \cdot L / d = 0.03 \cdot 32{,}5 / 0{,}026 \Rightarrow K = 37{,}5$

3 T-Stücke $= 3 \cdot 0{,}4 \Rightarrow K = 1{,}2$

8 Bögen $= 8 \cdot 0{,}25 \Rightarrow K = 2{,}0$

3 Membranventile $= 3 \cdot 4 \Rightarrow K = 12{,}0$

Ein- und Austritt $= 0{,}5 + 1 \Rightarrow K = 1{,}5$

$K_{ges} = 54{,}2$

$$w_{max} = \sqrt{\frac{2 \cdot 9{,}81 \cdot 2{,}5}{55{,}2}} = 0{,}9426\ m/s \quad \Rightarrow \quad V = 1{,}8\ m^3/h$$

Kontrollrechnung für den Reibungsbeiwert f:

$$Re = \frac{w \cdot d}{\nu} = \frac{0{,}9426 \cdot 0{,}026}{1 \cdot 10^{-6}} = 24509 \qquad f = \frac{0{,}216}{24726^{0{,}2}} = 0{,}0286$$

$$K_{Rohr} = 0{,}0286 \cdot 32{,}5 / 0{,}026 = 35{,}7 \qquad K_{ges} = 35{,}7 + 16{,}7 = 52{,}4$$

$$w_{max} = \sqrt{\frac{2 \cdot 9{,}81 \cdot 2{,}5}{53{,}4}} = 0{,}9584\ m/s \quad \Rightarrow \quad V = 1{,}83\ m^3/h$$

8.4 Leerlaufzeit für Behälter mit angeschlossener Rohrleitung

Abschätzung der Ausflussgeschwindigkeit

$$w_0 \approx \sqrt{\frac{g \cdot (h - h_0)}{K_{ges}}} \quad [m/s]$$

Entleerungszeit für zylindrischen Behälter

$$t = \frac{d^2}{d_0^{\,2}} \cdot \sqrt{\frac{2 \cdot (K_{ges} + 1)}{g}} \cdot \left(\sqrt{h - h_0} - \sqrt{h_0}\right) \quad [s]$$

Beispiel 8.4.1: Berechnung der Entleerungszeit eines Behälters mit angeschlossener Rohrleitung

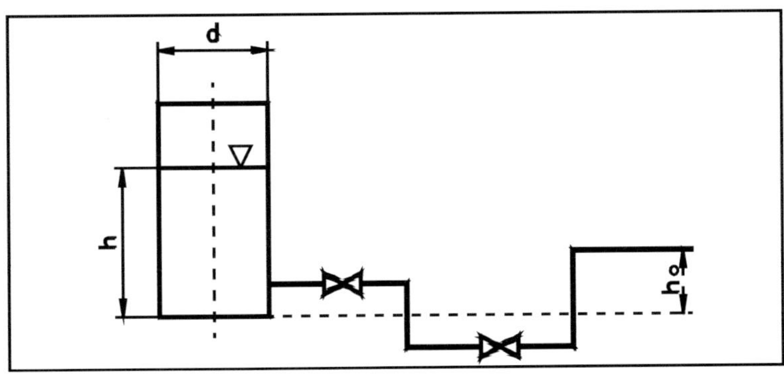

Bild 8.4.1: Behälter mit angeschlossener Rohrleitung

$h = 5$ m $\quad d = 3$ m $\quad L = 100$ m

$h_0 = 1$ m $\quad d_0 = 0{,}1$ m $\quad f_0 = 0{,}00785$ m^2 (DN 100)

$v = 10^{-6}$ m^2/s (Wasser)

Iterative Bestimmung von K_{ges}

1. Schritt: Annahme $\lambda = 0{,}02$

$K_R = \lambda \cdot L / d_0 = 0{,}02 \cdot 100 / 0{,}1 = 20$

8 Rohrbögen: $8 \cdot 0{,}25 = 2$

2 Ventile: $2 \cdot 4 = 8$

Eintritt: 0,5

Austritt: 1

$K_{FA} = 2 + 8 + 0{,}5 + 1 = 11{,}5$

$K_{ges} = K_{FA} + K_R = 31{,}5$

$K_{ges} + 1 = 32{,}5$

2. Schritt: Überprüfung des angenommenen Reibungsbeiwertes

Zunächst wird die Auslaufgeschwindigkeit ermittelt bzw. geschätzt.

$$w \approx \sqrt{\frac{g \cdot \Delta h}{K_{ges}}} = \sqrt{\frac{9{,}81 \cdot (5-1)}{31{,}5}} = 1{,}1 \text{ m/s}$$

$$Re = \frac{w \cdot d}{\nu} = \frac{1{,}1 \cdot 0{,}1}{10^{-6}} = 109881$$

$$f = \lambda = 0{,}216 / Re^{0{,}2} = 0{,}0212$$

$$K_R = f \cdot L / d = 0{,}0212 \cdot 100 / 0{,}1 = 21{,}2$$

$$K_{ges} = 11{,}5 + 21{,}2 = 32{,}7 \qquad \text{(statt 31,5)}$$

$$K_{ges} + 1 = 32{,}7 + 1 = 33{,}7$$

Berechnung der Auslaufzeit:

$$t_E = \frac{3^2}{0{,}1^2} \cdot \sqrt{\frac{2 \cdot 33{,}7}{9{,}81}} \cdot \left(\sqrt{5-1} - \sqrt{1}\right) = 2359 \text{ s} = 39{,}3 \text{ min}$$

Kontrollrechnung:

Ausgelaufenes Volumen bei $\Delta h = 4$ m $\Rightarrow 3^2 \cdot \pi / 4 \cdot 4 = 28{,}26 \text{ m}^3$

Rohrquerschnittsfläche $A_{Rohr} = 0{,}1^2 \cdot \pi / 4 = 0{,}00785 \text{ m}^2$

$$w = \frac{28{,}26}{0{,}00785 \cdot 2359} = 1{,}51 \text{ m/s}$$

$$Re = \frac{1{,}51 \cdot 0{,}1}{10^{-6}} = 151000 \qquad \Rightarrow \qquad f = 0{,}0199$$

$$K_R = 0{,}0199 \cdot 100 / 0{,}1 = 19{,}87$$

$$\Rightarrow K_{ges} + 1 = 11{,}5 + 19{,}87 + 1 = 32{,}37$$

$$t_E = \frac{3^2}{0{,}1^2} \cdot \sqrt{\frac{2 \cdot 32{,}37}{9{,}81}} \cdot \left(\sqrt{5-1} - \sqrt{1}\right) = 2312 \text{ s} = 38{,}5 \text{ min}$$

Die Entleerungszeit beträgt 38,5 Minuten.

Ohne angeschlossene 100 m Rohrleitung ergibt sich bei freiem Ablauf durch einen Stutzen DN 100 folgende Auslaufzeit:

$$t_E = \frac{2 \cdot 7{,}07 \cdot \sqrt{4}}{0{,}61 \cdot 0{,}00785 \cdot \sqrt{2 \cdot 9{,}81}} = 1333 \text{ s} = 22{,}2 \text{ min}$$

Mit 100 m Ablaufleitung erhöht sich die Entleerungszeit um 16,3 Minuten!

Kontrollrechnung für ΔP:

$$\Delta P = \frac{w^2 \cdot \rho}{2} \cdot K_{ges} = \frac{0{,}967^2 \cdot 1000}{2} \cdot 52{,}4 = 24499 \text{ Pa}$$

$\Delta P = 2450$ mm FS = 2,45 m FS

Durch eine Rohrleitung mit 26 mm Innendurchmesser können bei einer Höhendifferenz von 2,5 m maximal 1,85 m^3/h ablaufen.

Vergleichsrechnung für die zulässige Strömungsgeschwindigkeit w bei einem vorgegebenen Druckverlust ΔP:

$$w = \sqrt{\frac{\Delta P \cdot 2}{K_{ges} \cdot \rho}} = \sqrt{\frac{24500 \cdot 2}{52{,}4 \cdot 1000}} = 0{,}967 \text{ m/s}$$

Das Ergebnis ist identisch mit der Berechnung für w_{max} mit der vorgegebenen Höhendifferenz.

Die Berechnung über w_{max} ist einfacher, weil man ohne Ermittlung des Druckverlustes bzw. ohne Kenntnis der Dichte den maximal möglichen Ablauf bestimmen kann.

Beispiele mit anderen Dichten:

$\rho = 800 \text{ kg/m}^3$

ΔP bei 2,5 m Höhendifferenz

$= 2{,}5 \cdot 800 \cdot 9{,}81 = 19620$ Pa

$$w = \sqrt{\frac{19620 \cdot 2}{52{,}4 \cdot 800}} = 0{,}967 \text{ m/s}$$

$\rho = 1300 \text{ kg/m}^3$

ΔP bei 2,5 m Höhendifferenz

$= 2{,}5 \cdot 1300 \cdot 9{,}81 = 31882$ Pa

$$w = \sqrt{\frac{31882 \cdot 2}{52{,}4 \cdot 1300}} = 0{,}967 \text{ m/s}$$

Bei der Berechnung über den zulässigen Druckverlust muss die Dichte berücksichtigt werden, die sich anschließend herauskürzt.

Die maximale Ablaufmenge ist nicht abhängig von der Dichte, sondern nur von der Höhendifferenz.

8.5 Niveauausgleich zwischen zwei Behältern

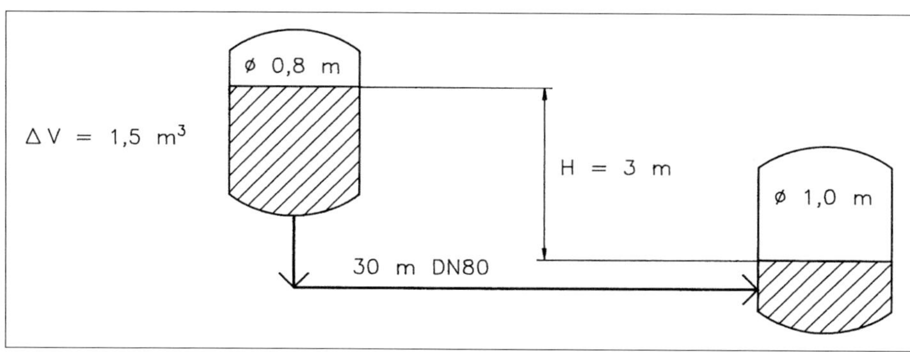

Bild 8.5.1

Die Zeit bis zum Niveauausgleich berechnet man wie folgt:

$$t_{Ausgl} = \frac{2 \cdot A_1 \cdot A_2 \cdot \sqrt{H}}{\sqrt{\frac{2 \cdot g}{K_{ges}}} \cdot A_R \cdot (A_1 + A_2)} \qquad [s]$$

Beispiel 8.5.1:

$A_1 = 0{,}5\ m^2$ $A_2 = 0{,}785\ m^2$ $A_R = 0.005\ m^2$

$H = 3\ m$ $L = 30\ m$ DN 80

$$K_{ges} = \left(1 + 0{,}02 \cdot \frac{30}{0{,}08}\right) = 8{,}5$$

$$t_{Ausgl} = \frac{2 \cdot 0{,}5 \cdot 0{,}785 \cdot \sqrt{3}}{\sqrt{\frac{2 \cdot 9{,}81}{8{,}5}} \cdot 0{,}005 \cdot 1{,}285} = 139{,}3\ s = 2{,}3\ min$$

$$w = \frac{1{,}5}{0{,}005 \cdot 139{,}3} = 2{,}15\ m/s \qquad Re = 172290 \qquad f = 0{,}0195$$

$$K_{ges} = \left(1 + 0{,}0195 \cdot \frac{30}{0{,}08}\right) = 8{,}3$$

$$t_{Ausgl} = \frac{2 \cdot 0{,}5 \cdot 0{,}785 \cdot \sqrt{3}}{\sqrt{\frac{2 \cdot 9{,}81}{8{,}3}} \cdot 0{,}005 \cdot 1{,}285} = 137{,}6\ s = 2{,}3\ min$$

9 Mechanische Rohrleitungsplanung [1] [2] [3]

Folgende Vorschriften sind bei der Verrohrung zu beachten:

- Druckgeräterichtlinie DGRL und AD 2000 HP 110 R oder
- DIN EN 13480 und PAS 1057 mit den Rohrklassen: Rohre, Formstücke, Flansche, Schrauben, Dichtungen, Dichtflächenform
- TRwS für wassergefährdende Flüssigkeiten
- TA Luft: Zulässige Leckrate < 10^{-4} mbar l/m Dichtung und für Armaturen
- Herstellerpflichten: CE-Kennzeichnung + Konformitätserklärung + Dokumentation mit Gefahrenanalyse, Betriebsanleitung und Benutzeranweisung
- Betreiberpflichten: Gefährdungsbeurteilung und Einbindung in die Anlage

9.1 Wanddickenermittlung

9.1.1 Wanddicke s für Rohre

$$s = s_v + c_1 + c_2$$

s_v = Mindestwanddicke [mm]
c_1 = Wanddickenunterschreitung [mm]
c_2 = Abnutzungszuschlag [mm]

Geltungsbereich I (bis 120 °C)

$$s_v = \frac{d_a \cdot P}{20 \cdot \sigma_{zul} \cdot v_N} \quad \text{[mm]}$$

d_a = Außendurchmesser der Rohre [mm]
P = Innendruck [bar]
σ_{zul} = zulässige Spannung [N/mm²]
v_N = Schweißnahtfaktor

Geltungsbereich II (ab 120 °C)

$$s_v = \frac{d_i}{(20 \cdot \sigma_{zul} / P - 1) \cdot v_N} \quad \text{[mm]}$$

$$\sigma_{zul} = \frac{K}{S}$$

d_i = Innendurchmesser der Rohre [mm]
K = Festigkeitskennwert [N/mm²]
S = Sicherheitsbeiwert

9.1.2 Rohrbogenwanddicke

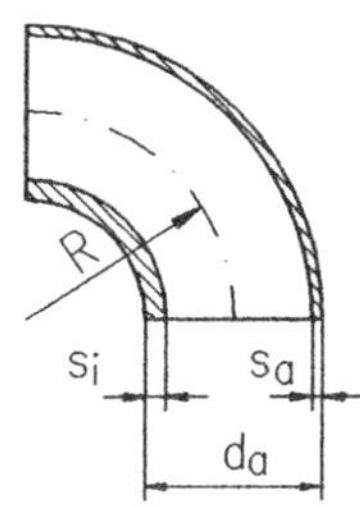

Bild 9.1.2.1

Erforderliche Wanddicke innen s_i

$$s_i = s_v \cdot B_i + c_1 + c_2$$

$$B_i = \frac{2 \cdot R - 0{,}5 \cdot d_a}{2 \cdot R - d_a}$$

B_i = Beiwert zur Ermittlung der Wanddicke der Bogeninnenseite

R = Bogenradius [mm]

Erforderliche Wanddicke außen s_a

$$s_a = s_v \cdot B_a + c_1 + c_2$$

$$B_a = \frac{2 \cdot R + 0{,}5 \cdot d_a}{2 \cdot R + d_a}$$

B_a = Beiwert zur Ermittlung der Wanddicke der Bogenaußenseite

9.1.3 Wanddicke von T-Stücken

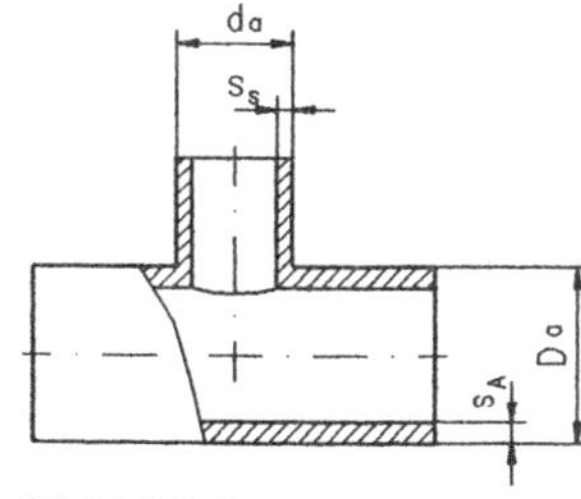

Bild 9.1.3.1

$$S_A = \frac{D_a \cdot P}{20 \cdot \sigma_{zul} \cdot v_A + P} + c_1 + c_2$$

S_A = erforderliche Wanddicke des Hauptrohres [mm]

s_v = Rohraußendurchmesser des Hauptrohres [mm]

s_v = Verschwächungsbeiwert nach AD-Merkblatt B9 Bild 7a–7e

Beispiel 9.1.1: Berechnet wird die Wanddicke für eine Rohrleitung DN 80 aus Stahl sowie Rohrbögen und T-Stück

Stahlrohr DN 80 (88,9 x 3,2)

R = 114,5 mm	P = 25 bar	v = 1,0 (nahtloses Rohr)
S = 1,5	K =235 N/mm² (bei 20 °C)	
c_1 = 0,2 mm	c_2 = 1 mm	

Rohrwanddicke s

$$\sigma_{zul} = \frac{235}{1,5} = 156,7 \text{ N/mm}^2$$

$$s_v = \frac{88,9 \cdot 25}{20 \cdot 156,7 \cdot 1} = 0,71 \text{ mm}$$

$$s = 0,71 + 0,2 + 1 = 1,91 \text{ mm}$$

Rohrbogenwanddicke

$$s_i = s_v \cdot B_i + c_1 + c_2$$

$$B_i = \frac{2 \cdot 114,5 - 0,5 \cdot 88,9}{2 \cdot 114,5 - 88,9} = 1,32$$

$$s_i = 0,71 \cdot 1,32 + 0,2 + 1 = 2,14 \text{ mm}$$

$$s_a = s_v \cdot B_a + c_1 + c_2$$

$$B_a = \frac{2 \cdot 114,5 + 0,5 \cdot 88,9}{2 \cdot 114,5 + 88,9} = 0,86$$

$$s_a = 0,71 \cdot 0,86 + 0,2 + 1 = 1,81 \text{ mm}$$

Wanddicke von T-Stücken

Stutzen DN 50 (60,3 x 2,9)

$v_A = 0,375$ (nach AD-Merkblatt B9 Bild 7c) $c_1 = 0,32$

$$S_A = \frac{88,9 \cdot 25}{20 \cdot 156,7 \cdot 0,375 + 25} + 0,32 + 1 = 3,17 \text{ mm}$$

9.2 Zulässige Stützweiten L

Wegen Durchbiegung f

$$L = 0,0564 \cdot \sqrt[4]{\frac{f \cdot E \cdot I}{q}} \quad [\text{m}]$$

L = Stützweite [m]
E = Elastizitätsmodul [daN/cm²]
I = Flächenträgheitsmoment [cm⁴]
q = Rohrgewicht pro Meter [kg/m]

Wegen Biegespannung σ_B

$$L_{max} = \sqrt{1{,}019 \cdot \frac{W}{q} \cdot \sigma_{zul}} \quad [m]$$

L_{max} = zulässige Stützweite [m]
W = Widerstandsmoment [cm^3]
σ_{zul} = zulässige Biegespannung [N/mm^2]

Auftretende Durchbiegung f

$$f = 98958 \cdot \frac{q \cdot L^4}{E \cdot I} \quad [mm]$$

Zulässige Stützweite L mit Rohrleitungsgefälle a [mm]

$$L = 0{,}0177 \cdot \sqrt[3]{\frac{a \cdot E \cdot I}{q}} \quad [m]$$

9.3 Resultierende Normalspannung σ_{Nges} im Rohr

$$\sigma_{Nges} = \sigma_P + \sigma_b + \sigma_T$$

$$\sigma_{Nges} \le \sigma_{zul} = \frac{K}{S}$$

$$\sigma_P = \frac{P \cdot D_i^2}{4 \cdot D_a \cdot s} \quad [N/mm^2]$$

$$\sigma_b = \frac{0{,}981 \cdot q \cdot L^2}{W} \quad [N/mm^2]$$

$$\sigma_T = \frac{\Delta L}{L} \cdot E = \alpha \cdot \Delta T \cdot E \quad [N/mm^2]$$

σ_P = Spannung durch Innendruck [N/mm^2] längs der Rohrachse
σ_b = Biegespannung [N/mm^2]
σ_T = Thermospannung [N/mm^2] bei Erwärmung ohne freie Ausdehnungsmöglichkeit
K = Festigkeitskennwert [N/mm^2]
s = Wandstärke [mm]
ΔT = Temperaturdifferenz [K]
P = Druck [N/mm^2]
E = Elastizitätsmodul [N/mm^2]

Beispiel 9.3.1: Beispielrechnung für die Auslegung einer Rohrleitung mit einer Durchbiegung von f = 3 mm einschließlich Überprüfung der zulässigen Spannung für Stahl und Edelstahl

Rohrleitung: DN 80 — Medium: Wasser

Druck: P = 10 bar = 1,0 N/mm^2

Einbautemperatur: 20 °C — Temperaturänderung: 30 K

Isolierung: 80 mm, ρ=120 kg/m^3

	Stahl	**Edelstahl**
$D_a \times s$	88,9 × 3,2 mm	88,9 × 2,0 mm
Querschnittsfläche A_M	861,6 mm^2	546,0 mm^2
Flächenträgheitsmoment I	79,2 cm^4	51,6 cm^4
Rohrgewicht pro Meter q	16,3 kg/m	14,1 kg/m
Elastizitätsmodul E	210000 N/mm^2 = 2100000 daN/cm^2	200000 N/mm^2 = 2000000 daN/cm^2
Längenausdehnungskoeffizient α	$12 \cdot 10^{-6}$ 1/K	$17 \cdot 10^{-6}$ 1/K
Festigkeitskennwert K	235 N/mm^2	205 N/mm^2
Sicherheitsfaktor S	1,5	1,5

Berechung der zulässigen Stützweite L wegen Durchbiegung f:

$$L = 0{,}0564 \cdot \sqrt[4]{\frac{f \cdot E \cdot I}{q}} \quad [m]$$

Stahl $L = 0{,}0564 \cdot \sqrt[4]{\frac{3 \cdot 2100000 \cdot 79{,}2}{16{,}3}}\ m = 4{,}20\ m$ Gewählt: L = 4 m

Edelstahl $L = 0{,}0564 \cdot \sqrt[4]{\frac{3 \cdot 2000000 \cdot 51{,}6}{14{,}1}}\ m = 3{,}86\ m$ Gewählt: L = 3,5 m

Biegespannung σ_B bei gewählter Stützweite :

$$\sigma_b = \frac{0{,}981 \cdot q \cdot L^2}{W} \quad [N/mm^2]$$

Stahl $\sigma_b = \frac{0{,}981 \cdot 16{,}3 \cdot 4^2}{17{,}8}\ N/mm^2 = 14{,}4\ N/mm^2$

Edelstahl $\sigma_b = \frac{0{,}981 \cdot 14{,}1 \cdot 3{,}5^2}{11{,}6}\ N/mm^2 = 14{,}6\ N/mm^2$

Prüfung der resultierenden Normalspannung σ_{Nges} auf Zulässigkeit:

$$\sigma_{Nges} = \sigma_P + \sigma_b + \sigma_T$$

$$\sigma_{Nges} \leq \sigma_{zul} = \frac{K}{S}$$

$$\sigma_P = \frac{P \cdot D_i^2}{4 \cdot D_a \cdot s} \quad [N/mm^2]$$

$$\sigma_T = \alpha \cdot \Delta T \cdot E \quad [N/mm^2]$$

Stahl

$$\sigma_P = \frac{1{,}0 \cdot 82{,}5^2}{4 \cdot 88{,}9 \cdot 3{,}2} = 6{,}0\ N/mm^2$$

$$\sigma_T = 12 \cdot 10^{-6} \cdot 30 \cdot 210000 = 75{,}6\ N/mm^2$$

$$\sigma_{Nges} = 6{,}0 + 75{,}6 + 14{,}4 = 96\ N/mm^2$$

$$\sigma_{zul} = \frac{235}{1{,}5} = 157\ N/mm^2$$

$$\Rightarrow \sigma_{Nges} \leq \sigma_{zul} \Rightarrow \text{o.k.}$$

Edelstahl

$$\sigma_P = \frac{1{,}0 \cdot 84{,}9^2}{4 \cdot 88{,}9 \cdot 2{,}0} = 10{,}1\ N/mm^2$$

$$\sigma_T = 17 \cdot 10^{-6} \cdot 30 \cdot 200000 = 102{,}0\ N/mm^2$$

$$\sigma_{Nges} = 10{,}1 + 102 + 14{,}6 = 126{,}7\ N/mm^2$$

$$\sigma_{zul} = \frac{205}{1{,}5} = 136{,}7\ N/mm^2$$

$$\Rightarrow \sigma_{Nges} \leq \sigma_{zul} \Rightarrow \text{o.k.}$$

Festpunktbelastung bei starrer Verlegung:

$$F = \sigma_T \cdot A_M$$

Stahl

$$F = 75{,}6 \cdot 861{,}6 = 65137\ N = 6513{,}7\ daN$$

Edelstahl

$$F = 102 \cdot 546 = 55692\ N = 5569{,}2\ daN$$

Minimale Ausknicklänge L_{min}:

$$L_{min} = 35 \cdot D_m \qquad D_m = D_a - s$$

Stahl

$$L_{min} = 35 \cdot 85{,}7 = 3000\ mm = 3\ m$$

Edelstahl

$$L_{min} = 35 \cdot 86{,}9 = 3042\ mm = 3{,}04\ m$$

Beispiel 9.3.2: Stützabstände und Spannungen von Rohrleitungen

$$\sigma_b = \frac{0{,}981 \cdot q \cdot L^2}{W} \quad [N/mm^2]$$

$$f = 98958 \cdot \frac{q \cdot L^4}{E \cdot I} \quad [mm]$$

$$\sigma_P = \frac{P \cdot D_i^2}{4 \cdot D_a \cdot s} \quad [N/mm^2]$$

Rohrmaße		q [kg/m]	W [cm³]	I [cm⁴]
DN 50	60,3 x 4	11	9,5	28,6
DN 80	88,9 x 5,6	20	28,7	127,7
DN 100	114,3 x 5,6	25	49,6	283,2
DN 150	168,3 x 5,6	50	112,7	948,2
DN 200	219,1 x 5,9	80	205,1	2246,9

	Biegespannungen σ_b [N/mm²]			**Durchbiegungen f [mm]**		
	L = 3 m	L = 6 m	L = 9 m	L = 3 m	L = 6 m	L = 9 m
DN 50	10,2	40,9	92	1,5	23,5	—
DN 80	6,1	24,6	55,3	0,6	9,6	48,4
DN 100	4,4	17,6	40·	0,3	5,4	27,3
DN 150	3,9	15,7	35,2	0,2	3,2	16,3
DN 200	3,4	13,8	31	0,14	2,2	11,0

Spannungen durch Innendruck σ_P von 15 bar = 1,5 MPa und angenommene Thermospannung 70 MPa

DN 50	4,2 N/mm² + 70 = 74,2 N/mm²
DN 80	4,6 N/mm² + 70 = 74,6 N/mm²
DN 100	6,2 N/mm² + 70 = 76,2 N/mm²
DN 150	9,8 N/mm² + 70 = 79,8 N/mm²
DN 200	12,4 N/mm² + 70 = 82,4 N/mm²

Fazit: Entscheidend für den Stützabstand ist nicht die Spannung, sondern die Durchbiegung

Empfehlung: **Bis DN 100 → L = 3 m Stützweite**
Ab DN 100 → L = 6 m Stützweite

9.4 Rohrleitungsausdehnung und Dehnglieder

Wärmedehnung ΔL

$\Delta L = \alpha \cdot \Delta T \cdot L \quad [m]$

α = Längenausdehnungskoeffizient [1/K]
ΔT = Temperaturdifferenz [K]
L = Länge der Rohrleitung [m]

Wärmespannung σ_T

$$\sigma_T = \frac{\Delta L}{L} \cdot E = \alpha \cdot \Delta T \cdot E \quad [N/mm^2]$$

E = Elastizitätsmodul [N/mm²]

Zulässige Erwärmung ΔT

$$\Delta T = \frac{\sigma_{zul}}{\alpha \cdot E} \quad [K]$$

σ_{zul} = zulässige Spannung [N/mm²]

Festpunktbelastung P bei starrer Verlegung

$P = \sigma_T \cdot A_M \quad [N]$

σ_T = Thermospannung [N/mm²]
A_M = Rohrmantelquerschnitt [mm²]

Minimale Ausknicklänge L_{min}

$L_{min} = 35 \cdot D_m \quad [m]$

D_m = mittlerer Rohrdurchmesser [m]

Dehnglieder zur Reduzierung von Thermospannungen und Kräften:

- Winkelbogen
- Z-Bogen
- U-Bogen
- Kompensatoren
- Kugelgelenke
- Schläuche

Berechnung der erforderlichen Schenkllänge L_K für Winkelbogen-Dehnungsausgleicher

$L_K = 60 \cdot \sqrt{\Delta L \cdot D_a}$ [m] D_a = Rohraußendurchmesser [m]

Beispiel 9.4.1: Beispielrechnung für die Auslegung eines Winkelbogendehners

Rohrleitung DN 80   Gesamtlänge L = 60 m = 6000 cm

Temperaturänderung ΔT = 100 K

	Stahl	**Edelstahl**
$D_a \times s$	88,9 × 3,2 mm	88,9 × 2,0 mm
Flächenträgheitsmoment I	79,2 cm^4	51,6 cm^4
Längenausdehnungskoeffizient α	$12 \cdot 10^{-6}$ 1/K	$17 \cdot 10^{-6}$ 1/K

Wärmeausdehnung ΔL der Rohrleitung

$\Delta L = \alpha \cdot \Delta T \cdot L$

Stahl $\Delta L = 12 \cdot 10^{-6} \cdot 100 \cdot 6000 = 7{,}2$ cm

Edelstahl $\Delta L = 17 \cdot 10^{-6} \cdot 100 \cdot 6000 = 10{,}2$ cm

Überschlagsrechnung für Winkelbogendehner:

Ermittlung der erforderlichen Schenkellänge L_K:

$L_K = 60 \cdot \sqrt{\Delta L \cdot D_a}$

für $\sigma_B = 80$ N/mm² und $E = 1{,}92 \cdot 10^7$ N/cm²

Stahl $L_K = 60 \cdot \sqrt{7{,}2 \cdot 8{,}89} = 480$ cm = 4,8 m

Edelstahl $L_K = 60 \cdot \sqrt{10{,}2 \cdot 8{,}89} = 571$ cm = 5,7 m

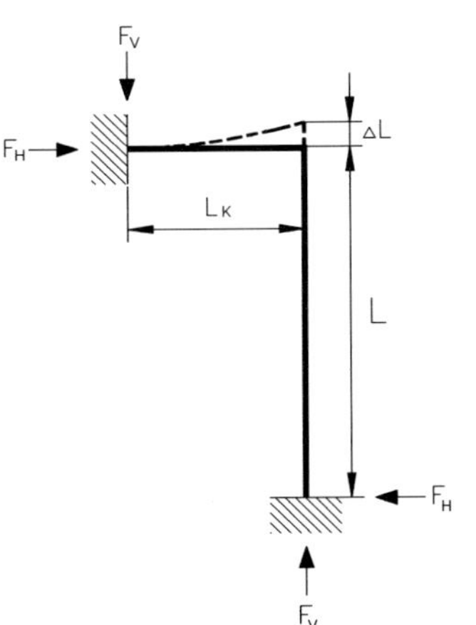

Festpunktbelastung bei Winkelbogendehnern:

$F_V = 3 \cdot E \cdot \alpha \cdot \Delta T \cdot L \cdot I / L_K^3$

$F_H = 3 \cdot E \cdot \alpha \cdot \Delta T \cdot L_K \cdot I / L^3$

Stahl $F_V = 3 \cdot 1{,}92 \cdot 10^7 \cdot 12 \cdot 10^{-6} \cdot 100 \cdot 6000 \cdot 79{,}2/480^3 = 297{,}0$ N

$F_H = 3 \cdot 1{,}92 \cdot 10^7 \cdot 12 \cdot 10^{-6} \cdot 100 \cdot 480 \cdot 79{,}2/6000^3 = 0{,}012$ N

Edelstahl $F_V = 3 \cdot 1{,}92 \cdot 10^7 \cdot 17 \cdot 10^{-6} \cdot 100 \cdot 6000 \cdot 51{,}6/570^3 = 163{,}7$ N

$F_H = 3 \cdot 1{,}92 \cdot 10^7 \cdot 17 \cdot 10^{-6} \cdot 100 \cdot 570 \cdot 51{,}6/6000^3 = 0{,}013$ N

Berechnung der erforderlichen Ausladung L_A für U-Bogen-Dehnungsausgleicher

$L_A = 34 \cdot \sqrt{\Delta L \cdot D_a}$ [m]

Beispiel 9.4.2: Beispielrechnung für die Auslegung eines U-Bogens

mit Daten aus Beispiel 9.4.1

Überschlagsrechnung für U-Bögen:

Erforderliche Ausladung L_A

$L_A = 34{,}6 \cdot \sqrt{\Delta L \cdot D_a}$ [m]

bei $\sigma_B = 80$ N/mm²
und $E = 1{,}92 \cdot 10^7$ N/cm²

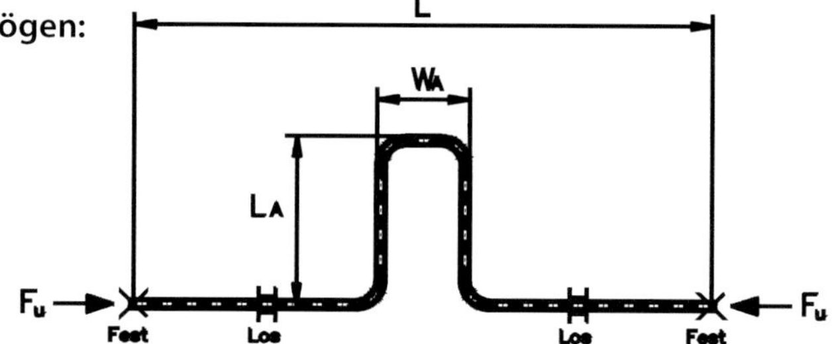

Stahl (ohne Vorspannung) $L_A = 34{,}6 \cdot \sqrt{7{,}2 \cdot 8{,}89} = 2{,}8$ m

Edelstahl (ohne Vorspannung) $L_A = 34{,}6 \cdot \sqrt{10{,}2 \cdot 8{,}89} = 3{,}3$ m

Breite W_A des U-Bogens (ohne Vorspannung):

$W_A = 0{,}5 \cdot L_A$

Stahl (ohne Vorspannung) $W_A = 0{,}5 \cdot 2{,}8 = 1{,}4$ m

Edelstahl (ohne Vorspannung) $W_A = 0{,}5 \cdot 3{,}3 = 1{,}65$ m

Breite W_A des U-Bogens (mit Vorspannung):

$L_{AV} = 0{,}71 \cdot L_A$

$W_{AV} = 0{,}5 \cdot L_{AV}$

Stahl (mit Vorspannung) $L_{AV} = 0{,}71 \cdot 2{,}8 = 2{,}0$ m

$W_{AV} = 0{,}5 \cdot 2{,}0 = 1{,}0$ m

Edelstahl (mit Vorspannung) $L_{AV} = 0{,}71 \cdot 3{,}3 = 2{,}3$ m

$W_{AV} = 0{,}5 \cdot 2{,}3 = 1{,}15$ m

Festpunktbelastung bei U-Bogen:

$F_U = E \cdot I \cdot \Delta L / L_A^3$

Stahl (ohne Vorspannung)	$F_U = 1{,}92 \cdot 10^7 \cdot 79{,}2 \cdot 7{,}2 / 280^3$ $= 498{,}7\ N = 49{,}8\ daN$
Edelstahl (ohne Vorspannung)	$F_U = 1{,}92 \cdot 10^7 \cdot 51{,}6 \cdot 10{,}2 / 330^3$ $= 281{,}2\ N = 28{,}1\ daN$
Stahl (mit Vorspannung)	$F_{UV} = 1{,}92 \cdot 10^7 \cdot 79{,}2 \cdot 3{,}6 / 200^3$ $= 684{,}3\ N = 68{,}4\ daN$
Edelstahl (mit Vorspannung)	$F_{UV} = 1{,}92 \cdot 10^7 \cdot 51{,}6 \cdot 5{,}1 / 230^3$ $= 415{,}3\ N = 41{,}5\ daN$

9.5 Kompensatoren

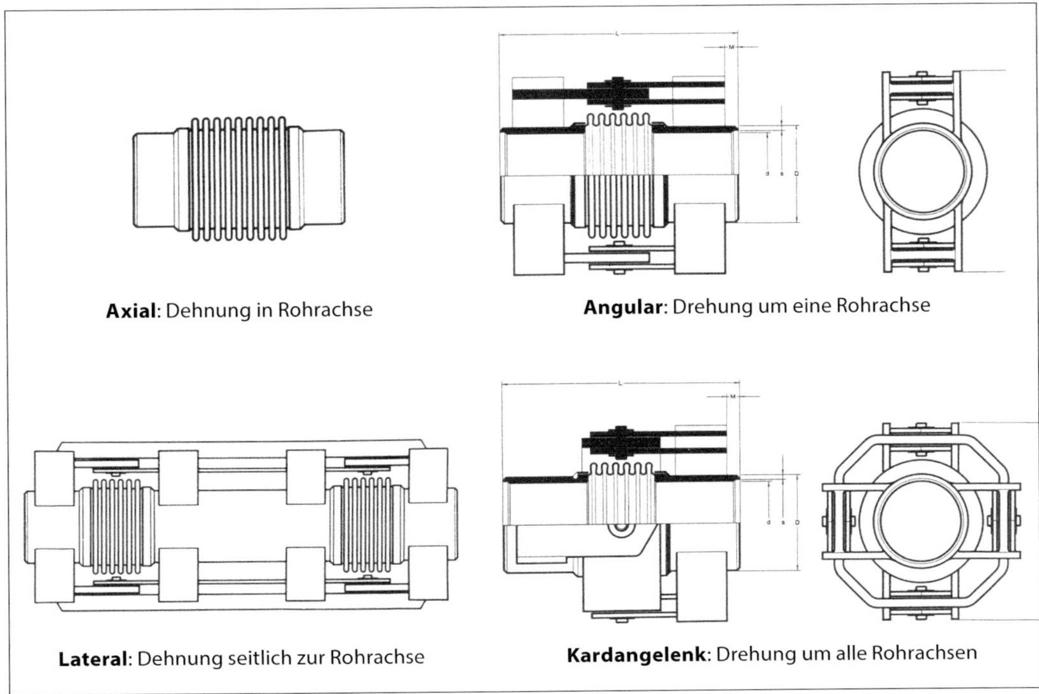

Bild 9.5.1: Verschiedene Kompensatoren

9.5.1 Axialkompensator für geringe Drücke

Bewegungsaufnahme

$\Delta l = \alpha \cdot \Delta t \cdot L$ [mm]

Verstellkraft

$F_{KAxial} = c_{delta} \cdot \Delta l$ [N]

c_{delta} = axiale Verstellkraftrate [N/mm]

Beispiel 9.5.1.1:

Rohrleitung DN 200 (219,1 · 5,9), Stahl Länge L = 60 m

Temperaturänderung ΔT = 100 K ΔL = 72 mm

Innendruck P = 1 bar (Umgebungsdruck)

Verstellkraftrate Kompensator c_{delta} = 40 N/mm

Festpunktkraft = Verstellkraft:

$F_{KAxial} = 40 \cdot 72 = 2880$ N

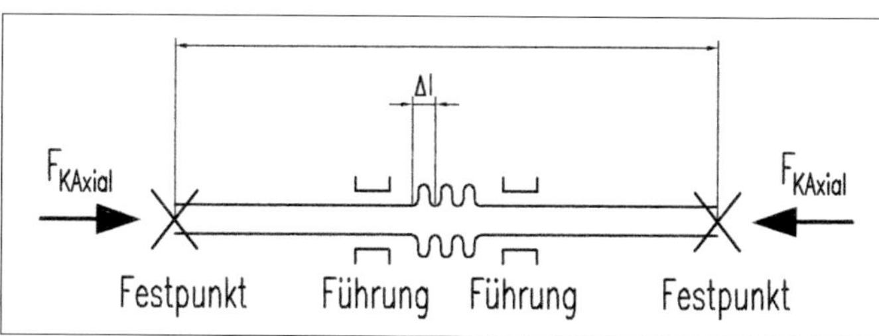

Bild 9.5.1.1: Axialkompensator für geringe Drücke

Durch Vorspannung des Kompensators um 50 % lassen sich die Festpunktkräfte auf 1440 N halbieren.

Ist die Rohrleitung auf Innendruck beansprucht, so entstehen durch die Innendruckbelastung zusätzliche axiale Kräfte:

$$F_{KDruck} = \frac{P \cdot d_K^2 \cdot \pi}{4}$$

P = 10 bar

d_K = Balginnendurchmesser des Kompensators = 252 mm

$$F_{KDruck} = \frac{1 \cdot 252^2 \cdot \pi}{4} = 49876 \text{ N} \approx 50000 \text{ N}$$

Axialkompensatoren sind für Rohrleitungen mit größerer Innendruckbeanspruchung nicht geeignet.

9.5.2 Angularkompensator mit Gelenksystem

Verstellkraft

$$F_{KAngular} = \frac{2 \cdot M}{A} \quad [N]$$

Einzelmoment des Kompensators

$$M = c_r \cdot P + c_\alpha \cdot \alpha + c_P \cdot P \cdot \alpha \quad [Nm]$$

A = Gelenkabstand [m]
P = Innendruck [bar]
α = Biegewinkel
c_r = Reibbeiwert des Gelenks [Nm/bar]
c_α = Momentrate des Balges [Nm/Grad]
c_P = Druckabhängige Momentrate des Balges [Nm/Grad · bar]

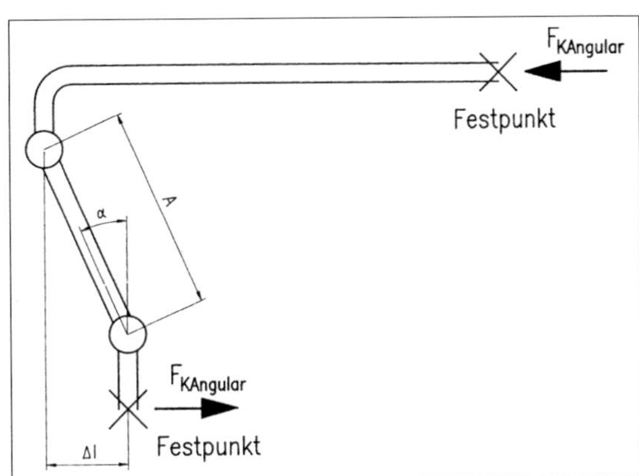

Bild 9.5.2.1: Angularkompensator mit Gelenksystem

Beispiel 9.5.2.1: Auslegung eines Angularkompensators

Rohrleitung DN 200 (219,1 · 5,9), Stahl — Länge $L = 60$ m
Temperaturänderung $\Delta T = 100$ K — Innendruck $P = 10$ bar — $\Delta l = 72$ mm

2 · Angularkompensator
$c_r = 10$ Nm/bar — $c_\alpha = 50$ Nm/Grad — $c_P = 5$ Nm/Grad bar — $A = 1$ m

Biegewinkel:

$$\alpha = \arcsin \frac{\Delta L}{A} = \frac{72}{1000} = 4{,}1°$$

Einzelmoment des Kompensators:

$$M = 10 \cdot 10 + 50 \cdot 4{,}1 + 5 \cdot 10 \cdot 4{,}1 = 510 \text{ Nm}$$

Festpunktkraft = Verstellkraft:

$$F_{KAngular} = \frac{2 \cdot 510}{1} = 1020 \text{ N}$$

Wird der Gelenkabstand A vergrößert, dann wird der Biegewinkel und die Verstellkraft kleiner.

Wegen der Verbindung des Balges über Gelenke gibt der Kompensator bei Innendruckbeanspruchung keine zusätzlichen Kräfte an die Rohrleitung weiter.

9.6 Flexibilität von Rohrleitungssystemen [2] [3]

Als Flexibilität bezeichnet man die Fähigkeit eines Rohrleitungssystems, die eigene Ausdehnung und die der angeschlossenen Anlagenteile bei Erwärmung zu absorbieren, ohne dass unzulässige Spannungen und Kräfte entstehen.

Bei einer unzureichenden Flexibilität kommt es zu folgenden Schäden:

- Verformung der Rohrleitung oder der Formstücke durch zu hohe Spannung
- Leckagen an Flanschverbindungen und Armaturen
- Zerstörung der Rohrleitungslager durch Überlastung
- Verschiebung der Rohrleitung von der Stütze oder Brücke
- Abbrechen von Stutzen an Pumpen, Turbinen, Kompressoren etc. durch zu hohe Kräfte und Momente an den Stutzen
- Zerstörung von Lagern, Kupplungen und Gleitringdichtungen an rotierenden Maschinen.

Die Spannungen in Rohrleitungen entstehen durch Innendruck, Durchbiegung und thermische Ausdehnung. Die Innendruckspanung ergibt sich aus dem Betriebs- bzw. Auslegungsdruck einschließlich Flüssigkeitshöhe. Die Biegespannung ist abhängig vom Gewicht und dem Stützabstand.

Die größten Spannungen und Lagerbelastungen treten auf durch die Ausdehnung bei Erwärmung.

9.6.1 Thermospannung durch Temperaturerhöhung

Bei starrer Verlegung der Rohrleitung kann man die bei Erwärmung auftretende Thermospannung wie folgt berechnen:

$\sigma_T = \alpha \cdot \Delta T \cdot E$ (N/mm²)

α = Ausdehnungskoeffizient (K^{-1})
E = Elasizitätsmodul (N/mm²)
ΔT = Temperaturerhöhung (K)

Hinweis: Die Thermospannung ist unabhängig vom Rohrdurchmesser und der Länge.

Beispiel 9.6.1.1: Berechnung der Thermospannung in einem Stahlrohr:

$E = 192\ kN/mm^2$ $\alpha = 13 \cdot 10^{-6}\ K^{-1}$ $\Delta T = 75\ K$

$\sigma_T = 13 \cdot 10^{-6} \cdot 75 \cdot 192000 = 187{,}2\ N/mm^2$

Dieser Wert ist höher als der zulässige Festigkeitskennwert, zumal durch den Innendruck in der Leitung und die Durchbiegung zusätzliche Spannungen entstehen. Die zu hohe Thermospannung muss durch natürliche (L- oder Z- und U-Bögen) oder künstliche Dehnglieder (Kompensatoren und Kugelgelenke) reduziert werden.

Nach Möglichkeit versucht man die erforderliche Flexibilität zur Spannungsminderung durch natürliche Dehner herzustellen. Umgekehrt kann man die zulässige Temperaturerhöhung für eine vorgegebene Thermospannung ermitteln, z. B. für eine übliche Thermospannung von 80 N/mm².

$$\Delta T = \frac{\sigma_{zul}}{\alpha \cdot E} = \frac{80}{13 \cdot 10^{-6} \cdot 192000} = 32\ K$$

Bei einer angenommenen Elastizität von 50 % ist dann eine Erwärmung um 64 K zulässig.

9.6.2 Festpunktbelastung durch Thermospannungen

Die Thermospannung wirkt sich auf die Festpunktbelastung F wie folgt aus:

$F = \sigma_T \cdot A_M$ (N)

σ_T = Thermospannung (N/mm²)
A_M = Rohrmaterialqerschntt (mm²) $= \pi / 4 \cdot (D_a^2 - D_i^2)$

Beispiel 9.6.2.1: Festpunktbelastung für ΔT = 30 K

Stahlrohr 88,9 · 3,3	σ_T = 75,6 N/mm2	A_M = 861,6 mm²	F = 6,5 t
Edelstahlrohr 88,9 · 2	σ_T = 102 N/mm2	A_M = 546 mm²	F = 5,56 t

Die Thermospannung ist bei Edelstahl größer, weil der Ausdehnungskoeffizient größer ist. Wegen der dickeren Rohrwand ist die Festpunktkraft des Stahlrohrs größer. Bei dickeren Rohrleitungen mit größeren Wandstärken ergeben sich unwahrscheinlich hohe Festpunktkräfte:

DN 150 Stahl	168,3 · 4,5	A_M = 2314 mm²	F = 17,5 t
DN 150 Edelstahl	159 · 3,2	A_M = 1565 mm²	F = 16 t
DN 200 Stahl	219,1 · 5,9	A_M = 3949,7 mm²	F = 29,9 t
DN 200 Edelstahl	219,1 · 3,6	A_M = 2436 mm²	F = 24,8 t

Fazit: Schon bei einer Temperaturerhöhung um 30 K bzw. Thermospannungen von 75,6 und 102 N/mm² ergeben sich bei starrer Verlegung unzulässig hohe Festpunktkräfte.

9.6.3 Dehnglieder

Zur Vermeidung von hohen Thermospannungen und Festpunktbelastungen müssen Dehnglieder in die Rohrleitung eingebaut werden. Man unterscheidet natürliche und künstliche Dehner:

Natürliche Dehner:

L-Bogen
Z- Bogen
U-Bogen

Künstliche Dehner:

Stopfbuchsendehner
Kompensatoren: Axial oder Angular oder Lateral
Kugelgelenkkompensatoren
Metallschläuche

Das folgende Beispiel für eine Rohrleitung DN 200 (219,1 x 5,9) verdeutlicht den Effekt von Dehngliedern.

Beispiel 9.6.3.1: Festpunktkräfte ohne und mit Dehner

60 m Stahlrohr DN 200 werden um 100 K erwärmt $\Delta L = 72$ mm (Dehnung)

Starre Verlegung ohne Dehnglied	F = 98,6 t
Mit Winkelbogendehner (L = 7,6 m)	F = 210 daN
Mit U-Bogen-Dehner (L = 4,3 m)	F = 288 daN
Mit Angularkompensator (P = 10 bar)	F = 102 daN
Mit Axialkompensator (P = 1 bar)	F = 288 daN
Mit Axialkompensator (P = 10 bar)	F = 5 t

Bei einer starren Verlegung ergeben sich unzulässig hohe Festpunktbelastungen! Beim nichtverankerten Axialkompensator belasten die Innendruckkräfte zusätzlich die Festpunkte! Deshalb sind **Axialkompensatoren bei hohen Drücken ungeeignet**.

Nach Möglichkeit sollte man versuchen, die erforderliche Elastizität des Systems durch die Rohrleitungsführung sicherzustellen, also durch L-, Z- und U-Bögen. Dabei ist zu beachten, dass die Spannungen und Kräfte in der Reihenfolge L-Z-U abnehmen, aber entscheidend sind die Schenkellängen, die das System weich machen.

Die im folgenden Beispiel 9.6.3.2 berechneten Spannungen und Belastungen zeigen, dass die Konfiguration entscheidend ist für die bei Erwärmung auftretenden Spannungen und Kräfte.

Beispiel 9.6.3.2: Spannungen und Kräfte in verschiedenen Dehngliedern

60 m Rohrleitung DN 200 L = 60 m $\Delta T = 92,4$ K

Winkelbogen

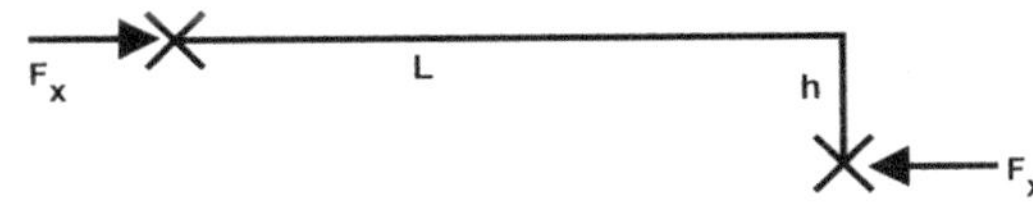

L / h = 8	h = 7,5 m	$\sigma_T = 120\ N/mm^2$	$F_x = 404$ daN
L / h = 7	h = 8,75 m	$\sigma_T = 93{,}3\ N/mm^2$	$F_x = 280$ daN
L / h = 6	h = 10 m	$\sigma_T = 69{,}5\ N/mm^2$	$F_x = 184$ daN
L / h = 4	h = 15 m	$\sigma_T = 32{,}7\ N/mm^2$	$F_x = 68{,}4$ daN

Z-Bogen

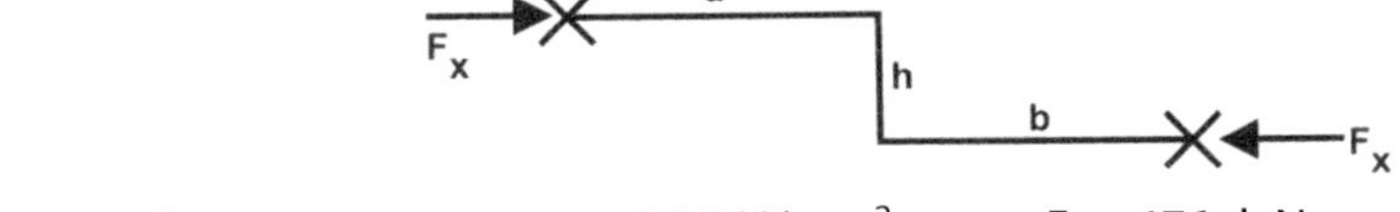

L = a + b

L / h = 8	a / b = 1	h = 7,5 m	$\sigma_T = 31{,}5\ N/mm^2$	$F_x = 176$ daN
L / h = 7	a / b = 4	h = 7,5 m	$\sigma_T = 24{,}1\ N/mm^2$	$F_x = 136$ daN

U-Bogen, symmetrisch

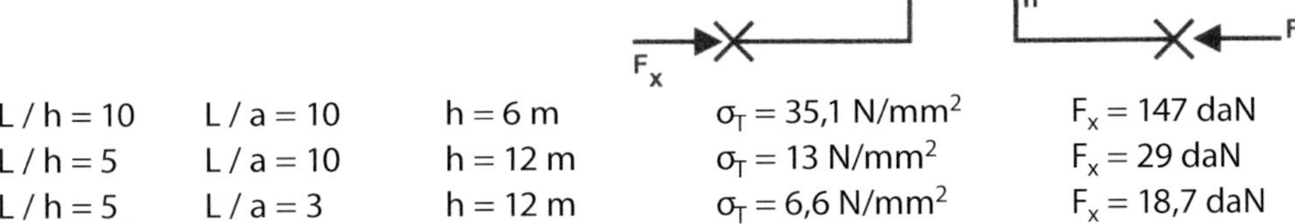

L / h = 10	L / a = 10	h = 6 m	$\sigma_T = 35{,}1\ N/mm^2$	$F_x = 147$ daN
L / h = 5	L / a = 10	h = 12 m	$\sigma_T = 13\ N/mm^2$	$F_x = 29$ daN
L / h = 5	L / a = 3	h = 12 m	$\sigma_T = 6{,}6\ N/mm^2$	$F_x = 18{,}7$ daN

U-Bogen, unsymmetrisch

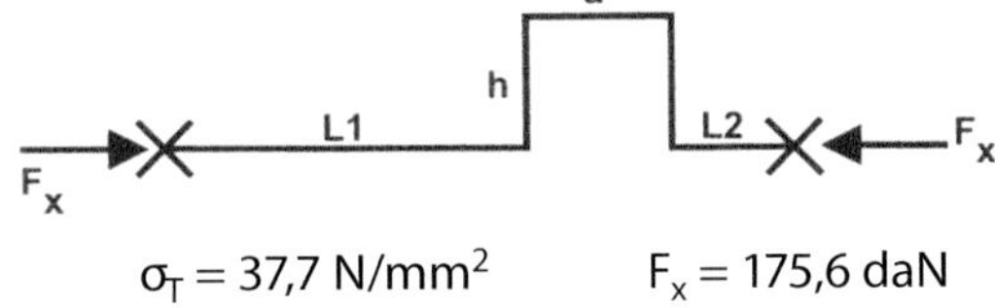

L / h = 10	L / a = 10	L1/L2 = 4	$\sigma_T = 37{,}7\ N/mm^2$	$F_x = 175{,}6$ daN

Fazit

- Beim Winkelbogen lassen sich durch größere Schenkellängen Spannungen und Kräfte gewaltig reduzieren.
- In einem Z-Bogen entstehen deutlich geringere Spannungen und Kräfte.
- Beim U-Bogen sind die Spannungen am geringsten und eine größere U-Bogen-Breite a reduziert die Spannung zusätzlich.
- An einem unsymmetrischen U-Bogen entstehen etwas höhere Spannungen und Kräfte als an einem symmetrischen U-Bogen.

Hinweis: Auf keinen Fall darf die Beweglichkeit des Dehngliedes durch Rohrlager behindert werden!

9.6.4 Spannungsanalyse [2] [3]

Um ein Rohrleitungssystem auf unzulässig hohe Spannungen und Festpunkbelastungen oder unzulässig hohe Kräfte bzw. Momente an den Stutzen von Apparaten, Pumpen, Kompressoren, Ventilatoren, Turbinen etc. zu überprüfen, benötigt man eine Spannungsanalyse.

In **Tabelle 9.6.4.1** sind die wesentlichen Kriterien für die drei Berechnungscodes zusammengestellt.

Es wird überprüft, ob die zulässige Spannungsschwingbreite S_A an irgendeiner Stelle im Rohrsystem überschritten wird.

Die Spannungsschwingbreite S_A ist wie folgt definiert:

$$S_A = f \cdot (\,1{,}25 \cdot S_C + 0{,}25 \cdot S_H\,)$$

S_C = Zulässige Spannung bei minimaler Temperatur
S_H = Zulässige Spannung bei bei maximaler Temperatur
f = 1 für eine ruhende Leitung

Unter Berücksichtigung der Zusatzspannungen ΣS_L durch Längsspannungen aus Innendruck, Wind und Durchbiegung (Gewicht) gilt für die Spannungsschwingbreite:

$$S_A = f \cdot (\,1{,}25 \cdot S_C + 0{,}25 \cdot S_H\,) - \Sigma S_L$$

Beispiel 9.6.4.1: Ermittlung der Spannungsschwingbreite S_A

Festigkeitskennwerte:

Zugfestigkeit bei 20 °C: $R_{m20} = 410$ N/mm²
0,2 – Dehngrenze bei 20 °C: $R_{p20} = 265$ N/mm²
0,2 – Dehngrenze bei 400 °C: $R_{p400} = 130$ N/mm²

Zulässige Spannug bei minimaler Temperatur:

$$S_C = \frac{R_{m20}}{3} = 136\ \text{N/mm}^2 \text{ oder } S_C = \frac{R_{p20}}{1{,}5} = 176\ \text{N/mm}^2 \rightarrow S_C = 136\ \text{N/mm}^2$$

Zulässige Spannung bei maximaler Temperatur:

$$S_H = \frac{R_{p400}}{1{,}5} = \frac{130}{1{,}5} = 86\ \text{N/mm}^2$$

Ermittlung der Spannungsschwingbreite:

$$S_A = 1 \cdot (1{,}25 \cdot 136 + 0{,}25 \cdot 86) = 191\ \text{N/mm}^2$$

Tabelle 9.6.4.1: Berechnungscodes für Spannungsanalysen

Berechnungscode	Flexibilitätsfaktor	Spannungserhöhungs-faktor	Auslegungskriterium
ANSI B31.1	$K = \frac{1{,}65}{h}$	$i = \frac{0{,}9}{h^{2/3}}$	$i \cdot \frac{\sqrt{\Sigma M_i^2}}{Z} < S_a$
ANSI B31.3	$K = \frac{1{,}65}{h}$	$i_i = \frac{0{,}9}{h^{2/3}}$ $i_o = \frac{0{,}75}{h^{2/3}}$	$\frac{\sqrt{M_b^2 + 4M_t^2}}{Z} < S_a$
ASME III NB	$K = \frac{1{,}65}{h}$	$i = \frac{1{,}95}{h^{2/3}}$	$i \cdot \frac{\sqrt{\Sigma M_i^2}}{Z} < 3\,S_m$

mit $M_b = \sqrt{(i_i\,M_i)^2 + (i_o\,M_o)^2}$

$S_a = f\,(1{,}25\,S_c + 0{,}25\,S_h)$

k = Flexibilitätsfaktor
h = Elastizitäts-Charakteristik
i_o, i_i = Spannungserhöhungsfaktoren
S_c = zulässige Spannung bei minimaler Temperatur
S_h = zulässige Spannung bei maximaler Temperatur
S_a = zulässige Spannungsschwingbreite
Z = Widerstandsmoment der Rohrleitung

Erforderliche Eingabewerte für eine Spannungsanalyse:

- Differenz zwischen Montage- und Betriebstemperatur
- Temperaturdifferenzen zwischen Betriebs- und Reserveaggregaten
- Rohrleitungsdaten: Abmessungen, Ausdehnungskoeffizient, E-Modul, Festigkeitskennwert, Rohrleitungslängen in x-, y- und z - Richtung, Formstücke,
- Stutzenanordnung und Stutzenverschiebungen von Pumpen und Apparaten bei Erwärmung in x-, y- und z - Richtung

Bei der Spannungsanalyse werden ermittelt:

- Biegespannungen durch die Ausdehnung bei Temperaturänderungen
- Längsspannung durch den Innendruck
- Spannungen durch Gewicht und Durchbiegung

Die Berechnungen erfolgen für **verschiedene Lastfälle** und werden dann entsprechend den vorliegenden Betriebsfällen überlagert:

- Lastfall Gewicht ohne Reibungskräfte (vertikale Leitungen)
- Lastfall Gewicht mit Reibungskräften (horizontale Leitungen)
- Lastfall Zusatzlasten: Wind, Schnee, Anschlussleitungen
- Lastfall Temperatur für gleichmäßige Erwärmung aller Anlagenteile
- Lastfall Temperatur für unterschiedliche Erwärmung der Anlageteile

Der letzte Lastfall kommt beispielsweise zum Tragen, wenn die Betriebspumpe warm ist und die nicht durchströmte Reservepumpe kalt daneben steht. Ähnliches gilt für zwei parallel geschaltete Wärmetauscher, von denen nur einer erwärmt wird.

Als Ergebnis erhält man einen Plotplan (**Bild 9.6.4.1**) mit den Verformungen und eine Auflistung der Spannungen an kritischen Stellen in der Rohrleitung mit dem Hinweis, inwieweit die

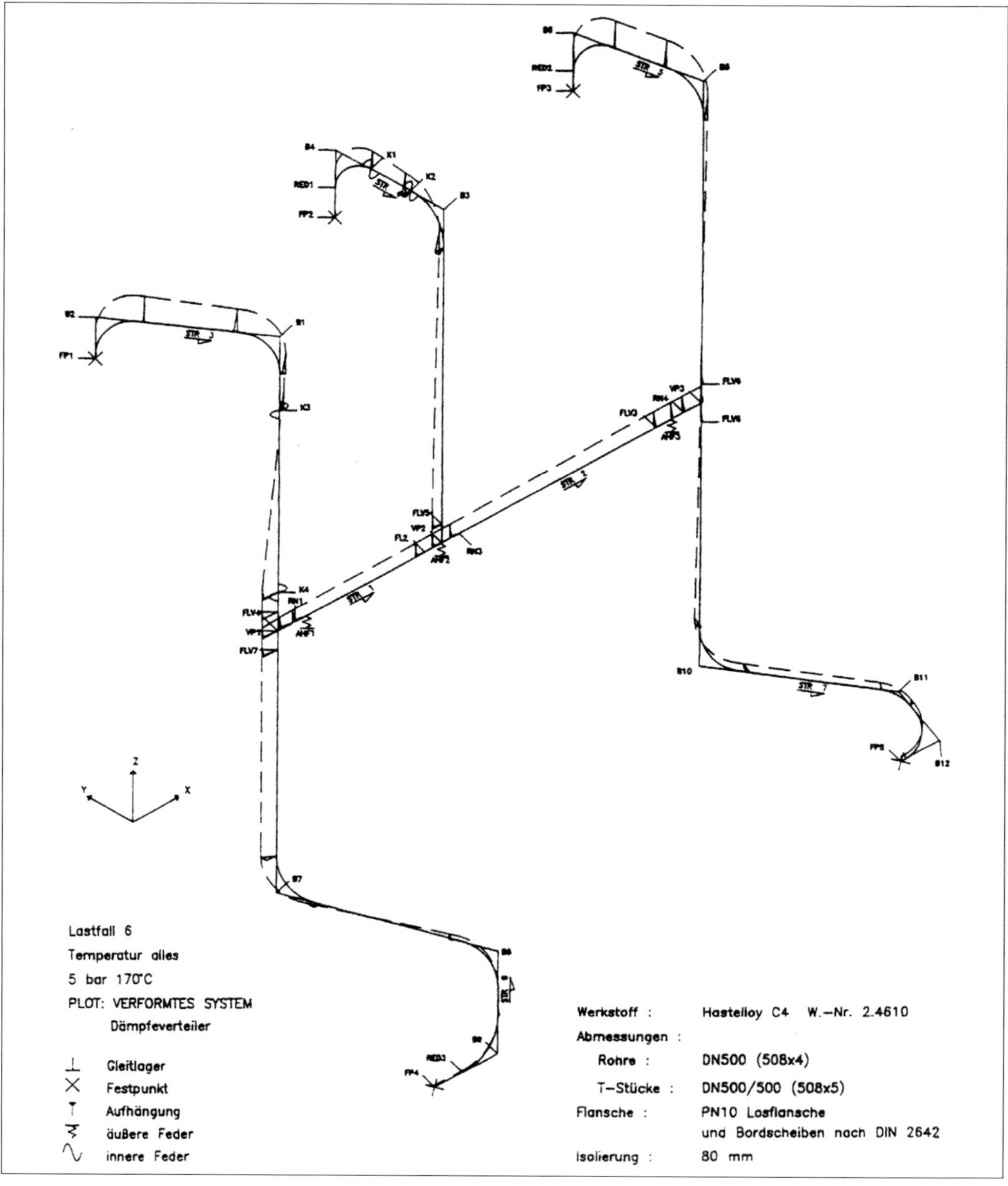

Bild 9.6.4.1: Verformungsplot eines Dämpfeverteilers DN 500

zulässige Spannungsschwingbreite S_A ausgenutzt wurde, und eine Angabe der auftretenden Kräfte durch Gewicht, Reibung und temperaturbedingte Dehnungen.

Durch die im Betrieb bei Erwärmung auftretenden Kräfte und Momente sind insbesondere die Stutzen an Pumpen, Kompressoren, Turbinen oder Ventilatoren gefährdet. Bei rotierenden Maschinen wird durch zu hohe Stutzenbelastungen die Funktion von Lager, Kupplung und Gleitringdichtung beeinträchtigt. In der Praxis wundert man sich über die kurzen Standzeiten der Gleitringdichtung.

Um die Stutzenbelastungen zu reduzieren, muss die Rohrleitung möglichst weich gestaltet werden, z. B. durch Schenkellängen oder Kompensatoren.

Besonders groß ist die Stutzenbelastung an Doppelpumpenstationen, wenn die Betriebpumpe bei 300 °C arbeitet und die danebenstehende Reservepumpe kalt ist.

Auch die Funktion von Armaturen wird durch die Spannungen in der Rohrleitung beeinträchtigt. Schieber lassen sich nicht mehr schließen und Klappen werden undicht.

Eine Verringerung der im Betrieb auftretenden Spannungsspitzen kann durch eine Vorspannung von z. B. 50 % im Montagezustand erreicht werden, d. h. die Rohrleitung wird um 50 % der Dehnung verkürzt. Aber bei unzureichender Ausführung der Vorspannung treten im Betrieb überhöhte Kräfte und Spannungen auf.

Nach dem US-Piping-Code ANSI 31.1 ist keine Flexibilitätsanalyse erforderlich, wenn folgende Bedingung eingehalten wird:

$$\frac{D \cdot Y}{(L-U)^2} < 0{,}03$$

D = Nomineller Rohrdurchmesser (inch)
Y = Expansion bzw. Ausdehnung (inch)
L = Gesamtlänge
U = Ankerabstand

Aus dieser Beziehung kann die maximal zulässige Expansionsspannung ermittelt werden.

$$S_{zul} = \frac{33{,}3 \cdot D \cdot Y}{(L-U)^2} \cdot S_A$$

S_A = Spannungsschwingbreite

9.6.5 Zulässige Stutzenbelastungen

Im Hinblick auf eine einwandfreie Funktion von Pumpen etc. ist ein **weitgehend kraft-und momentenfreier Anschluss** zu empfehlen. Ein solcher Anschluss liegt vor, wenn die Rohrleitung bis DN 200 im Montagezustand durch Handkraft planparallel an den Stutzen herangezogen werden kann.

Ein **spannungsfreier Anschluss** liegt vor, wenn die Rohrleitung im Montagezustand nach dem Lösen der Verbindung unverändert ihre Lage behält.

Beide Definitionen sind für den Betriebszustand wenig aussagekräftig, wenn sich z. B. eine Leitung nach der Erwärmung um 100 mm ausgedehnt hat.

Im Betriebsfall wird der Anschluss immer spannungsbehaftet sein. Deshalb ermittelt man mithilfe der Spannungsanalyse die im Betriebsfall nach der Temperaturerhöhung an den Stutzen anliegenden Lasten bzw. Kräfte, die dann normalerweise mit einem Festlager vor der Pumpe abgefangen werden.

Die zulässigen Kräfte bzw. Momente an den Aggregaten sollten vom Lieferanten der Pumpen, Turbinen, Kompressoren, Gebläse, Gleitringdichtungen, Kupplungen etc. erfragt werden oder besser in den Spezifikationen vorgegeben werden.

In **Tabelle 9.6.5.1** sind einige Stutzenbelastungen aufgelistet, die als Basis für die zulässigen Kräfte aus der Spannungsanalyse dienen können.

Zu hohe Stutzenbelastungen an Behältern oder Pumpen durch die Rohrleitungsspannung können durch einen weichen Anschluss in Kubus-Form reduziert werden.

Zum Schutz der Pumpenstutzen können die Gegenflansche der Pumpenstutzen als Festpunkte ausgeführt werden, so dass keine Kräfte aus der Rohrleitung auf die Pumpenstut-

Tabelle 9.6.5.1: Stutzenbelastungen an Apparaten und Behältern

NPS	P	V_L V_1	V_C V_2	M_L M_1	M_C M_2	M_T
	[N]			[Nm]		
DN 50	2300	3100	2300	500	400	800
DN 80	3500	4100	3000	1400	900	1800
DN 100	4300	4800	3500	2100	1400	2600
DN 150	6700	6800	4800	4000	2600	4800
DN 200	9500	9300	6300	6400	4200	7300
DN 250	12600	12200	8000	9100	6100	10200
DN 300	16200	15500	9800	12200	8300	13400
DN 350	20100	19300	11900	15700	10900	16900
DN 400	24300	23400	14000	19600	13800	20900
DN 450	29000	28000	16400	23900	17000	25200
DN 500	34000	33000	18900	28500	20500	29800
DN 600	45200	44300	24500	39000	28600	40100
DN 700	57900	57200	30700	51000	38000	51800
DN 800	72100	71800	37600	64600	48700	65000
DN 900	87700	88100	45200	79700	60600	79600
DN 1000	104900	106100	53500	96300	73900	95500

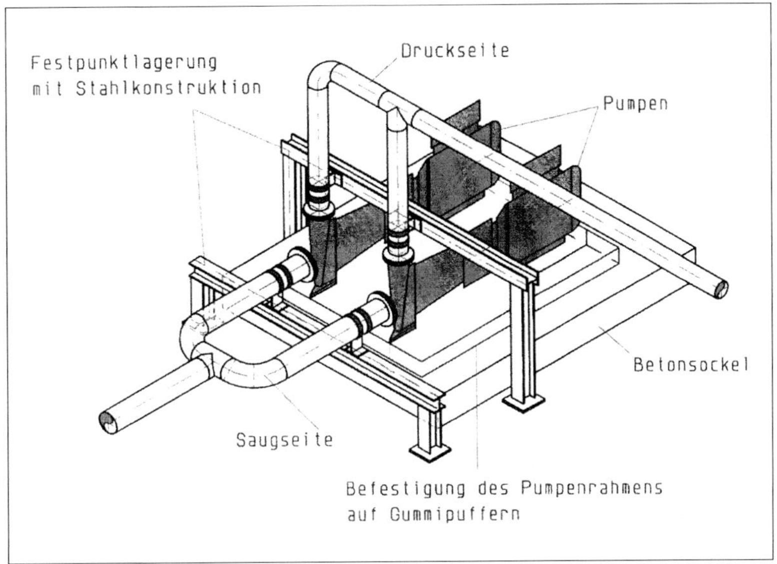

Bild 9.6.5.1: Entlastung der Pumpenstutzen durch Festpunktlager

zen übertragen werden (**Bild 9.6.5.1**). Es müssen jedoch die pumpeneigenen Ausdehnungen möglich sein.

Die Stutzen der warmen Pumpe wachsen nach oben in z-Richtung und verschieben sich in x- und y-Richtung um einige mm. Die Höhenausdehnung kann durch Gummipuffer unter der Pumpe mit der geeigneten Federkonstante aufgenommen werden. Zur Erleichterung von seitlichen Bewegungen sollte man die Pumpen mit Lang- oder Großlöchern verankern.

9.6.6 Rohrleitungslager

Ein Rohrlager besteht aus den Rohrhalterungen und einer Unterstützungskonstruktion. Die richtige Auswahl und Anordnung von Rohrlagern ist wichtig, damit die Rohrleitung sich nicht in beliebiger Richtung ausdehnt oder verschiebt und andererseits die Dehnglieder nicht durch Rohrleitungsverankerungen in ihrer Funktion blockiert werden.

Wozu benötigt man die Rohrleitungslager?

a) Um spannungsempfindliche Aggregate zu schützen
b) Zur Sicherstellung der gewünschten Rohrleitungsbewegungen
c) Zur axialen Fixierung der Rohrleitung
d) Um die korrekte Funktion der Dehnglieder sicherzustellen

Man unterscheidet Gleit- und Festpunktlager. An den Festpunkten ist die Rohrleitung so fest eingespannt, dass sie sich in keiner Richtung bewegen kann. Gleitlager dienen zur Zwischenabstützung oder Zwangsführung und geben eine oder zwei Bewegungsrichtungen frei.

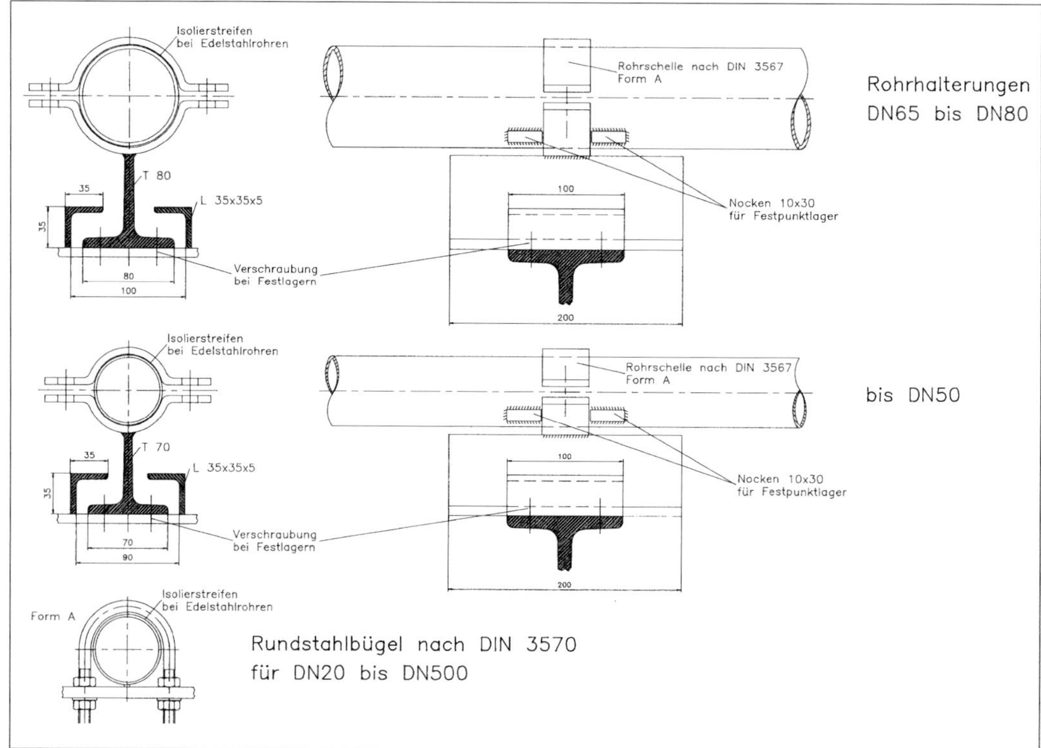

Bild 9.6.6.1: Starre Rohrleitungslager

Bei der Gleitlagerauslegung muss darauf geachtet werde, dass die Beweglichkeit der Dehnglieder nicht durch Gleitlagerverankerungen behindert wird.

Die Rohrhalterungen sollen das Rohr lagern und führen. Man unterscheidet starre und bewegliche Halterungen. Einige Ausführungen für starre Rohrhalterungen sind in **Bild 9.6.6.1** dargestellt.

Starre Rohrhalterungen

- Vertikale und horizontale Rohrschellen (DIN 3567)
- Rundstahlbügel (DIN 3570) und Rollenlager

Rohrschlitten, Konsolen und Stützen dienen zur Auflage und Befestigung der starren Halterungen auf Trägern und Rohrbrücken.

Für die Dimensionierung müssen die Belastungen spezifiziert werden, z. B.

Kräfte am Gleitlager $F_y = 1,6$ kN $F_z = 2$ kN

Kräfte am Festlager $F_x = 8$ kN $F_y = 1,6$ kN $F_z = 2$ kN

Bewegliche Rohrhalterungen

- Rohraufhängungen ohne Feder
- Federhänger und Federstützen
- Konstanthänger und Konstantstützen

Gleitlager auf Feder- oder Konstantstützen können leicht verkanten, wenn sich die Rohrleitung verschiebt.

Hänger sind Halterungen, mit deren Hilfe die Rohrleitung an Bühnen, Trägern, Rohrbrücken oder größeren Rohrleitungen angehängt werden. Ein Hänger nimmt nur vertikale Kräfte auf. Federhänger und -stützen dienen zur elastischen Lastabtragung. Die Tragkraft ändert sich entsprechend der Federkennlinie der Schraubendruckfeder über der Beweglichkeit. Deshalb muss die zulässige Lastabweichung, z. B. 10 %, angegeben werden. Außerdem muss die Mindestwegreserve, z. B. 10 % vom Sollweg, spezifiziert werden.

Konstanthänger und -stützen werden bei größeren Laständerungen eingesetzt, wenn der Arbeitsbereich von Federhängern/-stützen überschritten wird. Mit den Konstanthängern/-stützen wird die Stützkraft über den gesamten Bewegungsbereich konstant gehalten. Bei der Auslegung müssen die Lastjustierbarkeit, die Mindestwegreserven und der zulässige Schrägzug spezifiziert werden.

Die Berechnung der Lagerbelastungen wird in Beispiel 9.6.6.1 gezeigt.

Beispiel 9.6.6.1: Berechnung einer Gleitlager- und Festpunktbelastung

Stahlrohr DN 200 (219,1 x 5,9)
Gewicht G = 71,3 kg/m Isolierung s = 80 mm da = 380 mm

Gleitlager: Lagerabstand L_L = 6 m

$P_{vert} = G \cdot L_L = 71{,}3 \cdot 6 = 427{,}8$ daN
$P_{reib} = \mu \cdot P_{vert} = 0{,}3 \cdot 427{,}8 = 128{,}3$ daN
$P_{wind} = c \cdot q \cdot L \cdot da = 0{,}66 \cdot 55 \cdot 6 \cdot 0{,}38 = 82{,}8$ daN

Festlager: L = 60 m horizontal

$P_{vert} = 71{,}3 \cdot 6 = 427{,}8$ daN
$P_{reib} = 60 \cdot 71{,}3 \cdot 0{,}3 = 1283{,}4$ daN
$P_{reakt} = 386{,}6$ daN für einen U-Bogen-Dehner
In Rohrachse $F_x = 1283{,}4 + 386{,}6 = 1670$ daN = 1,67 t

Festlager: L = 60 m vertikal

$P_{vert} = 71{,}3 \cdot 60 = 4278$ daN
$P_{Reib} = 0$
$P_{Reakt} = 386{,}6$ daN
$F_z = 4278 + 386{,}6 = 4664{,}6$ daN = 4,66 t

Gleitlagerbelastung:

- Vertikale Belastung durch das Rohrleitungsgewicht mit Füllung und Isolierung und durch Schneelasten
- Horizontale Belastung in Rohrachse durch Reibung der Rohrschlitten auf dem Träger
- Horizontale Belastung quer zur Rohrachse durch Wind

Festpunktbelastung:

- Vertikale Belastung durch das Rohrleitungsgewicht und Schneelasten
- Horizontale Belastung durch Reibung in Rohrachse
- Horizontale Belastung quer zur Rohrachse durch Wind oder angeschlossene Rohrleitungen
- Reaktionskräfte durch die Dehnung bzw. Vorspannung

Das Rohrleitungsgewicht G (kg/m) ergibt sich aus dem Gewicht der Rohrleitung, der Isolierung und der Produktfüllung, z. B. Wasser für die Druckprobe auch für eine Gasleitung. Da die Formstücke, Armaturen, Durchflussmesser und Flansche mehr wiegen als die Rohrleitung, wird ein gewisser Zuschlag eingerechnet, z. B. 10 %.

Die Reibungskräfte entstehen dadurch, dass die Leitung bei Ausdehnung auf den Unterstützungen verschoben wird. Die Reibungskraft ergibt sich aus der Vertikallast multipliziert mit dem Reibungskoeffizienten μ = ca. 0,3 bis 0,5 für den Kontakt Stahl–Stahl. Bei größeren Nennweiten mit hohen Gewichten erhält man sehr hohe Reibungskräfte.

Für längere Leitungen ist es daher sinnvoll, die Dehnglieder und die Festpunkte so anzuordnen, dass in etwa gleiche Längen auf beiden Seiten des Festpunktes liegen.

Auf Rohrbrücken mit Längsträgern heben sich die Reibungskräfte auf.

Zur Verringerung der Reibungskraft kann der Reibungsbeiwert μ durch Unterlegen einer Teflon- oder Polyamidplatte oder durch Rollenlager auf Werte von 0,1 bis 0,15 verringert werden.

Eine andere Möglichkeit zur Verringerung der Reibungskräfte ist die Auflagerung der Gleitlager auf Gummischichtenlager, die aus mehreren Gummischichten mit Stahleinlage bestehen. Gummischichtenlager nehmen die Verschiebung der Rohrleitung durch elastische Verformung auf. Die Horizontalkraft hängt ab von der Verschiebung, dem Schubmodul und der Bauart des Gummischichtenlagers.

Vorgehensweise bei der Auslegung von Rohrhalterungen:

1. Ermittlung der zulässigen Stützabstände zur Vermeidung starker Durchbiegungen und grosser Biegespannungen.
2. Festlegung der Standorte für Rohrhalterungen auf Basis des ermittelten Verformungsplots

3. Berechnung der Belastung in x-, y-, und z - Richtung
4. Bestimmung der Verschiebungen in x-, y- und z-Richtung bei Erwärmung
5. Auswahl und Auslegung der Rohrhalterung: Rundstahlbügel, Schellen mit Schlitten, Federstützen, Festhänger, Federhänger, Konstanthänger, Konstantstützen unter Berücksichtigung der Kräfte und der erforderlichen Beweglichkeit in x-, y- und z-Richtung

   Zulässige Lastabweichungen und erforderliche Mindestwegreservelängen für Federhänger spezifizieren

   Erforderliche Lastjustierbarkeit und Mindestwegreserven und zulässiger Schrägzug für Konstanthänger spezifizieren
6. Auslegung der Stahlträger oder -stützen oder Rohrbrücken/Rohrstützen zur Ableitung der Kräfte von den Halterungen

In **Bild 9.6.6.2** ist eine Prozessrohrleitung mit den berechneten Lagerbelastungen und den erforderlichen Verschiebungen und der Anordnung der Lager dargestellt.

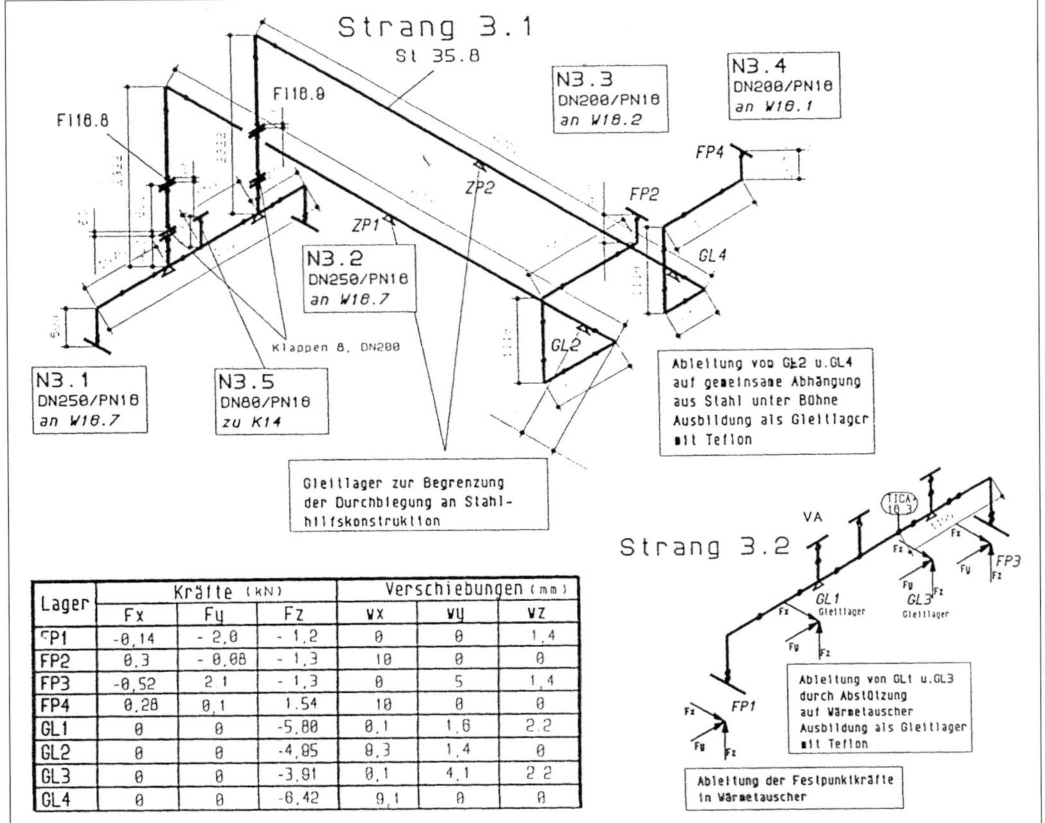

Lager	Kräfte (kN)			Verschiebungen (mm)		
	Fx	Fy	Fz	vx	vy	vz
FP1	-0,14	- 2,0	- 1,2	0	0	1,4
FP2	0,3	- 0,08	- 1,3	10	0	0
FP3	-0,52	2.1	- 1,3	0	5	1,4
FP4	0,28	0,1	1.54	10	0	0
GL1	0	0	-5,80	0,1	1,6	2.2
GL2	0	0	-4,85	0,3	1,4	0
GL3	0	0	-3,91	0,1	4,1	2.2
GL4	0	0	-6,42	9,1	0	0

Bild 9.6.6.2: Prozessleitung mit Rohrlagerkräften und -verschiebungen

9.7 Rohrbrückenbelastung

Vertikale Belastung durch das Gewicht der Leitung einschließlich Isolierung, Wasserfüllung, Rohrhalterungen und Schneelast

P_{vert} = Gewicht pro m · Stützweite

Horizontale Belastung in Rohrachse durch Lagerreibung bei Dehnung

$P_{Reib} = 0{,}3 \cdot P_{vert}$

Horizontale Belastung quer zur Rohrachse durch Windbelastung und Einfluss von Verzweigungen (Reibungs- und Reaktionskräfte)

$P_{quer} = P_{wind} + P_{verzw}$

$P_{wind} = c \cdot q \cdot l \cdot D$

Zusätzliche Belastungen durch Reaktions- und Vorspannkräfte an den Festpunkten

Hinweise:

- Eventuelle Längs- und Querträger müssen bei der Stützenauslegung berücksichtigt werden, einschließlich Schnee- und Windlast.
- Trägerberechnung auf Durchbiegung!
- Stützenberechnung auf Knickung und Verschiebung!
- Durch Längsträger werden die horizontalen Käfte infolge der Reibung zwischen den Rohrlagern und den Auflageträgern aufgehoben.

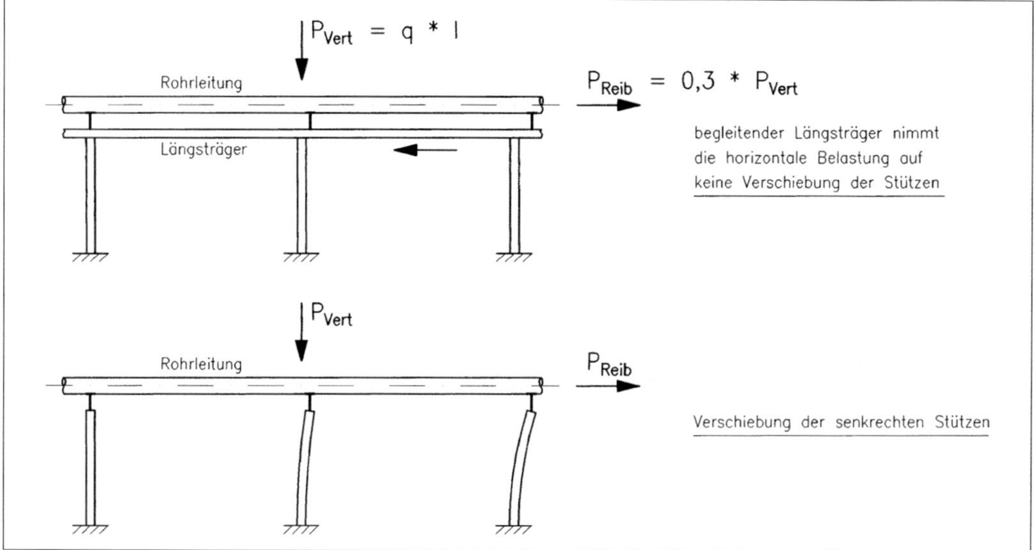

Bild 9.7.1: Stützenbelastung von Rohrbrücken mit/ohne begleitende Längsträger

Bild 9.7.2: Rohrbrücke mit Filterstation

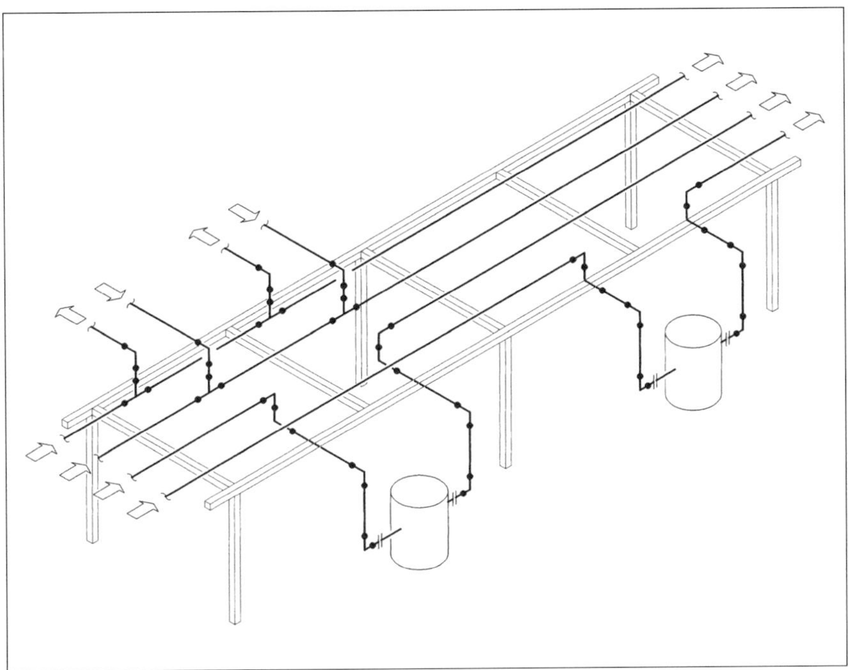

Beispiel 9.7.1: Rohrbrückenbelastung und Längsträgerberechnung auf Biegung

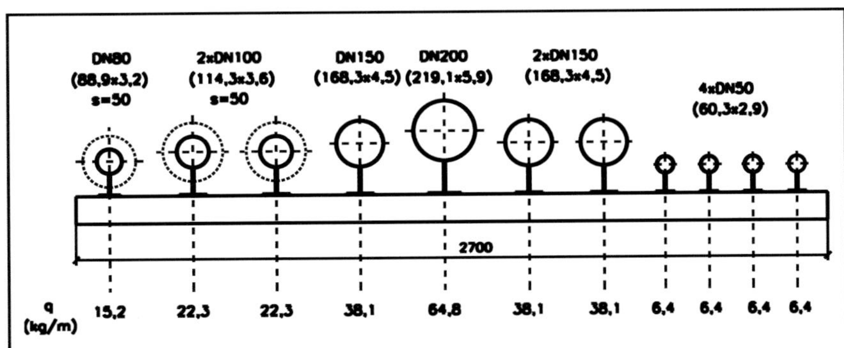

Bild 9.7.3:

q = Gewicht pro Meter Rohr und Wasserfüllung (+ Isolierung)

Rohrbrückenbreite b = 2,7 m Rohrbrückenstützweite l = 6 m

Zwischenabstützung für Rohre alle 3 m (IPBL100)

2 begleitende Längsträger beidseitig eingespannt (IPBL100)

IPBL100: G = 16,7 kg/m I_x = 349 cm^4

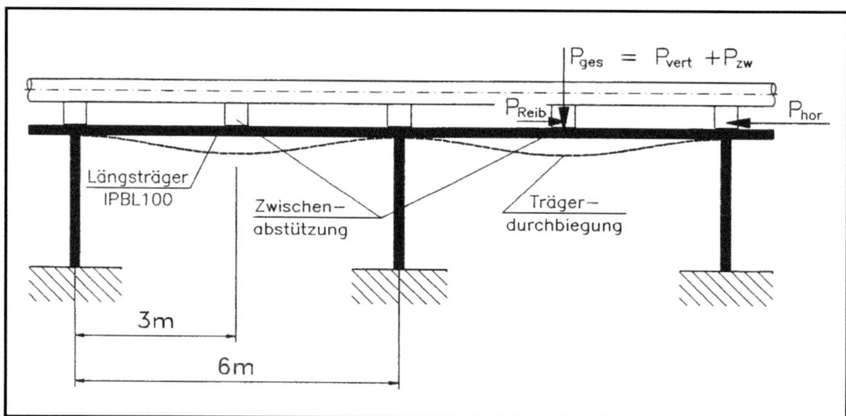

Bild 9.7.4:

1. Belastung der Rohrbrücke pro Meter

$$P_q = \Sigma q = 15{,}2 + 2 \cdot 22{,}3 + 3 \cdot 38{,}1 + 64{,}8 + 4 \cdot 6{,}4 = 264{,}5 \text{ kg/m}$$

2. Flächenbelastung

$$P_{vert} = \Sigma q \,/\, b = 264{,}5 \,/\, 2{,}7 = 98 \text{ kg/m}^2$$

3. Last pro Rohrabstützung

$$P_{ges} = P_{vert} \cdot b \cdot l \,/\, 2 + P_x = 98 \cdot 2{,}7 \cdot 6 \,/\, 2 + 45 = 839 \text{ kg}$$

$$P_x = \text{Gewicht der Zwischenabstützung} = b \cdot G \cdot 2{,}7 \cdot 16{,}7 = 45 \text{ kg}$$

4. Last pro Längsträger

$$P_{Tr} = \frac{P_{ges}}{2} = \frac{839}{2} = 419{,}5 \text{ kg}$$

5. Durchbiegung des Längsträgers infolge der Rohrlast

$$f_p = \frac{1}{192} \cdot \frac{P \cdot l^3}{E \cdot I_x} = \frac{1}{192} \cdot \frac{419{,}5 \cdot 600^3}{2{,}1 \cdot 10^6 \cdot 349} = 0{,}64 \text{ cm} = 6{,}4 \text{ mm}$$

6. Durchbiegung des Längsträgers infolge seines Eigengewichtes

$$f_p = \frac{1}{384} \cdot \frac{P \cdot l^4}{E \cdot I_x} = \frac{1}{384} \cdot \frac{0{,}167 \cdot 600^4}{2{,}1 \cdot 10^6 \cdot 349} = 0{,}08 \text{ cm} = 0{,}8 \text{ mm}$$

7. Gesamtdurchbiegung des Längsträgers

$f_{ges} = f_p + f_q = 6{,}4 + 0{,}8 = 7{,}2$ mm

8. Horizontale Rohrbrückenbelastung

$P_{vert} = P_{vert}$ [kg/m²] $\cdot l \cdot b$

Annahme: Länge der Rohrbrücke l = 30 m

$P_{vert} = 98 \cdot 30 \cdot 2{,}7 = 7938$ kg

$P_{reib} = 0{,}3 \cdot P_{vert}$ (Reibungskraft) $= 0{,}3 \cdot 7938 = 2381$ kg

Annahme: Reaktionskraft durch Wärmedehnung $P_{reak} = 1000$ kg

$\Sigma P_{hor} = 2381 + 1000 = 3381$ kg

10 Wärmeverluste isolierter Rohrleitungen und Abkühlung in Rohrleitungen sowie Auslegung von Begleitheizungen für Rohrleitungen

10.1 Berechnung der Wärmeverluste Q_{VL} pro m isoliertes Rohr

$$Q_{VL} = \frac{\pi \cdot (t_i - t_a)}{\frac{1}{2 \cdot \lambda} \cdot \ln \frac{d_a}{d_i} + \frac{1}{\alpha_2 \cdot d_a}} \quad \left[\frac{W}{m\ Rohr}\right]$$

Beispiel 10.1.1: Wärmeverlustberechnung für eine Rohrleitung [W / m Rohr]

$d_i = 0{,}3$ m $\quad d_a = 0{,}5$ m $\quad s = 100$ mm $\quad \lambda = 0{,}075$ W/mK

$t_i = 170$ °C $\quad t_a = 0$ °C $\quad \alpha_2 = 18$ W/m²K

$$Q_{VL} = \frac{\pi \cdot (170 - 0)}{\frac{1}{2 \cdot 0{,}075} \cdot \ln \frac{0{,}5}{0{,}3} + \frac{1}{18 \cdot 0{,}5}} = 151{,}8 \text{ W / m Rohr}$$

10.2 Berechnung der Wärmeverluste Q_{VO} pro m² Isolieroberfläche

$$Q_{VO} = \frac{t_i - t_a}{\frac{1}{2 \cdot \lambda} \cdot d_a \cdot \ln \frac{d_a}{d_i} + \frac{1}{\alpha_2}} \quad \left[\frac{W}{m^2}\right]$$

Beispiel 10.2.1: Wärmeverlustberechnung [W/m²] mit den Daten von Beispiel 10.1.1

$$Q_{VO} = \frac{170}{\frac{1}{2 \cdot 0{,}075} \cdot 0{,}5 \cdot \ln \frac{0{,}5}{0{,}3} + \frac{1}{18}} = 96{,}68 \text{ W/m}^2$$

Isolieroberfläche pro m Rohr $F_M = \pi \cdot d_a = 1{,}57$ m² / m Rohr

$Q_{VL} = Q_{VO} \cdot F_M = 96{,}68 \cdot 1{,}57 = 151{,}8$ W / m Rohr

10.3 Praktische Wärmeverlustberechnung für Q_{VL} pro m Rohr

$$Q_{VL} = k \cdot F_M \cdot \Delta t \qquad \left[\frac{W}{m\ Rohr}\right]$$

$$F_M = \pi \cdot d_a \qquad \left[\frac{m^2}{m\ Rohr}\right]$$

$$\frac{1}{k} = \frac{1}{\alpha_2} + \frac{1}{2 \cdot \lambda} \cdot d_a \cdot \ln \frac{d_a}{d_i}$$

Beispiel 10.3.1: Wärmeverlustberechnung [W / m Rohr] mit den Daten von Beispiel 10.1.1

$$F_M = \pi \cdot d_a = \pi \cdot 0{,}5 = 1{,}57\ m^2/m$$

$$\frac{1}{k} = \frac{1}{18} + \frac{1}{2 \cdot 0{,}075} \cdot 0{,}5 \cdot \ln \frac{0{,}5}{0{,}3} = 1{,}75$$

$$k = 0{,}569\ W/m^2K$$

$$Q_{VL} = 0{,}569 \cdot 1{,}57 \cdot 170 = 151{,}8\ W / m\ Rohr$$

10.4 Berechnung der Oberflächentemperatur t_O

$$t_O = t_a + \Delta t_2$$

$$\Delta t_2 = \frac{Q_{VL}}{\pi} \cdot \frac{1}{\alpha_2 \cdot d_a}$$

Beispiel 10.4.1: Berechnung der Oberflächentemperatur mit den Daten von Beispiel 10.1.1

$Q_{VL} = 151{,}8$ W/m Rohr $\qquad d_a = 0{,}5$ m $\qquad \alpha_2 = 18$ W/m²K

$$\Delta t_2 = \frac{151{,}8}{\pi} \cdot \frac{1}{18 \cdot 0{,}5} = 5{,}3\ °C$$

$$t_O = t_a + \Delta t_2 = 0 + 5{,}3 = 5{,}3\ °C$$

Beispiel 10.4.2: Beispielrechnung über den Einfluss von α_2 auf die Wärmeverluste

Mit α_2 = 18 W/m²K (im Freien)

$$\frac{1}{k} = \frac{1}{18} + \frac{1}{2 \cdot 0{,}075} \cdot 0{,}5 \cdot \ln \frac{0{,}5}{0{,}3} = 1{,}75$$

$k = 0{,}569\ \text{W/m}^2\text{K}$

$Q_{VL} = 0{,}569 \cdot 1{,}57 \cdot 170 = 151{,}8$ W / m Rohr

Ohne Berücksichtigung von α_2

$$\frac{1}{k} = \frac{1}{2 \cdot 0{,}075} \cdot 0{,}5 \cdot \ln \frac{0{,}5}{0{,}3} = 1{,}703$$

$k = 0{,}587\ \text{W/m}^2\text{K}$

$Q_{VL} = 0{,}587 \cdot 1{,}57 \cdot 170 = 156{,}7$ W / m Rohr

Mit α_2 = 6 W/m²K (im Gebäude)

$$\frac{1}{k} = \frac{1}{6} + \frac{1}{2 \cdot 0{,}075} \cdot 0{,}5 \cdot \ln \frac{0{,}5}{0{,}3} = 1{,}869$$

$k = 0{,}5349\ \text{W/m}^2\text{K}$

$Q_{VL} = 0{,}5349 \cdot 1{,}57 \cdot 170 = 142{,}8$ W / m Rohr

10.5 Auslegungstabelle für wärmeisolierte Rohre in Innenräumen

Isolierdicke [mm]		20	30	40	50	60	70	80	100	120	140	150
DN 15 d_i =21,3	d_a	61,3	81,3	101,3	121,3	141,3						
	k_R	1,88	1,21	0,87	0,66	0,53						
	F_m	0,19	0,26	0,32	0,38	0,44						
	Q_C	36,2	30,9	27,6	25,3	23,6						
	Δt_a	18,8	12,1	8,7	6,6	5,3						
DN 25 d_i=33,7	d_a	73,7	93,7	113,7	133,7	153,7						
	k_R	2,06	1,35	0,98	0,75	0,60						
	F_m	0,23	0,29	0,36	0,42	0,48						
	Q_C	47,8	39,8	35,0	31,6	29,2						
	Δt_a	20,6	13,5	9,8	7,5	6,0						
DN 40 d_i=48,3	da	88,3	108,3	128,3	148,3	168,3	188,3	208,3	248,3			
	k_R	2,20	1,46	1,07	0,83	0,67	0,55	0,47	0,36			
	F_m	0,28	0,34	0,40	0,47	0,53	0,59	0,65	0,78			
	Q_C	60,9	49,8	43,1	38,5	35,2	32,7	30,7	27,8			
	Δt_a	22,0	14,6	10,7	8,3	6,7	5,5	4,7	3,6			
DN 50 d_i=60,3	d_a	100,3	120,3	140,3	160,3	180,3	200,3	220,3	260,3			
	k_R	2,27	1,53	1,12	0,87	0,71	0,59	0,50	0,38			
	F_m	0,32	0,38	0,44	0,50	0,57	0,63	0,69	0,82			
	Q_C	71,6	57,8	49,5	44,0	40,0	36,9	34,6	31,0			
	Δt_a	22,7	15,3	11,2	8,7	7,1	5,9	5,0	3,8			
DN 65 d_i=76,1	d_a	116,1	136,1	156,1	176,1	196,1	216,1	236,1	276,1	316,1		
	k_R	2,34	1,59	1,18	0,92	0,75	0,62	0,53	0,40	0,32		
	F_m	0,36	0,43	0,49	0,55	0,62	0,68	0,74	0,87	0,99		
	Q_C	85,4	68,1	57,9	51,0	46,1	42,3	39,4	35,1	32,0		
	Δt_a	23,4	15,9	11,8	9,2	7,5	6,2	5,3	4,0	3,2		
DN 80 d_i=88,9	d_a	128,9	148,9	168,9	188,9	208,9	228,9	248,9	288,9	328,9	368,9	
	k_R	2,39	1,63	1,22	0,95	0,78	0,65	0,55	0,42	0,34	0,28	
	F_m	0,40	0,47	0,53	0,59	0,66	0,72	0,78	0,91	1,03	1,16	
	Q_C	96,6	76,4	64,5	56,6	50,9	46,6	43,2	38,3	34,8	32,2	
	Δt_a	23,9	16,3	12,2	9,5	7,8	6,5	5,5	4,2	3,4	2,8	
DN 100 d_i=114,3	d_a	154,3	174,3	194,3	214,3	234,3	254,3	274,3	314,3	354,3	394,3	414,3
	k_R	2,45	1,69	1,27	1,00	0,82	0,69	0,59	0,45	0,36	0,30	0,27
	F_m	0,48	0,55	0,61	0,67	0,74	0,80	0,86	0,99	1,11	1,24	1,30
	Q_C	118,6	92,8	77,5	67,5	60,3	54,9	50,7	44,5	40,2	36,9	35,6
	Δt_a	24,5	16,9	12,7	10,0	8,2	6,9	5,9	4,5	3,6	3,0	2,7
DN 150 d_i=168,3	d_a	208,3	228,3	248,3	268,3	288,3	308,3	328,3	368,3	408,3	448,3	468,3
	k_R	2,52	1,77	1,34	1,07	0,88	0,74	0,64	0,49	0,40	0,33	0,30
	F_m	0,65	0,72	0,78	0,84	0,91	0,97	1,03	1,16	1,28	1,41	1,47
	Q_C	165,2	127,2	104,9	90,2	79,8	72,1	66,0	57,2	51,1	46,5	44,7
	Δt_a	25,2	17,7	13,4	10,7	8,8	7,4	6,4	4,9	4,0	3,3	3,0
DN 100 d_i=108 MH	d_a	148	168	188	208	228	248	268	308	348	388	408
	k_R	2,43	1,68	1,26	0,99	0,81	0,68	0,58	0,44	0,36	0,29	0,27
	F_m	0,46	0,53	0,59	0,65	0,72	0,78	0,84	0,97	1,09	1,22	1,28
	Q_C	113,2	88,7	74,3	64,8	58,0	52,8	48,8	43,0	38,8	35,8	34,5
	Δt_a	24,3	16,8	12,6	9,9	8,1	6,8	5,8	4,4	3,6	2,9	2,7
DN 65 d_i=70 MH	d_a	110	130	150	170	190	210	230	270	310	350	370
	k_R	2,32	1,57	1,16	0,90	0,73	0,61	0,52	0,40	0,31	0,26	0,24
	F_m	0,35	0,41	0,47	0,53	0,60	0,66	0,72	0,85	0,97	1,10	1,16
	Q_C	80,1	64,2	54,7	48,3	43,7	40,3	37,6	33,5	30,7	28,5	27,6
	Δt_a	23,2	15,7	11,6	9,0	7,3	6,1	5,2	4,0	3,1	2,6	2,4

d_i = Rohraußendurchmesser [mm]
d_a = Außendurchmesser der Rohrleitung mit Isolierung [mm]
k_R = Wärmedurchgangszahl [W/m^{2}K]
F_m = Außenoberfläche der Isolierung [m^2/m Rohr]
Q_C = Wärmeverlust pro m Rohr [W/m] bei $\Delta t = t_i - t_a = 100$ K
Δt_a = Übertemperatur auf der Isolieraußenfläche [K] = $t_o - t_a$ bei $\Delta t = 100$ K

Berechnungsbasis für Q_c und Δt_a: $\alpha_a = 10$ W/m^{2}K $\lambda = 0{,}075$ W/mK

Erläuterungen zur Tabelle

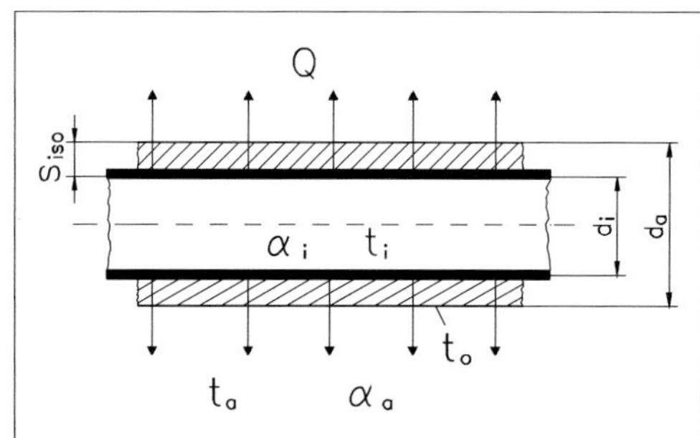

Bild 10.5.1:

s_{iso} = Dicke der Isolierschicht [mm]
α_i = Wärmeübergangskoeffizient innen [W/m^{2}K]
α_2 = α_a = Wärmeübergangskoeffizient vom Isolierblech an die Umgebung [W/m^{2}K]
Q = Wärmeverlust [W/m]
t_i = Innentemperatur des Mediums [°C]
t_a = Außentemperatur im Innenraum [°C]
t_o = Temperatur an der Isolieraußenfläche [°C]
λ = Wärmeleitfähigkeit der Isolierschicht [W/mK]

$$d_a = d_i + 2 \cdot s_{iso}$$

$$\frac{1}{k_R} = \frac{1}{\alpha_a} + \frac{1}{2 \cdot \lambda} \cdot d_a \cdot \ln \frac{d_a}{d_i}$$

$$Q_c = k_R \cdot F_m \cdot (t_i - t_a)$$

$$\Delta t_a = \frac{Q_c}{\alpha_a \cdot F_m}$$

$$\Delta t_o = t_a + \Delta t_a$$

Beispiel 10.5.1: Anwendungsbeispiel für die Tabelle

Zu ermitteln ist der Wärmeverlust Q_c pro m Rohrleitung und die Oberflächentemperatur einer isolierten Rohrleitung DN 80 gegeben:

$d_i = 88{,}9$ mm $= 0{,}0889$ m $t_i = 80$ °C $\alpha_a = 10$ W/m²K

Isolierdicke $s_{iso} = 50$ mm $t_a = 20$ °C $\lambda = 0{,}075$ W/mK

$$d_a = d_i + 2 \cdot s_{iso} = 0{,}1889 \text{ m}$$

$$\Delta t = t_i - t_a = 80 - 20 = 60 \text{ K}$$

$Q_C = 56{,}6$ W/m für $\Delta t = 100$ K aus Tabelle

$$Q_C' = \frac{60}{100} \cdot 56{,}6 = 34 \text{ W/m} \quad \text{für } \Delta t = 60 \text{ K}$$

$\Delta t_a = 9{,}5$ K für $\Delta t = 100$ K aus Tabelle

$$\Delta t_a = 9{,}5 \cdot \frac{60}{100} = 5{,}7 \text{ K} \quad \text{für } \Delta t = 60 \text{ K}$$

$$t_o = 20 + 5{,}7 = 25{,}7 \text{ °C}$$

10.6 Abkühlung in durchströmten Rohrleitungen

Der Temperaturabfall des Produkts in einer längeren Rohrleitung wird folgendermaßen berechnet:

$$\frac{t_{i2} - t_a}{t_{i1} - t_a} = \exp - \frac{k \cdot \pi \cdot d_a \cdot L}{G \cdot c}$$

t_{i1} = Produkteintrittstemperatur [°C]
t_{i2} = Produkttemperatur nach L m Rohrleitung [°C]
t_a = Außentemperatur [°C]
k = Wärmedurchgangszahl [W/m²K]
d_a = Außendurchmesser der Rohrleitung mit Isolierung [m]
L = Rohrleitungslänge [m]
G = Produktdurchsatz [kg/h]
c = Spezifische Wärmekapazität des Produkts [Wh/kgK]

Beispiel 10.6.1: Berechnung der Abkühlung in einer durchströmten Leitung

$d = 57$ mm Rohrdurchmesser $d_a = 137$ mm (mit Isolierung)

$t_{i1} = 60$ °C $t_a = 10$ °C $L = 100$ m

$G = 100$ kg/h $c = 0{,}5$ Wh/kgK

Isolierte Rohrleitung:

$k = 0{,}96$ W/m²K $d_a = 137$ mm

$$\frac{t_{i2} - 10}{60 - 10} = \exp - \frac{0{,}96 \cdot \pi \cdot 0{,}137 \cdot 100}{100 \cdot 0{,}5}$$

$t_{i2} = 0{,}4376 \cdot 50 + 10 = 31{,}9$ °C

Die Produkttemperatur sinkt über 100 m von 60 °C auf 31,9 °C!

Unisolierte Rohrleitung:

$k = 11{,}48$ W/m²K $d_a = 57$ mm

$$\frac{t_{i2} - 10}{60 - 10} = \exp - \frac{11{,}48 \cdot \pi \cdot 0{,}057 \cdot 100}{100 \cdot 0{,}5}$$

$t_{i2} = 0{,}0164 \cdot 50 + 10 = 10{,}8$ °C

Die Produkttemperatur sinkt von 60 °C auf 10,8 °C bei 10 °C Außentemperatur!

Berechnung der Wärmedurchgangszahlen für die Abkühlung in durchströmten Leitungen

Isolierte Rohrleitung:

$d = 57$ mm $d_a = 137$ mm $s = 40$ mm $\alpha_2 = 25$ W/m²K

$\lambda = 0{,}06$ W/mK

$$\frac{1}{k} = \frac{1}{25} + \frac{1}{2 \cdot 0{,}06} \cdot 0{,}137 \cdot \ln \frac{0{,}137}{0{,}057}$$

$k = 0{,}96$ W / m²K

Unisolierte Rohrleitung

$\alpha_i = 23$ W/m²K im Rohr für 0,0157 m/s Strömungsgeschwindigkeit

$\alpha_A = 25$ W/m²K auf der Rohraußenseite

$d_i = 53$ mm $\qquad$ $d_a = 57$ mm

$$\alpha_{iA} = \alpha_i \cdot \frac{d_i}{d_a} = 23 \cdot \frac{53}{57} = 21{,}4 \text{ W/m}^2\text{K}$$

$$\frac{1}{k} = \frac{1}{\alpha_{iA}} + \frac{1}{\alpha_A} + \frac{s}{\lambda_W}$$

$$\frac{1}{k} = \frac{1}{21{,}4} + \frac{1}{25} + \frac{0{,}02}{50}$$

$k = 11{,}48$ W /m²K

10.7 Abkühlung in stehenden Rohrleitungen mit der Zeit

Der Temperaturabfall des stehenden Produkts in Rohrleitungen über einen längeren Zeitraum wird wie folgt berechnet:

$$\frac{t_{i2} - t_a}{t_{i1} - t_a} = \exp - \frac{k \cdot \pi \cdot d_a \cdot z}{g_i \cdot c}$$

t_{i1} = Anfangstemperatur des Produkts [°C]
t_{i2} = Endtemperatur des Produkts nach z Stunden [°C]
t_a = Außentemperatur [°C]
k = Wärmedurchgangszahl [W/m²K]
d_a = Außendurchmesser [m]
z = Zeitdauer [Stunden]
g_i = Produktinhalt pro m Rohr [kg / m Rohr]
c = Spezifische Wärmekapazität des Produkts [Wh/kgK]

Beispiel 10.7.1: Berechnung der Abkühlung in einer stehenden Leitung

$t_{i1} = 190$ °C $\qquad$ $t_a = 25$ °C $\qquad$ $z = 6$ Stunden

$g_i = 2$ kg/m Rohr $\qquad$ $c = 1$ Wh/kgK $\qquad$ $d = 50$ mm

Isolierte Rohrleitung:

$k = 0{,}8343\ W/m^2K$ $d_a = 150\ mm$ (isoliert) $\alpha_2 = 10\ W/m^2K$

$$\frac{1}{k} = \frac{1}{10} + \frac{1}{2 \cdot 0{,}075} \cdot 0{,}15 \cdot \ln \frac{0{,}15}{0{,}05} = 1{,}1986$$

$$\frac{t_{i2} - 25}{190 - 25} = \exp - \frac{0{,}8343 \cdot \pi \cdot 0{,}15 \cdot 6}{2 \cdot 1}$$

$t_{i2} = 0{,}30744 \cdot 165 + 25 = 75{,}7\ °C$

Das Produkt kühlt in 6 Stunden von 190 °C auf 75,7 °C ab!

Unisolierte Rohrleitung:

$k = 15\ W/m^2K$ $d_a = 50\ mm$

$$\frac{t_{i2} - 25}{190 - 25} = \exp - \frac{15 \cdot \pi \cdot 0{,}05 \cdot 6}{2 \cdot 1}$$

$t_{i2} = 0{,}00085 \cdot 165 + 25 = 25{,}1\ °C$

In der unisolierten Leitung kühlt das Produkt in 6 Stunden von 190 °C auf 25,1 °C ab!

10.8 Berechnung der Abkühlzeit bis zur Eisbildung

Es wird die Zeit ermittelt bis das Wasser in der Rohrleitung auf 0 °C abgekühlt ist.

$$z = \ln\left(\frac{t_{i1} - t_a}{t_{i2} - t_a}\right) \cdot \frac{g_i \cdot c}{k \cdot \pi \cdot d_a}$$

Beispiel 10.8.1: Berechnung der Abkühlzeit bis zur Eisbildung

$d = 159\ mm$ $s = 60\ mm$ $d_a = 279\ mm$

$\lambda = 0{,}06\ W/mK$ $\alpha_2 = 15\ W/m^2K$ $g_i = 18\ kg/m$

$c = 1{,}16\ Wh/kgK$ $t_{i1} = 80\ °C$ $t_{i2} = 0\ °C$ $t_a = -20\ °C$

$$\frac{1}{k} = \frac{1}{15} + \frac{1}{2 \cdot 0{,}06} \cdot 0{,}279 \cdot \ln \frac{0{,}279}{0{,}159} = 1{,}374$$

$k = 0{,}728\ W/m^2K$

$$z = \ln\left(\frac{80-(-20)}{0-(-20)}\right) \cdot \frac{18 \cdot 1{,}16}{0{,}728 \cdot \pi \cdot 0{,}279} = 52{,}7\ h$$

Alternativberechnung für 40 mm Isolierung

$d_a = 239$ mm

$$\frac{1}{k} = \frac{1}{15} + \frac{1}{2 \cdot 0{,}06} \cdot 0{,}239 \cdot \ln \frac{239}{159} = 0{,}878$$

$k = 1{,}138\ W/m^2K$

$$z = \ln\left(\frac{80-(-20)}{0-(-20)}\right) \cdot \frac{18 \cdot 1{,}16}{1{,}138 \cdot \pi \cdot 0{,}239} = 39{,}2\ h$$

10.9 Begleitheizungen für Rohrleitungen

10.9.1 Wärmebedarfsermittlung

Normalerweise wird eine Begleitheizung für den Wärmeverlust der isolierten Rohrleitung ausgelegt, nicht für das Aufheizen oder Schmelzen des Rohrinhalts.

Beispiel 10.9.1.1: Ermittlung des Wärmebedarfs für eine Begleitheizung

1. Deckung der Wärmeverluste

   In **Tabelle 10.9.1.1** sind einige Wärmeverluste [W/m] von isolierten Leitungen bei $\Delta t = t_1 - t_2 = 100$ K aufgelistet.

Isolierung	Wärmeverluste [W/m]		
	s = 40 mm	s = 50 mm	s = 60 mm
DN 50	49,5	44	40
DN 80	64,5	56,6	50,9
DN 100	77,5	67,5	60,3
DN 150	104,9	90,2	79,8

Tabelle 10.9.1.1: Wärmeverluste von isolierten Leitungen

2. Begrenzung des Temperaturabfalls von Produkten beim Durchströmen einer längeren Rohrleitung oder in Rohrleitungen bei längeren Standzeiten, z. B. von 100 °C auf minimal 80 °C

3. Aufheizen des Rohrinhalts

   $Q = m \cdot c_P \cdot \Delta t$

   $m = 2$ kg/m $\quad c_P = 0{,}5$ Wh/kgK

   $t_1 = 80$ °C $\quad t_2 = 100$ °C

   $Q = 2 \cdot 0{,}5 \cdot 20 = 20$ Wh/m $\rightarrow$ 1 h à 20 W/m

4. Aufschmelzen des Rohrinhalts

   $Q = m \cdot r_s$

   $m = 2$ kg/m $\quad r_s = 40$ Wh/kg

   $Q = 2 \cdot 40 = 80$ Wh/m $\rightarrow$ 4 h à 20 W/m

10.9.2 Heizleistungen verschiedener Begleitheizsysteme

In **Bild 10.9.2.1** sind die Heizleistungen in Abhängigkeit von der Temperaturdifferenz zwischen dem Heizrohr und dem Produktrohr dargestellt. In der Praxis genügt meistens ein Heizrohr DN 20.

Mit Wärmeleitzement (WLZ) erreicht man Heizleistungen von 300 bis 500 W/m und mit einer Mantelheizung Werte von 20000 W/m.

Elektrische Heizkabel liefern konstante Heizleistungen. Alternativ können temperaturregulierte Heizkabel eingesetzt werden mit variabler Heizleistung.

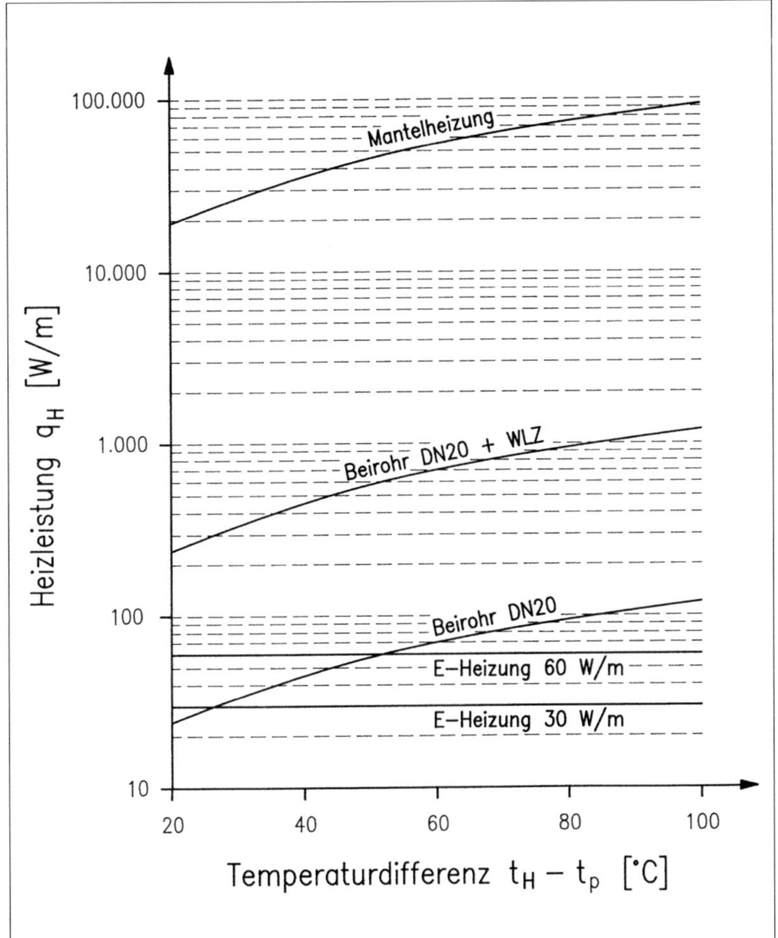

Bild 10.9.2.1: Heizleistungen verschiedener Rohrleitungsbeheizungssysteme

In **Bild 10.9.2.2** sind einige Ausführungsformen für dampf- und heißwasserbeheizte Begleitheizungen dargestellt.

Die in **Bild 10.9.2.3** gezeigte Beheizung mit flexiblen Heizkabeln hat zwei große Vorteile:

- Die Beheizung ist einfach zu regeln.
- Die Stellen mit den größten Wärmeverlusten – Flansche, Armaturen, Pumpen – können umwickelt werden, um mehr Wärme einzubringen.

Bild 10.9.2.2: Mantel- oder Beirohrbeheizung mit Dampf

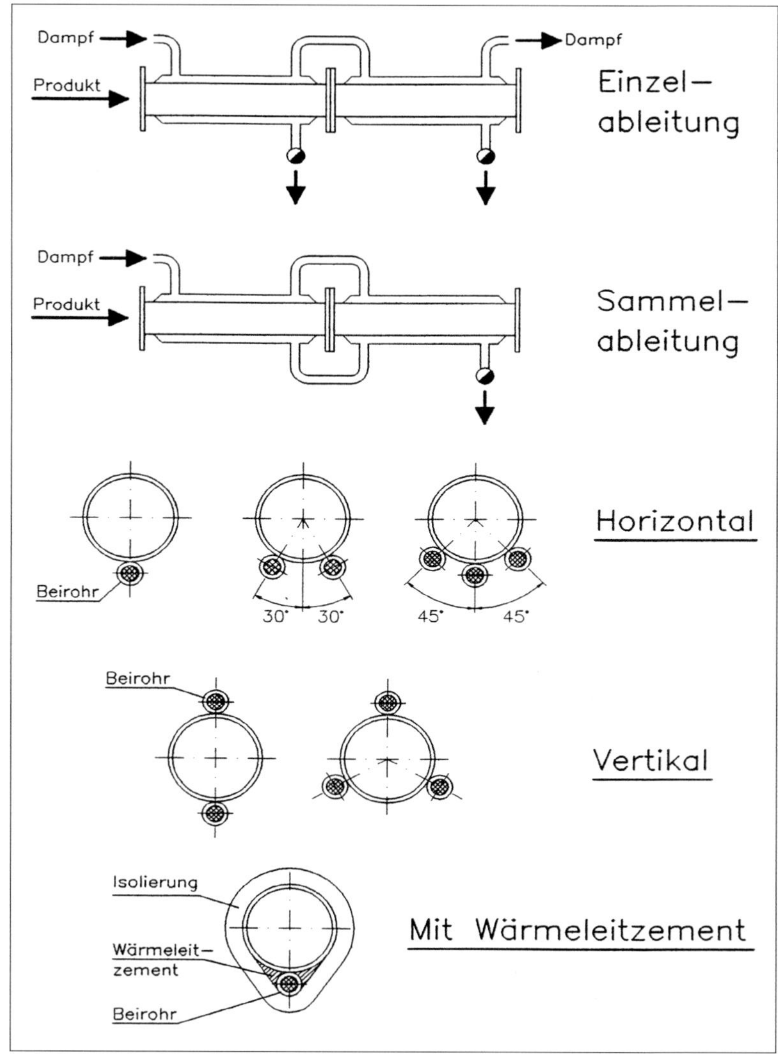

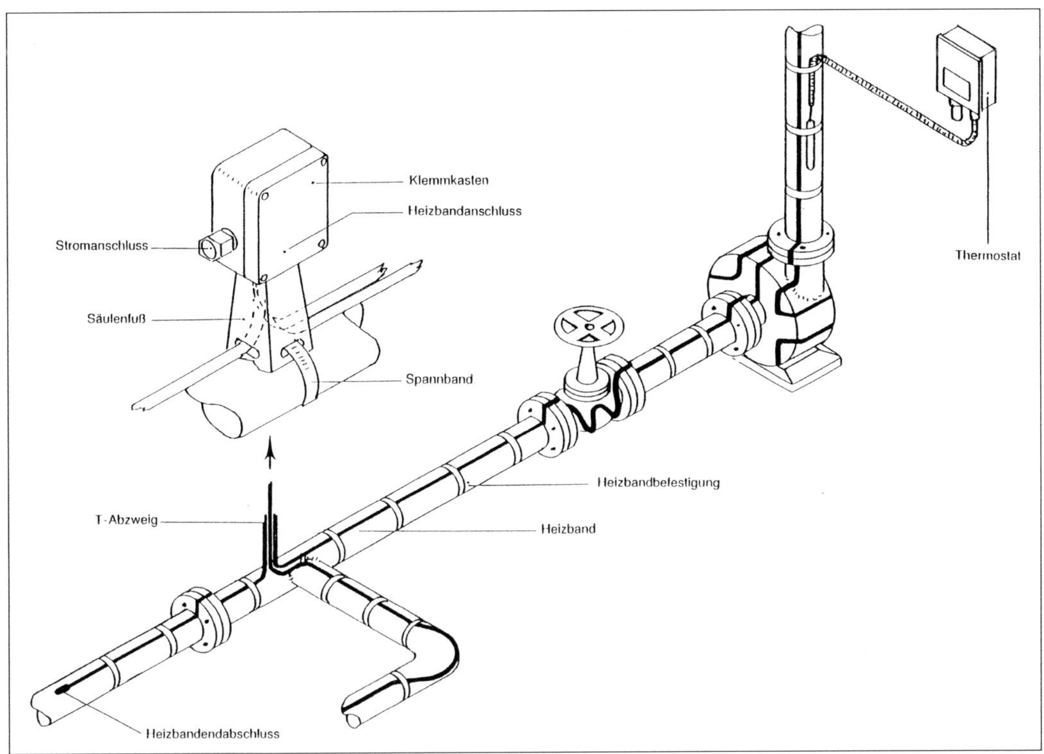

Bild 10.9.2.3: Heizkabelbeheizung mit flexiblem Heizband

11 Checkliste für Verrohrungen

11.1 Allgemein

Bedienung, Überwachung, Zugänglichkeit, Auswechselbarkeit, Kennzeichnung, Entwässerung bzw. Entleerung, Be- und Entlüftung, Spülen (Ausschleusen oder Abfackeln), Dichtigkeitsprüfung, Druckprobe

11.2 Produkteigenschaften

Nebenprodukte – Ablagerungen – Verstopfungen, Änderung von Aggregatzuständen (Kondensieren, Verdampfen, Erstarren), Dichte, Viskosität, statische Aufladung

11.3 Anlagendetails

Auslegung für Anfahren – Abstellen – Not-Aus, Kavitation, Druckstöße, Gaspulsationen, Schwingungen, Wärmedehnung, Beatmung, Unterdruckerzeugung, Verschmutzung, Verschleiß, Reinigung, Inspektion, Auswechselbarkeit, Undichtigkeiten (nach innen und außen), Korrosion, Selbstentzündung (Isolierung), Spannungen und Verformungen durch Temperaturänderungen mit unzulässigen Kräften bzw. Momenten an Apparate- und Pumpenstutzen, Rohrlager zur Aufnahme der Kräfte bei Druckstössen und bei überhöhten Thermospannungen, Trennen von Anlagenteilen (Reparatur – Wartung – Druckprobe)

11.4 Gefahrenpunkte

Brennbare Gase, Dämpfe, Flüssigkeiten (Zündgruppe, Gefahrenklasse), Giftigkeit, MAK-Werte, Radioaktivität, Hautresorption, Infektion, Gefahrlose Abführung bei Störungen (Abgaskamin, Fackel), Eindringen von Produkt, Luft oder Wasser in andere Anlagenteile (Undichtigkeiten, Bedienungsfehler, Betriebsstörung), Undichtigkeiten durch zu hohe Momente an Flanschen, Stutzen und Pumpen.

11.5 Sicherheitseinrichtungen

Ex-Schutz, Inertgas-Beschleierung, Sprinkleranlage, Dampfvorhang, Sicherheitsschaltung bei Fehlbedienung, Feuer, Ausfall von Strom, Wasser, Heizmedien, Steuerluft, Schutzgas, Funktionsfähigkeit der Sicherheitseinrichtungen – Inspektion (Verstopfen, Einfrieren, Verschleiß, Korrosion), Verriegelungseinrichtungen – Eingriffe in Sicherheitssysteme

11.6 Molchbare Leitungen

Exakte Innendurchmesser und geeignete Sende- und Empfängerschleusen oder -hähne, molchbare Armaturen und geeignete Molche, Rohrleitungsverlegung und -schweißung entsprechend den Anforderungen für molchbare Leitungen

Literatur

Kapitel 1

[1] Hewitt, G. F.; Shires, G. L.; Bott, T. R.: Process Heat Transfer. CRC Press,Boca Raton 1994

[2] Baker, O.: Simultaneous flow of oil and gas. Oil & Gas Journal 53 (1954), Nr. 12, S. 184–195

[3] Baker, O.: Multiphase flow in pipelines. Oil & Gas Journal 57 (1958), S. 156–167

[4] Brater; King; Lindell; Wei: Handbook of Hydraulics. McGraw-Hill, New York 1996

[5] Friedel, L.: Modellgesetz für den Reibungsdruckverlust in der Zweiphasenströmung. VDI Forschungsheft 572, VDI Verlag, Düsseldorf 1975

[6] Xu, Yu; Fang, X.; Su, X.; Zhou, Z.; Chen, W.: Evaluation of frictional pressure drop correlations for two-phase flow in pipes. Nuclar Engineering and Design 253 (2012), S. 86–97

[7] Dukler, A. E.: Frictional pressure drop in two phase flow – Comparison of existing correlations for Pressure loss and Holdup. AICHE J. 10 (1964), S. 38–43

[8] Lockhart, R. W.; Martinelli, B. C.: Proposed correlations of data for isothermal two phase flow in pipes. Chem. Eng. Progr. (1949), Nr. 1, S. 39–48

[9] Chisholm, D.: Pressure Gradients due to Friction during the Flow of evaporating Two-Phase Mixtures in smooth Tubes. Int. J. Heat and Mass Transfer 16 (1973), S. 347–358

[10] Dukler, A. E. et al.: Frictional pressure drop in two phase flow – An Approach through Similarity Analysis. AICHE J. 10 (1964), S. 44–51

[11] Müller-Steinhagen, H.; Heck, K.: A simple pressure drop correlation for two-phase flow in pipes. Chem. Eng. Prog. 20 (1986), S. 297–308

[12] Daniels, L.: Dealing with two-phase-flows. Chemical Engineering (1995), Nr. 6, S. 70–78

[13] Wallis, G. B.: One dimensional two phase flow. McGraw Hill, New York 1969

[14] Ahmad, S. X.: Fluid to fluid of critical heat flux: a compensated distortion model. Int. J. Heat Transfer and Mass 16 (1970), Nr. 3, S. 641–662

[15] Smith, S. L.: Void Fractions in Two-Phase Flow. Proc. Mech. Eng. 184 (1969), S. 647–664

[16] Chisholm, D.: An Equation for Velocity Ration in Two-Pase Flow. NEL Report 535

[17] Muschelknautz, S. in: VDI Wärmeatlas. Lgc 1–7, 8. Auflage, 1997

Kapitel 2

[1] Thier, B.: Industriearmaturen – Bauelemente der Rohrleitungstechnik. 5. Ausgabe, Vulkan-Verlag, Essen 1997

Kapitel 3

[1] Ernst, G.: Stellgeräte in der Regelungstechnik. VDI-Verlag, Düsseldorf 1968

[2] Bartscher, H.: Stellgeräte für die Verfahrenstechnik. Vulkan-Verlag, Essen 1997

[3] Chalfin, S.: Specifying Control Valves. Chem. Eng. 81 (1974), 14. Oktober, S. 105–114

[4] Connell, J. R.: Realistic Control-Valve Pressure Drops. Chem. Eng. (1987), 28. September, S. 123–127

[5] Darby, R.: Control Valves: Match the trim to the selection. Chem. Eng. (1997), Juni

Kapitel 4

[1] Neumaier, R.: Hermetische Pumpen. Verlag W. H. Faragallah, Sulzbach 1994

[2] KSB AG: Auslegung von Kreiselpumpen. Frankenthal 1999

[3] Europump: NPSH bei Kreiselpumpen. Maschinenbau-Verlag, 1974

[4] Nitsche, M.: Kavitation und Pumpensaughöhen. CAV (1983), Nr. 9, S. 81–84

[5] Chen, C. C.: Cope with dissolved gases in pump calculations. Chem. Eng., 1993

[6] Penney, W. R.: Inert gas in liquid pump performance. Chem. Eng. (1978), 3. Juli

[7] Nitsche, M.: Kolonnen-Fibel. Springer Verlag, Berlin 2014

[8] Mikasinovic, M; Tung, P. C.: Sizing centrifugal pumps for safety service. Chem. Eng. (1996)

[9] Faragallah, W. H.: Seitenkanal-Strömungsmaschinen. Verlag W. H. Faragallah, Sulzbach 1992

[10] Schommer, H.: Kreiselpumpen und Seitenkanalpumpen mit Magnetkupplung. Verlag W. H. Faragallah, Sulzbach 2015

[11] Sihi GmbH: Technische Information über selbstansaugende Kreiselpumpen. Itzehoe 1969

[12] Neerken, R. F.: How to select and apply positive displacement rotary pumps. Chem. Eng. (1980), 7. April, S. 76–87

[13] Cody, D. J.; Vandell, C. A.; Spratt, D.: Selecting positive-displacement pumps. Chem. Eng. (1985), 22. Juli, S. 38–52

[14] Bohl, W.: Pumpen und Pumpenanlagen. Lexika-Verlag, Grafenau 1979

Kapitel 5

[1] Bohl, W.: Technische Strömungslehre. Vogel-Verlag, Würzburg 1980

[2] Bohl, W.; Wagner, W.: Technische Strömungslehre – Aufgaben und Lösungen. Vogel-Verlag, Würzburg 1978

Kapitel 6

[1] Brater; King; Lindell; Wei: Handbook of Hydraulics. McGraw-Hill, New York 1996

Kapitel 7

[1] Zoebl, H.; Kruschik, J.: Strömung durch Rohre und Ventile. Springer-Verlag, Wien 1978

[2] Nitsche, M.: Wärmetausch-Fibel I. Vulkan-Verlag, Essen 2012

[3] Nitsche, M.: Wärmetausch-Fibel II. Vulkan-Verlag, Essen 2013

[4] Nitsche, M.: Heat Exchanger Design Guide. Elsevier, London 2015

Kapitel 8

[1] Bohl, W.: Technische Strömungslehre. Vogel-Verlag, Würzburg 1980

Kapitel 9

[1] Wagner, W.: Festigkeitsberechnungen im Apparte- und Rohrleitungsbau. Vogel-Verlag, Würzburg 1995

[2] Kellog Company: Design of Piping Systems. John Wiley, New York 1967

[3] Crocker: Piping-Handbook. John Wiley, New York 1967

Kapitel 10

[1] De Leij, P. J. M.: Handboek voor praktische Isolatietechniek,

[2] Nitsche, M.: Wärmetausch-Fibel II. Vulkan-Verlag, Essen 2013

Literatur für die praktische Anlagenplanung

Rohrleitungs-Fibel
Von Dr. M. Nitsche, Vulkan-Verlag, 2. Auflage 2016

Mit Rohrleitungsberechnungen mit Kavitationskontrolle, Regelventilauslegungen, Pumpenberechnungen, Zweiphasenströmungsberechnungen, Nicht-Newton'sche Flüssigkeiten, Gefälleleitungen, Behälterauslauf, Druckstöße, Ausdehnungsbehälter, Isolierung, Begleitheizung

Wärmetausch-Fibel I
Von Dr. M. Nitsche, Vulkan-Verlag, 1. Auflage 2012

Bestimmung der Wärmeübergangs- und Wärmedurchgangszahlen in Apparaten zum Heizen und Kühlen, zum Kondensieren und Verdampfen durch Blasensieden oder Thermosiphonumlauf oder in Fallstromverdampfern
Rohrbündelapparate, Doppelrohrwärmetauscher, Querstromkühler, Rippenrohrapparate, Flash-Berechnungen zur Erstellung der Kondensationslinie bzw. Flashkurve für Mehrkomponentengemischen

Wärmetausch-Fibel II
Von Dr. M. Nitsche, Vulkan-Verlag, 1. Auflage 2013

Beheizung mit Dampf oder organischen Wärmeträgern, Kühlung mit Kühlwasser oder Luft oder Kälteträgern im Betrieb
Behälter- und Tankbeheizung, Instationäres Heizen und Kühlen, Temperierstationen, Rührbehälterbeheizung, Wärme-/Kälteverluste isolierter Apparate und Rohrleitungen
Auslegung von Vakuumanlagen und Auswahl von Vakuumpumpen

Kolonnen-Fibel
Von Dr. M. Nitsche, Springer Verlag, 1. Auflage 2015

Diskontinuierliche Destillation und kontinuierliche Fraktionierung mit Gleichgewichts- und Trennberechnungen
Auslegung von Waschkolonnen, Luft oder Dampfstrippern, Ammoniak- oder Sauergasstrippern; Fluiddynamische Auslegung von Boden- und Füllkörper- oder Packungskolonnen; mit vielen praktischen Berechnungsbeispielen für das Destillieren, Absorbieren und Strippen
Auslegung von Tropfenabscheidern mit Beispielen

Abluft-Fibel
Von Dr. M. Nitsche, Springer Verlag, 1. Auflage 2015

Ablufterfassung der lösemittelhaltigen Abluft und Berechnung der Explosionsgrenzen, Verfahren zur Rückgewinnung durch direkte oder indirekte Kondensation, Membrananreicherung, Absorption mit geeigneten Waschmitteln oder Adsorption an Aktivkohle, Sonderverfahren zur Benzindampfrückgewinnung
Entsorgung durch thermische oder katalytische Verbrennung oder regenerative Oxidation oder durch biologische Verfahren

Stichwortverzeichnis

Inserentenverzeichnis

Notizen